Richard P. Feynman
»Sie belieben wohl zu scherzen, Mr. Feynman!«

Band 1347

Zu diesem Buch

Der amerikanische Physiker und Nobelpreisträger galt unter seinen Kollegen als einer der größten Theoretiker dieses Jahrhunderts und als ein Mann, der für jede Überraschung gut war. Sein Buch wurde in den USA zum Bestseller, es löste Kontroversen aus und wurde manchem zum Ärgernis. Viele seiner Kollegen allerdings haben das Buch gepriesen, so etwa Hans A. Bethe: »Feymans Buch ist so mitreißend wie Richard Feyman selbst!«

Frank Elstner, der den Autor für seine Fernsehreihe »Die stillen Stars« interviewte, meinte in der WELT: »Interessieren Sie sich für Physik? Nein? Dann sollten Sie unbedingt das Feynman-Buch lesen. Interessieren Sie sich für Physik? Ja? Dann sollten Sie unbedingt das Feynman-Buch lesen.«

Die »Neue Zürcher Zeitung« urteilte: »Wer Dick Feynmans Memoiren nicht gelesen hat, weil sie bisher nur in der amerikanischen Originalausgabe verfügbar waren, hat seit dem Erscheinen der deutschen Übersetzung keine Ausrede mehr. Das Buch, das in den USA monatelang auf der Bestsellerliste stand und zu einem richtigen Klassiker geworden ist, braucht auch keine Empfehlung. Es muß nur davor gewarnt werden, es ins Büro mitzunehmen: sonst braucht man eine Ausrede, warum man an jenem Tag völlig arbeitsunfähig war und hinter geschlossener Türe pausenlos lachte und lachte.«

In der ZEIT schrieb Benno Müller-Hill zur amerikanischen Ausgabe: »Ich hoffe, daß dieses Buch als Taschenbuch zu einem vernünftigen Preis erscheint. Und wenn auch nur wenige Studenten davon angesteckt werden und sich oder Teile von sich wiedererkennen in diesem großen Wissenschaftler, wäre die Welt ein wenig besser.«

Richard P. Feynman, geboren 1918 in New York, gestorben 1988 in Los Angeles. Studium der Physik am Massachusetts Institute of Technology, ab 1942 Mitarbeiter am »Manhattan Project« in Los Alamos, 1945–1950 Professor für Theoretische Physik an der Cornell University/Ithaca, seit 1950 am California Institute of Technology/Pasadena. 1965 Nobelpreis für Physik (mit S. I. Tomonaga und J. Schwinger). Im Piper Verlag liegen vor: QED – Die seltsame Theorie des Lichts und der Materie, 1988; Vom Wesen physikalischer Gesetze, 1990.

Richard P. Feynman

»Sie belieben wohl zu scherzen, Mr. Feynman!«

Abenteuer eines neugierigen Physikers

Gesammelt von Ralph Leighton
Herausgegeben von Edward Hutchings

Vorwort zu deutschen Ausgabe von
Harald Fritzsch

Aus dem Amerikanischen von
Hans-Joachim Metzger

Piper
München Zürich

Die Originalausgabe erschien 1985 unter dem
Titel »Surely You're Joking, Mr. Feynman!«
bei W. W. Norton & Company, New York, London.

ISBN 3-492-11347-8
Neuausgabe 1991
4. Auflage, 16.–25. Tausend Mai 1991
(1. Auflage, 1.–10. Tausend dieser Ausgabe)
© 1985 by Richard Feynman and Ralph Leighton
Deutsche Ausgabe:
© R. Piper GmbH & Co. KG, München 1987
Umschlag: Federico Luci
Satz: Carl Ueberreuter Druckerei Ges.m.b.H., A-2100 Korneuburg
Druck und Bindung: Clausen & Bosse, Leck
Printed in Germany

Inhalt

Vorwort zur deutschen Ausgabe von Harald Fritzsch.. 7

Vorwort von Ralph Leighton 13

Einleitung von Albert R. Hibbs 13

Lebensstationen 15

1. Teil: Von Far Rockaway zum MIT

Er repariert Radios durch Denken! 17
Grüne Bohnen 32
Wer hat die Tür gestohlen? 39
Lateinisch oder Italienisch? 54
Ungeschoren davonkommen 57
Der Chef-Chemiker der Metaplast Corporation 68

2. Teil: Die Jahre in Princeton

„Sie belieben wohl zu scherzen, Mr. Feynman!" 77
Iiiiiiiiich! 86
Eine Katzenkarte? 90
Geistesriesen 101
Das Mischen von Farben 107
Ein anderer Werkzeugkasten 111
Gedankenleser 116
Der Amateurwissenschaftler 120

3. Teil: Feynman, die Bombe und das Militär

Verpuffte Zünder 129
Tests mit Spürhunden 137
Los Alamos von unten 141
Safeknacker trifft Safeknacker 181
Dich braucht Uncle Sam nicht! 208

4. Teil: Von Cornell ans Caltech, mit einem Abstecher nach Brasilien

Der würdevolle Professor 219
Irgendwelche Fragen? 233
Ich will meinen Dollar! 240
Du *fragst* sie einfach? 244
Glückszahlen 254
O Americano, outra vez! 263
Der Mann der tausend Zungen 290
Selbstverständlich, Mr. Big! 291
Ein Angebot, das man ablehnen muß 306

5. Teil: Die Welt eines Physikers

Würden *Sie* die Diracsche Gleichung lösen? 313
Die 7-Prozent-Lösung 326
Dreizehnmal 338
Das sind böhmische Dörfer für mich! 341
Ist denn das Kunst? 343
Ist Elektrizität Feuer? 369
Bücher nach ihrem Einband beurteilt 381
Der andere Fehler von Alfred Nobel 401
Den Physikern Kultur nahebringen 414
In Paris entlarvt 421
Andere Bewußtseinszustände 437
Cargo-Kult-Wissenschaft 448

Register 461

Vorwort zur deutschen Ausgabe

Im Dezember des Jahres 1984 besuchte ich für ein paar Tage meine frühere Arbeitsstätte, das Lauritsen-Laboratorium für Kern- und Teilchenphysik des California Institute of Technology in Pasadena. Wie stets bei solchen kurzen Aufenthalten am Caltech traf ich mich mit Richard Feynman, mit dem ich befreundet bin und der mich immer mit den neuesten Nachrichten aus der Gerüchteküche der Physik zu versorgen pflegt. Am letzten Tag meines Aufenhalts war ich mit Dick Feynman zusammen beim Mittagessen im Restaurant des Atheneums, des Gästehauses des Caltech. Diesmal sprachen wir nicht über Physik. Enthusiastisch erzählte Dick von seinen jüngsten Erlebnissen in einem Nachtklub von San Francisco, in dem er in einer Band die Rolle des Schlagzeugers übernommen hatte. Wieder einmal wies ich ihn darauf hin, daß er seine Geschichten, insbesondere die Erlebnisse in Los Alamos zur Zeit des Manhattan Projects, einmal zu Papier bringen sollte. Wahrscheinlich seien nicht nur Physiker an den kuriosen Erlebnissen eines Richard Feynman interessiert. Dicks Antwort war ein breites Grinsen. »Bevor du wegfliegst, gehen wir nochmal schnell in mein Büro – ich will dir etwas geben.« So kam es dann auch. Dick drückte mir ein Buch in die Hand: »Surely You're Joking, Mr. Feynman!« Die Überraschung war ihm gelungen. Feynman hatte das Buch, das ich ihm suggerieren wollte, bereits fertig. Am Caltech wußte noch niemand davon. Da ich aber im Begriff war, nach Europa zurückzufliegen, gab mir Dick sein Buch mit den Worten: »Ich habe es gerade heute morgen mit der Post erhalten und selbst noch nicht reingeschaut. Nimm es ruhig mit – ich bekomme nächste Woche eine ganze Ladung davon. Es ist nichts Besonderes, aber du kannst es ja im Flugzeug einmal überfliegen. Viel Spaß«.

Im Flugzeug von Los Angeles nach Frankfurt las ich Dicks Buch. Meine Nachbarn haben sich sicher über jenen seltsamen Fluggast gewundert, der immerfort in seinem Buch las und offensichtlich Mühe hatte, dabei einigermaßen ernst zu bleiben. Dieses Buch, das nunmehr in der gelungenen Übersetzung von Hans-Joachim Metzger vorliegt, sollte vom Leser nicht mißverstanden werden. Nur wenig erfährt er von Richard Feynman als einem der bedeutendsten Physiker der Gegenwart und dem zur Zeit wohl einflußreichsten akademischen Lehrer der physikalischen Wissenschaften. Statt dessen lernt der Leser amüsante und teilweise bizarre Details aus Feynmans Leben kennen. In »Sie belieben wohl zu scherzen, Mr. Feynman!« wird keineswegs ein vollständiges Bild von Richard Feynman gezeichnet, sondern eher eine Karikatur, in der einige wenige Seiten aus dem Leben Feynmans dargestellt werden. Ein Teil der Öffentlichkeit wird sicher enttäuscht sein von dem Buch, in dem man vergeblich nach tiefen philosophischen Gedanken sucht und statt dessen beispielsweise über die Tricks aufgeklärt wird, mit denen man Frauen an der Bar dazu bringt, am Ende ja zu sagen. Aber der unvoreingenommene Leser wird seine Freude an der unkonventionellen Art der Darstellung haben. Feynman erzählt Geschichten in der Tradition von Mark Twain. Er beweist, daß auch ein sonst ernsthaft seinen Forschungen nachgehender Naturwissenschaftler gleichzeitig lachen und nachdenken kann. Und oft erzielt Feynman den größten Erfolg, wenn er unverblümt sagt, was er denkt, etwa indem er den Vortrag seines Philosophieprofessors zusammenfaßt mit den Worten »wugga mugga mugga wugga wugga« (»grummel, brummel, brummel, grummel, grummel«).

In meinem Leben habe ich niemanden kennengelernt, der in seiner Meinung unabhängiger von seiner Umwelt und von Autoritäten, gleich welcher Art, gewesen wäre als Richard Feynman. In den USA ist diese persönliche Unabhängigkeit weithin bekannt. Diese, und nicht der Nobelpreis, den Feynman im Jahre 1965 erhielt, war wohl der Grund dafür, daß

Präsident Reagan ihn zum Mitglied der Untersuchungskommission zur Aufklärung des Challenger-Unglücks im Jahre 1985 ernannte. Feynman war es auch, der seinen Finger sofort auf die wunde Stelle legte, die letztlich die Katastrophe in Florida ausgelöst hatte. Während der Sitzung der NASA-Kommission, vor den Augen von einigen zehn Millionen Fernsehzuschauern, führte Feynman, der Theoretiker, ein Experiment durch. Er legte einen von der NASA zur Verfügung gestellten Gummidichtungsring in ein Glas eiskalten Wassers und zeigte anschließend, daß der kalte Dichtungsring erheblich an Elastizität eingebüßt hatte. Damit wollte Feynman demonstrieren, daß die Explosion der Raumfähre seiner Meinung nach durch die bei kaltem Wetter unzulänglich funktionierenden Dichtungsringe verursacht wurde – ein Sachverhalt, der später durch eingehende Untersuchungen bestätigt wurde.

In seinem Gutachten für den amerikanischen Kongreß zeichnete Feynman kein rosiges Bild der NASA-Organisation. Seiner Meinung nach waren es letztlich die nicht mehr überschaubare Bürokratie und die mangelnde Effizienz der Organisation, die zu dem Unglück geführt haben. Feynman schreibt: »Die Challenger-Katastrophe war das letzte Glied einer Kette von Zwischenfällen, bei denen jedesmal Warnzeichen auftraten. Das Problem mit den Dichtungsringen wurde zehn Jahre lang diskutiert. Getan wurde aber nichts, denn niemand hatte detaillierte Informationen. Diese waren nur auf der niedrigsten Ebene vorhanden, bei den Ingenieuren. Warum die Ingenieure auf der niedrigsten Ebene der Entscheidungsprozesse eingestuft wurden, weiß ich nicht, aber dies scheint ein allgemeines Gesetz zu sein: Jene, die etwas über die wirkliche Welt wissen, bilden in diesen großen Organisationen die unterste Stufe, und jene, die nur wissen, wie man andere Leute beeinflussen kann, indem man ihnen sagt, wie schön die Welt im Idealfall sein könnte, sind an der Spitze.« Soweit Feynman zur Organisation der NASA. Mir gegenüber hat er oft ähnliche, manchmal drastischere Worte gebraucht, um vergleichbar große Organisationen, einschließlich der modernen Staatsgebilde, zu charakterisieren.

Feynman wurde am 11. Mai 1918 geboren. Obwohl er seit mehr als 30 Jahren in Kalifornien lebt, hat er seinen typischen New Yorker Akzent beibehalten. Nach seinem Studium am Massachusetts Institute of Technology und an der Princeton University ging er 1941 als frisch promovierter Physiker nach Los Alamos, um am Manhattan-Projekt mitzuarbeiten. Nach dem Ende des Weltkrieges wurde Feynman Professor für Theoretische Physik an der Cornell University im Staat New York. Im Jahre 1950 wechselte er an die berühmteste Technische Hochschule des Westens, an das »California Institute of Technology«. Seit 1959 hat er am Caltech den Richard-Chace-Tolman-Lehrstuhl für Theoretische Physik inne.

Physikern braucht man Feynman nicht vorzustellen. Seine anschaulichen Vorlesungen sind in aller Welt berühmt.

Seine Bücher, die »Feynman Lectures«, sind nahezu in alle bedeutenden Kultursprachen übersetzt und jedem Student der Physik bekannt. Als kleiner Beleg dafür kann der denkwürdige Besuch Feynmans 1978 an der neu gegründeten Universität Wuppertal dienen, übrigens sein erster Besuch Deutschlands überhaupt. Ich hatte als Mitglied der Physikfakultät die Einladung an Feynman ausgesprochen. Daß der Besuch schließlich zustande kam, ist auch der großzügigen Unterstützung durch den Kanzler der Universität, Dr. Klaus Peters, zu verdanken. Der Vortrag sollte im größten Hörsaal der Universität stattfinden. Wir hatten mit vielen Hörern – vor allem auch aus den umliegenden Universitäten Nordrhein-Westfalens – gerechnet. Was wir jedoch nicht wissen konnten, war, daß viele Stunden vor dem Feynman-Vortrag ganze Wagenkolonnen mit Physikstudenten weit entfernt gelegene Universitätsstädte wie München, Heidelberg oder Hamburg verließen, weil die Studenten den legendären

Autor der »Feynman Lectures« einmal persönlich erleben wollten. So kam es, daß bereits lange vor Vortragsbeginn der Hörsaal überfüllt war und so viele der Wuppertaler Studenten das Nachsehen hatten.

Zu vielen Forschungsgebieten der modernen Physik, insbesondere zur Kernphysik, Teilchenphysik und Festkörperphysik, hat Feynman wichtige Beiträge geleistet. Den Nobelpreis erhielt er zusammen mit seinem Landsmann Julian Schwinger und dem Japaner Tomonaga für seine Untersuchungen auf dem Gebiet der fundamentalen Wechselwirkung zwischen elektrisch geladenen Teilchen, der Quantenelektrodynamik. Feynmans Stärke ist seine außergewöhnliche Fähigkeit, sehr komplexe Sachverhalte auf einige wenige fundamentale Einsichten zu reduzieren. Das versetzte ihn in die Lage, die Anfang der fünfziger Jahre herrschende Konfusion über die Rolle der Quantenphänomene bei der elektromagnetischen Wechselwirkung auf eine geniale Art zu klären, insbesondere durch die Einführung anschaulicher Bilder der Wechselwirkungen. Diese nach ihm benannten Feynman-Diagramme sind aus der heutigen Physik nicht mehr wegzudenken. Feynman selbst ist recht stolz auf seine Erfindung, die eine Art symbolische Zeichensprache der Physiker geworden ist. Auf seinem Caravan sind zwei seiner Diagramme groß abgebildet. Er erzählt gern, was sich einmal an einer Tankstelle in Arizona zugetragen hat. Feynman fuhr an der Tankstelle vor. Der Tankwart begrüßte ihn mit den Worten »Was, zum Teufel, machen Sie denn mit den Feynman-Diagrammen?«, worauf Feynman antwortete: »Nichts, aber ich bin Feynman.« Darauf weigerte sich der Tankwart, ihm das Benzin in Rechnung zu stellen.

Feynmans wichtigste Beiträge zur physikalischen Forschung in den vergangenen 25 Jahren liegen zweifellos auf dem Gebiet der Elementarteilchenphysik. Insbesondere betreffen sie die Klärung wichtiger Fragen der schwachen Wechselwirkungen zwischen den Elementarteilchen und die Physik der Quarks. Feynman ist ein eindrucksvolles Ge-

genspiel zu der oft gehörten These, theoretische Physiker seien jenseits der 40 nicht mehr produktiv. Selbst in einem Alter von mehr als 60 Jahren hat Feynman noch wichtige Arbeiten zur Physik der Quarks publiziert.

Bei aller Popularität, die Feynman genießt, erwartete niemand den Erfolg des jetzt vorliegenden Buches von Feynman und Leighton, am wenigsten Feynman selbst. Binnen kurzer Zeit erschien es auf allen Bestsellerlisten der USA. Zufällig traf ich Feynman in Pasadena, als das Buch auf Platz sieben der Bestsellerliste der *Washington Post* erschien. »Rate mal, welches Buch ich geschlagen habe?« fragte er mich. »Den ›Arthur Young Tax Guide‹. Und weißt du, welches Buch mich gerade noch geschlagen hat, Lassers ›Your Income Tax‹. Hieraus schließe ich, daß ich genauso populär bin wie die Einkommensteuer«.

In den USA kann man die Hunderttausende von Lesern des Feynmanschen Buches ziemlich genau in zwei Klassen einteilen. Entweder ist der Leser über das Buch in hohem Maße erfreut, oder er ist enttäuscht und verärgert. Sollte der Leser zu den letzteren gehören, möchte ich ihn bitten, einmal darüber nachzudenken, warum er letztlich verärgert ist. Auch möchte ich ihn daran erinnern, was Feynmans Lehrer und Mentor Hans Bethe, selbst ein führender Theoretiker in den USA, über das Buch gesagt hat:

»Feynmans Buch ist so hinreißend wie Richard Feynman selbst. Der Leser wird nicht entdecken, daß Feynman einer der bedeutendsten theoretischen Physiker der Gegenwart ist. Aber er wird erfahren, wie seine direkte und unverbildete Art, die Dinge zu betrachten, ihm Freude bereitet und anderen in seiner Umgebung auch«.

Dem unvoreingenommenen Leser wünsche ich beim Lesen von »Sie belieben wohl zu scherzen, Mr. Feynman!« genau das, was mir Feynman selbst wünschte, als er mir das erste Exemplar seines Buches übergab: »Viel Spaß«.

Ferney-Voltaire und Genf, April 1987 *Harald Fritzsch*

Vorwort

Die Geschichten in diesem Buch wurden ganz zwanglos im Laufe von sieben Jahren bei sehr vergnüglichen Trommeleien mit Richard Feynman gesammelt. Ich fand jede Geschichte für sich amüsant und die Sammlung insgesamt erstaunlich: Daß einem einzelnen Menschen in einem einzigen Leben so viele wunderbar verrückte Dinge passieren konnten, ist manchmal kaum zu glauben. Daß sich ein einzelner Mensch in einem einzigen Leben so viele harmlose Possen ausdenken konnte, ist sicherlich Inspiration!

Ralph Leighton

Einleitung

Ich hoffe, dies werden nicht die einzigen Memoiren Richard Feynmans bleiben. Gewiß vermitteln diese Erinnerungen ein zutreffendes und recht umfassendes Bild von seinem Charakter – von seinem beinah zwanghaften Drang, Rätsel zu lösen, von seiner provozierenden Schalkhaftigkeit, seiner heftigen Abneigung gegen Anmaßung und Heuchelei und von seinem Talent, jedem um eine Nasenlänge voraus zu sein, der versucht, ihm um eine Nasenlänge voraus zu sein! Dieses Buch ist eine großartige Lektüre: ausfallend, schokkierend, dennoch herzlich und sehr menschlich.

Trotzdem wird der Grundpfeiler seines Lebens: die Wissenschaft, in diesem Buch nur gestreift. Wir nehmen sie da und dort wahr, als Hintergrundmaterial in der einen oder anderen Skizze, doch nie als den Brennpunkt seines Daseins, als den Generationen seiner Studenten und Kollegen sie kannten. Vielleicht geht es nicht anders. Vielleicht ist es unmöglich, eine solche Folge von wunderbaren Geschichten über ihn selbst und seine Arbeit zusammenzustellen: über die Herausforderung und die Enttäuschung, die Begeisterung, die die Einsicht krönt, die tiefe Freude des wissenschaftlichen Verstehens, die die Quelle des Glücks in seinem Leben gewesen ist.

Ich erinnere mich an die Zeit, als ich bei ihm studierte, wie es war, wenn man eine seiner Vorlesungen besuchte. Er pflegte vorne im Hörsaal zu stehen und uns alle anzulächeln, während wir eintraten, wobei seine Finger einen komplizierten Rhythmus auf der schwarzen Platte des Experimentiertisches klopften, der an der Stirnseite des Vorlesungssaales stand. Während die Nachzügler Platz nahmen, hob er die Kreide auf und begann sie wie ein Berufsspieler, der mit einem Pokerchip spielt, rasch zwischen seinen Fingern zu drehen, wobei er immer noch glücklich lächelte wie über einen heimlichen Scherz. Und dann – immer noch lächelnd – sprach er zu uns über die Physik, wobei seine Diagramme und Gleichungen uns halfen, sein Verständnis zu teilen. Es war kein heimlicher Scherz, der ihn lächeln und seine Augen funkeln ließ, es war die Physik. Die Freude an der Physik! Diese Freude war ansteckend. Wir hatten das Glück, uns diese Infektion zu holen. Hier nun ist *Ihre* Gelegenheit, die Lebensfreude kennenzulernen, die sich in Feynmans Stil ausdrückt.

Jet Propulsion Laboratory,
California Institute of Technology *Albert R. Hibbs*

Lebensstationen

Einige Fakten meines Lebens: Ich wurde 1918 in einer kleinen Stadt namens Far Rockaway geboren, die ganz in der Nähe von New York am Meer liegt. Dort lebte ich bis 1935, als ich siebzehn Jahre alt wurde. Ich ging für vier Jahre ans MIT und dann, ungefähr 1939, nach Princeton. Während ich in Princeton war, fing ich an, am Manhattan Project zu arbeiten, und ging schließlich im April 1943 nach Los Alamos, wo ich etwa bis Oktober oder November 1946 blieb, um anschließend einen Ruf nach Cornell anzunehmen.

1941 heiratete ich Arlene, die 1946, während ich in Los Alamos war, an Tuberkulose starb.

In Cornell war ich ungefähr bis 1951. 1950 besuchte ich Brasilien, verbrachte dort 1951 ein halbes Jahr und ging dann ans Caltech, wo ich seitdem geblieben bin.

Ende 1951 ging ich für ein paar Wochen nach Japan, und dann noch einmal, ein oder zwei Jahre später, kurz nachdem ich meine zweite Frau, Mary Lou, geheiratet hatte.

Ich bin jetzt mit Gweneth, einer Engländerin, verheiratet, und wir haben zwei Kinder, Carl und Michelle.

R. P. F.

1. Teil: Von Far Rockaway zum MIT

Er repariert Radios durch Denken!

Als ich ungefähr elf oder zwölf Jahre alt war, richtete ich mir zu Hause ein Labor ein. Es bestand aus einer alten Holzkiste, in die ich Regalbretter einbaute. Ich hatte eine Kochplatte und machte mir dauernd Pommes frites darauf. Ich hatte auch einen Akku und eine Schaltung mit Lampen.

Um die Schaltung mit den Lampen zu bauen, ging ich ins Kaufhaus, besorgte mir Fassungen, die man auf einem hölzernen Sockel befestigen kann, und verband sie mit Klingeldraht. Ich wußte, daß ich durch unterschiedliche Schaltungen – in Serie oder parallel – unterschiedliche Spannungen bekommen konnte. Aber mir war nicht klar, daß der Widerstand einer Glühbirne von ihrer Temperatur abhängt, und deshalb stimmten die Resultate meiner Berechnungen nicht mit dem überein, was aus dem Stromkreis herauskam. Aber das machte nichts, und wenn die Birnen hintereinandergeschaltet waren und alle mit halber Helligkeit brannten, dann *glüüüüüüüüüüühten* sie so schön – es war toll!

Ich hatte eine Sicherung in das System eingebaut, die durchbrannte, wenn ich irgend etwas kurzschloß. Nun brauchte ich aber eine Sicherung, die schwächer war als die Sicherungen, die im Haus verwendet wurden, also machte ich mir meine eigenen Sicherungen, indem ich Stanniolpapier um eine alte, ausgebrannte Sicherung wickelte. An meine Sicherung hatte ich eine Fünf-Watt-Birne angeschlossen, so daß die Spannung aus dem Ladegerät, das dauernd den Akku auflud, die Glühbirne aufleuchten ließ, wenn die Sicherung durchbrannte. Die Birne war auf der Schalttafel hinter einem braunen Bonbonpapier (das rot aussieht, wenn es von hinten beleuchtet wird) – wenn also irgend etwas nicht funktionierte, schaute ich auf die Schalttafel, und da war dann ein großer roter Punkt, wo die Sicherung durchgebrannt war. Das war ein *Spaß!*

Ich hatte Freude an Radios. Ich fing mit einem Kristallempfänger an, den ich im Geschäft gekauft hatte, und hörte nachts im Bett beim Einschlafen über Kopfhörer. Wenn meine Mutter und mein Vater ausgingen und spät nachts zurückkehrten, kamen sie in mein Zimmer, um mir die Kopfhörer herunterzunehmen – und machten sich Gedanken darüber, was mir da im Schlaf wohl so in den Kopf ging.

Ungefähr zu dieser Zeit erfand ich eine Alarmanlage, eine ziemlich einfältige Sache: sie bestand einfach aus einer großen Batterie, an die mit etwas Draht eine Klingel angeschlossen war. Wenn sich die Tür zu meinem Zimmer öffnete, drückte sie den Draht gegen die Batterie, schloß den Stromkreis, und die Klingel ging los.

Eines Abends waren meine Eltern ausgegangen, und als sie spät nachts nach Hause kamen, machten sie, um das Kind nicht zu stören, ganz, ganz leise die Tür zu meinem Zimmer auf, um mir die Kopfhörer abzunehmen. Plötzlich ging mit einem Riesenkrach diese fürchterliche Alarmglocke los – BONG BONG BONG BONG BONG!!! Ich sprang aus dem Bett und rief: »Es hat geklappt! Es hat geklappt!«

Ich hatte eine Ford-Spule – eine Zündspule aus einem Auto –, und die Pole der Zündleitung hatte ich oben an meiner Schalttafel. Ich schloß eine Raytheon-RH-Röhre, in der Argongas war, an die Pole an, und die Zündung erzeugte im Vakuum ein dunkelrotes Glühen – es war einfach großartig!

Eines Tages spielte ich mit der Ford-Spule, indem ich mit den Zündfunken Löcher in ein Stück Papier brannte, und das Papier fing Feuer. Bald konnte ich es nicht mehr halten, weil ich mir sonst die Finger verbrannt hätte, und warf es in einen Papierkorb aus Blech, in dem eine Menge Zeitungen lagen. Zeitungen brennen ja schnell, und die Flamme sah im Zimmer ganz schön groß aus. Ich machte die Tür zu, damit meine Mutter – die im Wohnzimmer mit ein paar Freundinnen Bridge spielte – nicht merkte, daß es in meinem Zimmer brannte, nahm eine Zeitschrift, die in der Nähe lag, und legte sie auf den Papierkorb, um das Feuer zu ersticken.

Als das Feuer aus war, nahm ich die Zeitschrift herunter, aber jetzt füllte sich das Zimmer schnell mit Rauch. Der Papierkorb war immer noch zu heiß, um ihn anzufassen, deshalb holte ich eine Kombizange, trug ihn damit durchs Zimmer und hielt ihn aus dem Fenster, damit der Rauch sich verzog.

Aber weil es draußen windig war, fachte der Wind das Feuer wieder an, und jetzt war die Zeitschrift außer Reichweite. Also zog ich den Papierkorb, aus dem die Flammen schlugen, wieder durch das Fenster zurück, um die Zeitschrift zu holen, und dabei bemerkte ich die Vorhänge am Fenster – es war ziemlich gefährlich!

Na ja, ich holte die Zeitschrift, machte das Feuer wieder aus und nahm diesmal die Zeitschrift mit, während ich die glühenden Zeitungsfetzen aus dem Papierkorb auf die Straße schüttelte, die zwei oder drei Stockwerke tiefer lag. Dann verließ ich mein Zimmer, schloß die Tür hinter mir und sagte zu meiner Mutter: »Ich geh' spielen«, und der Rauch verzog sich langsam durch die Fenster.

Ich machte auch einiges mit Elektromotoren und bastelte einen Verstärker für eine Photozelle, die ich mir gekauft hatte und mit der ich eine Glocke läuten lassen konnte, wenn ich meine Hand davorhielt. Ich kam nicht dazu, alles zu machen, was ich gerne wollte, denn meine Mutter schickte mich dauernd zum Spielen nach draußen. Trotzdem war ich oft im Haus und fummelte in meinem Labor herum.

Bei Ramschverkäufen kaufte ich mir Radios. Ich hatte eigentlich kein Geld, aber es war nicht sehr teuer – es waren alte, kaputte Radios, und ich kaufte sie und versuchte, sie in Ordnung zu bringen. Meist konnte man ganz leicht herausfinden, warum sie kaputt waren – irgend ein Draht war lose, oder eine Spule war kaputt oder teilweise abgewickelt –, deshalb konnte ich manche davon wieder zum Laufen bringen. Auf einem dieser Radios bekam ich eines Nachts die Station WACO in Waco, Texas – das war unheimlich aufregend!

Mit diesem selben Röhrenradio konnte ich oben in meinem Labor einen Sender in Schenectady empfangen, der WGN hieß. Wir Kinder – meine beiden Vettern, meine Schwester und die Nachbarskinder – hörten im Radio, das unten stand, immer eine Sendung, die Eno Crime Club hieß und von der Firma, die Eno-Badesalz herstellte, gesponsert wurde – das war *die* Sache! Na ja, ich fand heraus, daß ich diese Sendung oben in meinem Labor über WGN eine Stunde früher hören konnte, bevor sie in New York ausgestrahlt wurde! So kriegte ich heraus, was passieren würde, und wenn wir dann alle unten vor dem Radio saßen und Eno Crime Club hörten, sagte ich: »Wißt ihr, wir haben schon lange nichts mehr von Soundso gehört. Ich wette, der taucht gleich auf und rettet die Situation.«

Zwei Sekunden später, *klopf-klopf*, ist er da! Das fanden sie alle aufregend, und ich sagte noch ein paar andere Dinge voraus. Da merkten sie, daß da irgendein Trick dahinter stecken mußte – daß ich irgendwie Bescheid wußte.

Also gab ich zu, was los war, daß ich die Sendung oben eine Stunde früher hören konnte.

Man kann sich natürlich denken, was die Folge war. Jetzt wollte keiner mehr bis zur regulären Sendezeit warten. Sie mußten alle oben in meinem Labor vor diesem winzigen, knackenden Radio sitzen und eine halbe Stunde lang den Eno Crime Club aus Schenectady hören.

Wir wohnten damals in einem großen Haus; mein Großvater hatte es seinen Kindern vererbt, und außer dem Haus besaßen sie nicht viel. Es war ein sehr großes Holzhaus, und ich zog außen herum überall Drähte und hatte in allen Zimmern Stecker, so daß immer eine Verbindung zu meinen Radiogeräten bestand, die oben in meinem Labor waren, und ich immer Radio hören konnte. Ich hatte auch einen Lautsprecher – keinen ganzen Lautsprecher, nur den Teil, auf dem sonst der große Schalltrichter sitzt, aber der fehlte.

Eines Tages hatte ich meine Kopfhörer auf und schloß sie an den Lautsprecher an, und dabei entdeckte ich etwas: Ich legte meinen Finger auf den Lautsprecher und konnte das im Kopfhörer hören; ich kratzte auf der Membran herum und hörte das dann im Kopfhörer. Auf diese Weise entdeckte ich, daß der Lautsprecher wie ein Mikrophon wirken konnte, und dazu brauchte man nicht einmal Batterien. In der Schule nahmen wir gerade Alexander Graham Bell durch, also führte ich den Lautsprecher mit dem Kopfhörer vor. Ich wußte es damals nicht, aber ich glaube, das war die Art Telephon, die er ursprünglich verwendete.

Jetzt hatte ich also ein Mikrophon und konnte im Haus von oben nach unten und von unten nach oben senden, wobei ich die Verstärker aus meinen Ramsch-Radios verwendete. Meine Schwester Joan, die neun Jahre jünger war als ich, muß damals ungefähr zwei oder drei gewesen sein, und im Radio gab es einen Typ, der Uncle Don hieß und den sie sich gern anhörte. Er sang Liedchen über »brave Kinder« und so weiter und las Karten vor, die Eltern geschickt hatten, in der Art wie »Mary Soundso in der Flatbush Avenue Nr. 25 hat diesen Samstag Geburtstag«.

Eines Tages sagten mein Vetter Francis und ich zu Joan, sie solle sich hinsetzen, es gebe eine besondere Sendung, die sie sich anhören müsse. Dann rannten wir die Treppe hoch und fingen an zu senden: »Hier spricht Uncle Don. Wir kennen ein sehr liebes kleines Mädchen, es heißt Joan und wohnt am New Broadway; es hat bald Geburtstag – nicht heute, aber dann und dann. Sie ist ein hübsches Mädchen.« Wir sangen ein Liedchen, und dann machten wir Musik: *Diedel diedel die, dudel dudel du; diedel diedel die, dudel dudel du . . .*« Wir zogen die ganze Sache durch, und dann kamen wir wieder herunter: »Na, wie war's? Hat dir die Sendung gefallen?«

»Es war gut«, sagte sie, »aber warum habt ihr die Musik mit dem Mund gemacht?«

Eines Tages bekam ich einen Anruf: »Mister, sind Sie Richard Feynman?«

»Ja.«

»Hier ist ein Hotel. Wir haben ein Radio, das nicht funktioniert, und wir würden es gern reparieren lassen. Wir haben gehört, daß Sie vielleicht etwas daran machen können.«

»Aber ich bin ja nur ein kleiner Junge«, sagte ich. »Ich weiß nicht, wie –«

»Ja, das wissen wir, aber wir hätten trotzdem gern, daß Sie mal rüberkommen.«

Es war ein Hotel, das von meiner Tante geführt wurde, aber das wußte ich nicht. Ich ging hin – man erzählt sich die Geschichte heute noch – mit einem großen Schraubenzieher hinten in der Hosentasche. Na, ich war ja noch klein, da sah hinten in meiner Hosentasche *jeder* Schraubenzieher groß aus.

Ich nahm mir das Radio vor und versuchte es in Ordnung zu bringen. Ich verstand überhaupt nichts davon, aber es gab auch ein Faktotum in dem Hotel, und entweder ihm oder mir fiel auf, daß am Regelwiderstand – mit dem man die Lautstärke reguliert – ein Knopf locker war, so daß sich die Welle nicht drehte. Er ging weg und feilte irgend etwas zurecht und brachte es in Ordnung, und so lief es dann.

Das nächste Radio, das ich zu reparieren versuchte, ging überhaupt nicht. Das war leicht: der Stecker steckte nicht richtig in der Steckdose. Je komplizierter die Reparaturaufträge wurden, desto besser und geschickter wurde ich. Ich kaufte mir in New York ein Milliamperemeter und verwandelte es in ein Voltmeter mit verschiedenen Skalen, indem ich feine Kupferdrähte in der richtigen Länge verwendete (die ich mir ausgerechnet hatte). Es war nicht besonders genau, aber es genügte, um anzuzeigen, ob bei den verschiedenen Anschlüssen in diesen Radiogeräten alles im richtigen Bereich lag.

Der Hauptgrund dafür, daß die Leute mir Arbeit gaben, war die Depression. Sie hatten nicht genug Geld, um ihre Radios reparieren zu lassen, und dann hörten sie von diesem Jungen, der es für weniger Geld machte. Also kletterte ich auf Dächer, um Antennen und alles mögliche andere in Ordnung zu bringen. Die Aufträge wurden immer schwieriger, so daß ich dabei eine Menge lernte. Schließlich bekam ich sogar Aufträge wie den, ein Gleichstromgerät in ein Wechselstromgerät umzubauen. Es war ziemlich schwierig, das Brummen aus dem System herauszubringen, und ich kriegte das nicht ganz hin. Ich hätte mir das nicht zutrauen sollen, aber das wußte ich nicht.

Ein Job war wirklich sensationell. Ich arbeitete damals bei einem Drucker, und jemand, der diesen Drucker kannte, erfuhr, daß ich versuchte, Reparaturaufträge für Radios zu bekommen; so schickte er jemanden bei der Druckerei vorbei, um mich abzuholen. Der Bursche ist offensichtlich arm – sein Auto ist ein völliges Wrack –, und wir fahren zu ihm nach Hause, in einen heruntergekommenen Stadtteil.

Unterwegs frage ich ihn: »Was ist denn los mit dem Radio?«

Er antwortet: »Wenn ich es anstelle, macht es so einen Krach, und dann dauert's eine Weile, und alles ist in Ordnung, aber der Krach am Anfang gefällt mir nicht.«

Ich denke bei mir: »Verflixt nochmal! Wenn er kein Geld hat, sollte er das bißchen Krach ruhig 'ne Weile ertragen können.«

Und auf dem Weg zu seinem Haus stellt er mir die ganze Zeit Fragen, wie: »Verstehst du denn überhaupt was von Radios? Wie kommt es, daß du was von Radios verstehst – du bist doch noch ein kleiner Junge!«

Während der ganzen Fahrt macht er mich runter, und ich denke: »Was ist denn mit dem los? Das Radio macht also 'n bißchen Krach, na und?«

Aber als wir ankamen, ging ich ans Radio und schaltete es ein. Ein bißchen Krach? *Du lieber Himmel!* Kein Wunder, daß der arme Kerl das nicht aushalten konnte. Das Ding fing an zu röhren und zu jaulen – WUH BUH BUH BUH BUH – ein *unheimlicher* Lärm. Dann wurde es leiser und spielte schließlich richtig. Also fing ich an nachzudenken: »Woran kann das liegen?«

Ich fange an, hin und her zu gehen und zu überlegen, und mir fällt ein, daß es daran liegen kann, daß die Röhren in der falschen Reihenfolge warm werden, das heißt: der Verstärker ist ganz heiß, die Röhren sind startbereit, und es fließt kein Strom, oder es fließt Strom in die falsche Richtung, oder es stimmt irgend etwas am Anfang nicht – im Empfangsteil –, und deshalb macht es so einen Lärm, weil es irgend etwas empfängt. Und wenn dann der Eingangskreis steht und die Gitterspannungen angepaßt sind, ist alles in Ordnung.

Da sagt der Kerl: »Was treibst du denn da? Kommst mit, um das Radio in Ordnung zu bringen, rennst aber nur hin und her!«

Ich darauf: »Ich denke nach!« Dann sagte ich mir: »Also, nimm die Röhren raus und setze sie in umgekehrter Reihenfolge wieder in das Gerät ein. (Damals wurden in vielen

Radios an verschiedenen Stellen die gleichen Röhren verwendet – 212er, glaube ich, oder 212-A's.) Also vertauschte ich die Röhren, stellte mich vor das Radio, schaltete den Kasten ein, und es ist ruhig wie ein Lamm: es wartet, bis es warm ist, und spielt dann einwandfrei – kein Krach.

Wenn einen jemand schlecht behandelt hat, und man bringt dann so etwas fertig, sind die Leute gewöhnlich wie ausgewechselt, um das wiedergutzumachen. Er besorgte mir andere Aufträge, erzählte jedem, was für ein ungeheures Genie ich sei und sagte: »Er repariert Radios durch *Denken*!« Die Vorstellung allein: durch Denken ein Radio in Ordnung zu bringen – ein kleiner Junge hält inne, denkt nach und findet heraus, was zu tun ist –, er hätte das nie für möglich gehalten.

Die Schaltkreise in Radios waren damals viel leichter zu verstehen, denn alles war bequem zugänglich. Nachdem man das Gerät auseinandergenommen hatte (das größte Problem war, die richtigen Schrauben zu finden), konnte man sehen, dies ist ein Widerstand, das ist ein Kondensator, hier ist dies, dort ist das: alle Teile waren beschriftet. Und wenn Wachs aus einem Kondensator herausgetropft war, war dieser zu heiß, und es war klar, daß der Kondensator durchgebrannt war. Wenn Kohle auf einem der Widerstände war, wußte man, wo der Schaden lag. Oder wenn man durch Hinsehen nicht herausfand, was los war, testete man ihn mit dem Voltmeter und schaute, ob Spannung durchkam. Die Geräte waren einfach, die Schaltkreise unkompliziert. Die Gitterspannung betrug immer anderthalb oder zwei Volt, und die Spannung an den Anoden hundert oder zweihundert Volt Gleichstrom. Deshalb war es für mich nicht schwer, ein Radio auf diese Weise zu reparieren: ich verstand, was innen vor sich ging, ich stellte fest, daß irgend etwas nicht richtig arbeitete und behob den Schaden.

Manchmal dauerte das ziemlich lange. Ich erinnere mich, daß ich einmal einen ganzen Nachmittag brauchte, um einen durchgebrannten Kondensator zu finden, der schwer zu entdecken war. In diesem Fall handelte es sich zufällig um eine Bekannte meiner Mutter, deshalb *hatte* ich Zeit – es stand niemand hinter mir und fragte: »Was treibst du da?« Statt dessen fragte man: »Möchtest du ein Glas Milch oder ein Stück Kuchen?« Schließlich brachte ich es in Ordnung, denn ich hatte – und habe immer noch – Ausdauer. Wenn ich mich erstmal auf ein Rätsel einlasse, komme ich nicht mehr davon los. Wenn die Bekannte meiner Mutter gesagt hätte: »Mach dir nichts draus, das ist zuviel Arbeit für dich«, wäre ich in die Luft gegangen, denn wenn ich schon einmal so weit gegangen bin, will ich das verdammte Ding auch in den Griff kriegen. Ich kann einfach nicht davon lassen, nachdem ich so viel darüber herausgefunden habe. Ich muß weitermachen, um letzten Endes doch herauszukriegen, was eigentlich damit los ist.

Das ist ein Rätsel-Trieb. Das erklärt, warum ich Maya-Hieroglyphen entziffern möchte, warum ich versuche, Safes zu öffnen. Ich erinnere mich, daß es mir auf der High School oft passierte, daß in der ersten Stunde ein Typ mit einem geometrischen Rätsel oder mit irgendeiner Aufgabe in höherer Mathematik, die in seiner Klasse gestellt worden war, zu mir kam. Ich hörte nicht auf, bis ich die verdammte Sache rausgekriegt hatte – dazu brauchte ich eine Viertelstunde oder zwanzig Minuten. Aber im Laufe des Tages kamen dann andere mit dem gleichen Problem, und für die löste ich das dann blitzschnell. Bei dem einen brauchte ich also zwanzig Minuten, aber die fünf anderen hielten mich für ein Supergenie.

Auf diese Weise bekam ich einen phantastischen Ruf. Während der High-School-Zeit muß ich es mit jedem der Menschheit bekannten Rätsel zu tun bekommen haben. Jede verflixte, verrückte Knobelei, die man sich hatte einfallen lassen, kannte ich. Als ich dann ans MIT kam, gab es einmal einen Tanzabend, und einer der älteren Studenten hatte seine Freundin bei sich, die eine Menge Rätsel kannte, und er erzählte ihr, daß ich ziemlich gut im Rätsellösen sei.

Im Laufe des Abends kam sie deshalb zu mir herüber und sagte: »Du sollst ja schwer was los haben, dann zeig mal, was du kannst: ›Ein Mann soll acht Klafter Holz schlagen...‹«

Und ich sagte: »Er fängt damit an, daß er jeden zweiten in drei Teile zerhackt«, denn das Rätsel kannte ich schon.

Darauf ging sie weg und kam mit einem neuen zurück, und ich kannte auch das wieder.

Das ging eine ganze Weile so, und schließlich, als der Tanzabend fast zu Ende war, kam sie mit einem Gesichtsausdruck herüber, als würde sie mich diesmal sicher hereinlegen und sagte: »Eine Mutter reist mit ihrer Tochter nach Europa...«

»Die Tochter hatte die Beulenpest.«

Sie brach fast zusammen! Das waren kaum genug Anhaltspunkte, um die Antwort zu finden: Es war eine lange Geschichte, wie eine Mutter mit ihrer Tochter in ein Hotel geht und beide getrennte Zimmer nehmen, und am nächsten Tag geht die Mutter in das Zimmer der Tochter, und es ist niemand da, oder jemand anders ist da, und sie fragt: »Wo ist meine Tochter?«, und der Hotelbesitzer sagt: »Was für eine Tochter?«, und im Gästebuch steht nur der Name der Mutter und so weiter und so weiter, und es ist ein großes Geheimnis um das, was passiert ist. Die Antwort ist, daß die Tochter die Beulenpest hatte, und das Hotel, das nicht zumachen will, läßt die Tochter verschwinden, säubert das Zimmer und beseitigt alle Hinweise, daß sie da war. Es war eine lange Geschichte, aber ich kannte sie, und als das Mädchen anfing mit: »Eine Mutter reist mit ihrer Tochter nach Europa«, fiel mir ein Rätsel ein, das so begann, also habe ich blind drauflosgeraten und traf das Richtige.

Auf der High School hatten wir das sogenannte Algebra-Team, dem gehörten fünf Jungen an, und wir fuhren zusammen zu anderen Schulen, um dort an Wettbewerben teilzunehmen. Wir saßen in einer Reihe, und das andere Team saß in einer anderen Reihe. Die Lehrerin, die den Wettkampf leitete, nahm einen Umschlag heraus, und auf dem Umschlag steht: »Fünfundvierzig Sekunden«. Sie öffnet den Umschlag, schreibt die Aufgabe an die Tafel und sagt: »Los!« – also hat man in Wirklichkeit mehr als fünfundvierzig Sekunden Zeit, denn während sie schreibt, kann man überlegen. Das Spiel ging so: Man hat ein Stück Papier, und darauf kann man alles schreiben, was man *will*. Das einzige, was zählte, war die Antwort. Wenn die Antwort »sechs Bücher« lautete, mußte man eine »6« hinschreiben und einen großen Kreis darum machen. Wenn das, was in dem Kreis stand, richtig war, hatte man gewonnen; wenn nicht, hatte man verloren.

Eines war sicher: Es war praktisch unmöglich, das Problem in irgendeiner herkömmlichen, direkten Weise zu lösen, zum Beispiel indem man hinschreibt, »A ist die Anzahl der roten Bücher, B ist die Anzahl der blauen Bücher«, ächz, ächz, ächz, bis am Ende »sechs Bücher« herauskommt. Dazu hätte man fünfzig Sekunden gebraucht, denn die Leute, die die Zeiten für diese Aufgaben festlegten, hatten sie alle ein bißchen kurz angesetzt. Also mußte man überlegen: »Kann man die Lösung irgendwie *sehen*?« Manchmal konnte man die Lösung blitzartig sehen, und manchmal mußte man einen anderen Weg erfinden und dann die Algebra-Aufgabe so schnell wie möglich erledigen. Es war eine wunderbare Übung, und ich wurde immer besser und war schließlich der Anführer des Teams. Auf diese Weise lernte ich, Algebra-Aufgaben sehr rasch zu lösen, und das kam mir auf dem College zugute. Wenn wir ein Problem in Differential- oder Integralrechnung hatten, sah ich sehr rasch, wie es ging, und löste dann die Algebra-Aufgabe – und zwar schnell.

Was ich noch auf der High School tat, war: Probleme und Theoreme erfinden. Das heißt, wenn ich überhaupt etwas Mathematisches machte, dann fand ich irgendein praktisches Beispiel, für das man es gebrauchen konnte. Ich erfand eine Reihe von Aufgaben mit rechtwinkligen Dreiecken. Aber statt die Länge von zwei der Seiten anzugeben, um die dritte zu finden, gab ich die Differenz der zwei Seiten an. Ein typisches Beispiel war: Von der Spitze einer Fahnenstange hängt ein Seil herunter. Wenn man das Seil gerade nach unten zieht, ist es drei Fuß länger als die Stange, und wenn man es straff von der Stange wegzieht, berührt es fünf Fuß von deren Basis entfernt den Boden. Wie hoch ist die Fahnenstange?

Ich entwickelte einige Gleichungen, um Probleme wie dieses zu lösen, und das hatte zur Folge, daß mir ein Zusammenhang auffiel – vielleicht war es $\sin^2 + \cos^2 = 1$ –, der mich an die Trigonometrie erinnerte. Nun, ein paar Jahre früher, vielleicht als ich elf oder zwölf war, hatte ich ein Buch über Trigonometrie gelesen, das ich in der Bibliothek ausgeliehen hatte, aber das Buch war inzwischen längst vergessen. Ich erinnerte mich nur daran, daß Trigonometrie irgend etwas mit Beziehungen zwischen Sinussen und Kosinussen zu tun hatte. Also fing ich an, diese ganzen Beziehungen auszuarbeiten, indem ich Dreiecke zeichnete, und für jede Beziehung führte ich selbst den Beweis. Ich berechnete auch den Sinus, Kosinus und Tangens jedes Winkels, dessen Gradzahl ein Vielfaches von Fünf bildet, wobei ich vom Sinus eines Winkels von fünf Grad ausging, indem ich addierte und Formeln für halbe Winkel benutzte, die ich ausgearbeitet hatte.

Ein paar Jahre später, als wir die Trigonometrie in der Schule durchnahmen, hatte ich immer noch meine Notizen und sah, daß sich meine Herleitungen oft von denen im Lehrbuch unterschieden. Manchmal, wenn ich keinen einfachen Weg sah, machte ich einen Riesenumweg, bis ich es herausbekam. Ein anderes Mal war meine Methode äußerst geschickt – die Standard-Herleitung im Lehrbuch war viel komplizierter! Manchmal also steckte ich die in die Tasche, und manchmal war's auch umgekehrt.

Als ich mich mit der Trigonometrie beschäftigte, gefielen

mir die Symbole nicht, die normalerweise für Sinus, Kosinus, Tangens und so weiter verwendet werden. Für mich sah »sin f« wie s mal i mal n mal f aus! Deshalb erfand ich ein anderes Symbol, so ähnlich wie ein Quadratwurzel-Zeichen, nämlich ein Sigma, das einen langen Arm ausstreckt, und darunter schrieb ich das f. Für den Tangens war es ein Tau, bei dem der obere Strich verlängert war, und für den Kosinus machte ich eine Art Gamma, aber es sah ein bißchen so aus wie das Zeichen für die Quadratwurzel.

Der Arkussinus war das gleiche Sigma, aber spiegelverkehrt von rechts nach links, so daß das Zeichen mit der horizontalen Linie anfing, unter der der Wert stand, und dann kam das Sigma. *Das* war der Arkussinus, NICHT, $\sin^{-1} f$ – das war verrückt! Das stand in den Büchern! Für mich bedeutete $\sin^{-1}$ den Kehrwert, $1/\sin$. Meine Symbole waren also besser.

Das Zeichen f(x) gefiel mir auch nicht – für mich sah das aus wie f mal x. Ebensowenig mochte ich dy/dx – man läßt die d's leicht weg –, deshalb machte ich ein anderes Zeichen, so etwas wie ein &-Zeichen. Für Logarithmen war es ein großes, nach rechts hin verlängertes L, in das das, wovon man den Logarithmus nimmt, hineingeschrieben wurde, und so weiter.

Ich fand, meine Symbole seien ebenso gut – wenn nicht besser – wie die regulären Symbole – es ist ganz egal, *welche* Symbole man verwendet –, aber später entdeckte ich, daß es *doch* nicht egal ist. Als ich nämlich einmal auf der High School einem anderen Jungen etwas erklärte, machte ich zunächst, ohne zu überlegen, diese Symbole, und er fragte: »Was zum Teufel ist das denn?« Da wurde mir klar, daß ich, wenn ich mit jemand anderem sprach, die Standardsymbole benutzen mußte, und deshalb gab ich schließlich meine eigenen Symbole auf.

Ich hatte auch eine Reihe von Symbolen für die Schreibmaschine erfunden, so ähnlich wie bei FORTRAN, damit ich Gleichungen tippen konnte. Ich reparierte auch Schreibmaschinen, und zwar mit Büroklammern und Gummibändern (die hielten in New York länger als hier in Los Angeles); aber ein professioneller Handwerker war ich nicht; ich brachte sie bloß in Ordnung, damit sie wieder funktionierten. Aber das ganze Problem: zu entdecken, was los war, und herauszukriegen, was man tun muß, um sie wieder in Gang zu bringen – das hat mich interessiert, wie ein Rätsel.

Grüne Bohnen

Ich muß siebzehn oder achtzehn gewesen sein, als ich einen Sommer in einem Hotel arbeitete, das von meiner Tante geführt wurde. Ich weiß nicht, wieviel ich verdiente – zweiundzwanzig Dollar im Monat, glaube ich –, und ich arbeitete abwechselnd den einen Tag elf Stunden und den nächsten dreizehn als Portier oder als Aushilfskellner im Restaurant. Und nachmittags, wenn man Portier war, mußte man Mrs. D., einer körperbehinderten Frau, die uns nie Trinkgeld gab, die Milch hinaufbringen. So war nun mal die Welt: Man arbeitete viele Stunden lang und bekam nichts dafür, und das jeden Tag.

Es war ein Urlaubshotel, am Strand, an der Peripherie von New York. Die Männer fuhren zur Arbeit in die Stadt, und die Frauen blieben da, um Karten zu spielen, deshalb mußte man immer die Bridge-Tische hinausstellen. Abends spielten die Männer dann Poker, da mußte man die Tische für sie bereitstellen – die Aschenbecher sauber machen und so weiter. Ich war immer bis spät nachts auf, so bis gegen zwei Uhr, das heißt, es waren *wirklich* elf oder dreizehn Stunden pro Tag.

Manche Sachen konnte ich nicht ausstehen, zum Beispiel Trinkgelder. Ich fand, es sei besser, mehr bezahlt zu bekommen und keine Trinkgelder nehmen zu müssen. Aber als ich das der Chefin vorschlug, erntete ich nichts als Gelächter. Sie erzählte jedem: »Richard will kein Trinkgeld, hi, hi, hi; er will kein Trinkgeld, ha, ha, ha.« Die Welt ist voll von solchen blöden Schlaubergern, die überhaupt nichts verstehen.

Jedenfalls, irgendwann wohnten da ein paar Männer, und wenn die aus der Stadt von der Arbeit zurückkamen, wollten sie sofort Eis für ihre Drinks haben. Nun, der andere

Bursche, der mit mir arbeitete, war wirklich Portier gewesen. Er war älter als ich und viel professioneller. Eines Tages sagte er zu mir: »Hör mal, wir bringen diesem Kerl, diesem Ungar, doch immer das Eis rauf, und der gibt uns nie Trinkgeld – nicht mal zehn Cents. Das nächste Mal, wenn die Eis haben wollen, tust du einfach gar nichts. Die werden dich dann noch mal anrufen, und wenn sie wieder anrufen, sagst du: ›Oh, tut mir leid. Habe ich vergessen. Wir sind ja alle mal vergeßlich.‹«

So machte ich's dann auch, und Ungar gab mir fünfzehn Cents! Aber wennn ich mir das jetzt im nachhinein überlege, wird mir klar, der andere Portier, der professionelle, der hat *wirklich* gewußt, wie man's macht: rede dem *anderen* ein, daß er das Risiko eingehen muß, Ärger zu bekommen. Er hat *mich* das erledigen lassen, diesen Kerl darauf zu trimmen, Trinkgeld zu geben. Er *selbst* hat nie was gesagt; er brachte *mich* dazu, es zu tun!

Als Aushilfskellner mußte ich im Speisesaal die Tische abräumen. Man stapelt das ganze Zeug von den Tischen auf ein Tablett an der Seite, und wenn genug drauf ist, trägt man es in die Küche. Dann holt man sich ein neues Tablett, nicht? Man *sollte* es in zwei Schritten machen – das volle Tablett wegnehmen und ein neues hinlegen –, aber ich dachte: »Ich werde das in einem Schritt machen.« Also versuchte ich, das neue Tablett darunterzuschieben und gleichzeitig das alte vorzuziehen, und es rutschte weg – PENG! Das ganze Zeug fiel auf den Boden. Und dann war natürlich die Frage: »Was hast du gemacht? Wie konnte das runterfallen?« Na ja, wie sollte ich erklären, daß ich versuchte, eine neue Art zu erfinden, mit Tabletts zu hantieren?

Bei den Desserts gab es so eine Art Kuchen zum Kaffee, der ganz hübsch auf einem Zierdeckchen serviert wurde, das auf einem kleinen Teller lag. Aber wenn man nach hinten ging, sah man da einen Mann, der der Küchenmeister genannt wurde. Seine Aufgabe war, das Zeug für die Desserts fertig zu machen. Also, der Mann muß vorher Bergarbeiter gewesen sein oder so etwas Ähnliches: kräftig gebaut, mit ganz kurzen, dicken, runden Fingern. Er nahm diesen Stapel Zierdeckchen, die mit einer Stanze hergestellt werden und deshalb alle aneinanderhingen, und versuchte, die Zierdeckchen mit seinen Wurstfingern auseinanderzubekommen, um sie auf die Teller zu legen. Ich hörte immer, wie er dabei »Diese verdammten Dinger!« sagte, und ich erinnere mich, daß ich dachte: »Was für ein Gegensatz – der Gast am Tisch bekommt diesen schönen Kuchen auf einem Teller mit Zierdeckchen, und der Küchenmeister da hinten mit seinen Stummeldaumen sagt: ›Diese verdammten Dinger!‹« Das war also der Unterschied zwischen der Welt, wie sie wirklich war und wie sie zu sein schien.

Als ich dort den ersten Tag arbeitete, erklärte mir die Küchenmeisterin, daß sie gewöhnlich für den, der Nachtschicht habe, ein Schinkenbrot oder etwas anderes mache. Ich sagte, ich äße gern Desserts. Wenn vom Abendessen ein Dessert übrig sei, dann würde ich das gerne nehmen. In der nächsten Nacht hatte ich Spätschicht bis 2 Uhr morgens, weil diese Kerle Poker spielten. Ich saß herum, hatte nichts zu tun und langweilte mich, als mir plötzlich einfiel, daß ich ein Dessert essen konnte. Ich ging zum Kühlschrank und öffnete ihn, und da hatte sie *sechs* Desserts hingestellt! Es gab Schokoladenpudding, ein Stück Kuchen, einige Pfirsichhälften, etwas Milchreis, Wackelpeter – was man sich nur wünschen konnte! So setzte ich mich hin und aß die sechs Desserts – es war sagenhaft!

Am nächsten Tag sagte sie zu mir: »Ich habe ein Dessert für dich stehenlassen . . .«

»Es war wunderbar«, sagte ich, »ganz wunderbar!«

»Aber ich hatte dir sechs Desserts hingestellt, denn ich wußte ja nicht, welches du am liebsten hast.«

Von da an stellte sie mir immer sechs Desserts hin. Jeden Abend hatte ich sechs Desserts. Sie waren nicht immer verschieden, aber es waren immer sechs Desserts.

Einmal, als ich Portier war, ließ ein Mädchen neben dem Telephon beim Empfang ein Buch liegen, als sie zum Essen ging, und ich schaute es mir an. Es war *Das Leben Leonardos,* und ich konnte nicht widerstehen. Das Mädchen lieh es mir aus, und ich habe das ganze Ding gelesen.

Ich schlief in einem kleinen Zimmer auf der Rückseite des Hotels, und es gab immer etwas Zoff, weil man das Licht ausmachen sollte, wenn man sein Zimmer verließ, und ich brachte es nie fertig, daran zu denken. Angeregt von dem Leonardo-Buch, bastelte ich einen Apparat, der aus einem System von Schnüren und Gewichten bestand – Cola-Flaschen voller Wasser – und der so funktionierte, daß, wenn ich die Tür öffnete, an dem Kettchen gezogen wurde und das Licht anging. Man öffnete die Tür, und die Dinger wurden in Bewegung gesetzt und machten das Licht an; dann schließt man die Tür hinter sich, und das Licht ging aus. Aber meine *beste* Erfindung kam später.

Ich mußte in der Küche Gemüse kleinschneiden. Grüne Bohnen mußten in Stücke geschnitten werden, ungefähr ein Inch lang. Das sollte man folgendermaßen machen: Man hält zwei Bohnen in der einen Hand, das Messer in der anderen, und dann drückt man das Messer gegen die Bohnen und den Daumen und schneidet sich dabei fast. Das ging sehr langsam. Also gebrauchte ich meinen Verstand und kam auf eine ziemlich gute Idee. Ich setzte mich draußen vor der Küche an den Holztisch, stellte mir eine Schüssel auf den Schoß und steckte ein sehr scharfes Messer in einem Winkel von fünfundvierzig Grad von mir aus gesehen nach unten in den Tisch. Dann tat ich auf jede Seite einen Haufen grüne Bohnen, nahm eine in jede Hand und bewegte sie so rasch auf mich zu, daß sie zerschnitten wurde und die Stücke in die Schüssel auf meinem Schoß fielen.

Ich sitze also da und schneide eine Bohne nach der anderen – *schip, schip, schip, schip, schip* –, und alle bringen mir Bohnen, und es geht mir unheimlich schnell von der Hand, als auf einmal die Chefin vorbeikommt und fragt: »Was *machst* du denn da?«

Ich sage: »Guck mal, wie ich die Bohnen schneide!« – und genau in dem Moment schneide ich mir in den Finger, statt eine Bohne zu zerschneiden. Es fing an zu bluten, das Blut tropfte auf die Bohnen, und es gab große Aufregung: »Schau dir an, wie viele Bohnen du verdorben hast! Wie kann man nur so dumm sein!« und so weiter. So kam ich nie dazu, irgendwelche Verbesserungen anzubringen, was einfach gewesen wäre – mit einem Schutz oder etwas Ähnlichem –, aber nein, es gab keine Chance für Verbesserungen.

Ich machte noch eine andere Erfindung, bei der es ähnliche Schwierigkeiten gab. Für irgendeinen Kartoffelsalat mußten wir Kartoffeln schneiden, nachdem sie gekocht waren. Sie waren klebrig und feucht, und man konnte sie nur schwer halten. Ich stellte mir eine ganze Reihe von Messern vor, parallel eingespannt, die heruntergehen und das ganze Zeug zerschneiden würden. Ich dachte lange darüber nach, und schließlich kam mir die Idee, daß man auch Drähte einspannen könnte.

Also ging ich ins Kaufhaus, um mir Messer oder Drähte zu kaufen, und sah da genau den Apparat, den ich haben wollte: damit schnitt man Eier in Scheiben. Als am nächsten Tag die Kartoffeln drankamen, holte ich meinen kleinen Eierschneider, schnitt in Null Komma nix die ganzen Kartoffeln und ließ sie dem Küchenchef bringen. Der Küchenchef war ein Deutscher, ein riesenlanger Kerl, der war der King in der Küche, und er kam herausgestürmt – die Adern traten an seinem Hals hervor –, hochrot im Gesicht. »Was ist denn mit den Kartoffeln los?« fragte er. »Die sind ja überhaupt nicht geschnitten!«

Ich hatte sie geschnitten, aber die Scheiben klebten alle aneinander. Er fragte: »Wie soll ich die denn auseinanderkriegen?«

»Tun Sie sie in Wasser«, schlage ich vor.

»IN WASSER? IHHHHHHHHHH!!!«

Ein andermal hatte ich eine *wirklich* gute Idee. Als Portier mußte ich mich um das Telephon kümmern. Wenn jemand anrief, ertönte ein Summen, und an der Vermittlung fiel eine Klappe herunter, so daß man sehen konnte, welcher Anschluß es war. Manchmal, wenn ich den Frauen mit den Bridge-Tischen half oder am Nachmittag (wenn es sehr wenige Anrufe gab) auf der Veranda saß, war ich ziemlich weit von der Vermittlung weg, wenn es plötzlich summte. Ich rannte dann hin, um den Anruf anzunehmen, aber so, wie der Empfang gebaut war, mußte man, um an die Telephonvermittlung heranzukommen, erst an der Theke vorbeigehen, dann um sie herum, dann hinter sie und schließlich noch ein Stück zurückgehen, um zu sehen, von woher der Anruf kam – das dauerte zusätzlich.

Da hatte ich eine gute Idee. Ich befestigte Fäden an den Klappen, die an der Vermittlung waren, und zog sie über die Theke hinweg und dann nach unten, und am Ende jedes Fadens befestigte ich ein Stückchen Papier. Dann legte ich das Teil des Telephons, in das man hineinsprach, oben auf die Theke, so daß ich es von vorne erreichen konnte. Wenn jetzt ein Anruf kam, sah ich an dem Papierstück, das hochgegangen war, welche Klappe heruntergefallen war, so daß ich den Anruf entsprechend beantworten konnte, und zwar von vorne, um Zeit zu sparen. Natürlich mußte ich trotzdem noch um die Theke herumgehen, um den Anruf zu vermitteln, aber zumindest nahm ich ihn an. Ich sagte: »Einen Moment«, und ging dann hinter die Theke, um die Verbindung herzustellen.

Ich fand, das sei perfekt, aber eines Tages kam die Chefin, und diesmal wollte sie *selbst* einen Anruf annehmen und kam damit nicht zurecht – zu kompliziert. »Was sollen denn all diese Papierchen? Wieso liegt das Telephon hier? Warum tust du nicht... *aaaaaaaaaah*!«

Ich versuchte ihr zu erklären – sie war schließlich meine Tante –, daß es keinen Grund gab, das *nicht* zu tun, aber man kann das niemandem erzählen, der es *besser weiß*, der *ein Hotel führt*! Da habe ich gelernt, daß in der wirklichen Welt Innovation etwas sehr Schwieriges ist.

Wer hat die Tür gestohlen?

Am MIT veranstalteten die verschiedenen Studenten-Verbindungen alle »Herrenabende«, bei denen sie die neuen Erstsemester dazu bringen wollten, bei ihnen Mitglied zu werden, und in dem Sommer, bevor ich ans MIT ging, wurde ich von Phi Beta Delta, einer jüdischen Verbindung, zu einem Treffen in New York eingeladen. Wenn man Jude oder in einer jüdischen Familie aufgewachsen war, hatte man in anderen Verbindungen damals keine Chance. Die guckten einen nicht mal an. Ich war nicht unbedingt darauf aus, mit anderen Juden zusammenzusein, und den Leuten aus der Phi-Beta-Delta-Verbindung war es egal, wie jüdisch ich war – eigentlich glaubte ich nichts von diesem Zeug, und ich war sicher in keiner Weise religiös. Jedenfalls stellten mir ein paar Leute aus der Verbindung einige Fragen und gaben mir einen kleinen Tip – daß ich die Analysis-I-Prüfung machen sollte, damit ich den Kurs nicht belegen müßte –, der sich als guter Tip erwies. Ich mochte die Burschen von der Verbindung, die nach New York gekommen waren, und die beiden, die mich dazu überredeten, Mitglied zu werden. Ich wohnte später mit ihnen zusammen auf einem Zimmer.

Am MIT gab es noch eine andere jüdische Verbindung, die hieß »SAM«, und die hatten die Idee, mir eine Fahrt hoch nach Boston zu bezahlen, und ich konnte bei ihnen wohnen. Ich nahm das Angebot an und schlief in jener ersten Nacht oben in einem der Zimmer.

Am nächsten Morgen schaute ich aus dem Fenster und sah, wie die beiden Jungs von der anderen Verbindung (die ich in New York getroffen hatte) die Treppe hochkamen. Ein paar Typen von der Sigma-Alpha-Mü-Verbindung liefen hinaus, um mit ihnen zu sprechen, und es gab ein großes Palaver.

Ich rief aus dem Fenster: »Heh, ich gehöre eigentlich zu *denen*!«, und beeilte mich, aus dem Verbindungshaus hinauszukommen, ohne daran zu denken, daß sie sich alle darum bemühten und bewarben, daß ich bei ihnen Mitglied wurde. Dankbarkeit für die Fahrt oder für sonst etwas verspürte ich nicht.

Die Phi-Beta-Delta-Verbindung war im Jahr zuvor beinahe auseinandergebrochen, denn es gab darin zwei verschiedene Cliquen, die die Verbindung gespalten hatten. Die eine Gruppe bestand aus Leuten, die aus der feinen Gesellschaft kamen und gerne tanzen gingen und danach in ihren Autos Spielchen trieben und so weiter, und die andere Gruppe bestand aus denen, die nichts anderes taten als studieren und nie zum Tanzen gingen.

Kurz bevor ich in die Verbindung eintrat, hatten sie ein großes Treffen abgehalten und einen wichtigen Kompromiß geschlossen. Sie wollten sich einigen und gegenseitig unterstützen. Jeder mußte mindestens den und den Notendurchschnitt haben. Wenn welche dahinter zurückfielen, sollten diejenigen, die die ganze Zeit studierten, ihnen Unterricht geben und ihnen bei ihrer Arbeit helfen. Auf der anderen Seite mußte jeder zu jeder Tanzveranstaltung gehen. Wenn einer nicht wußte, wie er zu einer Verabredung mit einem Mädchen kommen konnte, sollten ihm die anderen eine Verabredung *besorgen*. Wenn er nicht tanzen konnte, sollten sie es ihm *beibringen*. Die einen brachten den anderen bei, wie man denkt, während die anderen ihnen beibrachten, wie man gesellig ist.

Das war genau das richtige für mich, denn was Geselligkeit betraf, war ich *nicht* besonders gut. Ich war so schüchtern, daß ich, wenn ich die Post hinausbrachte und an einigen älteren Semestern vorbei mußte, die mit ein paar Mädchen auf der Treppe saßen, wie versteinert war: Ich wußte nicht, wie ich an ihnen vorbeigehen sollte! Und es half überhaupt nichts, wenn ein Mädchen sagte: »Oh, der ist aber süß!«

Ein bißchen später brachten die Studenten aus dem zweiten Jahr ihre Freundinnen und auch noch deren Freundinnen mit, um uns das Tanzen beizubringen. Viel später hat mir einer von ihnen Fahrunterricht in seinem Auto gegeben. Sie legten sich ziemlich ins Zeug, um uns Intellektuelle dazu zu kriegen, geselliger und lockerer zu sein, und umgekehrt. Das hielt sich gut die Waage.

Es war für mich einigermaßen schwierig, zu begreifen, was es genau bedeutete, »gesellig« zu sein. Bald nachdem mir diese geselligen Typen beigebracht hatten, wie man sich mit einem Mädchen trifft, sah ich in einem Restaurant, in dem ich eines Tages alleine aß, eine hübsche Serviererin. Mit großer Anstrengung faßte ich mir schließlich ein Herz und fragte sie, ob sie mit mir zum nächsten Tanzabend der Verbindung kommen würde, und sie sagte ja.

Als wir uns in der Verbindung über die Verabredungen für den nächsten Tanzabend unterhielten, erzählte ich den anderen, daß sie mir diesmal keine Verabredung zu besorgen bräuchten – ich hätte mich selbst verabredet. Ich war sehr stolz auf mich.

Als die Studenten aus dem dritten oder vierten Jahr herausfanden, daß das Mädchen eine Serviererin war, waren sie entsetzt. Sie sagten mir, das sei unmöglich; sie würden mir eine »passende« Verabredung besorgen. Sie gaben mir das Gefühl, als hätte ich mich verirrt, als sei etwas mit mir nicht in Ordnung. Sie beschlossen, die Situation selbst in die Hand zu nehmen. Sie gingen zu dem Restaurant, fanden die Serviererin, redeten ihr die Verabredung aus und besorgten mir ein anderes Mädchen. Sie versuchten sozusagen ihren »ungeratenen Sohn« zu erziehen, aber ich denke, das hätten sie nicht tun sollen. Ich war damals bloß ein Erstsemester und hatte noch nicht genug Selbstvertrauen, um sie daran zu hindern, meine Verabredung abzusagen.

Als ich Mitglied wurde, hatten sie verschiedene Methoden, einen zu schikanieren. Eine war, uns mitten im Winter mit verbundenen Augen irgendwo weit hinaus aufs Land zu bringen und uns einige hundert Fuß voneinander entfernt in der Nähe eines zugefrorenen Sees zurückzulassen. Wir waren in einem völligen *Nirgendwo* – keine Häuser, nichts – und sollten den Weg zurück zum Verbindungshaus finden. Wir hatten ein bißchen Angst, denn wir waren jung, und wir sagten nicht viel – außer einem, der Maurice Meyer hieß: man konnte ihn nicht davon abbringen, Witze zu reißen, blöde Sprüche zu machen und diese unbekümmerte Haltung an den Tag zu legen: »Ha, ha, kein Grund, sich Sorgen zu machen. Macht doch Spaß!«

Wir wurden sauer auf Maurice. Er ging die ganze Zeit ein Stückchen hinter uns und amüsierte sich über die ganze Situation, während wir anderen nicht wußten, wie wir je da herauskommen sollten.

Wir kamen an eine Kreuzung nicht weit von dem See – es gab immer noch keine Häuser oder irgend etwas –, und wir anderen diskutierten, ob wir diesen Weg gehen sollten oder den, da holte Maurice uns ein und sagte: »Geht *da* lang.«

»Woher, zum Teufel, willst *du* denn das wissen, Maurice?« fragten wir niedergeschlagen. »Du reißt ja die ganze Zeit bloß Witze. Wieso sollen wir *da* lang gehen?«

»Ganz einfach: Schaut nach den Telephonleitungen. Wo mehr Drähte sind, geht's in Richtung Fernamt.«

Dieser Kerl, der aussah, als würde er auf gar nichts achten, war auf eine tolle Idee gekommen! Wir marschierten schnurstracks in die Stadt, ohne einen Umweg zu machen.

Am nächsten Tag sollten an der ganzen Schule die Erstsemester bei einem »Mudeo« (Ringkämpfe und Tauziehen im Schlamm) gegen die Studenten aus dem zweiten Jahr antreten. Am späten Abend kommt ein ganzer Haufen älterer Studenten in unser Haus – ein paar aus unserer Verbindung und einige von draußen –, um uns zu entführen: Sie wollen, daß wir am nächsten Tag müde sind, damit sie gewinnen.

Die älteren Studenten hatten ziemlich leichtes Spiel, die ganzen Erstsemester zu fesseln – außer bei mir. Ich wollte nicht, daß die anderen in der Verbindung herausbekamen, daß ich ein »Schwächling« war. (Ich war nie besonders gut im Sport. Ich hatte immer Angst, wenn ein Tennisball über den Zaun flog und in meiner Nähe landete, denn ich bekam ihn nie über den Zaun – gewöhnlich flog er in die verkehrte Richtung.) Ich dachte mir, dies sei eine neue Situation, eine neue Welt, und ich könnte mir einen neuen Ruf erwerben. Damit es also nicht so aussah, als wüßte ich nicht, wie man kämpft, kämpfte ich wie ein Wilder (wobei ich nicht wußte, was ich tat), und drei oder vier von den anderen mußten ein paarmal Anlauf nehmen, bis sie mich schließlich fesseln konnten. Die älteren Studenten brachten uns in ein Haus, das weit weg im Wald lag, und banden uns alle an großen Krampen fest, die im Holzboden steckten.

Ich versuchte alles mögliche, um mich loszumachen, aber ein paar von den älteren Studenten bewachten uns, und keiner von meinen Tricks funktionierte. Ich erinnere mich genau, daß sie sich scheuten, einen jungen Mann am Boden festzubinden, weil er so eine entsetzliche Angst hatte: sein Gesicht war bleich und gelb-grün, und er zitterte. Ich fand später heraus, daß er aus Europa kam – das war in den frühen dreißiger Jahren –, und es war ihm nicht klar, daß das eine Art Scherz war, daß alle diese Leute an den Boden gefesselt waren; er wußte, was in Europa vorging. Der Mensch sah zum Fürchten aus, eine solche Angst hatte er.

Als die Nacht vorbei war, waren nur noch drei von den Älteren da, um uns zwanzig Erstsemester zu bewachen, aber das wußten wir nicht. Sie waren mit ihren Autos ein paarmal hin und her gefahren, damit es sich so anhörte, als sei eine Menge los, und wir bemerkten nicht, daß es immer dieselben Autos und dieselben Leute waren. Diesmal gewannen wir also nicht.

Zufällig kamen an dem Morgen meine Eltern, um zu sehen, wie es ihrem Sohn in Boston ging, und die Leute von der Verbindung hielten sie so lange hin, bis wir von unserer

Entführung zurückkamen. Ich war so ungepflegt und schmutzig, weil ich mich so abgemüht hatte, mich zu befreien, und weil ich nicht geschlafen hatte, daß sie einen richtigen Schrecken bekamen, wie ihr Sohn am MIT aussah!

Ich hatte mir auch einen steifen Hals geholt, und ich erinnere mich, daß ich an dem Nachmittag bei der Ausbildung für Reserveoffiziere zum Appell antrat und nicht geradeaus sehen konnte. Der Kommandant packte meinen Kopf, drehte ihn und brüllte: »Augen geradeaus!«

Ich zuckte vor Schmerz mit den Schultern: »Ich kann nichts dafür, Sir!«

»Oh, *Verzeihung*!« sagte er entschuldigend.

Jedenfalls, die Tatsache, daß ich so lange und hart gekämpft hatte, um nicht gefesselt zu werden, verschaffte mir einen tollen Ruf, und ich brauchte mir nie mehr Sorgen von wegen des Schwächlings zu machen – eine ungeheure Erleichterung.

Ich hörte oft meinen Zimmergenossen zu – sie studierten beide im letzten Jahr –, wenn sie für ihren Kurs in Theoretischer Physik lernten. Eines Tages mühten sie sich ziemlich ab mit etwas, das mir ganz klar zu sein schien, also sagte ich: »Warum nehmt ihr nicht die Gleichung von Baronallai?«

»Was soll das!« riefen sie. »Wovon redest du?«

Ich erklärte ihnen, was ich meinte und wie das in diesem Fall ging, und das löste das Problem. Es stellte sich heraus, daß es die Bernoulli-Gleichung war, die ich meinte, aber ich hatte all dieses Zeug im Lexikon gelesen, ohne mit jemandem darüber zu sprechen, deshalb wußte ich nicht, wie das alles ausgesprochen wird.

Aber meine Zimmergenossen waren ganz begeistert, und von da an diskutierten sie ihre Physik-Probleme mit mir – bei vielen anderen hatte ich nicht so ein Glück –, und im Jahr darauf, als ich den Kurs belegte, kam ich rasch voran.

Das war eine sehr gute Methode, sich zu bilden, wenn

man sich mit den Problemen der älteren Semester beschäftigte und lernte, wie die Dinge richtig ausgesprochen werden.

An den Dienstagabenden ging ich gern zum Tanzen in den Raymor and Playmore Ballroom: zwei Tanzsäle, die miteinander verbunden waren. Meine Kameraden aus der Verbindung gingen nicht zu diesen »offenen« Tanzveranstaltungen; sie zogen ihre eigenen Tanzabende vor, zu denen sie Mädchen aus der besseren Gesellschaft mitbrachten, die als »passend« galten. Wenn ich Leute kennenlernte, war es mir egal, wo sie herkamen oder wie ihre Verhältnisse waren, deshalb ging ich zu diesen Tanzveranstaltungen – obwohl meine Kameraden aus der Verbindung das mißbilligten (aber zu der Zeit war ich Student im vorletzten Jahr, und sie konnten mich nicht davon abhalten) –, und ich hatte viel Spaß.

Einmal tanzte ich ein paarmal hintereinander mit demselben Mädchen, sagte aber nicht viel. Schließlich sagte sie zu mir: »Hu hantz hlehr hut.«

Ich verstand das nicht so ganz – sie hatte irgendwelche Schwierigkeiten beim Sprechen –, aber ich dachte, sie habe gesagt: »Du tanzt sehr gut.«

»Danke schön«, sagte ich, »hat mich gefreut.«

Wir gingen zu einem Tisch hinüber, wo eine Freundin von ihr einen Jungen gefunden hatte, mit dem sie gerade tanzte, und wir vier setzten uns zusammen. Das eine Mädchen war sehr schwerhörig, und das andere war nahezu taub.

Wenn die beiden Mädchen sich unterhielten, machten sie sich gegenseitig sehr rasch eine Menge Zeichen und grunzten ein bißchen dabei. Das störte mich nicht; das Mädchen tanzte gut, und sie war nett.

Nach ein paar weiteren Tänzen sitzen wir wieder am Tisch, und es gehen eine Menge Zeichen hin und her, hin und her, hin und her, bis sie schließlich etwas zu mir sagt, was, soweit ich es mitbekam, bedeutet, sie möchte, daß wir die beiden zu einem Hotel bringen.

Ich frage den anderen Typ, ob er dort hingehen möchte.

»*Wozu* wollen die, daß wir zu diesem Hotel gehen?«, fragt er.

»Verdammt, weiß ich doch nicht. Dazu reicht die Verständigung nicht aus!« Aber ich *muß* es auch gar nicht wissen. Es macht einfach Spaß zu sehen, was passieren wird; es ist ein Abenteuer!

Der andere kriegt's mit der Angst, deshalb sagt er nein. Also bringe ich die beiden Mädchen in einem Taxi zu dem Hotel und entdecke, daß da ein Tanzabend stattfindet, den die Taubstummen veranstaltet haben, ob man's glaubt oder nicht. Sie gehören alle zu einem Club. Wie sich herausstellt, können viele von ihnen genug von dem Rhythmus spüren, um zu der Musik zu tanzen und am Ende jeder Nummer der Band zu applaudieren.

Es war sehr, sehr interessant! Ich kam mir vor, als wäre ich in einem fremden Land und könnte die Sprache nicht sprechen: Ich konnte sprechen, aber niemand konnte mich hören. Alle unterhielten sich mit Zeichen, und ich konnte nichts verstehen! Ich bat mein Mädchen, mir einige Zeichen beizubringen, und ich lernte ein paar, wie man eine Fremdsprache lernt, nur so zum Spaß.

Alle waren so glücklich und gingen so locker miteinander um, machten Späße und lächelten die ganze Zeit; sie schienen eigentlich überhaupt keine Schwierigkeiten zu haben, sich einander mitzuteilen. Es war genauso wie bei jeder anderen Sprache, abgesehen von dem einen: während sie sich gegenseitig Zeichen machten, drehten sie dauernd ihre Köpfe hin und her. Mir war klar, woran das lag. Wenn jemand eine Bemerkung zur Seite hin machen oder einen unterbrechen will, kann er ja nicht »He, Jack!« rufen. Er kann nur ein Zeichen machen, was man nicht bemerken würde, wenn man es nicht gewohnt wäre, die ganze Zeit umherzuschauen.

Sie fühlten sich vollkommen wohl miteinander. Es war *mein* Problem, mich auch wohl zu fühlen. Das war eine wunderbare Erfahrung.

Der Tanzabend dauerte sehr lange, und als er zu Ende war, gingen wir in eine Cafeteria. Sie gaben alle ihre Bestellungen auf, indem sie auf die Dinge zeigten. Ich erinnere mich, wie jemand mit Zeichen fragte: »Wo kommst du her?« und daß mein Mädchen buchstabierte: »N-e-w Y-o-r-k«. Ich kann mich auch noch daran erinnern, daß mir ein Typ das Zeichen für »Feiner Kerl!« machte – er hält seinen Daumen hoch und berührt dann einen imaginären Rockaufschlag als Zeichen für »Kerl«. Es ist ein gutes System.

Alle saßen zusammen, machten Späße und bezogen mich sehr freundlich in ihre Welt mit ein. Ich wollte mir eine Flasche Milch kaufen, deshalb ging ich an die Theke und formte mit dem Mund das Wort »Milch«, ohne einen Ton zu sagen.

Der Bursche hinter der Theke verstand nicht.

Ich machte das Zeichen für »Milch«, bei dem man zwei Fäuste bewegt, als wollte man eine Kuh melken, und das kapierte er ebensowenig.

Ich versuchte auf das Schild zu zeigen, auf dem stand, was die Milch kostete, aber er kriegte es immer noch nicht mit.

Schließlich bestellte jemand anders neben mir Milch, und ich zeigte darauf.

»Oh! Milch!« sagte er, und ich nickte.

Er reichte mir die Flasche, und ich sagte: »Vielen Dank!«

»Du SCHLAWINER!« sagte er und lachte.

Als ich am MIT war, spielte ich den Leuten gern Streiche. Einmal, als wir technisches Zeichnen hatten, nahm ein Spaßvogel ein Kurvenlineal und sagte: »Ich möchte wissen, ob die Kurven an diesem Ding 'ne besondere Formel haben?«

Ich überlegte einen Moment und sagte: »Na sicher. Die Kurven sind ganz besondere Kurven. Paß auf, ich zeig's dir.« Und ich nahm ein Kurvenlineal und fing an, es langsam zu drehen. »Das Kurvenlineal ist so gemacht, daß am niedrigsten Punkt jeder Kurve, ganz gleich, wie man sie dreht, die Tangente horizontal ist.«

Alle in der Klasse hielten in unterschiedlichen Winkeln ihre Kurvenlineale hoch, hielten am niedrigsten Punkt ihren Bleistift daran, legten ihn an und entdeckten, daß die Tangente tatsächlich horizontal ist. Sie waren alle von dieser »Entdeckung« begeistert, obwohl sie alle schon eine gewisse Menge Analysis hinter sich hatten und bereits »gelernt« hatten, daß die Ableitung (Tangente) des kleinsten Absolutwerts (des niedrigsten Punktes) *jeder* Kurve gleich Null (das heißt horizontal) ist. Sie konnten nicht zwei und zwei zusammenzählen. Sie wußten nicht einmal, was sie »wußten«.

Ich weiß nicht, was mit den Leuten los ist: sie lernen nicht durch Verstehen; sie lernen irgendwie anders – durch Auswendiglernen oder so. Ihr Wissen ist so leicht zu erschüttern!

Den gleichen Streich spielte ich vier Jahre später in Princeton, als ich mit jemandem sprach, der Erfahrung hatte, einem Assistenten von Einstein, der bestimmt dauernd mit der Gravitation zu tun hatte. Ich stellte ihm eine Aufgabe: »Sie werden in einer Rakete abgeschossen, die eine Uhr an Bord hat, und am Boden gibt es auch eine Uhr. Sie sollen zurück sein, wenn die Uhr am Boden anzeigt, daß eine Stunde vergangen ist. Nun wollen Sie es aber so machen, daß Ihre Uhr, wenn Sie zurückkommen, so weit wie möglich vorgeht. Nach Einstein wird Ihre Uhr schneller gehen, wenn Sie sehr hoch fliegen, denn je höher sich etwas in einem Gravitationsfeld befindet, desto schneller geht die Uhr. Aber wenn Sie versuchen, zu hoch zu kommen, weil Sie nur eine Stunde Zeit haben, müssen Sie so schnell fliegen, um dahin zu gelangen, daß die Geschwindigkeit den Gang Ihrer Uhr verlangsamt. Also dürfen Sie nicht zu hoch fliegen. Die Frage ist, welche Geschwindigkeit und welche Höhe müssen Sie genau einplanen, um die maximale Zeit auf Ihrer Uhr zu bekommen?«

Dieser Assistent von Einstein arbeitete ein ganzes Weilchen daran, bis er erkannte, daß die Antwort die reale Bewegung der Materie ist. Wenn man etwas ganz normal abschießt, so daß das Geschoß, um hochzufliegen und wieder herunterzukommen, eine Stunde braucht, dann ist das die richtige Bewegung. Es ist das Grundprinzip von Einsteins Gravitation: nämlich, daß das, was man die »Eigenzeit« nennt, bei der tatsächlichen Kurve sein Maximum hat. Aber als ich ihm das Problem in Form einer Rakete mit einer Uhr vorlegte, erkannte er es nicht wieder. Das war wie bei den Jungs in dem Kurs für technisches Zeichnen, aber diesmal waren es keine dummen Erstsemester. Daß sich das Wissen so leicht erschüttern läßt, ist also eigentlich ziemlich verbreitet, auch bei gelehrteren Leuten.

Als ich im vorletzten oder im letzten Jahr studierte, aß ich meist in einem bestimmten Restaurant in Boston. Ich ging dort alleine hin, oft an mehreren Abenden hintereinander. Die Leute kannten mich bald, und ich wurde immer von derselben Serviererin bedient.

Mir fiel auf, daß sie immer in Eile waren und sich abhetzten. Deshalb hinterließ ich eines Tages, nur so zum Spaß, mein Trinkgeld, das gewöhnlich zehn Cents betrug (was damals das Normale war), in zwei Fünfcentstücken unter zwei Gläsern: Ich füllte jedes Glas bis obenhin, warf ein Fünfcentstück hinein, deckte eine Spielkarte darauf und drehte es um, daß es verkehrtherum auf dem Tisch stand. Dann zog ich die Karte darunter weg (es läuft kein Wasser aus, denn es kann keine Luft eindringen, dazu ist der Rand zu dicht am Tisch).

Ich tat das Trinkgeld unter zwei Gläser, weil ich wußte, daß sie immer in Eile waren. Wenn das Trinkgeld ein Zehncentstück in einem Glas wäre, würde die Serviererin in ihrer Eile, den Tisch für den nächsten Gast fertig zu machen, das Glas hochnehmen, das Wasser würde herausfließen, und das wäre alles. Aber wenn sie das mit dem ersten Glas macht, was zum Teufel wird sie dann mit dem zweiten tun? Sie kann es ja wohl nicht riskieren, das jetzt auch noch hochzunehmen!

Beim Hinausgehen sagte ich zu meiner Serviererin: »Seien Sie vorsichtig, Sue. An den Gläsern, die Sie mir gebracht haben, ist irgend etwas komisch – sie sind bis obenhin voll, und im Boden ist ein Loch!«

Am nächsten Tag kam ich wieder hin und hatte eine neue Serviererin. Die Serviererin, die mich sonst bediente, wollte nichts mit mir zu tun haben. »Sue ist sehr böse auf Sie«, sagte meine neue Serviererin. »Als sie das erste Glas hochnahm und alles naß wurde, hat sie den Boß gerufen. Sie haben sich das ein Weilchen angeguckt, aber sie konnten ja nicht den ganzen Tag überlegen, was sie tun sollten, also haben sie auch das andere Glas hochgenommen, und dann ist *wieder* das Wasser herausgeflossen, über den ganzen Boden. Es war 'ne furchtbare Schweinerei. Die sind *alle* sauer auf Sie.«

Ich lachte.

Sie sagte: »Das ist nicht komisch! Wie würde *Ihnen* das gefallen, wenn das jemand mit Ihnen machte – was würden *Sie* tun?«

»Ich würde einen Suppenteller holen, und dann würde ich das Glas ganz vorsichtig über den Tischrand schieben und das Wasser in den Suppenteller fließen lassen – es muß nicht auf den Boden fließen. Dann würde ich die fünf Cents rausnehmen.«

»Oh, das ist eine gute Idee«, sagte sie.

Als ich am nächsten Abend kam, hatte ich wieder die neue Serviererin.

»Was sollte das denn heißen, daß Sie letztes Mal die Tasse verkehrtherum stehenlassen haben?«

»Na, ich dachte, obwohl Sie in Eile waren, müßten Sie in die Küche gehen und einen Suppenteller holen; und dann müßten Sie die Tasse *gaaaanz* langsam und vorsichtig über den Tischrand schieben...«

»Genau *das* hab' ich getan«, klagte sie, »aber es war ja kein *Wasser* drin!«

Mein Meisterstück im Unfugmachen leistete ich mir im

Haus der Verbindung. Eines Morgens wachte ich sehr früh auf, gegen fünf Uhr, und konnte nicht wieder einschlafen, so ging ich von den Schlafräumen die Treppe hinunter und entdeckte ein paar Schilder, die an Fäden hingen und auf denen etwas stand wie: »TÜR! TÜR! WER HAT DIE TÜR GESTOHLEN?« Ich sah, daß irgendwer eine Tür ausgehängt hatte, und statt dessen hatte man ein Schild hingehängt, auf dem stand: »BITTE DIE TÜR SCHLIESSEN!« – das Schild, das an der fehlenden Tür gewesen war.

Ich kam gleich darauf, was dahinter steckte. In dem Zimmer büffelte meist einer, der Pete Bernays hieß, und ein paar andere, und die wollten immer ihre Ruhe haben. Wenn man sich in ihr Zimmer verlor und irgend etwas suchte, oder wenn man sie fragen wollte, wie sie die oder die Aufgabe lösten, hörte man sie beim Hinausgehen immer brüllen: »Tür zu!«

Bestimmt hatte irgendwer das satt gehabt und hatte die Tür abgenommen. Nun traf es sich, daß dieses Zimmer zwei Türen hatte, so kam ich auf eine Idee: Ich hängte die andere Tür aus, trug sie hinunter in den Keller und versteckte sie dort hinter dem Öltank. Dann ging ich leise wieder hinauf und legte mich ins Bett.

Später am Morgen tat ich so, als wäre ich gerade aufgewacht, und kam ein bißchen später herunter. Die anderen rannten herum, und Pete und seine Freunde waren ganz durcheinander. Die Türen von ihrem Zimmer waren weg, und sie mußten doch studieren, blah, blah, blah. Ich kam die Treppe herunter, und sie fragten mich: »Feynman! Hast du die Türen weggenommen?«

»Oh, yeah!« sagte ich. »*Ich* hab' die Tür genommen. Ihr könnt hier die Kratzer an meinen Knöcheln sehen, die habe ich mir geholt, als ich sie runter in den Keller trug und mir dabei die Hände an der Wand abgeschürft habe.«

Sie waren mit meiner Antwort nicht zufrieden; in der Tat, sie glaubten mir nicht.

Diejenigen, die die erste Tür weggenommen hatten, hatten so viele Spuren hinterlassen – die Handschrift auf den Schildern zum Beispiel –, daß sie bald entdeckt wurden. Meine Idee war gewesen, wenn herauskäme, wer die erste Tür gestohlen hatte, würden alle denken, daß derjenige auch die zweite Tür gestohlen habe. Es lief perfekt: Die, die die erste Tür weggenommen hatten, wurden verhauen und getriezt und von allen bearbeitet, bis sie schließlich mit viel Mühe ihre Peiniger davon überzeugen konnten, daß sie nur eine Tür weggenommen hatten, so unglaubhaft das auch sein mochte.

Ich hörte mir das alles an und freute mich.

Die andere Tür blieb eine ganze Woche vermißt, und für die, die in dem Zimmer arbeiteten, wurde es immer dringlicher, daß sie gefunden wurde.

Um das Problem zu lösen, sagte der Vorsitzende der Verbindung schließlich bei Tisch: »Wir müssen dieses Problem mit der zweiten Tür lösen. Ich selbst habe das Problem nicht lösen können, deshalb möchte ich jetzt Vorschläge von euch, wie man das geradebiegen kann, denn Pete und die anderen wollen arbeiten.«

Irgendwer macht einen Vorschlag, dann noch einer.

Nach einer Weile stehe ich auf, um einen Vorschlag zu machen. »Na schön«, sage ich mit sarkastischer Stimme, »wer du auch sein magst, der die Tür gestohlen hat, wir wissen, daß du großartig bist. Du bist so *klug*! Wir kriegen nicht heraus, *wer* du bist, also mußt du eine Art Supergenie sein. Du brauchst uns nicht zu sagen, wer du bist; alles, was wir wissen wollen, ist, wo die Tür ist. Wenn du also irgendwo einen Zettel hinlegst und uns damit sagst, wo die Tür ist, werden wir dich ehren und *für immer* zugeben, daß du ein Phänomen bist, daß du so *schlau* bist, daß du die andere Tür wegnehmen konntest, ohne daß wir herausgekriegt haben, wer du bist. Aber, um Gottes willen, leg irgendwo den Zettel hin, und wir werden dir für immer dankbar sein.«

Der nächste macht folgenden Vorschlag: »Ich habe eine

andere Idee«, sagt er. »Ich denke, daß Sie als Vorsitzender jeden bei seinem Ehrenwort gegenüber der Verbindung fragen sollten, ob er die Tür weggenommen hat oder nicht.«

Der Vorsitzende sagt: »Das ist eine *sehr* gute Idee. Beim Ehrenwort gegenüber der Verbindung!« Dann geht er um den Tisch herum und fragt nacheinander jeden einzelnen Typ: »Jack, hast *du* die Tür weggenommen?«

»Nein, Sir, ich habe die Tür nicht weggenommen.«

»Tim, hast *du* die Tür weggenommen?«

»Nein, Sir! Ich habe die Tür nicht weggenommen!«

»Maurice. Hast *du* die Tür weggenommen?«

»Nein, ich habe die Tür nicht weggenommen, Sir.«

»Feynman, hast *du* die Tür weggenommen?«

»Yeah, *ich* habe die Tür weggenommen.«

»Laß das, Feynman, das ist eine *ernste* Sache! Sam! Hast *du* die Tür weggenommen...« – und so um den ganzen Tisch herum. Alle waren *schockiert*. Da muß ja eine richtige *Ratte* in der Verbindung sein, einer, der nicht mal vor dem Ehrenwort gegenüber der Verbindung Respekt hat!

In der Nacht legte ich einen Zettel hin: eine kleine Zeichnung von dem Öltank und der Tür daneben, und am nächsten Tag fanden sie die Tür und hängten sie wieder ein.

Etwas später gab ich schließlich zu, daß ich die zweite Tür weggenommen hatte, und alle warfen mir vor, daß ich gelogen hätte. Sie konnten sich nicht daran erinnern, was ich gesagt hatte. Alles, woran sie sich erinnern konnten, war ihre Schlußfolgerung, nachdem der Vorsitzende um den Tisch herumgegangen und jeden gefragt hatte, ihre Schlußfolgerung, daß niemand zugab, die Tür weggenommen zu haben. An den Gedanken erinnerten sie sich, aber nicht an die Worte.

Die Leute meinen oft, daß ich ihnen etwas vormache, aber ich bin meistens ehrlich, in bestimmter Weise – so nämlich, daß mir oft niemand glaubt!

Lateinisch oder Italienisch?

In Brooklyn gab es einen italienischen Rundfunksender, den ich als Junge immer hörte. Ich LIEBte es, wenn die ROLLenden KLÄNge mich umfluteten, als badete ich im Meer und die Wellen wären nicht zu hoch. Ich saß da und ließ mich vom Wasser umspielen, in diesem WUNDERbaren ItaliENISCH. In den italienischen Sendungen gab es immer irgendeine Familiensituation, wo Mutter und Vater sich stritten und zankten:

Hohe Stimme: »*Nio teco TIEto capeto TUtto . . .*«

Laute, tiefe Stimme: »*DRo tone pala TUtto!!*« (Schlag mit der flachen Hand).

Es war großartig! Auf diese Weise lernte ich, wie man all diese Emotionen darstellt: Ich konnte weinen; ich konnte lachen; all das. Italienisch ist eine herrliche Sprache.

In New York lebten bei uns in der Nähe einige Italiener. Als ich einmal Fahrrad fuhr, regte sich ein italienischer Lastwagenfahrer über mich auf, lehnte sich aus seinem Lastwagen, gestikulierte und brüllte etwas, das ungefähr so klang wie: »*Me aRRUcha LAMpe etta TIche!*«

Ich kam mir vor wie ein Idiot. Was hatte er zu mir gesagt? Was sollte ich zurückbrüllen?

Ich fragte einen italienischen Schulfreund, und er meinte: »Sag einfach: ›*A te! A te!*‹ – das heißt: ›Selber! Selber!‹«

Ich fand, das war eine prima Idee. Ich brüllte »*A te! A te!*« zurück – und gestikulierte natürlich. Als ich dann mehr Selbstvertrauen gewann, entwickelte ich meine Fähigkeiten weiter. Wenn ich zum Beispiel auf meinem Fahrrad fuhr, und eine Dame im Auto kam mir in die Quere, sagte ich: »*PUzzia a la maLOche!*« – und sie schreckte zurück! Irgend so ein fürchterlicher italienischer Junge hatte sie furchtbar beschimpft!

Es war nicht so leicht zu erkennen, daß das Italienisch nur vorgetäuscht war. Als ich in Princeton war, fuhr ich einmal mit dem Fahrrad auf den Parkplatz am Palmer Laboratory, als mir jemand in den Weg kam. Ich hatte immer noch diese Angewohnheit: Ich gestikuliere zu dem Typ hin, »oREzze caBONca MIche!«, und schlage mit dem Rücken der einen Hand gegen die andere.

Und hinten, auf der anderen Seite einer langen Rasenfläche ist ein italienischer Gärtner, der gerade etwas einpflanzt. Er hält inne, winkt und ruft fröhlich: »REzza ma LIa!«

Ich rufe zurück: »RONte BALta!« und erwidere den Gruß. Er wußte nicht, daß ich nicht wußte, und ich wußte nicht, was er sagte, und er wußte nicht, was ich sagte. Aber es war o. k.! Es war toll! Es funktioniert! Denn wenn man den Tonfall hört, erkennt man sofort, daß es Italienisch ist – vielleicht ist es das Italienisch, das in Mailand und nicht das, das in Rom gesprochen wird, aber was macht das schon. Hauptsache, er ist ein ItaliENer! Deshalb ist es einfach toll. Aber man muß absolut sicher sein. Man muß einfach drauflosreden, und nichts kann schiefgehen.

Einmal kam ich in den Ferien vom College nach Hause, und meine Schwester war irgendwie unglücklich und weinte fast: ihre Pfadfinderinnen veranstalteten ein Festessen für Väter und Töchter, aber unser Vater fuhr durch die Gegend und verkaufte Uniformen. Also sagte ich, als ihr Bruder würde ich mit ihr hingehen (ich bin neun Jahre älter, so verrückt war das also nicht).

Als wir hinkamen, saß ich eine Zeitlang bei den Vätern, aber bald hatte ich genug von ihnen. Alle diese Väter begleiten ihre Töchter zu diesem netten kleinen Festessen, und das einzige, worüber sie sprachen, war die Börse – sie wissen nicht, wie sie mit ihren eigenen Kindern sprechen sollen, ganz zu schweigen von den Freundinnen ihrer Kinder.

Während des Festessens unterhielten uns die Mädchen,

indem sie kleine Sketche aufführten, Gedichte aufsagten und so weiter. Dann holen sie auf einmal dieses komisch aussehende Ding hervor, wie eine Schürze, mit einem Loch obendrin, durch das man den Kopf stecken kann. Die Mädchen kündigen an, daß jetzt die Väter an der Reihe sind, *sie* zu unterhalten.

Jeder Vater muß aufstehen, seinen Kopf da durchstecken und irgend etwas sagen – einer trägt »Mary Had a Little Lamb« vor –, und sie wissen nicht, was sie machen sollen. Ich wußte auch nicht, was ich tun sollte, aber als ich dran war, erzählte ich ihnen, daß ich ein kleines Gedicht aufsagen würde, und es tue mir leid, daß es nicht in Englisch sei, aber ich sei sicher, es werde ihnen trotzdem gefallen:

A TUZZO LANTO
– Poici di Pare
TANto SAca TULna TI, na PUta TUchi PUti TI la.
RUNto CAta CHANto MANto CHI la TI da.
YALta CAra SULda MI la CHAta PIcha PIno TIto BRALda
pe te CHIna nana CHUnda lala CHINda lala CHUNda!
RONto piti CA le, a TANto CHINto quinta LALda
O la TINta dalla LALta, YENta PUcha lalla TALta!

Ich mache das drei oder vier Strophen lang und spiele sämtliche Gefühle durch, die ich im italienischen Rundfunk gehört habe, und die Kinder sind aufgedreht, toben in den Gängen herum und lachen vor Begeisterung.

Nach dem Festessen kamen die Gruppenführerin und eine Lehrerin zu mir und erzählten, sie hätten über mein Gedicht gesprochen. Die eine meint, es sei Italienisch, und die andere, es sei Latein. Die Lehrerin fragt: »Wer von uns beiden hat recht?«

Ich sagte: »Da müssen Sie schon die Mädchen fragen – die haben gleich verstanden, was für eine Sprache das war.«

Ungeschoren davonkommen

Als ich am MIT studierte, interessierte ich mich nur für Naturwissenschaft; für andere Dinge war ich nicht zu haben. Aber am MIT gab es eine Vorschrift: Man mußte ein paar Kurse in den Geisteswissenschaften belegen, um mehr »Kultur« zu bekommen. Neben den Pflichtveranstaltungen in Englisch konnte man zwei Seminare frei wählen, also sah ich das Vorlesungsverzeichnis durch und fand auf Anhieb Astronomie – als Kurs in den *Geisteswissenschaften*! In dem Jahr kam ich also mit Astronomie davon. Im nächsten Jahr sah ich dann das Vorlesungsverzeichnis weiter durch, überging Französische Literatur und ähnliche Kurse und fand Philosophie. Das war im Hinblick auf die Wissenschaft das Nächstliegende, was ich finden konnte.

Bevor ich erzähle, was in Philosophie passierte, möchte ich von dem Englisch-Kurs erzählen. Wir mußten eine Reihe von Aufsätzen schreiben. Zum Beispiel, Mill hatte irgend etwas über die Freiheit geschrieben, und wir mußten das beurteilen. Aber statt mich, wie Mill, mit *politischer* Freiheit zu befassen, schrieb ich über Freiheit bei gesellschaftlichen Anlässen – über das Problem, daß man schwindeln und lügen muß, um höflich zu sein, und ob diese dauernde Schwindelei in gesellschaftlichen Situationen zur »Zerstörung des moralischen Geistes der Gesellschaft« führt. Eine interessante Frage, aber *nicht* die, mit der wir uns auseinandersetzen sollten.

Ein anderer Essay, den wir beurteilen mußten, war »Über ein Stück Kreide« von Huxley, worin er beschreibt, daß ein gewöhnliches Stück Kreide, das er in der Hand hält, das Überbleibsel von Tierknochen ist; und die Kräfte in der Erde haben es an die Oberfläche gehoben, so daß es zu einem Teil der White Cliffs wurde, und dann wurde es herausgebrochen, und jetzt wird es benutzt, um etwas an die Tafel zu schreiben und so Ideen zu vermitteln.

Aber statt den Essay zu beurteilen, den man uns aufgegeben hatte, schrieb ich diesmal eine Parodie mit dem Titel »Über ein Staubkorn«, in der es darum ging, wie der Staub den Sonnenuntergang farbig macht und den Regen fallen läßt und so weiter. Ich habe immer geschwindelt und immer versucht, ungeschoren davonzukommen.

Aber als wir einen Aufsatz über Goethes *Faust* schreiben mußten, war es hoffnungslos. Das Werk war zu lang, um eine Parodie darauf zu machen oder etwas anderes zu erfinden. Ich lief im Verbindungshaus auf und ab und sagte: »Ich *kann es nicht.* Ich werde es eben *nicht* machen. Ich mache es nicht!«

Einer meiner Kameraden aus der Verbindung sagte: »O. k., Feynman, du machst es nicht. Aber der Professor wird denken, du hast es nicht gemacht, weil du die Arbeit nicht tun willst. Über *irgend etwas* solltest du einen Aufsatz schreiben – in gleicher Länge –, und ihn abgeben mit einer Anmerkung, daß du den *Faust* einfach nicht verstehen konntest, du hättest dafür keinen Sinn, und daß es unmöglich für dich sei, einen Aufsatz darüber zu schreiben.«

Das tat ich dann auch. Ich schrieb einen langen Aufsatz »Über die Grenzen der Vernunft«. Ich hatte über wissenschaftliche Techniken zur Lösung von Problemen nachgedacht, und wie es da bestimmte Grenzen gebe: über moralische Werte kann nicht durch wissenschaftliche Methoden entschieden werden, quassel, quassel, quassel und so weiter.

Dann gab mir ein anderer Kamerad aus der Verbindung noch einen Rat. »Feynman«, sagte er, »das wird nicht gehen, daß du einen Aufsatz abgibst, der überhaupt nichts mit *Faust* zu tun hat. Du solltest das, was du geschrieben hast, *auf* den *Faust* beziehen.«

»Ist ja lachhaft!« sagte ich.

Aber die anderen aus der Verbindung fanden, es sei eine gute Idee.

»Schon gut, schon gut!« sagte ich protestierend. »Ich werd's versuchen.«

So fügte ich noch eine halbe Seite zu dem hinzu, was ich schon geschrieben hatte, und sagte, daß Mephistopheles für die Vernunft stehe und Faust für den Geist und daß Goethe versuche, die Grenzen der Vernunft zu zeigen. Ich rührte es zusammen, quirlte alles durch und gab meinen Aufsatz ab.

Der Professor ließ jeden von uns einzeln zu sich kommen, um unsere Aufsätze zu besprechen. Ich ging zu ihm hinein und war auf das Schlimmste gefaßt.

Er sagte: »Die Einleitung ist vorzüglich, aber die Interpretation des *Faust* ist ein bißchen zu kurz. Ansonsten ist es recht gut: 2+.« Ich war wieder einmal davongekommen!

Nun zu dem Philosophie-Seminar. Der Kurs wurde von einem alten bärtigen Professor namens Robinson abgehalten, der immer nur murmelte. Ich ging in das Seminar, und er murmelte vor sich hin, und ich konnte nicht *das geringste* verstehen. Die anderen Leute im Seminar schienen ihn besser zu verstehen, aber sie schienen überhaupt nicht aufzupassen. Ich besaß zufällig einen kleinen Bohrer, ungefähr ein sechzehntel Inch im Durchmesser, und um mir die Zeit in dem Seminar zu vertreiben, drehte ich ihn zwischen den Fingern und bohrte mir Löcher in die Schuhsohle, Woche für Woche.

Eines Tages schließlich, gegen Ende des Seminars, sagte Professor Robinson: »grummel brummel brummel grummel grummel...«, und alle waren aufgeregt! Sie redeten und diskutierten alle miteinander, so daß ich mir einbildete, er habe etwas Interessantes gesagt, Gott sei Dank! Ich wollte gern wissen, was?

Ich fragte irgendwen, und sie sagten: »Wir müssen einen Aufsatz schreiben und ihn in vier Wochen abgeben.«

»Einen Aufsatz über was?«

»Über das, worüber er das ganze Jahr geredet hat.«

Ich saß in der Klemme. Das einzige, was ich während des

ganzen Semesters gehört hatte und an das ich mich erinnern konnte, war ein Moment, in dem dies hervorquoll: »Brummelgrummelbewußtseinsstrombrummelgrummel«, und *wumms*! – sank es ins Chaos zurück.

Dieser »Bewußtseinsstrom« erinnerte mich an eine Frage, die mir mein Vater viele Jahre vorher gestellt hatte. Er sagte: »Stell dir vor, ein paar Marsmenschen würden auf der Erde landen, und die Marsmenschen würden nie schlafen, sondern wären dauernd auf den Beinen. Stell dir vor, sie hätten nicht wie wir dieses verrückte Phänomen, das Schlaf heißt. Nun fragen sie dich: ›Was ist das für ein *Gefühl*, wenn man einschläft? Was *geschieht*, wenn du einschläfst? Hören deine Gedanken plötzlich auf, oder werden sie immer immer llaanngsaameer uunnd lllaaannngggsaaaameeeeeeeeeer? Wie schaltet sich das Bewußtsein eigentlich aus?‹«

Das weckte mein Interesse. Nun mußte ich die folgende Frage beantworten: Wie *endet* der Bewußtseinsstrom, wenn man einschläft?

In den folgenden vier Wochen arbeitete ich jeden Nachmittag an meinem Aufsatz. Ich zog in meinem Zimmer die Jalousien herunter, machte das Licht aus und legte mich schlafen. Und ich beobachtete, was *geschah*, wenn ich einschlief.

Abends ging ich dann wieder schlafen, so konnte ich jeden Tag zweimal meine Beobachtungen machen – es war sehr gut!

Zuerst bemerkte ich eine Menge nebensächliche Dinge, die wenig mit dem Einschlafen zu tun hatten. Ich bemerkte zum Beispiel, daß ich viel dachte, indem ich innerlich mit mir selber sprach. Außerdem konnte ich mir Dinge bildlich vorstellen.

Dann bemerkte ich, daß ich, wenn ich müde wurde, an zwei Dinge zugleich denken konnte. Ich entdeckte das, als ich innerlich mit mir selbst über etwas sprach, und *während* ich das tat, stellte ich mir ohne Grund vor, zwei Seile seien mit dem Ende meines Bettes verbunden, würden über einige Rollen laufen, sich auf eine sich drehende Trommel wickeln und langsam das Bett anheben. Ich war mir nicht *bewußt*, daß ich mir diese Seile vorstellte, bis ich anfing, mir Sorgen zu machen, daß das eine Seil sich in dem anderen verfangen könnte und daß sie sich nicht sauber aufwickeln würden. Aber ich sagte innerlich zu mir: »Oh, die Spannung wird das schon verhindern«, und das unterbrach den ersten Gedanken, den ich hatte, und machte mir bewußt, daß ich an zwei Dinge gleichzeitig dachte.

Ich bemerkte auch, daß, wenn man einschläft, die Vorstellungen weitergehen, aber sie sind logisch immer weniger miteinander verknüpft. Man *merkt* nicht, daß sie nicht logisch verknüpft sind, bis man sich fragt: »Wie bin ich denn darauf gekommen?« und versucht, sich zurückzuarbeiten, und oft kann man sich nicht erinnern, wie zum Teufel man *eigentlich* darauf gekommen ist!

Auf diese Weise *bildet* man sich alle möglichen logischen Verknüpfungen *ein*, aber tatsächlich ist es so, daß die Gedanken immer verdrehter werden, bis sie vollkommen unzusammenhängend sind, und danach schläft man ein.

Nachdem ich vier Wochen lang dauernd geschlafen hatte, schrieb ich meinen Aufsatz und erklärte die Beobachtungen, die ich gemacht hatte. Am Ende des Aufsatzes wies ich darauf hin, daß alle diese Beobachtungen gemacht wurden, während ich *beobachtete*, wie ich einschlief, und daß ich eigentlich nicht weiß, wie das Einschlafen vor sich geht, wenn ich mich *nicht* beobachte. Ich schloß den Aufsatz mit einem kleinen Vers von mir ab, der dieses Problem der Introspektion herausstellte:

Ich frage mich, warum. Ich frage mich, warum.
Ich frage mich, warum ich mich frage.
Ich frage mich, warum *ich mich frage, warum*
Ich mich frage, warum ich mich frage!

Wir geben unsere Aufsätze ab, und als sich das Seminar das nächste Mal trifft, liest der Professor einen von ihnen vor: »Hem ham grummel hem ham ...« Ich habe keine Ahnung, was in dem Aufsatz steht.

Er liest einen anderen vor: »Brummel grummel hem ham grummel grummel ...« Auch diesmal verstehe ich kein Wort, aber am Ende hört es sich ungefähr so an.

Hm grummel wah. Hm grummel wah.
Hm grummel grummel grummel.
Ich grummel wah *hm grummel wah*
Hm grummel grummel grummel.

»Aha!« sage ich. »Das ist ja *meiner*!« Ehrlich, ich hatte den Aufsatz bis zum Schluß nicht wiedererkannt.

Nachdem ich den Aufsatz geschrieben hatte, blieb ich neugierig und beobachtete mich weiter beim Einschlafen. Eines Nachts, während ich träumte, wurde mir klar, daß ich mich *im* Traum beobachtete. Ich war bis tief hinunter gekommen, in den Schlaf selbst!

Im ersten Teil des Traums bin ich auf dem Dach eines Zuges, und wir nähern uns einem Tunnel. Ich bekomme Angst, lege mich hin, und wir fahren in den Tunnel – *huusch!* Ich sage mir: »Du kannst also Angst verspüren, und du kannst hören, wie sich das Geräusch ändert, wenn du in den Tunnel fährst.«

Mir fiel auch auf, daß ich Farben sehen konnte. Manche Leute hatten gesagt, daß man in Schwarzweiß träumt, doch nein, ich träumte in Farbe.

Zu dem Zeitpunkt war ich in einem der Wagen des Zuges, und ich kann spüren, wie der Zug schlingert. Ich sage mir: »Du kannst also im Traum kinästhetische Empfindungen haben.« Ich gehe mit einiger Schwierigkeit ans Ende des Wagens und sehe ein großes Fenster, wie ein Ladenfenster. Dahinter stehen – keine Schaufensterpuppen, sondern drei lebendige Mädchen in Badeanzügen, und sie sehen ziemlich gut aus!

Ich gehe weiter in den nächsten Wagen und halte mich beim Gehen oben an den Schlaufen fest, und dabei sage ich mir: »He! Es wär' interessant, erregt zu sein – sexuell –, ich glaube, ich gehe in den anderen Wagen zurück.« Ich stellte fest, daß ich mich umdrehen und durch den Zug zurückgehen konnte – ich konnte den Ablauf meines Traums beeinflussen. Ich komme zurück zu dem Wagen mit dem besonderen Fenster, und ich sehe drei alte Typen, die Geige spielen – aber dann verwandelten sie sich wieder in Mädchen! Ich konnte also den Ablauf meines Traums verändern, aber nicht vollständig.

Nun, ich fing an, erregt zu sein, intellektuell wie auch sexuell, und ich sagte Dinge wie: »Wow! Es funktioniert!«, und dann wachte ich auf.

Beim Träumen machte ich noch andere Beobachtungen. Abgesehen davon, daß ich mich immer fragte: »Träume ich *wirklich* in Farbe?«, wollte ich wissen: »Wie genau sieht man?«

Als ich das nächste Mal träumte, lag ein Mädchen im hohen Gras, und sie hatte rotes Haar. Ich versuchte zu erkennen, ob ich *jedes einzelne* Haar sehen konnte. Es gibt gerade da, wo die Sonne reflektiert wird, einen kleinen Farbbereich – der Beugungseffekt –, ich konnte das *sehen!* Ich konnte jedes einzelne Haar so deutlich sehen, wie man es sich nur wünschen kann: perfektes Sehvermögen!

Ein anderes Mal hatte ich einen Traum, in dem eine Heftzwecke in einem Türrahmen steckte. Ich sehe die Heftzwecke, streiche mit den Fingern über den Türrahmen und fühle die Heftzwecke. Die »Seh-Abteilung« und die »Fühl-Abteilung« des Gehirns scheinen also miteinander verbunden zu sein. Dann frage ich mich: »Könnte es sein, daß sie *nicht* immer miteinander verbunden sind?« Ich schaue wieder nach dem Türrahmen, und es ist keine Heftzwecke da. Ich streiche mit dem Finger über den Türrahmen, und ich *fühle* die Heftzwecke.

Ein anderes Mal träume ich und höre: »Klopf-klopf; klopf-klopf.« Im Traum passierte irgend etwas, das dieses Klopfen passend erscheinen ließ, aber nicht ganz – es wirkte irgendwie fremd. Ich dachte: »Garantiert kommt dieses Klopfen von *außen*, und ich habe diesen Teil des Traums erfunden, damit er dazu paßt. Ich *muß* aufwachen und herausfinden, was zum Teufel das ist.«

Das Klopfen geht immer noch weiter. Ich wache auf, und ... Totenstille. Da war nichts. Es hing also nicht mit dem Außen zusammen.

Andere Leute haben mir erzählt, daß sie Geräusche aus der Außenwelt in ihre Träume eingebaut haben, doch als ich diese Erfahrung hatte, sorgfältig »von unten her beobachtete« und *sicher* war, daß das Geräusch von außerhalb des Traums kam, war es nicht so.

In der Zeit, als ich Beobachtungen in meinen Träumen anstellte, war der Vorgang des Aufwachens mit ziemlicher Angst verbunden. Wenn man anfängt aufzuwachen, gibt es einen Moment, in dem man sich steif und festgebunden fühlt oder wie unter vielen Watteschichten. Es ist schwer zu erklären, aber es gibt einen Moment, in dem man das Gefühl hat, man kann nicht hinaus; man ist nicht sicher, daß man aufwachen kann. Deshalb mußte ich mir sagen – nachdem ich wach geworden war –, daß das lächerlich sei. Ich kenne keine Krankheit, bei der jemand normal einschläft und dann nicht wieder aufwachen kann. Man kann *immer* aufwachen. Und nachdem ich mir das viele Male gesagt hatte, hatte ich immer weniger Angst und fand dann den Vorgang des Aufwachens sogar ziemlich spannend – so ungefähr wie bei einer Achterbahn: nach einer Weile hat man nicht mehr solche Angst und fängt an, es ein bißchen zu genießen.

Man möchte vielleicht wissen, wie es dazu kam, daß ich aufhörte, meine Träume zu beobachten (ich habe fast ganz damit aufgehört; es ist seit damals nur noch selten vorgekommen). Eines Nachts träume ich wie gewöhnlich, mache Beobachtungen und sehe an der Wand vor mir einen Wimpel. Ich antworte zum fünfundzwanzigsten Mal: »Ja, ich träume in Farbe«, und merke dann, daß ich im Schlaf den Hinterkopf gegen eine Messingstange gelehnt habe. Ich lege meine Hand hinter den Kopf und spüre, daß die Rückseite meines Kopfes *weich* ist. Ich denke: »Aha! *Deshalb* habe ich alle diese Beobachtungen in meinen Träumen machen können: die Messingstange hat mein Sehzentrum gestört. Ich brauche nur mit einer Messingstange unter dem Kopf zu schlafen, und ich kann diese Beobachtungen machen, wann immer ich will. Deshalb werde ich, glaube ich, aufhören, diesen Traum hier zu beobachten, und mich tiefer in den Schlaf hinein begeben.«

Als ich später aufwachte, war da weder eine Messingstange, noch war mein Hinterkopf weich. Irgendwie war ich es leid, diese Beobachtungen anzustellen, und mein Gehirn hatte ein paar Vorwände gefunden, warum ich damit aufhören sollte.

Eine Folge dieser Beobachtungen war, daß ich eine kleine Theorie aufstellte. Träume untersuchte ich unter anderem deshalb gern, weil ich neugierig war, wie man ein Bild sehen kann – zum Beispiel das einer Person –, wenn die Augen geschlossen sind und nichts hereinkommt. Vielleicht sind es zufällige, unregelmäßige Entladungen der Nerven; aber man kann, wenn man schläft, die Nerven nicht dazu bringen, sich in genau den gleichen feinen Mustern zu entladen wie wenn man wach ist und etwas betrachtet. Wie also konnte ich in Farbe »sehen« und in allen Einzelheiten, wenn ich schlief?

Ich entschied, es müsse eine »Interpretations-Abteilung« geben. Wenn man wirklich etwas betrachtet – einen Menschen, eine Lampe oder eine Wand –, sieht man nicht bloß Farbflecken. Etwas sagt einem, was es ist; es muß interpretiert werden. Wenn man schläft, arbeitet diese Interpretations-Abteilung weiter, aber es geht alles drunter und drüber. Sie sagt einem, daß man ein menschliches Haar in allen Einzelheiten sieht, auch wenn das nicht stimmt. Sie interpretiert den Kram, der zufällig ins Gehirn kommt, als deutliches Bild.

Noch ein Wort zu den Träumen. Ich hatte einen Freund

namens Deutsch, dessen Frau aus einer Wiener Psychoanalytiker-Familie stammte. Eines Abends erzählte er mir während einer langen Diskussion über Träume, daß Träume eine Bedeutung hätten: in Träumen gäbe es Symbole, die sich psychoanalytisch interpretieren ließen. Das meiste von dem Zeug glaubte ich nicht, aber in der Nacht hatte ich einen interessanten Traum: Wir sind an einem Billard-Tisch und spielen mit drei Kugeln – einer weißen, einer grünen und einer grauen Kugel –, und der Name des Spiels ist »Titsies«. Irgendwie ging es darum, daß man versuchen mußte, die Kugeln in das Loch hineinzubekommen: die weiße und die grüne Kugel sind leicht in das Loch zu treiben, aber an die graue komme ich nicht heran.

Ich wache auf, und der Traum ist sehr leicht zu deuten: der Name des Spiels sagt es ja schon, klar – das sind Mädchen! Bei der weißen Kugel war es leicht herauszubekommen, denn ich ging heimlich mit einer verheirateten Frau, die zu der Zeit als Kassiererin in einer Cafeteria arbeitete und eine weiße Uniform trug. Bei der grünen war es ebenfalls leicht, weil ich ungefähr zwei Abende vorher mit einem Mädchen, das ein grünes Kleid getragen hatte, in einem Autokino gewesen war. Aber die graue – was zum Teufel war die graue Kugel? Ich wußte, es *mußte irgendwer* sein; ich *spürte* es. Es ist, wie wenn man versucht, sich an einen Namen zu erinnern, man hat ihn auf der Zunge, aber er fällt einem nicht ein.

Ich brauchte einen halben Tag, bis ich mich erinnerte, daß ich mich von einem Mädchen verabschiedet hatte, das ich sehr mochte und das ungefähr zwei oder drei Monate vorher nach Italien gefahren war. Sie war ein sehr nettes Mädchen, und ich hatte beschlossen, wenn sie zurückkam, wollte ich sie wiedersehen. Ich weiß nicht, ob sie ein graues Kostüm trug, aber sobald ich an sie dachte, war es völlig klar, daß sie die graue Kugel war.

Ich ging zu meinem Freund Deutsch und sagte zu ihm, er habe wohl recht: es *ist* etwas daran an der Analyse von

Träumen. Aber als er von meinem interessanten Traum hörte, meinte er: »Nein, das war zu perfekt – zu eindeutig. Gewöhnlich muß man ein bißchen mehr analysieren.«

Der Chef-Chemiker
der Metaplast Corporation

Nachdem ich am MIT meinen Abschluß gemacht hatte, wollte ich einen Job für den Sommer haben. Ich hatte mich zwei- oder dreimal bei den Bell Labs beworben und war ein paarmal zu Besichtigungen dort gewesen. Bill Shockley, der mich von dem Labor am MIT her kannte, hatte mich jedesmal herumgeführt, und mir machten diese Besichtigungen unheimlichen Spaß, aber einen Job habe ich dort nicht bekommen.

Ich hatte Empfehlungsschreiben von einigen meiner Professoren für zwei bestimmte Firmen. Das eine war an die Bausch and Lomb Company gerichtet, die daran arbeitete, Strahlen mit Hilfe von Linsen aufzuspüren; das andere war an die Electrical Testing Labs in New York gerichtet. Zu der Zeit wußte niemand, was eigentlich ein Physiker ist, und in der Industrie gab es für Physiker keine Stellen. Ingenieure, o. k.; aber Physiker – keiner wußte, wie man die einsetzen sollte. Es ist interessant, daß es sehr bald, nach dem Krieg, genau umgekehrt war: da wollten die Leute überall Physiker haben. So kam ich als arbeitsuchender Physiker in den letzten Jahren der Depression einfach nicht weiter.

Ungefähr zu der Zeit traf ich am Strand bei unserer Heimatstadt Far Rockaway, wo wir zusammen aufgewachsen waren, einen alten Freund wieder. Wir waren zusammen zur Schule gegangen, als wir ungefähr elf oder zwölf waren, und wir waren damals eng befreundet. Wir hatten beide eine Neigung zur Wissenschaft. Er hatte ein »Labor«, und ich hatte ein »Labor«. Wir spielten oft zusammen und diskutierten miteinander.

Wir haben oft Zauberkunststücke – chemische Zaubereien – für die Kinder aus der Straße vorgeführt. Mein Freund war ein ziemlich guter Showman, und ich mochte das auch irgendwie. Wir führten unsere Tricks auf einem Tischchen vor, mit Bunsenbrennern an allen Ecken, die die ganze Zeit brannten. Auf den Brennern hatten wir Uhrgläser (flache Glasteller), auf denen Jod war, was einen wunderschönen violetten Dampf gab, der während der Vorstellung an jeder Seite des Tisches aufstieg. Es war phantastisch! Wir hatten eine Menge Tricks drauf, wie »Wein« in Wasser verwandeln und andere chemische Farbveränderungen. Zum Abschluß führten wir einen Trick vor, bei dem wir etwas einbrachten, das wir entdeckt hatten. Zuerst tauchte ich meine Hände (heimlich) in ein Waschbecken mit Wasser und dann in Benzin. Dann kam ich »zufällig« an einen der Bunsenbrenner, und eine Hand fing Feuer. Ich klatschte in die Hände, und dann brannten beide Hände. (Es tut nicht weh, denn das Benzin verbrennt schnell, und das Wasser kühlt.) Dann fuchtelte ich mit meinen Händen, lief herum und brüllte: »FEUER! FEUER!«, und alle waren ganz aufgeregt. Sie rannten alle aus dem Zimmer, und damit war die Vorstellung zu Ende.

Später, am College, erzählte ich diese Geschichte meinen Verbindungsbrüdern, und sie sagten: »Quatsch! Das *geht* nicht!«

(Mir fiel oft die Aufgabe zu, diesen Burschen etwas zu beweisen, was sie nicht glaubten – wie das eine Mal, als wir uns darüber stritten, ob der Urin bloß wegen der Schwerkraft aus einem herausläuft, und ich beweisen mußte, daß das nicht der Fall ist, indem ich ihnen zeigte, daß man auch pinkeln kann, wenn man Kopfstand macht. Oder das andere Mal, als jemand behauptete, wenn man Aspirin mit Coca-Cola einnähme, würde man sofort in tiefe Ohnmacht fallen. Ich sagte ihnen, daß ich das für ziemlichen Stuß hielte, und bot an, Aspirin und Coca-Cola zusammen einzunehmen. Da fingen sie an zu streiten, ob man das Aspirin vor dem Coke, gleich nach dem Coke oder mit dem Coke vermischt nehmen sollte. Also nahm ich hintereinander sechs Aspirin und drei Cokes zu mir. Zuerst nahm ich zwei Aspirin ein und trank ein Coke, dann lösten wir zwei Aspirin in einem Coke auf, und ich trank das, und dann trank ich ein Coke und schluckte hinterher zwei Aspirin. Jedesmal standen die Idioten, die das glaubten, um mich herum und warteten darauf, mich aufzufangen, wenn ich in Ohnmacht fiel. Aber es passierte nichts. Ich erinnere mich allerdings, daß ich in der Nacht nicht besonders gut schlief, deshalb stand ich auf und stellte allerlei Berechnungen an und arbeitete einige der Formeln für die sogenannte Riemann-Zeta-Funktion aus.)

»Na schön, Jungs«, sagte ich. »Gehen wir raus und holen wir Benzin.«

Sie stellten das Benzin bereit, ich tauchte meine Hand in das Wasser im Waschbecken und dann in das Benzin und zündete es an ... und es tat höllisch weh! In der Zwischenzeit waren mir nämlich *Haare* auf dem Handrücken gewachsen, die wie Dochte wirkten und das Benzin hielten, während es verbrannte, wohingegen ich, als ich das früher gemacht hatte, keine Haare auf dem Handrücken gehabt hatte. *Nachdem* ich das Experiment für meine Verbindungsbrüder gemacht hatte, hatte ich dann allerdings auch keine Haare mehr auf meinen Handrücken.

Also, mein Kumpel und ich, wir trafen uns am Strand, und er erzählte mir, er hätte ein Verfahren, um Plastik mit einer Metallauflage zu versehen. Ich sagte, das sei unmöglich, weil Plastik keine Leitfähigkeit habe; man kann keinen Draht anschließen. Aber er sagte, er könne alles mit Metall überziehen, und ich kann mich noch erinnern, daß er einen Pfirsichkern aufhob, der im Sand lag, und sagte, *das* könne er auch plattieren – er versuchte mich zu beeindrucken.

Was nett von ihm war, war, daß er mir einen Job in seiner kleinen Firma anbot, die sich im obersten Stockwerk eines Gebäudes in New York befand. Es gab nur ungefähr vier Leute in der Firma. Sein Vater war derjenige, der das

Geld zusammenbrachte, und war, glaube ich, der »Präsident«. Er selbst war der »Vizepräsident«, zusammen mit einem anderen Burschen, der Verkäufer war. Ich war der »Chef-Chemiker«, und der Bruder meines Freundes, der nicht sonderlich clever war, war der Flaschenspüler. Wir hatten sechs Bäder, um die Metallauflagen herzustellen.

Sie hatten so ein Verfahren, um Plastik mit Metall zu überziehen, und das sollte folgendermaßen gehen: Zuerst lagert man Silber auf dem Objekt ab, indem man mit einem Reduktionsmittel Silber aus einem Silbernitratbad ausfällt (so wie man Spiegel herstellt); dann taucht man das Objekt, mit dem Silber als Leiter, in ein Elektrogalvanisierbad, und das Silber wird plattiert.

Das Problem war: bleibt das Silber auf dem Objekt haften?

Es haftet nicht. Es blättert leicht ab. Deshalb gab es noch einen Schritt dazwischen, um dafür zu sorgen, daß das Silber besser an dem Objekt haftet. Es kam auf das Material an. Bei Stoffen wie Bakelit, das damals ein wichtiges Plastik war, hatte mein Freund herausgefunden, daß das Silber gut auf der Oberfläche haftete, wenn man diese zunächst mit einem Sandstrahlgebläse behandelte und dann das Objekt stundenlang in Zinnhydroxyd einweichte, das sich in den Poren des Bakelits festsetzte.

Aber es funktionierte nur bei einigen wenigen Plastiksorten, und dauernd kamen neue Sorten heraus, wie etwa Methylmethacrylat (das wir heute Plexiglas nennen), die wir zunächst nicht direkt mit Metall überziehen konnten. Und Zelluloseacetat, das sehr billig war, war auch eine Plastiksorte, die wir zunächst nicht plattieren konnten, obwohl wir schließlich entdeckten, daß es sich recht gut plattieren ließ, wenn man es ein Weilchen in Natriumhydroxyd tat, bevor man das Stannochlorid anwandte.

Ich war als »Chemiker« in der Firma recht erfolgreich. Mein Vorteil war, daß mein Kumpel nie etwas mit Chemie zu tun gehabt hatte; er hatte keine Experimente gemacht;

er wußte nur dann und wann mal, wie man etwas macht. Ich machte mich an die Arbeit, indem ich viele verschiedene Materialproben in Flaschen tat und alle möglichen Chemikalien dazugab. Dadurch, daß ich alles ausprobierte und über alles den Überblick behielt, fand ich Möglichkeiten, eine größere Auswahl von Plastiksorten zu plattieren, als er es vorher gekonnt hatte.

Außerdem konnte ich sein Verfahren vereinfachen. Aus Büchern lernte ich, als Reduktionsmittel statt Glukose Formaldehyd zu verwenden, und auf diese Weise konnte ich das Silber unmittelbar hundertprozentig zurückgewinnen, statt es später aus einer Lösung zurückgewinnen zu müssen.

Es gelang mir auch, das Zinnhydroxyd in Wasser aufzulösen, indem ich ein wenig Salzsäure hinzugab – daran erinnerte ich mich von einem Chemie-Kurs am College her –, so daß ein Schritt, für den man sonst *Stunden* brauchte, jetzt etwa fünf Minuten dauerte.

Meine Experimente wurden dauernd von dem Verkäufer unterbrochen, der mit irgendeinem Plastik von einem aussichtsreichen Kunden zurückkam. Ich hatte all diese Flaschen bereitstehen, und alles war gekennzeichnet, und dann hieß es plötzlich: »Sie müssen das Experiment abbrechen und einen ›Super-Auftrag‹ für die Verkaufsabteilung ausführen!« So mußten eine Menge Experimente mehr als einmal in Angriff genommen werden.

Einmal gerieten wir in unheimliche Schwierigkeiten. Irgendein Künstler versuchte, ein Bild für das Titelblatt eines Magazins zu machen, bei dem es um Autos gehen sollte. Er hatte sehr sorgfältig ein Rad aus Plastik modelliert, und irgendwie hatte der Verkäufer ihm erzählt, wir seien in der Lage, alles zu plattieren, deshalb wollte der Künstler, daß wir die Nabe mit Metall überzogen, so daß sie silbern glänzte. Das Rad war aus einer neuen Plastiksorte gemacht, und wir wußten nicht so recht, wie wir sie plattieren sollten – eigentlich war es so, daß der Verkäufer nie wußte, *was* wir nun plattieren konnten, deshalb versprach er immer alles mögliche –, und beim erstenmal klappte es nicht. Um das in Ordnung zu bringen, mußten wir die Silberschicht herunterbringen, und das gelang uns nicht so ohne weiteres. Ich beschloß, konzentrierte Salpetersäure zu verwenden, was zwar das Silber herunterbrachte, dafür aber Narben und Löcher in dem Plastik hinterließ. Bei *der* Sache kamen wir wirklich in Teufels Küche! Tatsache ist, wir machten eine Menge Experimente »in des Teufels Küche«.

Die anderen Burschen in der Firma fanden, wir sollten Anzeigen in die Zeitschrift *Modern Plastics* setzen. Ein paar Sachen, die wir mit Metall überzogen hatten, waren sehr hübsch. Sie machten sich gut in den Anzeigen. Wir hatten auch ein paar Dinge vorne in einem Schaukasten, damit interessierte Kunden sich das ansahen, aber niemand konnte die Sachen in den Anzeigen oder in dem Schaukasten in die Hand nehmen, um zu sehen, wie gut der Metallüberzug dranblieb. Einige davon waren vielleicht wirklich recht gute Arbeiten. Aber es waren Sonderanfertigungen; es waren keine regulären Produkte.

Direkt nachdem ich die Firma am Ende des Sommers verlassen hatte, um nach Princeton zu gehen, bekamen sie ein gutes Angebot von jemand, der Plastikfüller mit Metall überziehen wollte. Jetzt konnten die Leute silberne Füller haben, die leicht, einfach zu handhaben und billig waren. Die Füller verkauften sich sofort überall, und es war ziemlich aufregend, zu erleben, wie die Leute überall mit diesen Füllern herumliefen – und man wußte, woher sie kamen.

Aber die Firma hatte nicht viel Erfahrung mit dem Material – oder vielleicht mit dem Füllstoff, der in dem Plastik verwendet wurde (die meisten Plastiksorten sind nicht rein; es wird ihnen ein »Füllstoff« beigemischt, den man damals noch nicht so recht im Griff hatte) – und auf den verflixten Dingern bildeten sich Blasen. Wenn man einen Gegenstand in der Hand hat, an dem eine kleine Blase ist, die anfängt sich abzulösen, fummelt man nun mal daran herum. Jeder fummelte also daran herum, und der ganze Überzug löste sich von den Füllern ab.

Jetzt hatte die Firma das *dringende* Problem, die Sache mit den Füllern in Ordnung zu bringen, und mein Kumpel kam zu der Überzeugung, daß er ein großes Mikroskop benötige und so weiter. Er wußte nicht, was er sich angucken oder wozu das gut sein sollte, und seine Firma mußte eine Menge Geld für diese angebliche Forschung ausgeben. Das Ergebnis war, sie hatten Schwierigkeiten: Sie haben das Problem nie gelöst, und die Firma ging pleite, weil ihr erster großer Auftrag ein solcher Fehlschlag war.

Einige Jahre später war ich in Los Alamos, wo ein Mann namens Frederic de Hoffman arbeitete, der so etwas Ähnliches wie ein Wissenschaftler war; aber mehr noch, er kam auch mit Verwaltungsangelegenheiten gut zurecht. Er hatte keine Hochschulausbildung, aber er hatte eine Vorliebe für Mathematik und arbeitete sehr hart; er machte seine fehlende Ausbildung durch harte Arbeit wett. Später wurde er Präsident oder Vizepräsident von General Atomics, und danach war er ein großer Industrie-Boss. Aber zu der Zeit war er eben ein sehr energischer Bursche, der offene Augen hatte, begeisterungsfähig war und bei dem Projekt half, so gut er konnte.

Eines Tages aßen wir in der Fuller Lodge, und er erzählte mir, daß er in England gearbeitet hatte, bevor er nach Los Alamos kam.

»Was haben Sie dort gemacht?« fragte ich.

»Ich arbeitete an einem Verfahren, um Plastik mit Metall zu überziehen. Ich war einer der Labor-Menschen.«

»Wie lief es?«

»Es lief recht gut, aber wir hatten unsere Probleme.«

»Ach ja?«

»Gerade als wir anfingen, unser Verfahren zu entwickeln, gab es eine Firma in New York ...«

»*Welche* Firma in New York?«

»Sie hieß Metaplast Corporation. Die waren uns in der Entwicklung offensichtlich weit voraus.«

»Woher wußten Sie das?«

»Sie machten dauernd Reklame in *Modern Plastics* mit ganzseitigen Anzeigen, auf denen all die Dinge abgebildet waren, die sie plattieren konnten, und da haben wir gesehen, daß sie weiter waren als wir.«

»Hatten Sie irgendwelches Material von ihnen?«

»Nein, aber den Anzeigen konnte man entnehmen, daß sie dem, was wir tun konnten, weit voraus waren. Unser Verfahren war recht gut, aber es hatte keinen Zweck zu versuchen, mit einem derartigen amerikanischen Verfahren zu konkurrieren.«

»Wie viele Chemiker arbeiteten bei Ihnen im Labor?«

»Bei uns arbeiteten sechs Chemiker.«

»Was glauben Sie, wie viele Chemiker die Metaplast Corporation hatte?«

»Oh! Die müssen eine *richtige* Chemie-Abteilung gehabt haben!«

»Könnten Sie mir beschreiben, wie Sie sich den Chef-Chemiker der Metaplast Corporation vorstellen, und wie es, nach Ihrer Ansicht, in seinem Labor zugeht?«

»Ich würde annehmen, die müssen fünfundzwanzig oder fünfzig Chemiker haben, und der Chef-Chemiker hat sein eigenes Büro – abgetrennt mit Glas. Sie wissen doch, wie man's in Filmen sieht: Dauernd kommen Leute mit Forschungsprojekten rein, an denen sie gerade arbeiten, und sie holen seinen Rat ein und rauschen dann wieder ab, um weiterzuforschen, ein dauerndes Kommen und Gehen. Bei fünfundzwanzig oder fünfzig Chemikern, wie zum Teufel hätten wir da mit denen konkurrieren können?«

»Es wird Sie interessieren und amüsieren, zu erfahren, daß Sie gerade mit dem Chef-Chemiker der Metaplast Corporation sprechen, dessen Personal aus einem Mann bestand, der die Flaschen spülte!«

2. Teil: Die Jahre in Princeton

»Sie belieben wohl zu scherzen, Mr. Feynman!«

Als ich am MIT studierte, gefiel es mir dort sehr gut. Ich fand, es sei ein toller Ort, und natürlich wollte ich dort auch promovieren. Aber als ich zu Professor Slater ging und ihm von meinen Absichten erzählte, sagte er: »Wir lassen Sie hier nicht rein.«

Ich sagte: »Was?«

Slater fragte: »Wieso meinen Sie, Sie sollten am MIT zur Graduate School gehen?«

»Weil das MIT die beste Hochschule für Wissenschaft im ganzen Land ist.«

»Das glauben Sie?«

»Yeah.«

»Gerade deshalb sollten Sie an eine andere Hochschule gehen. Sie sollten herausfinden, wie es in der übrigen Welt aussieht.«

So beschloß ich, nach Princeton zu gehen. Nun, Princeton hatte eine gewisse Eleganz. Es war teilweise die Imitation einer englischen Universität. Deshalb machten die Leute in der Verbindung, die meine ziemlich rauhe, ungezwungene Art kannten, Bemerkungen wie: »Warte nur ab, bis sie in Princeton herausfinden, wen sie da zu sich gelassen haben! Warte ab, bis sie merken, was sie für einen Fehler gemacht haben!« So beschloß ich, mich anständig zu benehmen, wenn ich nach Princeton kam.

Mein Vater brachte mich in seinem Auto nach Princeton, ich bekam mein Zimmer, und er fuhr wieder ab. Ich war noch nicht eine Stunde dort, als mich ein Mann aufsuchte: »Ich bin der Leiter des Wohnheims hier, und ich möchte Ihnen sagen, daß der Dekan heute nachmittag zum Tee bittet, und er möchte, daß Sie alle kommen. Vielleicht sind Sie so freundlich, Ihren Zimmergenossen, Mr. Serette, zu informieren.«

Das war meine Einführung in das Graduierten-»College« in Princeton, wo alle Studenten wohnten. Es war wie eine Imitation von Oxford oder Cambridge – komplett bis hin zu den Akzenten (der Leiter des Wohnheims war ein Professor für »French littrachaw«). Unten gab es einen Pförtner, alle hatten schöne Zimmer, und wir nahmen alle unsere Mahlzeiten gemeinsam in einem großen Saal mit Fenstern aus farbigem Glas ein und trugen dazu Talare.

Am gleichen Nachmittag, an dem ich in Princeton ankam, ging ich also zum Tee des Dekans, und dabei wußte ich nicht einmal, was »der Tee« war oder was das sollte! Ich hatte überhaupt keine Umgangsformen; ich hatte keine Erfahrung in solchen Dingen.

Ich komme also an die Tür, und da steht der Dekan, Mr. Eisenhart, und begrüßt die neuen Studenten: »Oh, Sie sind Mr. Feynman«, sagte er. »Wir freuen uns, Sie bei uns zu haben.« Das half ein bißchen, denn irgendwie erkannte er mich.

Ich gehe durch die Tür, und da sind einige Damen und auch ein paar Mädchen. Alles ist sehr förmlich, und ich überlege, wo ich mich hinsetzen soll, ob ich mich neben dieses Mädchen setzen soll oder nicht, und wie ich mich benehmen soll, als ich hinter mir eine Stimme höre.

»Nehmen Sie Sahne oder Zitrone, Mr. Feynman?« Es ist Mrs. Eisenhart, die Tee einschenkt.

»Beides, danke schön«, sage ich, immer noch Ausschau haltend, wo ich mich hinsetzen soll, als ich plötzlich höre: »Hi-hi-hi-hi-hi. Sie belieben wohl zu *scherzen*, Mr. Feynman.«

Scherzen? Scherzen? Was zum Teufel hatte ich gerade gesagt? Dann wurde mir klar, was ich getan hatte. Das war also meine erste Erfahrung mit dieser Tee-Geschichte.

Später, als ich schon länger in Princeton war, lernte ich dieses »Hi-hi-hi-hi-hi« verstehen. Eigentlich wurde mir schon bei diesem ersten Tee, als ich mich verabschiedete, klar, daß es bedeutete: »Sie begehen einen Fauxpas.« Denn beim *nächsten* Mal, als ich dieses gleiche Kichern »Hi-hi-hi-hi-hi« von Mrs. Eisenhart hörte, gab ihr jemand einen Handkuß, als er sich verabschiedete.

Ein anderes Mal, vielleicht ein Jahr später, bei einem anderen Tee, unterhielt ich mich mit Professor Wildt, einem Astronomen, der eine Theorie über die Wolken auf der Venus entwickelt hatte. Sie sollten aus Formaldehyd bestehen (es ist herrlich, worüber wir uns früher Gedanken gemacht haben), und er hatte das alles ausgerechnet, wie sich das Formaldehyd niederschlägt und so weiter. Es war äußerst interessant. Wir unterhielten uns über diesen ganzen Kram, als eine kleine Dame auf mich zu kam und sagte: »Mr. Feynman, Mrs. Eisenhart würde Sie gerne sprechen.«

»O. k., einen Moment ...«, und ich unterhielt mich weiter mit Wildt.

Die kleine Dame kam wieder zurück und sagte: »Mr. *Feynman*, Mrs. Eisenhart würde Sie gerne sprechen.«

»O. k., o. k.!«, und ich gehe hinüber zu Mrs. Eisenhart, die Tee eingießt.

»Nehmen Sie Kaffee oder Tee, Mr. Feynman?«

»Mrs. Soundso sagt, Sie möchten mich sprechen.«

»Hi-hi-hi-hi-hi. Möchten Sie *Kaffee* oder lieber *Tee*, Mr. Feynman?«

»Tee«, sage ich, »danke sehr«.

Einige Augenblicke später kamen Mrs. Eisenharts Tochter und eine Schulfreundin herüber, und wir wurden einander vorgestellt. Alles, was hinter *diesem* »Hi-hi-hi« steckte, war: Mrs. Eisenhart wollte gar nicht mit mir sprechen, ich sollte da sein und Tee trinken, wenn ihre Tochter und deren Freundin herüberkamen, so daß sie sich mit jemandem unterhalten konnten. So lief das. Inzwischen wußte ich, was ich zu tun hatte, wenn ich das »Hi-hi-hi-hi-hi« hörte. Ich sagte nicht: »Was meinen Sie mit ›Hi-hi-hi-hi-hi‹?«; ich wußte, das »Hi-hi-hi« bedeutete »Fehler« und daß ich das besser ausbügelte.

Jeden Abend trugen wir beim Essen Talare. Beim ersten Mal jagte mir das eine Heidenangst ein, denn ich konnte Förmlichkeiten nicht ausstehen. Aber mir wurde schnell klar, daß die Talare einen großen Vorteil hatten. Diejenigen, die draußen Tennis gespielt hatten, konnten auf ihr Zimmer eilen, sich den Talar schnappen und überziehen. Sie brauchten keine Zeit damit zu verlieren, ihre Kleider zu wechseln oder sich zu duschen. Unter den Talaren steckten also nackte Arme, T-Shirts, alles mögliche. Im übrigen gab es eine Regel, daß man den Talar nie reinigte; auf diese Weise konnte man einen Studenten aus dem ersten Jahr von einem Studenten aus dem zweiten Jahr, aus dem dritten Jahr und von einem Ferkel unterscheiden! Man machte den Talar nie sauber, und man flickte ihn auch nicht, deshalb hatten die Studenten aus dem ersten Jahr sehr schöne, relativ saubere Talare, aber wenn man dann ins dritte Jahr oder so kam, hatte man bloß noch eine Art Pappding um die Schultern, von dem die Fetzen herunterhingen.

So ging ich also, als ich nach Princeton kam, am Sonntagnachmittag zu jenem Tee, und zu Abend aß ich in einem Talar im »College«. Aber am Montag wollte ich als erstes das Zyklotron sehen.

Am MIT war ein neues Zyklotron gebaut worden, als ich dort Student war, und es war einfach *herrlich*! Das Zyklotron selbst war in einem Raum und das Kontrollpult in einem anderen. Es war hervorragend konstruiert. Die Kabel führten vom Kontrollraum durch unterirdische Leitungsrohre zum Zyklotron, und da war eine große Schalttafel mit Knöpfen und Meßinstrumenten. Es war das, was ich ein vergoldetes Zyklotron nennen würde.

Ich hatte eine Menge Arbeiten über Zyklotron-Experimente gelesen, aber vom MIT gab es nicht viele. Vielleicht fingen sie gerade erst damit an. Aber von Forschungsstätten wie Cornell und Berkeley und vor allem aus Princeton lagen massenhaft Resultate vor. Was ich deshalb unbedingt sehen wollte, worauf ich mich freute, war das ZYKLOTRON von PRINCETON. Das mußte was *Besonderes* sein!

Am Montag gehe ich also als erstes in den Physik-Bau und frage: »Wo ist das Zyklotron – in welchem Gebäude?«

»Unten im Keller – am Ende des Ganges.«

Im *Keller*? Es war ein altes Gebäude. Im Keller war kein Platz für ein Zyklotron. Ich ging den Gang entlang bis zum Ende, trat durch die Tür, und innerhalb von zehn Sekunden erkannte ich, warum Princeton richtig für mich war – der beste Ort, an dem ich weiterstudieren konnte. In dem Raum waren *an allen Ecken und Enden* Kabel gezogen! An den Kabeln hingen Schalter, Kühlwasser tropfte aus den Ventilen, der Raum war *voller* Krempel, und alles völlig offen. Überall standen Tische herum, auf denen sich Werkzeuge stapelten; es war ein einziges heilloses Durcheinander. Das ganze Zyklotron war in einem Raum, und es war ein totales, absolutes Chaos!

Es erinnerte mich an mein Labor zu Hause. Am MIT hatte mich nie etwas an mein Labor zu Hause erinnert. Plötzlich wurde mir klar, warum Princeton Resultate erzielte. Sie arbeiteten mit dem Instrument. Sie hatten das Instrument *gebaut*; sie wußten, wo was war, sie wußten, wie alles funktionierte, da war kein Techniker beteiligt, es sei denn, er arbeitete auch da. Es war viel kleiner als das Zyklotron am MIT, und »vergoldet«? – es war das genaue Gegenteil. Wenn sie ein Leck in der Vakuumkammer flicken wollten, klebten sie es mit Glyptal zu, deshalb die Glyptaltropfen auf dem Boden. Es war wunderbar! Denn sie *arbeiteten* damit. Sie brauchten nicht in einem anderen Raum zu sitzen und Knöpfe zu drücken! (Nebenbei bemerkt, wegen des ganzen chaotischen Durcheinanders – zu viele Kabel – brach in dem Raum ein Feuer aus, und das Zyklotron wurde zerstört. Aber davon erzähle ich besser nicht!)

(Als ich nach Cornell kam, ging ich mir das dortige Zyklotron anschauen. Dieses Zyklotron benötigte kaum einen Raum: Es war ungefähr ein Yard breit – der Durchmesser des ganzen Apparates. Es war das kleinste Zyklotron der Welt, aber sie hatten phantastische Resultate erzielt. Sie hatten alle möglichen Spezialtechniken und Tricks. Wenn sie etwas an den »D's« verändern wollten – den D-förmigen Halbkreisen, zwischen denen die Teilchen beschleunigt werden –, nahmen sie einen Schraubenzieher, bauten die D's mit der Hand aus, brachten sie in Ordnung und bauten sie wieder ein. In Princeton war das viel schwieriger, und am MIT brauchte man einen Kran, der unter der Decke herangerollt wurde, man mußte die Haken herunterlassen, und es war eine Heiiiiiidenarbeit.)

Ich lernte eine Menge verschiedener Dinge an verschiedenen Hochschulen. Das MIT ist ein *sehr* guter Ort; ich will es nicht schlechtmachen. Ich war richtig in es verliebt. Es hat für sich selbst einen Geist entwickelt, so daß jeder, der dort arbeitet, es für den wunderbarsten Ort auf der Welt hält – irgendwie ist es das *Zentrum* der wissenschaftlichen und technologischen Entwicklung in den Vereinigten Staaten, wenn nicht sogar der ganzen Welt. Es ist so, wie die New Yorker New York sehen: sie vergessen das übrige Land. Und obwohl man dort kein gutes Gefühl für Proportionen bekommt, bekommt man ein besonderes Gefühl dafür, *dabei* zu sein und *beteiligt* zu sein, und die Motivation und den Wunsch, weiterzumachen – ein Gefühl, daß man auserwählt ist und das Glück hat, dort zu sein.

Das MIT war also gut, aber Slater hatte recht gehabt, mir zu empfehlen, an einer anderen Universität zu promovieren. Und ich gebe meinen Studenten oft den gleichen Rat. Entdeckt, wie die übrige Welt ist. Die Abwechslung lohnt sich.

Im Zyklotron-Labor in Princeton habe ich einmal ein Experiment durchgeführt, das einige erstaunliche Resultate brachte. In einem Lehrbuch über Hydrodynamik gab es ein Problem, das von allen Physik-Studenten diskutiert wurde. Das Problem ist folgendes: Man hat einen S-förmigen Rasensprenger – eine S-förmige Röhre auf einem Drehzapfen –, und das Wasser spritzt im rechten Winkel zur Achse heraus und läßt diese in einer bestimmten Richtung rotieren. Jeder weiß, in welche Richtung der Rasensprenger sich dreht: er wird von dem austretenden Wasser zurückgetrieben. Die Frage ist nun: Angenommen, man hat einen See oder einen Swimmingpool – ein großes Becken mit Wasser –, und man tut den Sprenger ganz unter Wasser und saugt Wasser ein, statt es hinauszuspritzen, in welche Richtung würde er sich drehen? Würde er sich in die gleiche Richtung drehen, in die er sich dreht, wenn man das Wasser in die Luft spritzt, oder würde er sich in die entgegengesetzte Richtung drehen?

Auf den ersten Blick ist die Antwort völlig klar. Das Pech war nur, daß der eine dachte, es sei ganz klar diese Richtung, und der andere, es sei ganz klar jene. Deshalb diskutierten alle darüber. Ich erinnere mich, daß in einem bestimmten Seminar oder bei einem Tee jemand zu Professor John Wheeler ging und ihn fragte: »Was denken *Sie*: in welche Richtung dreht er sich?«

Wheeler sagte: »Gestern hat Feynman mich davon überzeugt, daß der Rasensprenger sich rückwärts dreht. Heute hat er mich mit ebenso guten Argumenten davon überzeugt, daß er sich in die entgegengesetzte Richtung dreht. Ich weiß nicht, wovon er mich *morgen* überzeugen wird!«

Ich werde jetzt ein Argument anführen, das einen glauben läßt, daß der Rasensprenger sich in die eine Richtung dreht, und dann ein anderes, das einen glauben läßt, daß er sich in die andere Richtung dreht. O. k.?

Das eine Argument lautet: Wenn man das Wasser einsaugt, ist es so, als würde man das Wasser mit der Düse ziehen, so daß der Sprenger sich vorwärts bewegt, auf das einströmende Wasser zu.

Aber dann kommt jemand anders vorbei und sagt: »Angenommen, wir halten den Sprenger fest und fragen, was für ein Drehmoment wir brauchen, um ihn festzuhalten. Für den Fall, daß das Wasser austritt, wissen wir alle, daß man ihn, wegen der Zentrifugalkraft des Wassers, das um die Biegung strömt, an der Außenseite der Biegung festhalten muß. Wenn das Wasser nun in *entgegengesetzter* Richtung um die gleiche Biegung strömt, übt es die gleiche Zentrifugalkraft auf die Außenseite der Biegung aus. Deshalb sind beide Fälle gleich, und der Sprenger wird sich in die gleiche Richtung drehen, ob man das Wasser ausspritzt oder einsaugt.«

Nach einigem Nachdenken kam ich zu dem Schluß, wie die Antwort lautete, und um das zu beweisen, wollte ich ein Experiment durchführen.

Im Zyklotron-Labor in Princeton hatten sie eine große Korbflasche – eine riesengroße Flasche mit Wasser. Ich dachte, das sei genau das richtige für das Experiment. Ich besorgte mir ein Stück Kupferröhre und bog es zu einem S. Dann bohrte ich ein Loch in die Mitte, steckte einen Gummischlauch hinein und führte diesen durch ein Loch in dem Korken, mit dem ich die Flasche verschlossen hatte. Der Korken hatte noch ein zweites Loch, in das ich einen weiteren Gummischlauch steckte, den ich an die Preßluftflasche im Labor anschloß. Indem ich Luft in die Flasche pumpte, konnte ich Wasser in die Kupferröhre pressen, genauso als würde ich es einsaugen. Die S-förmige Röhre würde sich zwar nicht frei drehen, sondern sich (wegen des flexiblen

Gummischlauchs) nur winden, aber ich wollte die Geschwindigkeit der Wasserströmung messen, indem ich maß, wie weit das Wasser oben aus der Flasche herausspritzte.

Ich hatte alles aufgebaut, drehte die Preßluft auf, und es machte »*Pfff!*«. Der Luftdruck hatte den Korken aus der Flasche getrieben. Ich steckte ihn fest wieder hinein, so daß er nicht wieder herausflog. Jetzt lief das Experiment ziemlich gut. Das Wasser kam heraus, und der Schlauch verdrehte sich, also erhöhte ich ein wenig den Druck, denn bei höherer Geschwindigkeit würden die Messungen genauer sein. Ich maß sehr sorgfältig den Winkel und den Abstand und erhöhte noch einmal den Druck, und mit einemmal explodierte das ganze Ding, und Glas und Wasser spritzten in alle Richtungen durch das Labor. Ein Bursche, der gekommen war, um zuzugucken, wurde ganz naß und mußte nach Hause gehen und sich umziehen (es ist ein Wunder, daß er durch das Glas nicht verletzt wurde), und viele Bilder aus der Nebelkammer, die geduldig mit dem Zyklotron aufgenommen worden waren, waren völlig naß, aber ich war aus irgendeinem Grund weit genug weg oder stand so, daß ich nicht besonders naß wurde. Aber ich werde nie vergessen, wie der große Professor Del Sasso, der für das Zyklotron verantwortlich war, zu mir kam und streng sagte: »Erstsemester-Experimente sollten im Erstsemester-Labor gemacht werden.«

Iiiiiiiiich!

Mittwochs kamen verschiedene Leute ans Graduate-College in Princeton, um Vorträge zu halten. Die Redner waren oft interessant, und bei den Diskussionen nach den Vorträgen hatten wir meist eine Menge Spaß. Ein Kommilitone zum Beispiel war stark anti-katholisch, deshalb verteilte er vorher Fragen, die die Leute einem religiösen Redner stellen sollten, und dem machten wir dann schwer zu schaffen.

Ein andermal hielt jemand einen Vortrag über Dichtung. Er sprach über die Struktur des Gedichtes und über die Gefühle, die es begleiten; er teilte alles in bestimmte Klassen ein. In der folgenden Diskussion fragte er: »Ist das nicht genau wie in der Mathematik, Dr. Eisenhart?«

Dr. Eisenhart war der Dekan der Graduate-School und ein bedeutender Mathematik-Professor. Außerdem war er sehr clever. Er sagte: »Ich wüßte gern, wie Dick Feynman darüber denkt im Zusammenhang mit der Theoretischen Physik.« In solchen Situationen brachte er mich immer ins Spiel.

Ich stand auf und sagte: »Ja, es besteht eine sehr enge Beziehung. In der Theoretischen Physik ist das Analogon zum Wort die mathematische Formel, das Analogon zur Struktur des Gedichtes ist die Wechselbeziehung zwischen dem theoretischen Dingsbums und dem Soundso« – und ich ging die ganze Sache durch und stellte eine perfekte Analogie her. Die Augen des Redners *strahlten* vor Glück.

Dann sagte ich: »Mir scheint, ganz gleich, *was* man über Dichtung sagt, so wie ich es mit der Theoretischen Physik gemacht habe, könnte ich zu *jedem* Bereich eine Analogie herstellen. Ich sehe in solchen Analogien keinen Sinn.«

In dem riesengroßen Speisesaal mit den farbigen Fenstern, wo wir, in unseren stetig sich verschleißenden Talaren, immer aßen, sprach Dr. Eisenhart vor jedem Abendessen ein lateinisches Tischgebet. Nach dem Abendessen stand er oft auf, um etwas bekanntzugeben. Eines Abends stand er auf und sagte: »In zwei Wochen wird ein Psychologie-Professor kommen und einen Vortrag über Hypnose halten. Nun, der Professor hat gemeint, es wäre viel besser, wenn wir die Hypnose richtig vorgeführt bekämen, statt nur darüber zu sprechen. Deshalb möchte er, daß ein paar Leute sich freiwillig zur Verfügung stellen, um hypnotisiert zu werden...«

Ich bin ganz aufgeregt. Keine Frage, daß ich hinter die Hypnose kommen muß. Das wird toll werden!

Der Dekan sagte weiter, es wäre gut, wenn sich drei oder vier Leute freiwillig zur Verfügung stellen würden, damit der Hypnotiseur sie zunächst ausprobieren könne, um zu sehen, wer von ihnen fähig sei, hypnotisiert zu werden, er bäte uns also sehr, uns dafür zu melden. (Um Gottes willen, *er verschwendet bloß Zeit!*)

Eisenhart war an einem Ende des Saals, und ich war ganz weit hinten am anderen Ende. Es waren Hunderte von Leuten da. Ich wußte, daß jeder das würde machen wollen, und ich hatte große Angst, daß er mich nicht sehen werde, weil ich so weit hinten war. Ich mußte einfach bei dieser Vorführung mitmachen!

Schließlich sagte Eisenhart: »Ich möchte also fragen, ob sich irgend jemand freiwillig meldet...«

Ich hob die Hand, schoß von meinem Stuhl auf und brüllte so laut ich konnte, um sicher zu sein, daß er mich auch hörte: »Iiiiiiiiiich!«

Er hörte mich nur zu gut, denn sonst meldete sich keine Menschenseele. Meine Stimme hallte im Saal wider – es war sehr peinlich. Eisenhart reagierte sofort: »Ja, natürlich, daß *Sie* sich zur Verfügung stellen würden, Mr. Feynman, war mir klar, aber ich wollte wissen, ob sich *sonst* noch jemand melden würde.«

Schließlich stellten sich noch ein paar andere zur Verfügung, und eine Woche vor der Vorführung kam der Mann, um an uns zu üben, um zu sehen, ob einer von uns sich für die Hypnose eignete. Ich wußte über das Phänomen Bescheid, aber ich wußte nicht, wie es ist, hypnotisiert zu werden.

Er fing an, mich zu bearbeiten, und bald war ich soweit, daß er sagte: »Sie können Ihre Augen nicht öffnen.«

Ich sagte zu mir: »Ich *wette*, daß ich meine Augen öffnen *könnte*, aber ich möchte die Situation nicht verderben. Woll'n mal sehen, wie weit das geht.« Es war eine interessante Situation: Man ist nur leicht benebelt, und obwohl man ein bißchen weggetreten ist, ist man ziemlich sicher, daß man die Augen öffnen könnte. Aber natürlich öffnet man die Augen nicht, in gewisser Hinsicht kann man es also nicht.

Er machte allerlei Sachen und entschied, daß ich recht gut geeignet sei.

Als die eigentliche Vorführung kam, mußten wir auf das Podium kommen, und er hypnotisierte uns vor dem versammelten Graduate-College von Princeton. Diesmal war die Wirkung stärker; ich nehme an, ich hatte gelernt, mich hypnotisieren zu lassen. Der Hypnotiseur führte Verschiedenes vor, indem er mich Dinge tun ließ, die ich normalerweise nicht tun konnte, und am Ende sagte er, wenn ich aus der Hypnose erwacht sei, würde ich, anstatt direkt zu meinem Platz zurückzukehren, was die natürlichste Art und Weise sei, um den ganzen Raum herumlaufen und von hinten zu meinem Platz gehen.

Während der ganzen Vorführung war ich mir vage dessen bewußt, was vorging, und arbeitete bei dem, was der Hypnotiseur sagte, mit, aber diesmal beschloß ich: »Verdammt, genug ist genug! Ich werde schnurstracks auf meinen Platz gehen.«

Als ich aufstehen und das Podium verlassen konnte, begann ich, geradewegs zu meinem Platz zu gehen. Aber dann überkam mich ein unangenehmes Gefühl: ich fühlte mich so unbehaglich, daß ich nicht weitergehen konnte. Ich lief um den ganzen Saal herum.

Einige Zeit später wurde ich in einer anderen Situation von einer Frau hypnotisiert. Während ich hypnotisiert war, sagte sie: »Ich werde jetzt ein Streichholz anzünden, es ausblasen und dann sofort damit Ihren Handrücken berühren. Sie werden keinen Schmerz verspüren.«

Ich dachte: »Quatsch!« Sie nahm ein Streichholz, zündete es an, blies es aus und tippte damit an meinen Handrücken. Es fühlte sich ein wenig warm an. Meine Augen waren die ganze Zeit geschlossen, aber ich dachte: »Das ist einfach. Sie hat ein Streichholz angezündet, aber dann mit einem anderen an meine Hand getippt. Da ist ja nichts *bei*; es ist Schwindel!«

Als ich aus der Hypnose erwachte und meinen Handrücken ansah, erlebte ich eine große Überraschung: auf meinem Handrücken war eine Brandwunde. Bald bildete sich eine Blase, aber es tat überhaupt nicht weh, nicht einmal als die Blase aufplatzte.

Ich stellte also fest, daß die Hypnose eine sehr interessante Erfahrung ist. Die ganze Zeit sagt man sich: »Ich könnte es, aber ich werde es nicht tun« – womit man nur auf andere Weise sagt, daß man es nicht kann.

Eine Katzenkarte?

Im Speisesaal des Graduate-College in Princeton saßen die einzelnen meist mit Studenten der eigenen Fachrichtung zusammen. Ich saß bei den Physikern, aber nach einem Weilchen dachte ich: Es wäre gut, wenn man sich ansähe, was der Rest der Welt treibt, ich werde mich also jeweils für ein oder zwei Wochen zu einer der anderen Gruppen setzen.

Als ich bei den Philosophen saß, hörte ich ihnen zu, wie sie sehr ernsthaft über ein Buch von Whitehead diskutierten, das den Titel hatte: *Prozeß und Realität.* Sie benutzten die Worte auf komische Art und Weise, und ich konnte nicht recht verstehen, was sie sagten. Ich wollte sie aber in ihrem Gespräch nicht unterbrechen und sie nicht dauernd bitten, etwas zu erklären, und bei den wenigen Malen, als ich doch fragte, versuchten sie es mir zu erklären, aber ich begriff es trotzdem nicht. Schließlich luden sie mich ein, in ihr Seminar zu kommen.

Sie hatten ein Seminar, das wie eine Klasse war. Es war jede Woche einmal zusammengekommen, um ein neues Kapitel aus *Prozeß und Realität* zu diskutieren – irgend jemand hielt ein Referat darüber, und dann gab es eine Diskussion. Ich ging in dieses Seminar und schwor mir, den Mund zu halten, indem ich mir ins Gedächtnis rief, daß ich nicht das geringste vom Thema verstand und nur hinging, um zuzuschauen.

Was dort geschah, war typisch – so typisch, daß es unglaublich war, aber wahr. Zuerst saß ich da, ohne irgend etwas zu sagen, was kaum zu glauben, aber ebenfalls wahr ist. Ein Student hielt ein Referat über das Kapitel, das in jener Woche untersucht werden sollte. Whitehead benutzte darin dauernd die Worte »wesentlicher Gegenstand«, und zwar in einer bestimmten terminologischen Weise, die er vermutlich definiert hatte, die ich jedoch nicht verstand.

Nach einiger Diskussion darüber, was »wesentlicher Gegenstand« bedeute, sagte der Professor, der das Seminar leitete, etwas, das die Dinge klären sollte, und zeichnete etwas an die Tafel, das wie Blitze aussah. »Mr. Feynman«, fragte er, »würden Sie sagen, daß ein Elektron ein ›wesentlicher Gegenstand‹ ist?«

Nun, jetzt saß ich in der Patsche. Ich gab zu, daß ich das Buch nicht gelesen hatte, deshalb hätte ich keine Ahnung, was Whitehead mit dem Ausdruck meine; ich sei nur gekommen, um zuzuschauen. »Aber«, sagte ich, »ich werde versuchen, die Frage, die der Herr Professor gestellt hat, zu beantworten, wenn Sie vorher eine Frage von mir beantworten, damit ich mir eine bessere Vorstellung davon machen kann, was ›wesentlicher Gegenstand‹ bedeutet. Ist ein *Ziegelstein* ein wesentlicher Gegenstand?«

Ich hatte herausfinden wollen, ob sie glaubten, daß theoretische Konstrukte wesentliche Gegenstände seien. Das Elektron ist eine *Theorie*, die wir benutzen; es ist so nützlich für unser Verständnis vom Funktionieren der Natur, daß wir es fast als real bezeichnen können. Ich wollte per Analogie klarmachen, was eine Theorie ist. Im Fall des Ziegelsteins sollte meine nächste Frage lauten: »Und wie steht es mit dem *Inneren* des Ziegelsteins?« – und dann wollte ich darauf hinweisen, daß noch nie jemand das Innere eines Ziegelsteins gesehen hat. So oft man den Ziegelstein auch zerbricht, man sieht immer nur eine Oberfläche. Daß der Ziegelstein ein Inneres hat, ist eine einfache Theorie, die uns hilft, die Dinge besser zu verstehen. Bei der Theorie der Elektronen ist es ähnlich. Deshalb stellte ich als erstes die Frage: »Ist ein Ziegelstein ein wesentlicher Gegenstand?«

Dann kamen die Antworten. Einer stand auf und sagte: »Der Ziegelstein als einzelner, besonderer Ziegelstein. *Das* ist es, was Whitehead unter einem wesentlichen Gegenstand versteht.«

Ein anderer sagte: »Nein, der einzelne Ziegelstein ist kein wesentlicher Gegenstand; es ist der allgemeine Charakter, den alle Ziegelsteine gemeinsam haben – ihre ›Ziegelsteinhaftigkeit‹ –, das ist der wesentliche Gegenstand.«

Wieder ein anderer stand auf und sagte: »Nein, es liegt nicht in den Ziegelsteinen selbst. ›Wesentlicher Gegenstand‹ meint die Vorstellung im Bewußtsein, die sich einstellt, wenn man an Ziegelsteine denkt.«

Wieder und wieder stand jemand auf, und ich hatte wirklich noch nie gehört, daß man auf so einfallsreiche und unterschiedliche Weise einen Ziegelstein betrachten kann. Und genau wie es in allen Geschichten über Philosophen sein muß, endete es in vollständigem Chaos. In all ihren vorherigen Diskussionen hatten sie sich nicht einmal die Frage gestellt, ob ein so einfacher Gegenstand wie ein Ziegelstein, ganz zu schweigen von einem Elektron, ein »wesentlicher Gegenstand« ist.

Danach zog ich beim Abendessen an den Biologen-Tisch um. Ich hatte mich immer für Biologie interessiert, und sie sprachen über sehr interessante Dinge. Einige von ihnen luden mich ein, zu einem Kurs über Zellphysiologie zu kommen, den sie besuchen wollten. Ich kannte mich etwas aus in Biologie, aber dies war ein Kurs für Graduierte. »Glaubt ihr, ich komme damit zurecht? Wird der Professor mich reinlassen?« fragte ich.

Sie fragten den Dozenten, E. Newton Harvey, der viel über Leuchtbakterien gearbeitet hatte. Harvey sagte, ich könne an diesem besonderen Kurs für Fortgeschrittene teilnehmen, unter einer Bedingung: ich müsse bei allem mitarbeiten und wie alle anderen Referate halten.

Bevor der Kurs zum erstenmal zusammenkam, wollten mir die, die mich zur Teilnahme eingeladen hatten, ein paar Dinge unter dem Mikroskop zeigen. Sie hatten einige Pflanzenzellen darunter, und man konnte ein paar grüne Pünktchen, die als Chloroplasten bezeichnet werden (sie produzieren Zucker, wenn sie dem Licht ausgesetzt werden), zirkulieren sehen. Ich sah sie mir an, und dann schaute ich auf: »Wie kommt es, daß sie zirkulieren? Was schiebt sie herum?« fragte ich.

Keiner wußte es. Es stellte sich heraus, daß das damals noch nicht bekannt war. So fand ich gleich etwas über die Biologie heraus: es war sehr leicht, eine Frage zu finden, die sehr interessant war und auf die niemand eine Antwort wußte. In die Physik mußte man ein wenig tiefer eindringen, bevor man eine interessante Frage finden konnte, die die Leute nicht beantworten konnten.

Als der Kurs begann, zeichnete Harvey zuerst ein riesengroßes Bild von einer Zelle an die Tafel und beschriftete all die Dinge, die in der Zelle sind. Dann sprach er darüber, und ich verstand das meiste von dem, was er sagte.

Nach der Vorlesung fragte mich der Typ, der mich eingeladen hatte: »Na, wie fandest du es?«

»Ganz gut«, sagte ich. »Das einzige, was ich nicht verstanden habe, war das mit dem Lezithin. Was ist Lezithin?«

Da fängt der Typ mit monotoner Stimme an zu erklären: »Alle Lebewesen, sowohl Pflanzen als auch Tiere, bestehen aus einer Art Bausteinchen, den ›Zellen‹ ...«

»Hör mal«, sagte ich ungeduldig, »ich *weiß* das alles; sonst wäre ich ja nicht in dem Kurs. Was ist *Lezithin*?«

»Ich weiß es nicht.«

Ich mußte wie alle anderen Referate über Artikel schreiben, und der erste, der mir übertragen wurde, ging über das Thema, wie sich Druck auf Zellen auswirkt – Harvey hatte dieses Thema für mich ausgewählt, weil es etwas mit Physik zu tun hatte. Obwohl ich verstand, was ich schrieb, sprach ich alles falsch aus, als ich mein Referat vorlas, und die Kursteilnehmer lachten immer hysterisch, wenn ich von »Blastopheren« statt von »Blastomeren« sprach oder ähnlichem.

Der nächste Artikel, der für mich ausgesucht wurde, war von Adrian und Bronk. Sie wiesen nach, daß nervöse Impulse Phänomene sind, die jeweils aus einer einzigen, heftigen Entladung bestehen. Sie hatten Experimente mit Katzen durchgeführt, bei denen sie die Spannung an den Nerven gemessen hatten.

Ich begann mit der Lektüre des Artikels. Da war dauernd die Rede von Extensoren und Flexoren, vom Musculus gastrocnemius und so weiter. Der und der Muskel wurde benannt, aber ich hatte nicht die leiseste Ahnung, wo diese Muskeln in bezug auf die Nerven lokalisiert waren, oder wo sie sich in der Katze befanden. Deshalb ging ich zu der Bibliothekarin in der Biologie-Abteilung und fragte sie, ob sie mir eine Katzenkarte heraussuchen könne.

»Eine *Katzenkarte*, Sir?« fragte sie entsetzt. »Sie meinen eine *zoologische Schautafel!*« Seitdem gab es Gerüchte über irgendeinen dummen Doktoranden der Biologie, der nach einer »Katzenkarte« suchte.

Als es soweit war, daß ich meinen Vortrag über das Thema halten sollte, zeichnete ich zuerst den Umriß einer Katze und fing an, die verschiedenen Muskeln zu benennen.

Da unterbrechen mich die anderen Studenten im Kurs: »Das *wissen* wir alles!«

»Oh«, sagte ich, »*tatsächlich?* Kein *Wunder,* daß ich euch so schnell einholen konnte, obwohl ihr schon vier Jahre Biologie gehabt habt.« Sie hatten ihre Zeit damit verschwendet, sich solches Zeug einzuprägen, wo man das doch in einer Viertelstunde nachschlagen konnte.

Nach dem Krieg reiste ich jeden Sommer mit dem Auto irgendwo in den Vereinigten Staaten herum. In einem Jahr, als ich schon am Caltech war, dachte ich: »Diesen Sommer fahre ich nicht in eine andere Gegend, ich begebe mich auf ein anderes *Gebiet.*«

Das war kurz nachdem Watson und Crick die DNS-Spirale entdeckt hatten. Es gab ein paar sehr gute Biologen am Caltech, denn Delbrück hatte dort sein Labor, und Watson kam ans Caltech, um einige Vorlesungen über das Codierungssystem der DNS zu halten. Ich ging zu seinen Vorlesungen und besuchte Seminare im Fachbereich Biologie und geriet in helle Begeisterung. Es war eine sehr aufregende Zeit in der Biologie, und am Caltech zu sein, war wunderbar.

Ich glaubte nicht, daß ich fähig sei, in der Biologie wirklich Forschung zu betreiben, deshalb stellte ich mir vor, daß ich bei meinem sommerlichen Abstecher ins Gebiet der Biologie einfach im Biologie-Labor herumlungern und »Teller waschen« würde, während ich zusah, was sie da trieben. Ich ging hinüber zum Biologie-Labor, um ihnen zu erzählen, was ich vorhatte, und Bob Edgar, ein junger Biologe, der gerade promoviert hatte und dort irgendwie verantwortlich war, meinte, er werde das nicht zulassen. Er sagte: »Sie müssen eine richtige Forschungsaufgabe übernehmen, genau wie ein Doktorand, und wir werden Ihnen eine Aufgabe geben, an der Sie arbeiten können.« Das war mir recht.

Ich nahm an einem Kurs über Phagen teil, bei dem wir lernten, wie wir in der Forschung Bakteriophagen einsetzen konnten (ein Phage ist ein Virus, das DNS enthält und Bakterien angreift). Ich stellte gleich fest, daß mir eine Menge Ärger erspart blieb, weil ich etwas von Physik und Mathematik verstand. Ich wußte, wie sich Atome in Flüssigkeiten verhalten, deshalb war für mich nichts Geheimnisvolles an der Arbeitsweise einer Zentrifuge. Ich wußte genug über Statistik, um die statistischen Fehler zu erkennen, die unterlaufen, wenn kleine Punkte auf einer Schale gezählt werden. Während also die Biologen sich alle bemühten, diese »neuen« Dinge zu verstehen, konnte ich meine Zeit damit verbringen, den biologischen Teil zu lernen.

In dem Kurs lernte ich eine nützliche Labor-Technik, die ich heute noch verwende. Man brachte uns bei, wie man mit einer Hand ein Probierglas hält und den Verschluß abnimmt (man macht das mit Mittel- und Zeigefinger), während man die andere Hand frei hat, um etwas anderes zu tun (zum Beispiel um eine Pipette zu halten, mit der man Cyanid aufsaugt). Jetzt kann ich in der einen Hand meine

Zahnbürste und in der anderen die Tube mit Zahnpasta halten, den Verschluß abdrehen und wieder aufsetzen.

Man hatte entdeckt, daß Phagen Mutationen durchmachen können, die ihre Fähigkeit beeinträchtigen, Bakterien anzugreifen, und wir sollten diese Mutationen untersuchen. Es gab auch einige Phagen, die eine zweite Mutation durchliefen, die ihre Fähigkeit, Bakterien anzugreifen, wiederherstellte. Einige Phagen, die zurückmutierten, waren dann genau wie vorher. Andere nicht: Es gab einen geringfügigen Unterschied in ihrer Wirkung auf Bakterien – sie wirkten langsamer oder schneller als gewöhnlich, und die Bakterien wuchsen langsamer oder schneller als gewöhnlich. Mit anderen Worten, es gab »Rückmutationen«, aber sie waren nicht immer vollständig; manchmal erlangte der Phage nur teilweise die Fähigkeit zurück, die er verloren hatte.

Bob Edgar schlug mir ein Experiment vor, mit dem ich herausfinden sollte, ob die Rückmutationen in der DNS-Spirale an der gleichen Stelle vorkamen. Mit großer Sorgfalt und einer Menge langweiliger Arbeit gelang es mir, drei Beispiele für Rückmutationen zu finden, die sehr nah beieinander vorgekommen waren – näher als alles, was man bis dahin gesehen hatte – und die teilweise die Funktionsfähigkeit des Phagen wiederherstellten. Es war eine Arbeit, die langsam vor sich ging. Irgendwie hing sie vom Zufall ab: Man mußte warten, bis man eine zweifache Mutation bekam, was sehr selten vorkam.

Ich überlegte mir dauernd, wie man einen Phagen veranlassen könnte, häufiger zu mutieren, und wie man Mutationen schneller ausfindig machen könnte, aber bevor ich eine gute Technik entwickeln konnte, war der Sommer vorüber, und ich hatte keine Lust, an dem Problem weiterzuarbeiten.

Da jedoch mein Forschungsurlaub bevorstand, beschloß ich, in dem gleichen Labor zu arbeiten, allerdings an einem anderen Thema. In gewissem Umfang arbeitete ich mit Matt Meselson und dann mit einem netten Kerl aus England namens J. D. Smith zusammen. Das Problem hatte mit Ribosomen zu tun, der »Maschinerie« in der Zelle, die Protein aus dem herstellt, was wir jetzt als Messenger-RNS bezeichnen. Unter Verwendung radioaktiver Substanzen wiesen wir nach, daß die RNS die Ribosomen verlassen und wieder in sie eingebracht werden kann.

Ich arbeitete sehr sorgfältig, indem ich alles erwog und unter Kontrolle zu behalten versuchte, aber ich brauchte acht Monate, bis ich merkte, daß es einen Schritt gab, bei dem es schlampig zuging. Um die Bakterien zu präparieren, so daß man die Ribosomen herausholen konnte, zermahlte man sie damals mit Aluminiumoxid in einem Mörser. Alles andere ging chemisch vor sich und war vollkommen unter Kontrolle, aber die Art und Weise, wie man den Stößel bewegte, wenn man die Bakterien zermahlte, ließ sich nie wiederholen. Deshalb kam bei dem Experiment nie etwas heraus.

Ich denke, ich sollte noch erzählen, wie ich mit Hildegarde Lamfrom herauszufinden versuchte, ob Erbsen die gleichen Ribosomen verwenden können wie Bakterien. Die Frage war, ob die Ribosomen von Bakterien Proteine von Menschen oder anderen Organismen herstellen können. Sie hatte gerade einen Plan entwickelt, die Ribosomen aus Erbsen herauszuholen und ihnen Messenger-RNS zu geben, so daß diese Erbsenproteine produzierten. Es war uns klar, daß es eine sehr spannende und wichtige Frage war, ob Bakterienribosomen, wenn man ihnen die Messenger-RNS von Erbsen gab, Erbsenprotein oder Bakterienprotein herstellen würden. Es sollte ein sehr aufregendes und grundlegendes Experiment werden.

Hildegarde sagte: »Ich brauche eine Menge Ribosomen aus Bakterien.«

Meselson und ich hatten für ein anderes Experiment ungeheure Mengen von Ribosomen aus *E. coli* extrahiert. Ich sagte: »Wissen Sie was, ich gebe Ihnen einfach die Ribosomen, die wir haben. Wir haben reichlich davon in meinem Kühlschrank im Labor.«

Es wäre eine phantastische und wichtige Entdeckung geworden, wenn ich ein guter Biologe gewesen wäre. Aber ich war kein guter Biologe. Wir hatten eine gute Idee, ein gutes Experiment, die richtige Ausrüstung, aber ich vermasselte es: ich gab ihr infizierte Ribosomen – der gröbste Fehler, den man bei einem solchen Experiment machen kann. Meine Ribosomen waren fast einen Monat lang im Kühlschrank gewesen, und sie waren mit irgend etwas anderem Lebendigen kontaminiert. Hätte ich diese Ribosomen unverzüglich neu präpariert, und wäre ich, als ich sie ihr gab, so umsichtig und sorgfältig gewesen, daß alles unter Kontrolle gewesen wäre, dann hätte das Experiment geklappt, und wir hätten als erste die Gleichförmigkeit des Lebens nachgewiesen: denn der Mechanismus der Proteinherstellung, die Ribosomen, ist in allen Lebewesen der gleiche. Wir waren am rechten Ort, und wir taten das Richtige, aber ich stellte mich an wie ein Amateur – dumm und schlampig.

Mich erinnert das an den Mann von Madame Bovary in dem Buch von Flaubert, ein stumpfsinniger Landarzt, der irgendeinen Einfall hatte, wie man Klumpfüße heilen kann, und alles, was er tat, war, die Leute zu verhunzen. Ich war so ähnlich wie dieser unerfahrene Chirurg.

Über die andere Arbeit mit dem Phagen habe ich nie geschrieben – Edgar hat mich immer wieder gebeten, das niederzuschreiben, aber ich bin nie dazu gekommen. Das ist das Übel, wenn man nicht auf seinem eigenen Gebiet arbeitet: Man nimmt es nicht ernst.

Ich habe formlos etwas darüber geschrieben. Ich schickte es Edgar, und er lachte, als er es las. Es hatte nicht die Standardform, die bei Biologen üblich ist – erstens, Vorgehensweise und so weiter. Ich hielt mich lange dabei auf, Dinge zu erklären, die allen Biologen bekannt sind. Edgar stellte eine gekürzte Version her, aber ich konnte sie nicht verstehen. Ich glaube nicht, daß sie das je veröffentlicht haben. Ich habe es nie direkt veröffentlicht.

Watson fand, das, was ich mit den Phagen gemacht hatte,

sei von einigem Interesse, deshalb lud er mich nach Harvard ein. Ich hielt einen Vortrag im Fachbereich Biologie über die zweifachen Mutationen, die so nah beieinander vorkamen. Ich sagte, meine Vermutung sei, daß die eine Mutation eine Veränderung im Protein bewirke, beispielsweise den pH-Wert einer Aminosäure verändere, während die andere Mutation die entgegengesetzte Veränderung bei einer anderen Aminosäure im gleichen Protein bewirke, so daß sie teilweise die erste Mutation ausgleiche – nicht vollständig, aber genug, um den Phagen wieder tätig werden zu lassen. Ich war der Meinung, es fänden zwei Veränderungen im gleichen Protein statt, die sich gegenseitig kompensierten.

Es stellte sich heraus, daß das nicht der Fall war. Ein paar Jahre später wurde von Leuten, die zweifellos eine Technik entwickelt hatten, die Mutationen schneller herbeizuführen und festzustellen, herausgefunden, daß die erste Mutation eine Mutation war, bei der eine ganze DNS-Base fehlte. Dadurch verschob sich der »Code« und konnte nicht mehr »gelesen« werden. Bei der zweiten Mutation wurde entweder eine zusätzliche Base mit eingebaut, oder es wurden zwei weitere Basen entfernt. Danach konnte der Code wieder gelesen werden. Je näher die zweite Mutation an der ersten vorkam, desto weniger wurde die Botschaft durch die doppelte Mutation verändert und desto vollständiger erlangte der Phage seine verlorengegangenen Fähigkeiten zurück. Auf diese Weise wurde nachgewiesen, daß es drei »Buchstaben« gibt, mit denen jede Aminosäure codiert wird.

Als ich in jener Woche in Harvard war, machte Watson einen Vorschlag, und wir arbeiteten ein paar Tage lang gemeinsam an einem Experiment. Das Experiment wurde nicht zu Ende geführt, aber ich lernte ein paar neue Labortechniken von einem der besten Männer auf diesem Gebiet.

Aber das war mein großer Augenblick: ich hielt ein Seminar im Fachbereich Biologie in Harvard! So mache ich es immer, ich arbeite mich in etwas ein und schaue, wie weit ich gehen kann.

Ich habe in der Biologie vieles gelernt, und ich sammelte eine Menge Erfahrung. Ich lernte die Worte richtig auszusprechen, lernte besser erkennen, was in einem Artikel oder in einem Seminar nicht vorkommen darf, und konnte bei einem Experiment eine schwache Technik ausfindig machen. Aber ich liebe die Physik, und ich möchte jetzt auf sie zurückkommen.

Geistesriesen

Als ich noch Doktorand in Princeton war, arbeitete ich als Forschungsassistent unter John Wheeler. Er gab mir ein Problem, an dem ich arbeiten sollte, es wurde schwierig, und ich kam einfach nicht weiter. Deshalb griff ich auf eine Idee zurück, die ich früher, am MIT, gehabt hatte. Die Idee war, daß Elektronen nicht mit sich selbst in Wechselwirkung stehen, sondern nur auf andere Elektronen einwirken.

Es gab folgendes Problem: Wenn man ein Elektron schüttelt, strahlt es Energie ab, die verlorengeht. Das bedeutet, daß eine Kraft auf das Elektron einwirken muß. Und wenn es geladen ist, muß es eine andere Kraft sein als dann, wenn es nicht geladen ist. (Wenn die Kraft genau dieselbe wäre, wenn es geladen und wenn es nicht geladen ist, würde es im einen Fall Energie verlieren und im anderen nicht. Es kann nicht zwei unterschiedliche Lösungen für dasselbe Problem geben.)

Die Standardtheorie besagte, daß es die Selbstwechselwirkung des Elektrons sei, die diese (als Strahlungsrückwirkung bezeichnete) Kraft erzeugt, und ich hatte nur Elektronen, die auf andere Elektronen einwirkten. Deshalb wurde mir zu dem Zeitpunkt klar, daß ich in ziemlichen Schwierigkeiten war. (Als ich am MIT war, kam ich auf die Idee, ohne das Problem zu bemerken, aber als ich nach Princeton kam, kannte ich das Problem.)

Was ich dachte, war: Ich schüttele dieses Elektron. Es wird ein in der Nähe befindliches Elektron erschüttern, und die Rückwirkung von dem in der Nähe befindlichen Elektron müßte der Ursprung der Strahlungsrückwirkung sein. Also stellte ich ein paar Berechnungen an und brachte sie Wheeler.

Wheeler sagte sofort: »Also, das stimmt nicht, denn die Kraft variiert umgekehrt mit dem Quadrat der Entfernung der anderen Elektronen, während sie überhaupt nicht von irgendeiner dieser Variablen abhängig sein sollte. Außerdem wird sie umgekehrt proportional zur Masse des anderen Elektrons und proportional zu seiner Ladung sein.«

Was mich beunruhigte, war dies: ich dachte, er müsse das *berechnet* haben. Erst später wurde mir klar, daß ein Mann wie Wheeler sofort diesen ganzen Kram *sehen* kann, wenn man ihm das Problem vorlegt. Ich mußte rechnen, aber er konnte sehen.

Dann sagte er: »Und sie wird verzögert sein – die Welle kehrt spät zurück –, alles, was Sie beschrieben haben, ist also reflektiertes Licht.«

»Oh! Natürlich«, sagte ich.

»Aber warten Sie«, sagte er. »Nehmen wir an, sie kehrt durch avancierte Wellen zurück – Reaktionen, die rückwärts laufen –, dann kommt sie rechtzeitig zurück. Wir haben gesehen, daß der Effekt umgekehrt zu dem Quadrat der Entfernung variierte, aber nehmen Sie an, es gibt eine Menge Elektronen, die überall im Raum verteilt sind: die Anzahl verhält sich proportional zum Quadrat der Entfernung. Vielleicht können wir das also alles ausgleichen.«

Wir fanden heraus, daß wir das tun konnten. Es ging alles sehr schön auf und paßte sehr gut. Es war eine klassische Theorie, die richtig sein konnte, auch wenn sie sich von Maxwells oder Lorentz' Standardtheorien unterschied. Es gab keinen Ärger mit der Unendlichkeit der Selbsteinwirkung. Alles war klug angelegt. Die Theorie arbeitete mit Wirkungen vorwärts und rückwärts in der Zeit – wir nannten das »halb-avancierte und halb-retardierte Potentiale.«

Wheeler und ich dachten, das nächste Problem wäre, sich der Quantenelektrodynamik zuzuwenden, die (wie ich meinte) Schwierigkeiten mit der Selbstwechselwirkung des Elektrons hatte. Wir stellten uns vor, wenn es uns gelingen sollte, die Schwierigkeit zuerst in der klassischen Physik zu beseitigen und dann daraus eine Quantentheorie zu machen, könnten wir auch die Quantentheorie geradebiegen.

Nachdem wir jetzt die klassische Theorie hingekriegt hatten, meinte Wheeler: »Feynman, Sie sind ein junger Kerl – Sie sollten ein Seminar darüber halten. Sie müssen Erfahrungen sammeln, wie man Vorträge hält. In der Zwischenzeit werde ich den quantentheoretischen Teil ausarbeiten und später darüber ein Seminar halten.«

Es sollte also mein erster fachlicher Vortrag werden, und Wheeler vereinbarte mit Eugene Wigner, ihn auf den regulären Veranstaltungsplan zu setzen.

Ein oder zwei Tage vor dem Vortrag traf ich Wigner auf dem Flur. »Feynman«, sagte er, »ich finde die Arbeit, die Sie mit Wheeler machen, sehr interessant, deshalb habe ich Russell zu dem Seminar eingeladen.« Henry Norris Russell, der berühmte, bedeutende Astronom der damaligen Zeit, kam zu dem Vortrag!

Wigner fuhr fort: »Ich denke, Professor von Neumann dürfte es auch interessieren.« John von Neumann war der bedeutendste Mathematiker am Ort. »Und zufällig haben wir gerade Professor Pauli aus der Schweiz bei uns zu Gast, ich habe ihn also eingeladen« – Pauli war ein sehr berühmter Physiker – und ich werde jetzt bleich. Schließlich sagte Wigner: »Professor Einstein kommt nur selten zu unseren wöchentlichen Seminaren, aber Ihre Arbeit ist so interessant, daß ich ihn extra eingeladen habe, er kommt also auch.«

Da muß ich schon ganz grün ausgesehen haben, denn Wigner sagte: »Nein, nein! Machen Sie sich keine Sorgen! Sie sollten nur folgendes wissen: Wenn Professor Russell einschläft – und er wird ohne Zweifel einschlafen –, so heißt das nicht, daß das Seminar schlecht ist; er schläft nämlich in allen Seminaren ein. Andererseits, wenn Professor Pauli die ganze Zeit nickt und während der Veranstaltung zuzustimmen scheint, dann achten Sie nicht darauf. Professor Pauli hat einen Schlaganfall gehabt.«

Ich ging zu Wheeler und erzählte ihm, was für große, berühmte Leute zu dem Vortrag, den er mich halten ließ, kommen würden, und sagte ihm, daß mich das nervös mache.

»Ist in Ordnung«, meinte er. »Machen Sie sich keine Sorgen. Ich werde alle Fragen beantworten.«

Ich bereitete also den Vortrag vor, und als es soweit war, ging ich hinein und tat etwas, das junge Männer, die noch keine Erfahrung mit Vorträgen gesammelt haben, oft tun – ich schrieb zu viele Gleichungen an die Tafel. Ein junger Kerl kann nicht sagen: »Natürlich, das variiert umgekehrt und dies läuft so und so«, weil nämlich jeder, der zuhört, es bereits weiß; sie können es sehen. Aber *er* weiß es nicht. Er kann es nur herausfinden, indem er die Algebra durchrechnet – und deshalb diese vielen Gleichungen.

Als ich dabei war, vor Beginn der Veranstaltung die ganze Tafel mit diesen Gleichungen vollzuschreiben, kam Einstein herein und sagte freundlich: »Hallo, ich komme zu Ihrem Seminar. Aber zunächst mal, wo ist denn der Tee?«

Ich sagte es ihm und fuhr fort, die Gleichungen anzuschreiben.

Dann war es soweit, daß ich den Vortrag zu halten hatte, und vor mir sitzen alle diese *Geistesriesen* und warten! Mein erster Fachvortrag, und das vor diesem Publikum! Ich dachte, sie würden mich durch die Mangel drehen! Ich erinnere mich sehr genau daran, daß ich sah, wie meine Hände zitterten, als sie meine Notizen aus einem braunen Umschlag zogen.

Aber dann geschah ein Wunder, und es ist immer wieder in meinem Leben geschehen, und das ist ein großes Glück für mich: In dem Augenblick, in dem ich anfange, über die Physik nachzudenken, und mich auf das konzentrieren muß, was ich erkläre, ist mein Bewußtsein mit nichts anderem beschäftigt – ich bin vollkommen dagegen gefeit, nervös zu werden. Nachdem ich also losgelegt hatte, wußte ich einfach nicht mehr, wer in dem Raum war. Ich erklärte nur noch diese Idee, das war alles.

Aber dann kam das Ende des Seminars, und es war Zeit für Fragen. Gleich als erster steht Pauli, der neben Einstein saß, auf und sagt: »Ich glaube nicht, daß diese Theorie richtig sein kann, wegen diesem und diesem und diesem«, und er dreht sich zu Einstein herum und sagt: »Sind Sie nicht auch meiner Meinung, Professor Einstein?«

Einstein sagt: »Nooooooooooooo«, ein nettes, deutsch klingendes »No« – sehr höflich. »Ich finde nur, daß es sehr schwierig wäre, eine entsprechende Theorie für die Gravitationswechselwirkung aufzustellen.« Er meinte: für die allgemeine Relativitätstheorie, die sein Kind war. Er fuhr fort: »Da wir zur Zeit nicht gerade viele experimentelle Beweise haben, bin ich mir nicht absolut sicher, was die korrekte Theorie der Gravitation angeht.« Einstein hatte Verständnis dafür, daß die Dinge anders sein konnten als seine Theorie behauptete; er war anderen Ideen gegenüber sehr tolerant.

Ich wünschte, ich hätte behalten, was Pauli gesagt hatte, denn Jahre später entdeckte ich, daß die Theorie nicht genügte, um eine entsprechende Quantentheorie aufzustellen. Es ist möglich, daß dieser bedeutende Mann die Schwierigkeit sofort bemerkte und sie mir in der Frage erklärte, aber ich war so erleichtert, die Fragen nicht beantworten zu müssen, daß ich sie mir nicht wirklich aufmerksam anhörte. Ich erinnere mich, daß ich mit Pauli die Stufen der Palmer Library hinaufstieg und er mich fragte: »Was wird Wheeler über die Quantentheorie sagen, wenn er seinen Vortrag hält?«

Ich antwortete: »Ich weiß es nicht. Er hat es mir nicht gesagt. Er arbeitet das alleine aus.«

»Ah ja?« sagte er. »Der Mann arbeitet und erzählt seinem Assistenten nicht, was er mit der Quantentheorie macht?« Er kam näher und sagte mit leiser, geheimnisvoller Stimme: »Wheeler wird dieses Seminar nie halten.«

Und so war es. Wheeler hat das Seminar nicht gehalten. Er glaubte, es sei einfach, den quantentheoretischen Teil auszuarbeiten; er glaubte, er hätte es fast schon. Aber er hatte es nicht. Und als es soweit war für das Seminar, wurde ihm klar, daß er nicht wußte, wie er es machen sollte, und daß er deshalb nichts zu sagen hatte.

Ich habe es auch nie gelöst – eine Quantentheorie halbavancierter, halb-retardierter Potentiale –, und ich habe jahrelang daran gearbeitet.

Das Mischen von Farben

Der Grund, weshalb ich sage, ich sei »unkultiviert« oder »anti-intellektuell«, liegt wahrscheinlich in der Zeit, als ich auf der High School war. Es hat mich immer geärgert, daß ich ein Schwächling war; ich wollte nicht zu empfindlich sein. Ich fand, ein *richtiger* Mann gibt sich nicht mit Poesie und solchen Sachen ab. Wie es überhaupt dazu kam, daß Gedichte *geschrieben* wurden – das ging mir nie auf! Ich entwickelte also eine negative Einstellung gegenüber dem, der französische Literatur studiert oder sich zu sehr mit Musik oder Dichtung beschäftigt – mit all diesen »Phantasie«-Dingen. Ich bewunderte eher den Stahlarbeiter, den Schweißer oder den Mann, der in der Maschinenwerkstatt arbeitet. Ich dachte immer, wer in der Maschinenwerkstatt arbeitet und etwas herstellen kann, *das* muß ein *richtiger Kerl* sein! Das war meine Einstellung. Ein Praktiker zu sein, das war für mich immer irgendwie eine Tugend, und »kultiviert« oder »intellektuell« zu sein, war keine. Das erste war natürlich richtig, aber das zweite war verrückt.

Wie man sehen wird, empfand ich immer noch so, als ich in Princeton promovierte. Ich aß häufig in einem netten kleinen Restaurant, das Papa's Place hieß. Als ich eines Tages dort aß, kam ein Anstreicher im Arbeitsanzug vom oberen Stockwerk herunter, wo er ein Zimmer gestrichen hatte, und setzte sich neben mich.

Irgendwie fingen wir ein Gespräch an, und er begann davon zu sprechen, daß man eine Menge lernen müsse, um als Maler zu arbeiten. »Nehmen Sie zum Beispiel dieses Restaurant«, sagte er, »was für Farben würden Sie verwenden, um die Wände anzustreichen, wenn *Sie* das machen müßten?«

Ich antwortete, ich wisse es nicht, und er sagte: »Bis zu

der und der Höhe machen Sie einen Sockel, und den streichen Sie in einer dunklen Farbe, denn die Leute, die an Tischen sitzen, kommen ja mit ihren Ellbogen an die Wand, also können Sie da keine schöne weiße Wand gebrauchen. Die wird nämlich zu leicht schmutzig. Aber darüber, da *will* man es weiß haben, damit das Restaurant einen sauberen Eindruck macht.«

Der Typ schien zu wissen, was er tat, und ich saß da und hing an seinen Lippen, als er sagte: »Und mit den Farben muß man sich auch auskennen – wie man durch Mischen unterschiedliche Farbtöne bekommt. Welche Farben würden *Sie* zum Beispiel mischen, um Gelb zu bekommen?«

Ich wußte nicht, wie man durch Mischen Gelb bekommt. Wenn es um *Licht* geht, mischt man Grün und Rot, aber ich wußte ja, daß er von *Malerfarben* redete. Deshalb sagte ich: »Ich weiß nicht, wie man Gelb bekommt, ohne Gelb zu verwenden.«

»Nun«, sagte er, »wenn man Rot und Weiß mischt, kriegt man Gelb.«

»Sind Sie sicher, daß Sie nicht *Rosa* meinen?«

»Nein«, sagte er, »man kriegt Gelb« – und ich glaubte ihm, daß er Gelb bekam, denn er war Anstreicher von Beruf, und ich bewunderte solche Burschen immer. Aber trotzdem fragte ich mich, wie er das anstellte.

Ich hatte eine Idee. »Es muß irgendeine *chemische* Veränderung sein. Haben Sie irgendeine besondere Art von Pigmenten verwendet, die sich chemisch verändern?«

»Nee«, sagte er, »das geht mit allen Pigmenten. Sie können ja rüber ins Kaufhaus gehen und Farbe holen – 'ne ganz gewöhnliche Büchse rote Farbe und 'ne ganz gewöhnliche Büchse weiße Farbe –, und dann misch' ich die und zeig' Ihnen, wie man Gelb bekommt.«

Zu dem Zeitpunkt dachte ich: »Irgendwas ist verrückt. Ich versteh' genug von Farben, um zu wissen, daß man kein Gelb bekommt, aber *er* muß wissen, daß man *tatsächlich*

Gelb bekommt, also passiert irgendwas Interessantes. Ich muß herauskriegen, was da passiert!«

Deshalb sagte ich: »O. k., ich gehe die Farben holen.«

Der Maler ging wieder nach oben, um das Zimmer fertig zu streichen, und der Restaurantbesitzer kam zu mir und sagte: »Was soll denn das, mit dem Mann herumzustreiten? Der Mann ist Anstreicher; er ist sein ganzes Leben lang Anstreicher gewesen, und *er* sagt, er bekommt Gelb. Wieso streiten Sie sich da mit Ihm?«

Es war mir peinlich. Ich wußte nicht, was ich sagen sollte. Schließlich sagte ich: »Ich habe mich mein ganzes Leben lang mit dem Licht beschäftigt. Und ich denke, mit Rot und Weiß kann man *kein* Gelb bekommen – man bekommt nur Rosa.«

Ich ging also ins Kaufhaus, holte die Farbe und brachte sie zurück ins Restaurant. Der Maler kam herunter, und der Restaurantbesitzer war auch dabei. Ich stellte die Büchsen mit der Farbe auf einen alten Stuhl, und der Maler fing an, die Farben zu mischen. Er tat ein bißchen mehr Rot dazu, dann ein bißchen mehr Weiß – für mich sah es immer noch rosa aus –, und er mischte noch etwas mehr Farbe. Dann murmelte er etwas wie: »Ich hatte sonst immer 'ne kleine Tube Gelb dabei, um es ein bißchen abzutönen – dann ist es Gelb.«

»Ach!« sagte ich. »Na klar! Sie tun Gelb dazu, und dann bekommen Sie Gelb, aber ohne das Gelb ginge es nicht.«

Der Maler ging wieder nach oben, um weiter zu streichen.

Der Restaurantbesitzer sagte: »Na, der Kerl hat vielleicht Nerven, streitet mit jemand herum, der sich sein ganzes Leben lang mit Licht beschäftigt hat!«

Aber das zeigt, wie sehr ich diesen »richtigen Kerlen« vertraute. Der Anstreicher hatte mir soviel Zeug erzählt, das vernünftig war, daß ich bereit war, bis zu einem gewissen Grad die Möglichkeit zuzugestehen, daß es ein merkwürdiges Phänomen gab, das ich nicht kannte. Ich erwartete

Rosa, aber mein Gedankengang war: »Die einzige Möglichkeit, Gelb zu bekommen, wird etwas Neues und Interessantes sein, und das muß ich sehen.«

In meiner Physik habe ich sehr oft Fehler gemacht, weil ich dachte, die Theorie sei nicht so gut, wie sie in Wirklichkeit war, denn ich glaubte, daß es eine Menge Komplikationen gebe, die sie ungültig machen würden – eine Einstellung, daß alles mögliche passieren kann, obwohl man ziemlich sicher ist, zu wissen, was eigentlich passieren müßte.

Ein anderer Werkzeugkasten

An der Graduate-School in Princeton teilten sich der Physik- und der Mathematik-Fachbereich einen gemeinsamen Aufenthaltsraum, und dort tranken wir jeden Tag um vier Uhr Tee. Auf diese Weise konnte man sich nachmittags entspannen, außerdem ahmte man ein englisches College nach. Man saß herum und spielte Go oder diskutierte Theoreme. Damals war Topologie die große Sache.

Ich kann mich noch an einen Burschen erinnern, der auf der Couch saß und sehr angestrengt nachdachte, und vor ihm stand ein anderer und sagte: »Und deshalb ist das und das wahr.«

»Wieso denn das?« fragt der auf der Couch.

»Trivial! Trivial!« sagt der andere und rasselt eine Reihe von logischen Schritten herunter: »Als erstes nimmst du das und das an, dann haben wir Kerchoffs dies und jenes; dann gibt es das Waffenstoffersche Theorem, und das ersetzen wir und konstruieren dann dies. Jetzt nimmst du den Vektor, der hier herumgeht, und dann das und das...« Der Typ auf der Couch müht sich ab, dieses ganze Zeug zu verstehen, das mit großer Geschwindigkeit noch ungefähr eine Viertelstunde so weitergeht!

Schließlich kommt der, der steht, zum Schluß, und der auf der Couch sagt: »Yeah, yeah. Das ist trivial.«

Wir Physiker lachten uns kaputt und versuchten daraus schlau zu werden. Wir beschlossen, daß »trivial« soviel heißt wie »bewiesen«. Deshalb trieben wir mit den Mathematikern unsere Späße: »Wir haben ein neues Theorem – nämlich: Mathematiker können nur triviale Theoreme beweisen, denn jedes bewiesene Theorem ist trivial.»

Den Mathematikern gefiel dieses Theorem nicht, und ich neckte sie deswegen. Ich sagte, daß es nie irgendwelche

Überraschungen gebe – daß Mathematiker nur Dinge beweisen, die offensichtlich sind.

Die Topologie war für die Mathematiker durchaus nicht offensichtlich. Es gab allerlei verrückte Möglichkeiten, die »unanschaulich« waren. Dann hatte ich einen Einfall. Ich forderte sie heraus: »Ich wette, ihr könnt mir nicht ein einziges Theorem nennen – und zwar die Annahmen und das Theorem in Begriffen, die ich verstehen kann –, bei dem ich euch nicht auf der Stelle sagen kann, ob es zutrifft oder falsch ist.«

Das lief oft so: Sie erklärten mir: »Du hast eine Orange, o. k.? Nun schneidest du die Orange in unendlich viele Stücke, setzt sie wieder zusammen, und sie ist so groß wie die Sonne. Wahr oder falsch?«

»Keine Löcher?«

»Keine Löcher.«

»Unmöglich! So etwas gibt's nicht.«

»Ha! Wir haben ihn! Kommt mal alle her! Es ist Soundsos Theorem des unmeßbaren Maßes!«

Genau dann, wenn sie meinen, sie hätten mich, erinnere ich sie: »Aber ihr habt doch von einer Orange gesprochen! Man kann die Orangenschale nicht dünner schneiden als die Atome.«

»Aber wir haben die Bedingung der Kontinuität: Wir können immer kleiner schneiden!«

»Nein, ihr habt von einer Orange gesprochen, also habe ich *angenommen*, daß ihr eine *wirkliche Orange* gemeint habt.«

Auf diese Weise gewann ich immer. Wenn ich richtig riet, großartig! Riet ich falsch, dann konnte ich immer etwas in ihren Vereinfachungen finden, das sie ausgelassen hatten.

Tatsächlich war an meinen Vermutungen wirklich etwas dran. Ich folgte einem Schema, das ich noch heute benutze, wenn mir jemand etwas erklärt, das ich zu verstehen versuche: ich denke mir Beispiele aus. Die Mathematiker kamen zu Beispiel mit einem tollen Theorem an, und sie sind ganz aufgeregt. Während sie mir die Bedingungen des Theorems nennen, konstruiere ich etwas, das alle Bedingungen erfüllt. Etwa so: Gegeben sei eine Menge (eine Kugel) – und die Menge sei disjunkt (zwei Kugeln). Dann stelle ich mir vor, daß die Kugeln farbig werden, daß sie Haare bekommen oder sonstwas, während die Mathematiker immer mehr Bedingungen stellen. Schließlich tragen sie das Theorem vor, und das ist dann irgendwas Dummes über die Kugel, was für mein haariges grünes Kugel-Ding nicht zutrifft, also sage ich: »Falsch!«

Dann sind sie ganz begeistert, und ich lasse ihnen den Spaß für eine Weile. Danach weise ich auf mein Gegenbeispiel hin.

»Oh. Wir haben vergessen, dir zu sagen, daß es sich um einen Hausdorffschen Homomorphismus 2. Klasse handelt.«

»Ja, wenn das so ist«, sage ich. »Dann ist es trivial! Trivial!« Aber zu dem Zeitpunkt weiß ich, wie es geht, auch wenn ich nicht weiß, was Hausdorffscher Homomorphismus bedeutet.

Meistens riet ich richtig, denn obwohl die Mathematiker meinten, ihre Topologie-Theoreme seien unanschaulich, waren sie eigentlich nicht so schwierig, wie sie aussahen. Man kann sich an die komischen Eigenschaften dieses Geschäfts gewöhnen, wo alles bis in allerletzte Feinheiten zerlegt wird, und recht gut erraten, was dabei herauskommen wird.

Obwohl ich den Mathematikern eine Menge Schwierigkeiten machte, waren sie immer sehr freundlich zu mir. Das war ein lustiger Haufen, immer dabei, etwas zu entwickeln, und sie waren unheimlich begeistert davon. Sie diskutierten ihre »trivialen« Theoreme und versuchten einem immer etwas zu erklären, wenn man ihnen eine einfache Frage stellte.

Paul Olum und ich hatten ein gemeinsames Badezimmer. Wir wurden gute Freunde, und er versuchte mir Mathematik beizubringen. Er brachte mich bis hin zu Homotopiegruppen, und an dem Punkt gab ich auf. Aber was im Schwierigkeitsgrad darunter lag, verstand ich ziemlich gut.

Eine Sache, die ich nie gelernt habe, war die Integration von geschlossenen Kurven. Ich hatte gelernt, Integrale zu lösen und dabei verschiedene Methoden anzuwenden, die in einem Buch dargestellt waren, das mein Physiklehrer an der High School, Mr. Bader, mir gegeben hatte.

Eines Tages sagte er zu mir, ich solle nach der Stunde dableiben. »Feynman«, sagte er, »du redest zuviel und du machst zuviel Krach. Ich weiß warum. Du langweilst dich. Ich werde dir ein Buch geben. Wenn wir Unterricht haben, setzt du dich da hinten in die Ecke und studierst dieses Buch, und wenn du alles weißt, was in dem Buch steht, kannst du wieder reden.«

So paßte ich in den Physikstunden nicht auf, wenn es um das Pascalsche Gesetz ging oder um irgend etwas anderes, was sie gerade durchnahmen. Ich saß hinten mit diesem Buch: *Höhere Analysis* von Woods. Bader wußte, daß ich ein bißchen in *Analysis für den Praktiker* herumstudiert hatte, deshalb gab er mir etwas, woran ich wirklich zu knacken hatte – es war für einen Unter- oder Oberstufenkurs im College. Es behandelte Fouriersche Reihen, Besselsche Funktionen, Determinanten, elliptische Funktionen – alles mögliche wunderbare Zeug, von dem ich nicht das geringste wußte.

Dieses Buch brachte mir auch bei, wie man Parameter unter dem Integralzeichen differenziert – das ist eine bestimmte Operation. Es zeigt sich, daß das an den Universitäten nicht viel gelehrt wird, sie messen dem kein besonderes Gewicht bei. Aber ich kapierte, wie man diese Methode benutzt, und ich habe dieses Werkzeug immer wieder verwendet. Weil ich also durch dieses Buch Autodidakt war, hatte ich seltsame Methoden, Integrale zu lösen.

Das Resultat war folgendes: Wenn die Leute am MIT oder in Princeton Schwierigkeiten hatten, ein bestimmtes Integral zu lösen, dann lag das daran, daß es mit den Standardmethoden, die sie in der Schule gelernt hatten, nicht ging. Wenn es sich um die Integration von geschlossenen Kurven oder um die einfache Entwicklung einer Reihe gehandelt hätte, hätten sie es herausgefunden. Dann komme ich und versuche unter dem Integralzeichen zu differenzieren, und das klappte oft. Auf diese Weise kam ich in den Ruf, gut Integrale lösen zu können, und das nur, weil ich einen anderen Werkzeugkasten hatte als die anderen und weil sie alle ihre Werkzeuge an dem Problem ausprobiert hatten, bevor sie es mir vorlegten.

Gedankenleser

Mein Vater interessierte sich für Zauberei und Kunststücke auf Rummelplätzen und wollte immer wissen, wie sie funktionierten. Eines, worin er sich auskannte, war das Gedankenlesen. Als er noch ein kleiner Junge war und in einem Städtchen lebte, das Patchogue hieß und mitten auf Long Island lag, wurde eines Tages auf Plakaten, die überall angeschlagen waren, angekündigt, daß nächsten Mittwoch ein Gedankenleser kommen werde. Auf den Plakaten hieß es, einige geachtete Bürger – der Bürgermeister, ein Richter, ein Bankier – sollten eine Fünf-Dollar-Note nehmen und sie irgendwo verstecken, und wenn der Gedankenleser in die Stadt komme, werde er sie finden.

Als er kam, umringten ihn die Leute, um ihm bei seiner Arbeit zuzuschauen. Er nimmt den Bankier und den Richter, die die Fünf-Dollar-Note versteckt hatten, bei der Hand und geht los, die Straße hinunter. Er kommt an eine Kreuzung, biegt um die Ecke, geht eine andere Straße hinunter, dann noch eine, bis zu dem richtigen Haus. Er geht mit ihnen, sie immer an der Hand haltend, in das Haus, hinauf in den zweiten Stock, in das richtige Zimmer, hin zu einem Sekretär, läßt ihre Hände los, öffnet die richtige Schublade, und da liegt die Fünf-Dollar-Note. Ungemein dramatisch!

Damals war es schwierig, eine gute Ausbildung zu bekommen, deshalb wurde der Gedankenleser als Privatlehrer für meinen Vater angeheuert. Nun, nach einer seiner Unterrichtsstunden fragte mein Vater den Gedankenleser, wie er es fertiggebracht hätte, das Geld zu finden, ohne daß ihm jemand gesagt hatte, wo es war.

Der Gedankenleser erklärte, daß man die Leute bei der Hand hält, und zwar locker, und während man geht, wakkelt man ein bißchen hin und her. Man kommt an eine

Kreuzung, wo man geradeaus, nach links oder rechts gehen kann. Man wackelt ein bißchen nach links, und wenn das nicht richtig ist, spürt man einen gewissen Widerstand, weil die Leute nicht erwarten, daß man diesen Weg nimmt. Wenn man dagegen in die richtige Richtung geht, dann geben sie leichter nach, weil sie glauben, man könne es schaffen, und es gibt keinen Widerstand. Man muß also immer ein bißchen herumwackeln und ausprobieren, welcher Weg der direkte zu sein scheint.

Mein Vater erzählte mir die Geschichte, meinte aber, dazu brauche man doch eine Menge Übung. Er hat es nie selbst versucht.

Später, als ich als Doktorand in Princeton arbeitete, beschloß ich, es an einem Burschen namens Bill Woodward auszuprobieren. Ich verkündete ihm plötzlich, ich sei Gedankenleser und könne seine Gedanken lesen. Ich sagte ihm, er solle ins »Labor« gehen – ein großer Raum mit Tischreihen, auf denen alle möglichen Apparate standen, wo es elektrische Schaltkreise gab, Werkzeuge, und wo überall Zeug herumlag –, sich irgendwo einen bestimmten Gegenstand aussuchen und herauskommen. Ich erklärte: »Jetzt lese ich deine Gedanken und führe dich genau auf den Gegenstand zu.«

Er ging ins Labor, merkte sich einen bestimmten Gegenstand und kam heraus. Ich nahm seine Hand und fing an, hin und her zu zappeln. Wir gingen einen Gang entlang, dann einen anderen, direkt zu dem Gegenstand hin. Wir versuchten es dreimal. Einmal fand ich den Gegenstand auf Anhieb – und er war mitten in einem ganzen Haufen Zeug. Ein anderes Mal ging ich zu der richtigen Stelle, verfehlte aber den Gegenstand um ein wenig – falscher Gegenstand. Beim dritten Mal ging irgend etwas schief. Aber es lief besser, als ich gedacht hatte. Es war sehr leicht.

Einige Zeit danach, als ich ungefähr sechsundzwanzig war, fuhren mein Vater und ich nach Atlantic City, wo es unter freiem Himmel allerlei Rummelplatz-Vergnügungen gab. Während mein Vater etwas Geschäftliches zu erledigen hatte, zog ich los, um mir einen Gedankenleser anzuschauen. Er saß auf der Bühne mit dem Rücken zum Publikum: in wallende Gewänder gehüllt und mit einem riesigen Turban auf dem Kopf. Er hatte einen Assistenten, einen kleinen Kerl, der im Publikum herumlief und Dinge sagte wie: »Oh, großer Meister, welche Farbe hat dieses Notizbuch?«

»Blau!« sagt der Meister.

»Und oh, Erhabener, wie lautet der Name dieser Frau?«

»Marie!«

Jemand steht auf: »Wie heiße ich?«

»Henry.«

Ich stehe auf und frage: »Wie ist *mein* Name?«

Er antwortet nicht. Der andere war offenbar ein Komplize, aber ich kam nicht dahinter, wie der Gedankenleser es bei den anderen Tricks anstellte, etwa wenn er die Farbe des Notizbuchs erriet. Trug er Kopfhörer unter dem Turban?

Als ich mich mit meinem Vater traf, erzählte ich ihm davon. Er sagte: »Sie haben einen Code verabredet, aber ich weiß nicht, was für einen. Laß uns noch einmal hingehen und es herausfinden.«

Wir gingen zurück, und mein Vater sagte zu mir: »Hier hast du fünfzig Cents. Laß dir da hinten in der Bude wahrsagen, wir treffen uns dann in einer halben Stunde.«

Ich wußte, was er vorhatte. Er würde dem Mann ein Märchen erzählen, und das würde glatter gehen, wenn sein Sohn nicht dabei war und dauernd »Ooh, ooh!« machte. Er mußte mich loswerden.

Als er zurückkam, erzählte er mir, wie der ganze Code funktionierte: »Blau heißt ›Oh, großer Meister‹, Grün ist ›Oh, Weisester der Weisen‹« und so weiter. Er erklärte: »Ich bin nachher zu ihm gegangen und habe ihm erzählt, ich gäbe in Patchogue Vorstellungen, wir hätten auch einen Code, aber damit könnte man nicht so viele Zahlen verschlüsseln und die Farbauswahl sei kleiner, und dann habe ich gefragt: ›Wie können Sie so viele Informationen weitergeben?‹«

Der Gedankenleser war so stolz auf seinen Code, daß er sich hinsetzte und meinem Vater das *ganze Drum und Dran* erklärte. Mein Vater war Vertreter. Er wußte, wie man in solchen Situationen sein Ziel erreicht. Ich kann so etwas nicht.

Der Amateurwissenschaftler

Als ich ein Kind war, hatte ich ein »Labor«. Es war kein Laboratorium in dem Sinne, daß ich Messungen vorgenommen oder großartige Experimente gemacht hätte. Statt dessen spielte ich: ich baute einen Motor, ich bastelte eine Vorrichtung, die ausgelöst wurde, wenn etwas eine Photozelle passierte, ich spielte mit Selen; dauernd fummelte ich mit irgend etwas herum. Ein bißchen gerechnet habe ich bei der Schaltung mit den Lampen, eine Reihe von Schaltern und Glühbirnen, die ich als Widerstände verwendete, um die Spannung zu kontrollieren. Aber das hatte alles nur mit Anwendung zu tun. Irgendwelche Laborexperimente habe ich nie gemacht.

Ich hatte auch ein Mikroskop, und ich schaute mir *furchtbar gern* etwas darunter an. Da mußte man Geduld haben: ich tat etwas unter das Mikroskop und betrachtete es endlos lange. Ich sah viele interessante Dinge, wie jeder sie sieht – eine Kieselalge, die sich langsam über den Objektträger bewegt, und so weiter.

Eines Tages betrachtete ich ein Pantoffeltierchen und sah etwas, das in den Büchern, die ich in der Schule – ja, selbst im College – bekam, nicht beschrieben wurde. Diese Bücher vereinfachen die Dinge immer, damit die Welt mehr so ist, wie *sie* sie haben wollen: Wenn darin von Tierverhalten die Rede ist, geht das immer so los: »Der Bau des Parameciums ist überaus einfach; es zeigt ein einfaches Verhalten. Es dreht sich, während sich seine pantoffelförmige Gestalt durch das Wasser bewegt. Wenn es auf ein Hindernis stößt, zuckt es zurück, macht eine Wendung und setzt dann seinen Weg fort.«

Das ist eigentlich nicht richtig. Vor allem findet bekanntlich bei den Pantoffeltierchen von Zeit zu Zeit eine Konjugation statt – sie treffen sich und tauschen Kerne aus. Wie entscheiden sie, wann es soweit ist, das zu tun? (Aber das ist nicht so wichtig; die Beobachtung stammt nicht von mir.)

Ich sah, wie diese Pantoffeltierchen auf etwas trafen, zurückzuckten, eine Wendung machten und sich dann weiterbewegten. Die Vorstellung, daß das etwas Mechanisches sei, wie ein Computerprogramm – danach sieht es nicht aus. Sie bewegen sich unterschiedlich weit fort, sie zucken unterschiedlich weit zurück, sie machen Wendungen, die sich in einigen Fällen unterscheiden; sie wenden sich auch nicht immer nach rechts; ihr Verhalten ist sehr unregelmäßig. Es sieht zufällig aus, denn man weiß nicht, worauf sie treffen; man weiß nicht, was sie alles für chemische Stoffe riechen oder was da sonst vorgeht.

Eine Sache, die ich mir anschauen wollte, war, was mit dem Pantoffeltierchen geschieht, wenn das Wasser, in dem es sich befindet, austrocknet. Es wurde behauptet, das Pantoffeltierchen könne zu einer Art hartem Keim zusammenschrumpfen. Ich hatte einen Tropfen Wasser auf dem Glasplättchen unter dem Mikroskop, und in dem Wassertropfen war ein Pantoffeltierchen und etwas Gras – im Maßstab des Pantoffeltierchens sah es aus wie ein Gitter aus Mikadostäben. Während der Wassertropfen verdunstete, was fünfzehn oder zwanzig Minuten dauerte, wurde die Lage für das Pantoffeltierchen immer schwieriger: es gab immer öfter dieses Hin und Her, bis es sich kaum mehr bewegen konnte. Es saß zwischen diesen »Stäben« fest, beinahe eingeklemmt.

Dann sah ich etwas, was ich vorher nie gesehen oder wovon ich nie gehört hatte: das Pantoffeltierchen änderte seine Gestalt. Es konnte sich zusammenziehen wie eine Amöbe. Es drückte sich gegen einen der Stäbe und begann sich in zwei Zacken zu teilen, bis es fast zur Hälfte geteilt war, und dann fand es, daß das *keine* sehr gute Idee sei, und wich zurück.

Mein Eindruck ist deshalb, daß das Verhalten dieser Tiere in den Büchern viel zu sehr vereinfacht wird. Es ist nicht gar so mechanisch oder eindimensional, wie behauptet wird. Man sollte das Verhalten dieser einfachen Tiere korrekt beschreiben. Solange wir nicht sehen, wie viele Verhaltensdimensionen selbst ein einzelliges Tier hat, können wir auch das Verhalten von komplizierten Tieren nicht völlig verstehen.

Es machte mir auch Spaß, Insekten zu beobachten. Als ich ungefähr dreizehn war, hatte ich ein Insektenbuch. Darin stand, daß Libellen nicht gefährlich sind; sie stechen nicht. Bei uns in der Nachbarschaft hieß es dagegen, »Stopfnadeln«, wie wir sie nannten, seien sehr gefährlich, wenn man von ihnen gestochen werde. Wenn wir irgendwo draußen waren und Baseball oder irgend etwas anderes spielten und eines von diesen Dingern kam angeflogen, rannten wir deshalb alle weg, um in Deckung zu gehen, fuchtelten mit den Armen herum und brüllten: »Eine Stopfnadel! Eine Stopfnadel!«

Eines Tages war ich am Strand, und ich hatte gerade dieses Buch gelesen, in dem stand, daß Libellen nicht stechen. Da kam eine Stopfnadel vorbei, und alles schrie und rannte durcheinander, und ich blieb einfach sitzen. »Keine Sorge!« sagte ich. »Stopfnadeln stechen nicht!«

Das Ding landete auf meinem Fuß. Alle brüllten, und es war ein Riesentrara, weil diese Stopfnadel auf meinem Fuß saß. Und da war ich, dieses wissenschaftliche Wunder, und sagte, sie werde mich nicht stechen.

Bestimmt erwartet man jetzt, daß die Geschichte so ausgeht, daß sie mich sticht – aber das tat sie nicht. Das Buch hatte recht. Aber ein bißchen geschwitzt habe ich schon.

Ich hatte auch ein kleines Handmikroskop. Es war ein Spielzeugmikroskop, und ich nahm das Objektiv heraus und hielt es in der Hand wie eine Lupe, obwohl es ein Mikroskop mit vierzig- oder fünfzigfacher Vergrößerung war. Wenn man sich Mühe gab, blieb das Bild scharf. So konnte ich herumgehen und gleich draußen auf der Straße etwas betrachten.

Einmal, als ich in Princeton in der Graduate-School war, nahm ich das Objektiv aus der Tasche, um mir ein paar Ameisen anzuschauen, die auf einem Efeustrauch herumkrochen. Ich schrie laut auf, so begeistert war ich. Was ich sah, war eine Ameise und eine Blattlaus; Ameisen kümmern sich ja um die Blattläuse – sie tragen sie zu einer anderen Pflanze, wenn die, auf der sie gerade sind, eingeht. Dafür bekommen die Ameisen von den Blattläusen einen teilweise verdauten Saft, den sogenannten »Honigtau«. Ich wußte das; mein Vater hatte mir davon erzählt, aber ich hatte es nie gesehen.

Da war also diese Blattlaus, und tatsächlich kam eine Ameise und tippte sie mit dem Fuß an – um die ganze Blattlaus herum, tip, tip, tip, tip, tip. Es war furchtbar aufregend! Dann kam aus dem After der Blattlaus der Saft heraus. Und wegen der Vergrößerung sah das aus wie eine große, schöne, glitzernde Kugel, wie ein Ballon, wegen der Oberflächenspannung. Das Mikroskop war nicht besonders gut, deshalb wirkte der Tropfen durch die chromatische Aberration in der Linse eine bißchen farbig – es war sagenhaft!

Die Ameise nahm diese Kugel in ihre beiden Vorderfüße, hob sie von der Blattlaus ab und *hielt* sie. In diesem Maßstab ist die Welt so anders, daß man Wasser aufheben und halten kann! Vermutlich haben die Ameisen irgendeinen fettigen oder öligen Stoff an ihren Beinen, so daß die Oberflächenspannung des Wassers nicht durchbrochen wird, wenn sie es hochhalten. Dann brach die Ameise die Oberfläche mit ihrem Mund auf, und durch die Oberflächenspannung gelangte die Flüssigkeit gleich in ihren Bauch. Es war *sehr* interessant zu sehen, wie das alles vor sich ging!

In meinem Zimmer in Princeton hatte ich ein Erkerfenster mit einer U-förmigen Fensterbank. Eines Tages kamen ein paar Ameisen auf die Fensterbank und wanderten ein bißchen herum. Ich war neugierig, ob sie etwas finden würden. Ich fragte mich, woher sie wissen, wo sie hinlaufen müssen. Können sie einander mitteilen, wo Nahrung ist, wie die Bienen es können? Haben sie ein Gespür für Geometrie? Das ist alles amateurhaft; jeder kennt die Anwort, aber *ich* kannte die Antwort nicht, deshalb spannte ich als erstes eine Schnur über das U des Erkerfensters und hängte ein Stückchen gefalteten Karton mit Zucker daran. Die Idee war, den Zucker von den Ameisen zu isolieren, so daß sie ihn nicht zufällig finden konnten. Ich wollte alles unter Kontrolle haben.

Als nächstes schnitt ich eine Menge Papierstreifchen zurecht und machte einen Knick hinein, damit ich Ameisen aufnehmen und sie von einer Stelle zur anderen befördern konnte. Die Papierstreifen mit dem Knick legte ich an zwei Plätze: ein paar zu dem Zucker (der an der Schnur hing) und die anderen zu den Ameisen an eine bestimmte Stelle. Ich saß den ganzen Nachmittag da und las und paßte auf, bis eine Ameise auf eine meiner kleinen Papierfähren lief. Dann brachte ich sie hinüber zu dem Zucker. Nachdem ein paar Ameisen zu dem Zucker befördert worden waren, lief eine von ihnen zufällig auf eine der dort liegenden Fähren, und ich trug sie zurück.

Ich wollte sehen, wie lange es dauern würde, bis die anderen Ameisen die Botschaft bekamen, zu der »Fährstation« zu laufen. Es ging zuerst langsam, aber dann kamen rasch immer mehr Ameisen, bis ich wie verrückt zu tun hatte, sie hin und her zu befördern.

Als alles gut lief, fing ich plötzlich an, die Ameisen, die von dem Zucker kamen, an einer *anderen* Stelle abzusetzen. Die Frage war jetzt: lernt die Ameise, dahin zurückzulaufen, wo sie gerade herkam, oder geht sie dahin, wo sie vorher hingelaufen ist?

Nach einer Weile liefen praktisch keine Ameisen mehr zu der ersten Stelle (von wo aus sie zu dem Zucker gelangt waren), während an der zweiten Stelle viele Ameisen herumwimmelten und den Zucker zu finden versuchten. Auf diese Weise kriegte ich erst einmal heraus, daß sie dahin liefen, wo sie gerade hergekommen waren.

Bei einem anderen Experiment legte ich eine Menge gläserne Objektträger aus und brachte die Ameisen dazu, darauf hin und her zu laufen, zu dem Zucker hin, den ich auf die Fensterbank streute. Dadurch, daß ich die Glasplättchen austauschte oder anders anordnete, konnte ich dann demonstrieren, daß die Ameisen kein Gespür für Geometrie haben: sie konnten nicht ausmachen, wo sich etwas befand. Wenn sie auf dem einen Weg zu dem Zucker liefen und es einen kürzeren Weg zurück gab, fanden sie nie den kurzen Weg heraus.

Durch die neue Anordnung der Glasplättchen wurde auch ziemlich klar, daß die Ameisen irgendeine Spur hinterließen. Daraus ergab sich dann eine Reihe einfacher Experimente, mit denen ich herausfinden wollte, wie lange es dauert, bis eine Spur trocknet, ob sie sich leicht verwischen läßt und so weiter. Ich entdeckte auch, daß die Spur nicht gerichtet war. Wenn ich eine Ameise auf ein Stück Papier hob, sie mehrmals herumdrehte und dann wieder auf die Spur setzte, wußte sie so lange nicht, daß sie in die falsche Richtung lief, bis sie auf eine andere Ameise traf. (Später, in Brasilien, beobachtete ich einige Blattschneiderameisen und machte mit ihnen das gleiche Experiment. *Sie* konnten innerhalb weniger Schritte erkennen, ob sie zur Nahrung hin oder von ihr weg liefen – vermutlich aufgrund der Spur, die aus einer Reihe von Gerüchen bestehen könnte, die in einem Muster angeordnet sind: A, B, Zwischenraum, A, B, Zwischenraum und so weiter.)

Einmal versuchte ich, die Ameisen im Kreis laufen zu lassen, aber ich hatte nicht genug Geduld, um das zustande zu bringen. Außer fehlender Geduld sah ich keinen Grund, warum es nicht gelingen sollte.

Was das Experimentieren schwierig machte, war, daß mein Atem die Ameisen weghuschen ließ. Es muß ein instinktiver Schutz vor irgendeinem Tier sein, das sie frißt oder belästigt. Ich weiß nicht, ob es die Wärme, die Feuchtigkeit oder der Geruch meines Atems war, was sie störte, aber ich mußte immer meinen Atem anhalten und irgendwie zur Seite schauen, um das Experiment nicht durcheinanderzubringen, während ich die Ameisen beförderte.

Eine Frage, über die ich mir Gedanken machte, war, warum die Wege der Ameisen so gerade und ordentlich aussehen. Es sieht so aus, als wüßten die Ameisen, was sie tun, als hätten sie ein gutes Gespür für Geometrie. Trotzdem hatten die Experimente, die ich anstellte, um ihr Gespür für Geometrie zu demonstrieren, nicht funktioniert.

Viele Jahre später, als ich am Caltech war und in einem Häuschen an der Alameda Street wohnte, kamen einmal Ameisen aus dem Abfluß der Badewanne. Ich dachte: »Das ist eine gute Gelegenheit.« Ich tat etwas Zucker an das andere Ende der Badewanne und saß den ganzen Nachmittag da, bis endlich eine Ameise den Zucker fand. Es ist nur eine Frage der Geduld.

Als die Ameise den Zucker fand, nahm ich einen Farbstift, den ich mir bereitgelegt hatte (ich hatte schon vorher Experimente gemacht, die darauf hindeuteten, daß sich die Ameisen überhaupt nicht um Bleistiftstriche kümmern – sie marschieren einfach darüber hinweg –, ich wußte also, daß ich nichts störte), und zog hinter der Ameise eine Linie, so daß ich wußte, wo ihre Spur war. Die Ameise wanderte ein bißchen umher, um zu dem Loch zurückzukommen, deshalb war die Linie ziemlich wackelig, ganz anders als ein typischer Ameisenweg.

Als die nächste Ameise, die den Zucker gefunden hatte, zurücklief, markierte ich ihre Spur mit einer anderen Farbe. (Übrigens folgte sie der Spur des Rückwegs der ersten Ameise und nicht der Spur ihres eigenen Hinwegs. Meine Theorie ist, daß eine Ameise, wenn sie Nahrung gefunden hat, eine deutlichere Spur hinterläßt, als wenn sie bloß umherwandert.)

Diese zweite Ameise hatte es sehr eilig und folgte so

ziemlich der ursprünglichen Spur. Aber weil sie so schnell lief, bewegte sie sich geradeaus, als ob sie schlitterte, wenn die Spur einen Bogen machte. Oft fand die Ameise, wenn sie »schlitterte«, die Spur wieder. Es zeigte sich bereits, daß der Rückweg der zweiten Ameise etwas gerader war. Bei den folgenden Ameisen kam es zu der gleichen »Verbesserung« der Spur, indem sie dieser eilig und unachtsam »folgten«.

Ich folgte acht oder zehn Ameisen mit meinem Stift, bis ihre Spuren zu einer sauberen Linie wurden, die durch die ganze Badewanne lief. Es ist wie beim Skizzieren: Erst zieht man einen schlechten Strich; dann geht man ein paarmal darüber, und nach einer Weile wird eine saubere Linie daraus.

Ich erinnere mich, daß mir mein Vater, als ich klein war, erzählte, wie wunderbar Ameisen sind und wie sie zusammenarbeiten. Ich beobachtete sehr aufmerksam, wie zwei oder vier Ameisen ein Stückchen Schokolade in ihren Bau trugen. Auf den ersten Blick sieht das wie eine wirksame, phantastische, glänzende Zusammenarbeit aus. Aber wenn man genau hinschaut, sieht man, daß es nichts dergleichen ist: Sie verhalten sich alle, als würde die Schokolade von etwas anderem gehalten. Sie ziehen sie hierhin und dorthin. Eine Ameise krabbelt vielleicht darauf herum, während die anderen daran ziehen. Die Schokolade schwankt und wakkelt, mit den Richtungen geht es völlig durcheinander. Sie wird nicht auf geradem Weg in den Bau gebracht.

Bei den brasilianischen Blattschneiderameisen gibt es eine interessante Dummheit, die erstaunlicherweise nicht durch die Evolution beseitigt worden ist. Es bedeutet eine beträchtliche Arbeit für die Ameise, den Kreisbogen zu schneiden, um ein Stück Blatt zu bekommen. Wenn sie mit dem Schneiden fertig ist, stehen die Chancen fifty-fifty, daß die Ameise an der falschen Seite ziehen wird und das Stück, das sie gerade abgeschnitten hat, auf den Boden fallen läßt. Die halbe Zeit reißt und zieht die Ameise am falschen Teil des Blattes, bis sie aufgibt und anfängt, ein anderes Stück, das sie oder eine andere Ameise bereits abgeschnitten hat, aufzusammeln. Wenn man ganz genau beobachtet, ist es also ganz offensichtlich, daß das Abschneiden und Wegtragen von Blättern keine so tolle Sache ist; sie laufen zu einem Blatt, schneiden einen Bogen, und die halbe Zeit nehmen sie die falsche Seite, während das richtige Stück zu Boden fällt.

In Princeton fanden die Ameisen meine Speisekammer, in der ich Brot und Marmelade und anderes Zeug hatte und die ziemlich weit vom Fenster entfernt war. Auf dem Boden marschierte eine lange Reihe von Ameisen durchs Wohnzimmer. Das war in der Zeit, als ich diese Experimente mit den Ameisen machte, deshalb überlegte ich: »Wie kann ich sie von meiner Speisekammer fernhalten, ohne welche zu töten? Gift kommt nicht in Frage; du mußt menschlich mit den Ameisen umgehen!«

Was ich tat, war folgendes: Zur Vorbereitung streute ich, sechs oder acht Inches von ihrem Eingang entfernt, ein bißchen Zucker ins Zimmer, wovon sie nichts wußten. Dann machte ich wieder diese Fähren, und immer wenn eine Ameise, die mit Nahrung zurückkam, auf meine kleine Fähre lief, brachte ich sie hinüber und setzte sie auf dem Zucker ab. Auch jede Ameise, die zur Speisekammer kam und auf eine Fähre lief, brachte ich zu dem Zucker hinüber. Schließlich fanden die Ameisen den Weg vom Zucker zu ihrem Loch, so daß diese neue Spur doppelt bestätigt wurde, während die alte immer weniger benutzt wurde. Ich wußte, daß die alte Spur nach ungefähr einer halben Stunde trocknen würde, und nach einer Stunde waren sie aus meiner Speisekammer verschwunden. Den Boden wischte ich nicht auf; ich tat nichts weiter als Ameisen befördern.

3. Teil: Feynman, die Bombe und das Militär

Verpuffte Zünder

Als in Europa der Krieg ausbrach, die Vereinigten Staaten aber noch nicht in ihn eingetreten waren, gab es viel Gerede, man müsse sich jetzt vorbereiten und patriotisch sein. Die Zeitungen brachten groß aufgemachte Artikel über Geschäftsleute, die als Freiwillige nach Plattsburg, New York, gingen, um eine militärische Ausbildung zu machen, und so weiter.

Ich fing an zu überlegen, daß ich wohl auch irgendeinen Beitrag leisten sollte. Nachdem ich am MIT meinen Abschluß gemacht hatte, nahm mich Maurice Meyer, ein Freund aus der Verbindung, der in der Fernmeldetruppe war, mit zu einem Oberst in der New Yorker Dienststelle der Einheit.

»Ich möchte etwas für mein Land tun, Sir. Ich bin technisch veranlagt, vielleicht könnte ich mich irgendwie nützlich machen.«

»Also, da gehen Sie besser erstmal nach Plattsburg ins Rekrutenlager und machen eine Grundausbildung. Dann werden wir sehen, was wir mit Ihnen anfangen können«, sagte der Oberst.

»Aber gibt es denn keine Möglichkeit, meine Fähigkeiten direkter einzusetzen?«

»Nein. Die Armee ist nun mal so organisiert. Sie müssen schon den regulären Weg gehen.«

Ich ging hinaus und setzte mich in den Park, um mir die Sache durch den Kopf gehen zu lassen. Ich überlegte und überlegte: Vielleicht ist es ja *wirklich* das Beste, den üblichen Weg zu gehen. Aber zum Glück überlegte ich noch ein bißchen länger und sagte mir dann: »Ach, zum Teufel! Ich werde noch eine Weile warten. Vielleicht ergibt sich etwas, wo man mich besser gebrauchen kann.«

Ich ging nach Princeton, um für meine Promotion zu arbeiten, und im Frühjahr sprach ich nochmals bei den Bell Labs in New York wegen eines Jobs für den Sommer vor. Der Rundgang durch die Bell Labs machte mir großen Spaß. Bill Shockley, der Mann, der den Transistor erfunden hat, führte mich herum. Ich erinnere mich an ein Zimmer, in dem sie auf der Fensterscheibe Markierungen angebracht hatten: Die George-Washington-Brücke war gerade im Bau, und diese Jungs im Labor beobachteten den Fortgang der Arbeiten. Als das Hauptkabel aufgespannt wurde, hatten sie die ursprüngliche Kurve angezeichnet, und während die Brücke daran aufgehängt wurde und die Kurve sich allmählich in eine Parabel verwandelte, konnten sie die kleinen Veränderungen messen. Das war so etwas für mich, darauf wäre ich auch gern gekommen. Ich bewunderte diese Burschen; ich hoffte immer, eines Tages mit ihnen arbeiten zu können.

Einige Jungs aus dem Labor nahmen mich zum Mittagessen in ein Fischrestaurant mit, und sie freuten sich alle, daß es Austern geben würde. Ich lebte am Meer und konnte das Zeug nicht sehen; ich konnte keinen Fisch essen, von Austern ganz zu schweigen.

Ich dachte bei mir: »Ich muß tapfer sein. Ich muß eine Auster essen.«

Ich nahm eine Auster, und es war absolut scheußlich. Aber ich sagte mir: »Das beweist noch nicht, daß du ein Mann bist. Du hast nicht gewußt, wie scheußlich es sein würde. Es war ziemlich leicht, solange es ungewiß war.«

Die anderen redeten weiter davon, wie gut die Austern seien, also aß ich noch eine, und die war wirklich noch schlimmer als die erste.

Es muß das vierte oder fünfte Mal gewesen sein, daß ich einen Rundgang durch die Bell Labs machte, aber diesmal nahmen sie mich. Ich war sehr glücklich. Damals war es schwer, einen Job zu finden, bei dem man mit anderen Wissenschaftlern zusammenarbeiten konnte.

Aber dann gab es große Aufregung in Princeton. General Trichel von der Armee kam vorbei und hielt eine Ansprache: »Wir brauchen unbedingt Physiker! Physiker sind für uns in der Armee sehr wichtig! Wir brauchen drei Physiker!«

Man muß bedenken, daß die Leute damals kaum wußten, was ein Physiker ist. Einstein zum Beispiel war als Mathematiker bekannt – es kam also selten vor, daß jemand Physiker brauchte. Ich dachte: »Das ist die Gelegenheit für mich, einen Beitrag zu leisten«, und meldete mich freiwillig, um für die Armee zu arbeiten.

Ich fragte bei den Bell Labs an, ob sie etwas dagegen hätten, wenn ich während des Sommers für die Armee arbeiten würde, und sie meinten, sie hätten auch Arbeit, die mit der Rüstung zu tun hätte, wenn es mir darum ginge. Aber mich hatte das patriotische Fieber gepackt, und ich ließ mir eine gute Gelegenheit entgehen. Es wäre viel klüger gewesen, in den Bell Labs zu arbeiten. Aber in solchen Zeiten ist man halt ein bißchen einfältig.

Ich ging zum Frankfort Arsenal in Philadelphia und arbeitete an einem Dinosaurier: einem mechanischen Computer für die Ausrichtung von Geschützen. Wenn Flugzeuge vorbeiflogen, beobachteten die Schützen sie durch ein Teleskop, und dieser mechanische Computer, mit Zahnrädern und Nocken und so weiter, versuchte die Bahn des Flugzeuges vorauszusagen. Es war eine herrlich konstruierte und gebaute Maschine, und eine der wichtigsten Ideen dabei waren unrunde Zahnräder – Zahnräder, die nicht kreisrund waren, aber trotzdem ineinandergriffen. Aufgrund der sich verändernden Radien der Zahnräder drehte sich eine Welle in Abhängigkeit von der anderen. Allerdings bildete diese Maschine das Ende der Entwicklung. Sehr bald kamen dann elektronische Computer auf.

Nachdem sie diesen ganzen Kram erzählt hatten, von wegen wie wichtig Physiker für die Armee seien, war das erste, was ich zu tun bekam, Zeichnungen von Zahnrädern daraufhin zu prüfen, ob ihre Zahl stimmte. Das ging eine ganze Weile so. Dann sah der Mensch, der die Abteilung leitete, allmählich, daß ich zu etwas anderem zu gebrauchen war, und im Laufe des Sommers verbrachte er dann mehr Zeit damit, verschiedenes mit mir zu besprechen.

Es gab einen Maschinenbauingenieur in Frankfort, der dauernd irgend etwas zu konstruieren versuchte und nie ganz damit zu Rande kam. Einmal hatte er ein Getriebegehäuse voller Zahnräder entworfen, von denen eines ein großes Zahnrad mit einem Durchmesser von acht Inches war, das sechs Speichen hatte. Sagt der Kerl ganz aufgeregt: »Na, Boß, wie isses? Wie isses?«

»Ganz gut!« antwortet der Boß. »Jetzt brauchen Sie bloß noch einen Wellenhebel für jede Speiche vorzusehen, damit sich das Zahnrad auch drehen kann!« Hatte der Kerl doch eine Welle entworfen, die genau zwischen den Speichen durchging!

Der Boß erzählte uns dann, daß es tatsächlich etwas wie einen Wellenhebel gab (ich hatte gedacht, das sei bloß ein Scherz gewesen). Er wurde während des Krieges von den Deutschen erfunden, um die britischen Minensuchboote daran zu hindern, die Kabel zu erfassen, die die deutschen

Minen in einer bestimmten Tiefe unter Wasser hielten. Mit diesen Wellenhebeln brachten die Deutschen es fertig, die britischen Minensuchgeräte zwischen den Kabeln durchzuführen wie durch eine Drehtür. Es war also *wirklich* möglich, an allen Speichen Wellenhebel anzubringen, aber der Boß meinte nicht, daß die Maschinenbauer sich diese Mühe machen sollten; statt dessen sollte der Ingenieur einfach einen neuen Entwurf machen und die Welle irgendwo anders unterbringen.

Hin und wieder schickte die Armee einen Leutnant vorbei, der überprüfen sollte, wie es voranging. Unser Boß machte uns klar, da wir eine Zivilabteilung seien, habe der Leutnant einen höheren Rang als jeder von uns. »Am besten erzählt ihr dem Leutnant überhaupt nichts«, meinte er. »Wenn der nämlich erst einmal glaubt, er versteht, was wir hier treiben, gibt er uns alle möglichen Befehle und vermasselt alles.«

Zu dem Zeitpunkt war ich gerade dabei, etwas zu konstruieren, aber als der Leutnant vorbeikam, tat ich so, als wüßte ich nicht, woran ich arbeitete, und als führte ich bloß Befehle aus.

»Na, Mr. Feynman, was machen Sie denn da?«

»Nun, ich zeichne eine Reihe von Linien in verschiedenen Winkeln, und dann soll ich vom Zentrum aus nach dieser Tabelle verschiedene Abstände ausmessen und danach einen Plan...«

»Ja, aber was ist denn das?«

»Ich glaube, es ist ein Nocken.« In Wirklichkeit hatte ich das Ding konstruiert, aber ich tat so, als hätte mir gerade jemand genaue Anweisungen gegeben, was ich zu tun hätte.

Der Leutnant bekam aus niemandem irgendeine Information heraus, und wir machten zufrieden weiter und arbeiteten an diesem mechanischen Computer, ohne daß sich jemand einmischte.

Eines Tages kam der Leutnant wieder vorbei und stellte

uns die einfache Frage: »Nehmen Sie an, der Beobachter befindet sich an einem anderen Ort als der Schütze – wie packen Sie das an?«

Wir kriegten einen furchtbaren Schreck. Wir hatten die ganze Angelegenheit unter Verwendung von Polarkoordinaten, Winkeln und der Radiusentfernung konstruiert. Bei x- und y-Koordinaten ist es einfach, die entsprechenden Korrekturen für einen verschobenen Beobachter vorzunehmen. Es ist schlicht eine Sache von Addition oder Subtraktion. Aber bei Polarkoordinaten ist das ein furchtbarer Schlamassel!

So stellte sich heraus, daß dieser Leutnant, den wir davon abzuhalten versuchten, uns irgend etwas zu sagen, uns schließlich auf etwas sehr Wichtiges hinwies, was wir bei der Konstruktion dieser Vorrichtung vergessen hatten: die Möglichkeit, daß sich Kanone und Beobachtungsstation nicht am gleichen Ort befinden! Es war eine ziemliche Fummelei, das in Ordnung zu bringen.

Gegen Ende des Sommers bekam ich meine erste wirkliche Konstruktionsaufgabe: eine Maschine, die aus einer Menge von Punkten eine kontinuierliche Kurve erstellen sollte – wobei alle fünfzehn Sekunden ein Punkt hereinkam – von einer neuen Erfindung, die in England zum Aufspüren von Flugzeugen entwickelt worden war und die »Radar« hieß. Es war das erste Mal, daß ich eine mechanische Konstruktion ausführen sollte, darum war ich ein bißchen erschrocken.

Ich ging zu einem der anderen Burschen hinüber und sagte: »Sie sind doch Maschinenbauingenieur. Ich habe keine Ahnung vom Maschinenbau, und jetzt habe ich gerade den Auftrag...«

»Da ist *gar nichts* dabei«, sagte er. »Passen Sie auf, ich zeig's Ihnen. Es gibt zwei Regeln, die Sie kennen müssen, um solche Maschinen zu konstruieren. Erstens, die Reibung in jedem Lager beträgt soundsoviel und bei jeder Zahnradverbindung soundsoviel. Damit können Sie berechnen, wieviel Kraft Sie benötigen, um das Ding anzutreiben. Zweitens, wenn Sie ein Übersetzungsverhältnis zwischen zwei Zahnrädern von, sagen wir, 2 zu 1 haben, und Sie wollen wissen, ob Sie nicht besser ein Verhältnis von 10 zu 5 oder 24 zu 12 oder 48 zu 24 nehmen sollten, dann machen Sie folgendes: Sie schlagen im Bostoner Zahnradkatalog nach und suchen sich die Zahnräder heraus, die in der Mitte der Liste stehen. Die, die oben stehen, haben so viele Zähne, daß sie schwierig herzustellen sind. Wenn man Zahnräder mit noch feineren Zähnen herstellen könnte, wäre die Liste nach oben hin noch länger. Die Zahnräder vom unteren Ende der Liste haben so wenig Zähne, daß diese leicht abbrechen. Also nimmt man für die Konstruktion am besten Zahnräder aus der Mitte der Liste.«

Ich hatte einen Riesenspaß bei der Konstruktion dieser Maschine. Ich brauchte bloß Zahnräder aus der Mitte der Liste herauszusuchen und die kleinen Drehmomente mit den beiden Zahlen zu addieren, die er mir angab, und schon war ich ein Maschinenbauingenieur!

Die Armee wollte mich am Ende des Sommers nicht nach Princeton – also zu meiner Doktorarbeit – zurückgehen lassen. Sie lagen mir weiter mit diesem patriotischen Zeug in den Ohren und boten mir an, wenn ich dabliebe, könnte ich ein ganzes Projekt leiten.

Das Problem war, eine ähnliche Maschine zu konstruieren wie die erste – was sie ein Richtgerät nannten –, aber diesmal glaubte ich, es sei leichter zu lösen, denn der Schütze sollte in gleicher Höhe in einem anderen Flugzeug hinterherfliegen. Er sollte seine Höhe und seine geschätzte Entfernung zu dem anderen Flugzeug in meine Maschine eingeben. Diese sollte dann automatisch die Kanone im richtigen Winkel nach oben kippen und die Zündung auslösen.

Als Leiter dieses Projektes sollte ich nach Aberdeen reisen, um Tabellen mit den Schußwerten aufzustellen. Ein paar vorläufige Daten lagen jedoch schon vor. Allerdings stellte ich fest, daß es für die größeren Höhen, in denen diese Flugzeuge fliegen würden, keine Daten gab. Deshalb rief ich an, um herauszufinden, warum es dafür keine Daten gab, und es stellte sich heraus, daß die Zünder, die sie verwendeten, keine Zeitzünder waren, sondern Pulverzünder, die in diesen Höhen nicht funktionierten – sie verpufften in der dünnen Luft.

Ich hatte angenommen, ich müßte nur den Luftwiderstand in unterschiedlichen Höhen berücksichtigen. Statt dessen bestand meine Aufgabe darin, eine Maschine zu erfinden, die das Geschoß im richtigen Moment zur Explosion bringen würde. Und das, obwohl der Zünder nicht funktionierte!

Ich fand, das sei zu schwirig für mich, und ging nach Princeton zurück.

Tests mit Spürhunden

Wenn ich in Los Alamos ein wenig Freizeit hatte, fuhr ich oft nach Albuquerque, das ein paar Stunden entfernt war, um meine Frau zu besuchen, die dort im Krankenhaus lag. Einmal wollte ich sie besuchen und konnte nicht sofort zu ihr hinein, deshalb ging ich in die Krankenhausbücherei, um etwas zu lesen.

Ich las einen Artikel in *Science* über Spürhunde und ihren ausgezeichneten Geruchssinn. Die Autoren beschrieben die verschiedenen Experimente, die sie durchgeführt hatten – die Spürhunde konnten Gegenstände identifizieren, die von Leuten berührt worden waren, und so weiter –, und ich fing an, darüber nachzudenken: Es ist *tatsächlich* bemerkenswert, wie gut Spürhunde riechen können, daß sie Spuren von Leuten verfolgen können und so weiter, aber wie gut sind *wir* eigentlich?

Als es soweit war, daß ich meine Frau besuchen konnte, ging ich zu ihr und sagte: »Wir machen jetzt ein Experiment. Die Cola-Flaschen da drüben (sie hatte einen Sechserpack mit leeren Cola-Flaschen, die sie aufbewahrte, bis jemand einkaufen ging) – die hast du doch seit ein paar Tagen nicht angefaßt, oder?«

»Ja, stimmt.«

Ich brachte den Sechserpack zu ihr hinüber, ohne die Flaschen zu berühren, und sagte: »O. k. Ich gehe jetzt hinaus, und du nimmst eine von den Flaschen, hantierst damit ungefähr zwei Minuten herum und stellst sie dann zurück. Ich komme dann wieder herein und versuche zu sagen, welche Flasche es war.«

Ich ging also hinaus, und sie nahm eine von den Flaschen und behielt sie eine ganze Weile in der Hand – ziemlich lange, denn ich bin ja kein Spürhund! Dem Artikel zufolge können sie es herausfinden, wenn man den Gegenstand nur ganz kurz berührt hat.

Dann kam ich zurück, und es war völlig klar! Ich brauchte nicht mal an dem verdammten Ding zu riechen, denn natürlich hatte die Flasche eine andere Temperatur. Aber auch von dem Geruch her war es offensichtlich. Sobald man sie sich nahe ans Gesicht hielt, konnte man riechen, daß sie etwas feucht und warm war. Dieses Experiment hatte also nicht geklappt, es war zu offensichtlich.

Dann schaute ich nach dem Bücherbord und sagte: »In die Bücher da hast du eine Weile nicht reingeguckt, nicht? Diesmal nimmst du, wenn ich hinausgehe, ein Buch vom Bord, und schlägst es nur auf – das ist alles – und klappst es wieder zu; dann stellst du es zurück.«

Ich ging also wieder hinaus, sie nahm ein Buch, schlug es auf, klappte es zu und stellte es zurück. Ich kam herein – und: *überhaupt* nichts dabei! Es war leicht. Man riecht nur an den Büchern. Es ist schwer zu erklären, weil wir es nicht gewohnt sind, darüber zu sprechen. Man hält sich jedes Buch an die Nase, schnüffelt ein paarmal, und dann weiß man's. Es riecht ganz anders. Ein Buch, das eine Weile dagestanden hat, hat irgendwie einen trockenen, uninteressanten Geruch. Aber wenn es von einer Hand berührt worden ist, ist da eine Feuchtigkeit und ein Geruch, der sehr deutlich ist.

Wir machten noch ein paar Experimente, und ich stellte fest, daß, obwohl Spürhunde in der Tat sehr fähig sind, Menschen nicht ganz so *un*fähig sind, wie sie glauben: es liegt einfach daran, daß sie ihre Nase so hoch über dem Boden tragen!

(Ich habe beobachtet, daß mein Hund richtig herausfinden kann, wo ich im Haus gegangen bin, vor allem wenn ich barfuß bin, indem er meine Fußabdrücke riecht. Also versuchte ich das auch zu tun: ich krabbelte auf Händen und Knien auf dem Teppich herum und schnüffelte, um zu sehen, ob ich riechen konnte, wo ich gegangen war und wo nicht, und ich fand es unmöglich. Der Hund ist also *wirklich* viel besser als ich.)

Viele Jahre später, als ich gerade ans Caltech gekommen war, fand im Haus von Professor Bacher eine Party statt, und es waren viele Leute vom Caltech da. Ich weiß nicht, wie es dazu kam, aber ich erzählte ihnen diese Geschichte, wie ich die Flaschen und Bücher gerochen hatte. Sie glaubten natürlich kein Wort, denn sie dachten immer, ich machte ihnen etwas vor. Ich mußte es vorführen.

Wir nahmen vorsichtig acht oder neun Bücher aus dem Regal, ohne sie direkt zu berühren, und dann ging ich hinaus. Drei verschiedene Leute berührten drei verschiedene Bücher: sie nahmen jeweils ein Buch in die Hand, öffneten es, schlossen es und legten es wieder hin.

Dann kam ich zurück und roch bei allen an den Händen und an allen Büchern – ich errinnere mich nicht, was ich zuerst tat – und fand korrekt alle drei Bücher; nur bei einer Person war es falsch.

Sie glaubten mir immer noch nicht; sie dachten, es sei irgendein Zaubertrick. Sie versuchten weiter herauszufinden, wie ich das machte. Es gibt einen berühmten Trick, der so ähnlich geht und bei dem man einen Komplizen in der Gruppe hat, der einem Signale gibt, welches der richtige Gegenstand ist, und sie versuchten herauszufinden, wer der Komplize war. Seither habe ich oft gedacht, es wäre ein guter Kartentrick, ein Kartenspiel zu nehmen und jemandem zu sagen, er solle eine Karte ziehen und zurücktun, während man im Nebenzimmer ist. Dann sagt man: »Jetzt werde ich Ihnen sagen, welche Karte es ist, weil ich ein Spürhund bin: ich werde an all diesen Karten *riechen* und Ihnen sagen, welche Karte Sie gezogen haben.« Natürlich würden die Leute einem, wenn man solche Sprüche losließe, nicht einen Augenblick glauben, daß man genau das getan hat!

Bei allen Leuten riechen die Hände anders – deshalb können diese Hunde Leute identifizieren; man muß es einfach mal *probieren*! Alle Hände haben irgendwie einen feuchten Geruch, und bei jemandem, der raucht, riechen die Hände ganz anders als bei jemandem, der nicht raucht; Damen haben oft verschiedene Parfüms, und so weiter. Wenn jemand zufällig ein paar Münzen in der Tasche hatte und damit herumgespielt hat, dann kann man auch das riechen.

---

* (zu S. 141) Aus einem Vortrag im Rahmen der First Annual Santa Barbara Lectures on Science and Society an der University of California in Santa Barbara im Jahre 1975. »Los Alamos von unten« gehörte zu einer Reihe von neun Vorträgen, die unter dem Titel *Reminiscences of Los Alamos, 1943–1945*, hrsg. v. L. Badash *et al.*, S. 105–132, veröffentlicht wurden. © 1980 by D. Reidel Publishing Company, Dordrecht, Niederlande.

Los Alamos von unten*

Wenn ich sage, »Los Alamos von unten«, dann meine ich das. Zwar bin ich heute auf meinem Gebiet ein einigermaßen bekannter Mann, aber damals war ich das keineswegs. Ich hatte nicht einmal einen Doktortitel, als ich am Manhattan Project zu arbeiten begann. Viele andere Leute, die über Los Alamos berichten – Leute in höheren Rängen –, machten sich Gedanken über wichtige Entscheidungen. Ich machte mir über keine wichtigen Entscheidungen Gedanken. Ich fuhrwerkte immer unten herum.

Ich arbeitete eines Tages in meinem Zimmer in Princeton, als Bob Wilson hereinkam und erzählte, ihm seien Mittel für eine Aufgabe zur Verfügung gestellt worden, die geheim sei, er dürfe mit niemandem darüber sprechen, aber er werde es mir erzählen, weil er wisse, sobald ich erführe, was er tun werde, würde ich einsehen, daß ich mitmachen müsse. Dann erzählte er mir von der Aufgabe, verschiedene Uranisotope voneinander zu trennen, um daraus schließlich eine Bombe zu machen. Er hatte ein Verfahren zur Trennung von Uranisotopen (das sich von dem letztlich verwendeten unterschied), und er wollte versuchen, es weiterzuentwickeln. Er erzählte mir davon und sagte: »Es findet ein Treffen ...«

Ich sagte, ich wolle nicht daran mitarbeiten.

Er sagte: »Na gut, um drei Uhr findet ein Treffen statt. Bis dann.«

Ich sagte: »Es ist in Ordnung, daß du mir das Geheimnis gesagt hast, denn ich werde es niemandem erzählen, aber ich werde nicht mitmachen.«

Dann wandte ich mich wieder meiner Dissertation zu – für ungefähr drei Minuten. Dann begann ich auf und ab zu gehen und mir die Sache zu überlegen. Die Deutschen hatten Hitler, und daß sie in der Lage waren, eine Atombombe zu entwickeln, war offensichtlich, und die Möglichkeit, daß sie sie vor uns entwickeln könnten, war wirklich zum Fürchten. Deshalb entschloß ich mich, zu dem Treffen um drei Uhr zu gehen.

Um vier Uhr saß ich bereits in einem Zimmer an einem Schreibtisch und versuchte zu berechnen, ob diese bestimmte Methode durch den Gesamtbetrag des Stroms begrenzt war, den man in einen Ionenstrahl bekommt, und so weiter. Auf Details möchte ich nicht eingehen. Aber ich hatte einen Schreibtisch, und ich hatte Papier, und ich arbeitete so hart und so schnell, wie ich konnte, damit die Burschen, die die Apparate bauten, gleich an Ort und Stelle die Experimente durchführen konnten.

Es war wie in diesen Filmen, wo man ein Gerät sieht, und dann macht es *bruuuuup, bruuuuup, bruuuuup*. Jedesmal, wenn ich hinguckte, wurde das Ding größer. Was passierte, war natürlich, daß alle Jungs sich entschlossen hatten, daran zu arbeiten und ihre wissenschaftliche Forschung zu unterbrechen. Die ganze Wissenschaft hörte während des Krieges auf, ausgenommen das, was in Los Alamos gemacht wurde. Und das war nicht viel Wissenschaft; es war zum größten Teil Technik.

Man trug die ganzen Geräte von verschiedenen Forschungsprojekten zusammen, um den neuen Apparat für das Experiment zu bauen – für den Versuch, die Uranisotope zu trennen. Auch ich unterbrach meine Arbeit aus demselben Grund, obwohl ich nach einer Weile sechs Wochen Urlaub nahm und meine Dissertation beendete. Und ich bekam meinen akademischen Grad, kurz bevor ich nach Los Alamos ging – ich war also auf der Stufenleiter nicht ganz so weit unten, wie ich glauben gemacht habe.

Eine der ersten interessanten Erfahrungen, die ich bei diesem Projekt in Princeton machte, war die Begegnung mit bedeutenden Männern. Ich war vorher nicht mit sehr vielen bedeutenden Männern zusammengekommen. Aber es gab einen Ausschuß, der Beurteilungen abgeben und versuchen sollte, uns zu unterstützen und bei der endgültigen Entscheidung behilflich zu sein, auf welche Weise wir das Uran trennen würden. In dieser Kommission waren Männer wie Compton, Tolman, Smyth, Urey, Rabi und Oppenheimer vertreten. Ich nahm an den Sitzungen teil, weil ich theoretisch etwas davon verstand, wie unser Verfahren zur Trennung der Isotope funktionierte, und deshalb stellten sie mir Fragen und besprachen das dann. Bei diesen Diskussionen brachte jemand ein Argument vor. Dann erklärte beispielsweise Compton einen anderen Gesichtspunkt. Er sagte, es müsse *so* gehen, und er hatte völlig recht. Dann sagte jemand anders, ja, vielleicht sei es so, aber demgegenüber sei noch diese andere Möglichkeit zu berücksichtigen.

Um den ganzen Tisch herum vertritt also jeder eine andere Meinung. Ich bin überrascht und beunruhigt, daß Compton sein Argument nicht wiederholt und ihm Nachdruck verleiht. Schließlich sagt Tolman, der der Vorsitzende ist: »Nachdem wir nun alle diese Argumente gehört haben, denke ich, daß Comptons Argument tatsächlich das beste ist, und jetzt müssen wir weiterkommen.«

Es war ein solcher Schock für mich, daß in einem derartigen Ausschuß eine ganze Menge Ideen dargelegt werden konnten und jeder einzelne zugleich an einen neuen Aspekt dachte und im Gedächtnis behielt, was die anderen gesagt hatten, so daß am Ende entschieden wurde, welche Idee die beste war – indem ein Resümee gezogen wurde –, ohne daß alles dreimal wiederholt werden mußte. Das waren wirklich bedeutende Männer.

Es wurde schließlich entschieden, daß dieses Projekt *nicht* das sein sollte, bei dem es um die Trennung von Uran ging. Daraufhin sagte man uns, daß wir die Arbeit daran abbrechen würden, weil das Projekt, das die eigentliche Bombe bauen sollte, in Los Alamos, New Mexico, in Angriff genommen würde. Wir würden alle dorthin gehen, um es durchzuführen. Wir würden Experimente anzustellen haben, und es werde theoretische Arbeit geben. Ich war an der theoretischen Arbeit beteiligt. Die anderen arbeiteten alle experimentell.

Die Frage war: Was jetzt? Los Alamos war noch nicht fertig. Bob Wilson versuchte, diese Zeit unter anderem dadurch zu nutzen, daß er mich nach Chicago schickte, um alles in Erfahrung zu bringen, was wir über die Bombe und die damit zusammenhängenden Probleme herausfinden konnten. Dann konnten wir in unseren Laboratorien anfangen, Geräte zu bauen, verschiedene Zähler und so weiter, die wir brauchen würden, wenn wir nach Los Alamos kamen. Auf diese Weise wurde keine Zeit verschwendet.

Ich wurde mit der Anweisung nach Chicago geschickt, zu jeder einzelnen Gruppe zu gehen, ihnen zu sagen, daß ich mit ihnen arbeiten würde, und mir von ihnen ein Problem so detailliert darlegen zu lassen, daß ich mich tatsächlich hinsetzen und anfangen konnte, daran zu arbeiten. Sobald ich soweit war, sollte ich zu jemand anderem gehen und nach einem anderen Problem fragen. So würde ich alles in allen Einzelheiten verstehen.

Es war eine sehr gute Idee, aber mein Gewissen plagte mich ein wenig, denn sie legten sich alle so ins Zeug, um mir etwas zu erklären, und dann ging ich wieder weg, ohne ihnen zu helfen. Aber ich hatte Glück. Als einer von ihnen mir ein Problem erläuterte, sagte ich: »Warum differenzieren Sie nicht unter dem Integral?« Eine halbe Stunde später hatte er das Problem gelöst, und sie hatten drei Monate daran gearbeitet. So tat ich doch etwas, indem ich meinen »anderen Werkzeugkasten« verwendete. Dann kam ich nach Chicago zurück und erklärte die Situation – wieviel Energie entbunden werden würde, wie die Bombe aussehen werde, und so weiter.

Ich erinnere mich, daß danach ein Freund von mir, der mit mir arbeitete, Paul Olum, ein Mathematiker, zu mir kam und sagte: »Wenn sie darüber mal einen Film drehen, werden sie darin diesen Burschen auftreten lassen, wie er aus Chicago zurückkommt und den Leuten in Princeton seinen Bericht über die Bombe erstattet. Er wird einen Anzug anhaben, eine Aktentasche tragen und so weiter – und jetzt guck dich an, wie du hier in schmutzigen Hemdsärmeln rumstehst und uns eben mal davon erzählst, wo das doch eine so ernste und dramatische Angelegenheit ist.«

Es schien eine weitere Verzögerung zu geben, und Wilson fuhr nach Los Alamos, um herauszufinden, woran das lag. Als er dorthinkam, stellte er fest, daß die Baufirma hart arbeitete und den Hörsaal und ein paar andere Gebäude, mit denen sie sich auskannte, fertiggestellt hatte, daß sie aber keine klaren Anweisungen erhalten hatte, wie ein Laboratorium zu bauen sei – wie viele Gas-, wie viele Wasserleitungen. Also stellte sich Wilson einfach hin und entschied an Ort und Stelle, wieviel Wasser, wieviel Gas und so weiter, und sagte ihnen, sie sollten anfangen, die Laboratorien zu bauen.

Als er zu uns zurückkam, waren wir alle abmarschbereit und wurden ungeduldig. Deshalb kamen alle zusammen und beschlossen, wir würden trotzdem schon hingehen, auch wenn noch nicht alles fertig war.

Angeworben wurden wir übrigens von Oppenheimer und anderen Leuten, und er hatte viel Geduld. Er kümmerte sich um die Probleme, die jeder hatte. Er machte sich Gedanken um meine Frau, die Tb hatte, und ob es da draußen ein Krankenhaus gebe und so weiter. Es war das erste Mal, daß ich ihn so persönlich erlebte; er war ein wunderbarer Mensch.

Man sagte uns, wir sollten vorsichtig sein – beispielsweise unsere Fahrkarten nicht in Princeton kaufen, denn Princeton hatte einen sehr kleinen Bahnhof, und wenn jeder Fahrkarten nach Albuquerque in New Mexico kaufte, würde es Mutmaßungen geben, daß etwas im Busch sei. Deshalb kauften alle ihre Fahrkarten irgendwo anders, bis auf mich, denn ich dachte, wenn alle ihre Fahrkarten woanders kaufen ...

Als ich also zum Bahnhof ging und sagte: »Ich möchte nach Albuquerque, New Mexico, fahren«, meinte der Mann dort: »Ah so, dann ist dieses ganze Zeug für *Sie!*« Wir hatten wochenlang Meßgeräte verfrachtet und angenommen, man würde nicht bemerken, daß sie nach Albuquerque gingen. So lieferte ich wenigstens einen Grund, warum wir all diese Kisten verschickten; *ich* fuhr nach Albuquerque.

Nun, als wir ankamen, waren die Häuser, die Wohnheime und das alles nicht fertig. Tatsächlich waren nicht einmal die Laboratorien ganz fertig. Dadurch, daß wir früher als geplant ankamen, brachten wir die Leute dort in Bedrängnis. Sie drehten durch und mieteten in der ganzen Gegend Farmhäuser an. Wir wohnten anfangs in einem Farmhaus und fuhren morgens zur Baustelle. Als ich zum erstenmal morgens hinausfuhr, war ich ungeheuer beeindruckt. Für jemanden aus dem Osten, der nicht viel gereist war, war die Landschaft sagenhaft schön. Es gibt da diese großen Felsen, die man aus Filmen kennt. Man kommt von unten hoch und ist sehr überrascht, wenn man diese hohe Mesa sieht. Als wir hochfuhren, sagte ich, vielleicht hätten hier Indianer gelebt, und das Beeindruckendste für mich war, daß der Fahrer den Wagen anhielt, um eine Ecke bog und mir einige Indianerhöhlen zeigte, die man besichtigen konnte. Es war sehr aufregend.

Als ich zum erstenmal zur Baustelle kam, sah ich, daß es dort einen technischen Bereich gab, der schließlich eingezäunt werden sollte, aber noch offen war. Außerdem sollte da eine Stadt hinkommen und weiter draußen, um die Stadt herum, ein *großer* Zaun. Aber die Bauarbeiten waren noch im Gange, und mein Freund Paul Olum, der mein Assistent war, stand mit einem Klemmbrett am Tor, kontrollierte die hinein- und hinausfahrenden Lastwagen und zeigte ihnen, wohin sie fahren sollten, um das Material an den verschiedenen Stellen abzuliefern.

Als ich ins Labor ging, traf ich Männer, von denen ich gehört hatte, weil ich ihre Arbeiten in *Physical Review* gesehen hatte und so weiter. Begegnet war ich ihnen noch nie. Dann hieß es: »Das ist John Williams.« Und vom Schreibtisch, der mit Blaupausen bedeckt ist, steht jemand auf, die Ärmel hochgekrempelt, und ruft Anweisungen zum Fenster hinaus, um Lastwagen mit Baumaterial in verschiedene Richtungen zu dirigieren. Mit anderen Worten, die Experimentalphysiker hatten nichts zu tun, bis ihre Gebäude und Apparate fertig waren, deshalb bauten sie einfach die Gebäude – oder halfen mit, die Gebäude zu bauen.

Die theoretischen Physiker konnten dagegen gleich mit der Arbeit beginnen, deshalb wurde entschieden, daß sie nicht in den Farmhäusern, sondern am Bauplatz wohnen sollten. Wir fingen sofort mit der Arbeit an. Es gab keine Wandtafeln, nur eine Tafel auf Rädern, und wir rollten sie herum, und Robert Serber erklärte uns alles, was sie sich in Berkeley im Hinblick auf die Atombombe und die Kernphysik und all diese Dinge überlegt hatten. Ich wußte nicht sehr viel darüber; ich hatte mich mit anderen Dingen beschäftigt. Deshalb mußte ich furchtbar viel arbeiten.

Jeden Tag habe ich studiert und gelesen, studiert und gelesen. Es war eine sehr hektische Zeit. Aber ich hatte ein bißchen Glück. Außer Hans Bethe waren die hohen Tiere zu der Zeit alle fort; und was Hans Bethe brauchte, war jemand, mit dem er reden konnte, um seine Ideen auszuprobieren. Nun, wir sind in einem Büro, und er kommt ein bißchen in Fahrt und fängt an zu streiten und seine Ideen zu erklären. Ich sage: »Nein, nein, Sie sind ja verrückt. Das geht so.« Und er: »Einen Moment«, und er erklärt, daß nicht *er* verrückt ist, sondern daß *ich* es bin. Und das geht dann so weiter. Denn wenn es um Physik geht, dann denke ich nur an die Physik und achte nicht darauf, mit wem ich rede, deshalb sage ich Sachen wie »nein, nein, Sie liegen falsch« oder »Sie sind ja verrückt«. Aber es zeigte sich, daß das genau das war, war er brauchte. Ich bekam einen Pluspunkt deswegen und wurde schließlich Gruppenleiter unter Bethe mit vier Leuten unter mir.

Nun, als ich dort ankam, waren die Wohnheime, wie gesagt, noch nicht bezugsfertig. Aber die theoretischen Physiker mußten ja trotzdem dort bleiben. Zuerst quartierten sie uns in einem alten Schulgebäude ein – in einer früheren Jungenschule. Ich wohnte in einem Raum, der das Pedellzimmer hieß. Wir waren da alle zusammengepfercht und schliefen in Etagenbetten, und es war nicht besonders gut organisiert, denn wenn Bob Christy und seine Frau ins Badezimmer wollten, mußten sie durch unser Schlafzimmer gehen. Das war also reichlich unbequem.

Endlich war das Wohnheim fertig. Ich ging zu der Stelle, wo Räume zugewiesen wurden, und sie sagten, man könne sich jetzt ein Zimmer aussuchen. Na, und was tat ich? Ich schaute nach, wo das Frauenwohnheim war, und dann suchte ich mir ein Zimmer aus, von dem aus man hinübersehen konnte – später mußte ich allerdings feststellen, daß direkt vor dem Fenster ein Baum stand.

Man sagte mir, in jedem Zimmer sollten zwei Leute wohnen, das sei aber nur vorübergehend. Für jeweils zwei Räume war ein Badezimmer vorgesehen, und in jedem Zimmer gab es Etagenbetten. Aber ich *wollte* nicht, daß noch jemand in dem Zimmer wohnte.

An dem Abend, als ich einzog, war sonst niemand da, und ich wollte versuchen, das Zimmer für mich zu behalten. Meine Frau lag mit Tb in Albuquerque, aber ich hatte ein paar Kisten mit Sachen von ihr dabei. Deshalb nahm ich ein Nachthemd heraus, deckte das obere Bett auf und warf das Nachthemd nachlässig darauf. Ich nahm Pantoffeln heraus und streute im Badezimmer etwas Puder auf den Boden. Es sollte so aussehen, als wäre noch jemand da. Nun, und was passierte? Na ja, es soll ein Männerwohnheim sein, nicht wahr? Ich komme also nachts nach Hause, und mein Schlafanzug ist ordentlich zusammengelegt und liegt am Fußende des Bettes unter dem Kopfkissen, und meine Hausschuhe stehen schön unter dem Bett. Das Damennachthemd liegt ordentlich gefaltet unter dem Kopfkissen, das Bett ist gemacht, und die Pantoffeln stehen hübsch nebeneinander. Der Puder im Badezimmer ist aufgewischt, und *niemand* schläft im oberen Bett.

In der folgenden Nacht dasselbe. Als ich aufstehe, zerwühle ich das obere Bett, werfe das Nachthemd unordentlich darauf und verstreue im Badezimmer den Puder. Das ging vier Nächte so, bis alle untergebracht waren und keine Gefahr mehr bestand, daß sie noch jemand in das Zimmer legen würden. Jeden Abend war alles ordentlich hingelegt, obwohl es ein Männerwohnheim war.

Ich wußte es damals nicht, aber durch diese kleine List wurde ich in die Politik verwickelt. Es gab da natürlich alle möglichen Interessengruppen – die Interessengruppe der Hausfrauen, der Mechaniker, der Techniker und so weiter. Nun, die Junggesellen und Junggesellinnen, die im Wohnheim wohnten, fanden, sie müßten auch eine Interessengemeinschaft bilden, denn es war eine neue Vorschrift erlassen worden: Keine Frauen im Männerwohnheim! Also, das ist absolut lächerlich! Schließlich sind wir ja erwachsene Menschen! Was ist das für ein Blödsinnm? Wir mußten politisch aktiv werden. Also diskutierten wir darüber, und ich wurde gewählt, um die Leute aus dem Wohnheim im Stadtrat zu vertreten.

Nachdem ich das ungefähr anderthalb Jahre gemacht hatte, unterhielt ich mich einmal mit Hans Bethe. Er war die ganze Zeit in dem großen Verwaltungsrat, und ich erzählte ihm von dem Trick mit dem Nachthemd und den Pantoffeln meiner Frau. Er fing an zu lachen. »*So* sind Sie also in den Stadtrat gekommen«, sagte er.

Es stellte sich heraus, daß folgendes passiert war. Die Frau, die im Wohnheim die Zimmer sauber macht, öffnet eine Tür, und auf einmal gibt's Ärger: da schläft irgendwer mit einem der Kerle! Sie meldet es der Oberputzfrau, die Oberputzfrau meldet es dem Leutnant, der Leutnant meldet es dem Major. Über die Generäle wird es weitergetragen bis in den Verwaltungsrat.

Was sollen sie unternehmen? Sie werden darüber nachdenken, was sonst? Aber welche Anweisungen werden in der Zwischenzeit über die Hauptleute, die Majore, die Leutnants und die Oberputzfrau der Putzfrau gegeben? »Tun Sie einfach alles wieder an seinen Platz, machen Sie sauber und passen Sie auf, was geschieht.« Am nächsten Tag: die gleiche Meldung. Vier Tage lang machten sie sich da oben Gedanken, was sie unternehmen sollten. Schließlich erließen sie eine Vorschrift: Keine Frauen im Männerwohnheim! Und dadurch gab es ganz unten einen solchen *Stunk*, daß sie jemanden wählen mußten, der ...

Ich möchte ein bißchen von der Zensur erzählen, die wir dort hatten. Man beschloß, etwas völlig Ungesetzliches zu tun und die Post von Leuten innerhalb der Vereinigten Staaten zu zensieren – wozu man kein Recht hatte. Es mußte also sehr behutsam als etwas Freiwilliges hingestellt werden. Wir sollten uns alle bereiterklären, die Briefe, die wir hinausschickten, nicht zuzukleben, und sie sollten berechtigt sein, Briefe, die an uns geschickt wurden, zu öffnen; das wurde freiwillig von uns akzeptiert. Wir ließen unsere Briefe offen; und sie klebten sie zu, wenn sie o. k. waren. Waren sie ihrer Meinung nach nicht o. k., dann ließen sie den Brief an uns zurückgehen mit einer Notiz, daß der und der Paragraph unserer »Vereinbarung« verletzt worden sei.

So wurde schließlich sehr behutsam unter all diesen liberal gesinnten Wissenschaftlern mit vielen Vorschriften eine Zensur eingerichtet. Es war uns gestattet, Kommentare zum Vorgehen der Verwaltung abzugeben, wenn wir das wollten, so daß wir an unseren Senator schreiben und ihm mitteilen konnten, es passe uns nicht, wie die Dinge betrieben würden, und so weiter. Man sagte, man werde uns Bescheid geben, wenn sich irgendwelche Schwierigkeiten ergeben sollten.

Es war also alles veranlaßt, und kaum ist die Zensur den ersten Tag in Kraft: Telephon! *Klingeling!*

Ich: »Was gibt's?«

»Kommen Sie doch bitte mal rüber.«

Ich komme rüber.

»Was ist das?«

»Das ist ein Brief von meinem Vater.«

»Wie, was ist das?«

Es ist liniertes Papier, und entlang den Linien laufen Punkte – vier Punkte drunter, ein Punkt drüber, zwei Punkte drunter, ein Punkt drüber, zwei Punkte übereinander ...

»Was ist das da?«

Ich sagte: »Das ist ein Code.«

Sie darauf: »Yeah, es ist ein Code, aber was bedeutet er?«

Ich sagte: »Ich weiß nicht, was er bedeutet.«

Sie sagten: »Na schön, was ist der Schlüssel zu dem Code? Wie dechiffrieren Sie ihn?«

Ich sagte: »Tja, keine Ahnung.«

Dann fragten sie: »Was ist das hier?«

Ich sagte: »Das ist ein Brief von meiner Frau – er lautet: TJXYWZ TW1X3.«

»Was ist das?«

Ich sagte: »Ein anderer Code.«

»Und was ist der Schlüssel dazu?«

»Ich weiß nicht.«

Sie sagten: »Sie bekommen Codes und kennen den Schlüssel nicht?«

Ich sagte: »Ganz recht. Das ist ein Spiel. Dabei geht es darum, ob sie es schaffen, mir einen Code zu schicken, den ich nicht knacken kann, verstehen Sie? Sie denken sich also am anderen Ende Codes aus und schicken sie mir, und sie verraten mir nicht, was der Schlüssel ist.«

Nun war eine der Zensurvorschriften, daß nichts verändert werden sollte, was man normalerweise mit seiner Post machte. Deshalb sagten sie: »Also, Sie werden ihnen mitteilen, sie sollen bitte den Schlüssel mitschicken.«

Ich sagte: »Aber ich *will* den Schlüssel nicht sehen.«

Sie sagten: »Na gut, wir werden den Schlüssel herausnehmen.«

Wir hatten also diese Abmachung. O. k? Na schön. Am nächsten Tag bekomme ich einen Brief von meiner Frau, und darin steht: »Es fällt mir schwer zu schreiben, denn es kommt mir so vor, als würde der —— mir über die Schulter gucken.« Und wo das Wort war, ist ein Fleck vom Tintenentferner.

Ich ging hinüber ins Büro und sagte: »Sie dürfen die hereinkommende Post nicht anrühren, wenn sie Ihnen nicht gefällt. Sie können sie sich anschauen, aber Sie dürfen nichts herausnehmen.«

Sie sagten: »Machen Sie sich nicht lächerlich. Glauben Sie, daß Zensoren so arbeiten – mit Tintenentferner? Die nehmen die Schere und schneiden etwas heraus.«

Ich sagte o. k. Dann schrieb ich meiner Frau und fragte: »Hast Du in Deinem Brief Tintenentferner verwendet?« Sie schreibt zurück: »Nein, ich habe in meinem Brief keinen Tintenentferner verwendet, daß muß der —— gewesen sein.« – und an der Stelle ist ein Stück aus dem Papier herausgeschnitten.

Ich ging also wieder zu dem Major, der das alles beaufsichtigen sollte, und beschwerte mich. Das kostete zwar ein bißchen Zeit, aber ich hatte das Gefühl, daß ich als gewählter Vertreter irgendwie dafür sorgen mußte, daß die Sache geklärt wurde. Der Major versuchte mir zu erklären, daß die Leute, die als Zensoren fungierten, belehrt worden seien, aber sie verstünden nicht, daß neuerdings so behutsam vorgegangen werden müsse.

Jedenfalls fragte er mich: »Was ist denn los, glauben Sie nicht an meinen guten Willen?«

Ich sagte: »Doch, Sie haben bestimmt den guten Willen, aber ich glaube nicht, daß Sie die *Macht* haben.« Denn er hatte diesen Job ja schon drei oder vier Tage gemacht.

Er sagte: »*Das* werden wir ja sehen!« Er greift sich das Telephon, und alles ist bereinigt. Aus den Briefen wird nichts mehr herausgeschnitten.

Es gab allerdings eine Reihe von anderen Schwierigkeiten. So bekam ich eines Tages einen Brief von meiner Frau und eine Notiz vom Zensor, die lautete: »Dem Brief lag ein Code ohne Schlüssel bei, deshalb wurde er herausgenommen.«

Als ich am gleichen Tag meine Frau in Albuquerque besuchte, fragte sie: »Na, hast du alles mitgebracht?«

Ich sagte: »Was hätte ich denn mitbringen sollen?«

Sie sagte: »Bleiglätte, Glyzerin, Hot Dogs und die Wäsche.«

Ich sagte: »Moment mal – war das etwa eine Liste?«

Sie sagte: »Ja.«

»Das war ein *Code*«, sagte ich. »Sie haben das für einen Code gehalten – Bleiglätte, Glyzerin usw.« (Sie brauchte Bleiglätte und Glyzerin, weil sie einen Kitt machen wollte, um ein Kästchen aus Onyx zu reparieren.)

All das passierte in den ersten paar Wochen, bis wir miteinander klarkamen. Jedenfalls, eines Tages mache ich mit der Rechenmaschine herum, und dabei fällt mir etwas sehr Merkwürdiges auf. Wenn man 1 durch 243 teilt, bekommt man 0,04115226337... Das ist ganz nett: Wenn man die Division weiterführt, wird es nach 599 ein bißchen schief, aber es gleicht sich bald aus und wiederholt sich dann hübsch. Ich fand es irgendwie lustig.

Nun, ich gebe es in die Post, und es kommt zurück. Es geht nicht durch, und es liegt eine kleine Notiz bei: »Beachten Sie Paragraph 17B.« Ich sehe mir Paragraph 17B an. Er besagt: »Briefe sind nur in Englisch, Russisch, Spanisch, Portugiesisch, Lateinisch, Deutsch und so weiter zu schreiben. Die Genehmigung zum Gebrauch einer anderen Sprache muß schriftlich beantragt werden.« Und dann stand da: »Keine Codes.«

Also legte ich meinem Brief eine kleine Notiz bei, worin ich dem Zensor mitteilte, ich sei der Meinung, daß das überhaupt kein Code sein könne, denn wenn man *tatsächlich* hingeht und teilt 1 durch 243, dann *bekommt* man in der Tat all das, und deshalb steckt in der Zahl

0,04115226337 . . . nicht mehr Information als in der Zahl 243 – nämlich fast gar keine Information. Und so weiter. Ich bat deshalb um die Genehmigung, in meinen Briefen arabische Zahlen verwenden zu dürfen. Auf diese Weise bekam ich es durch.

Es gab immer irgendwelche Schwierigkeiten mit den Briefen, die hin und her gingen. Beispielsweise erwähnte meine Frau mehrfach, daß es ihr unangenehm sei, beim Schreiben das Gefühl zu haben, daß der Zensor ihr über die Schulter schaue. Nun gibt es die Vorschrift, daß wir die Zensur nicht erwähnen sollen. *Wir* dürfen es nicht, aber wie können sie es *ihr* dann mitteilen? Sie schicken mir also eine Notiz: »Ihre Frau hat die Zensur erwähnt.« *Ja sicher* hat meine Frau die Zensur erwähnt. Schließlich schickten sie mir eine Notiz, in der es hieß: »Bitte informieren Sie Ihre Frau, daß sie in ihren Briefen nicht die Zensur erwähnen soll.« Ich fange also meinen Brief mit den Worten an: »Ich habe die Anweisung erhalten, Dich zu informieren, daß Du in Deinen Briefen nicht die Zensur erwähnen sollst.« *Wuums, wuums,* kommt der Brief zurück! Also schreibe ich: »Ich habe die Anweisung erhalten, meine Frau zu informieren, nicht die Zensur zu erwähnen. Wie zum Kuckuck soll ich das tun? Außerdem, *warum* soll ich ihr die Anweisung geben, die Zensur nicht zu erwähnen? Halten Sie etwas vor mir geheim?«

Es ist sehr interessant, daß der Zensor selbst mir mitteilen muß, daß ich meiner Frau mitteilen soll, daß sie mir nicht mitteilen soll, daß sie . . . Aber sie hatten eine Antwort. Sie sagten, ja, sie würden sich Sorgen machen, die Post könne auf dem Weg von Albuquerque abgefangen werden, und es könne jemand herausfinden, daß es eine Zensur gebe, wenn die Post geöffnet werde, und sie solle sich doch bitte ganz normal verhalten.

Als ich das nächste Mal hinunter nach Albuquerque fuhr, redete ich mit ihr und sagte: »Also schau, laß uns die Zensur nicht erwähnen.« Aber wir hatten soviel Ärger, daß wir zuletzt einen Code ausmachten, etwas Illegales. Wenn ich nach meiner Unterschrift einen Punkt machte, dann hieß das, daß ich wieder Ärger gehabt hatte, und sie machte dann den nächsten Zug, den sie ausgeheckt hatte. Sie saß den ganzen Tag herum, weil sie krank war, und überlegte sich, was sie tun könnte. Das letzte, was sie mir schickte, war eine Reklame, und sie hielt das für völlig legitim. Die Anzeige lautete: »Schicken Sie Ihrem Freund einen Puzzle-Brief. Sie erhalten von uns das Blanko-Puzzle, Sie schreiben den Brief darauf, nehmen es auseinander, tun es in einen kleinen Beutel und verschicken es.« Ich erhielt diese Reklame mit der Notiz: »Wir haben keine Zeit für Spiele. Bitte unterrichten Sie Ihre Frau, sie möge sich auf normale Briefe beschränken.«

Nun, wir wollten schon bei dem Punkt unsere Zuflucht suchen, aber sie klärten das rechtzeitig, und wir mußten keinen Gebrauch davon machen. Was wir als nächstes bereithielten, war, daß der Brief mit dem Satz anfangen sollte: »Ich hoffe, Du hast daran gedacht, diesen Brief vorsichtig zu öffnen, denn ich habe das Pepto-Bismol-Pulver für Deinen Magen hineingetan, wie wir es vereinbart hatten.« Der Brief sollte voller Pulver sein. Wir nahmen an, im Büro würden sie den Brief rasch aufmachen, und sie würden völlig aus der Fassung geraten, denn man durfte ja nichts durcheinanderbringen. Sie würden das ganze Pepto-Bismol-Pulver aufsammeln müssen ... Aber wir brauchten nicht darauf zurückgreifen.

Durch diese ganzen Erfahrungen mit dem Zensor wußte ich ganz genau, was durchgehen konnte und was nicht. Niemand sonst wußte das so gut wie ich. Und deshalb machte ich damit ein bißchen Geld, indem ich Wetten abschloß.

Eines Tages entdeckte ich, daß es den Arbeitern, die weiter draußen wohnten, zuviel war, außen herum zu gehen und durch das Tor zu kommen, und daß sie sich deshalb ein Loch in den Zaun geschnitten hatten. Ich ging zum Tor hinaus, hinüber zu dem Loch und kam wieder herein, ging wieder hinaus und so weiter, bis der Feldwebel am Tor anfing, sich zu wundern, was da vorging. Wie kommt's, daß dieser Bursche dauernd rausgeht, aber nie reinkommt? Und selbstverständlich war seine erste Reaktion, daß er den Leutnant rief und versuchte, mich dafür ins Gefängnis zu stecken. Ich erklärte, daß es da ein Loch gebe.

Denn ich versuchte immer, den Leuten etwas klarzumachen. So schloß ich mit jemand eine Wette ab, daß ich in einem Brief von dem Loch erzählen und das abschicken könne. Und genau das tat ich dann auch. Und zwar so, daß ich schrieb, »Du solltest mal sehen, wie sie den Platz hier verwalten (das zu sagen, war uns *erlaubt*). Einundsiebzig Fuß von da und da ist ein Loch im Zaun, das ist so und so groß, und da kann man durchkriechen«.

Nun, was sollen sie tun? Sie können mir ja schlecht erzählen, es gebe kein solches Loch. Ich meine, was sollen sie machen? Es ist ja ihr Pech, daß da so ein Loch ist. Sie sollten es eben *stopfen*. Den Brief bekam ich also durch.

Ich bekam auch einen anderen Brief durch, in dem stand, wie einer von den Jungs, der in einer meiner Gruppen arbeitete, John Kemeny, mitten in der Nacht geweckt und von ein paar Idioten in der Armee da mit blendenden Lampen verhört wurde, weil sie irgend etwas über seinen Vater herausgekriegt hatten, der Kommunist oder so etwas sein sollte. Kemeny ist jetzt ein bekannter Mann.

Es gab noch andere Dinge. Wie bei dem Loch im Zaun, versuchte ich immer, indirekt auf diese Dinge aufmerksam zu machen. Und eines, worauf ich aufmerksam machen wollte, war – daß wir ganz zu Anfang ungeheuer wichtige Geheimnisse hatten; wir hatten eine Menge Zeug ausgearbeitet über Bomben und Uran und wie es funktionierte und so weiter; und dieses ganze Zeug stand in Dokumenten, die in hölzernen Aktenschränken lagen, die mit kleinen, ganz gewöhnlichen Vorhängeschlössern verschlossen waren. Natürlich hatte die Werkstatt einiges getan, beispielsweise Stangen angebracht, die man herunterklappte und die von einem Vorhängeschloß gehalten wurden, aber eben bloß von einem Vorhängeschloß. Außerdem brauchte man nicht einmal das Schloß zu öffnen, um das Zeug herauszubekommen. Man kippt den Schrank einfach nach hinten. In der untersten Schublade gibt es eine kleine Stange, die die Papiere zusammenhalten soll, und darunter ist im Holz ein breiter Schlitz. Man kann die Papiere von unten herausziehen.

Deshalb knackte ich dauernd die Schlösser, um darauf hinzuweisen, daß das sehr leicht war. Und jedesmal, wenn wir uns alle zu einer Versammlung trafen, stand ich auf und sagte, wir hätten wichtige Geheimnisse und sollten sie nicht in diesen Dingern aufbewahren; wir bräuchten bessere Schlösser. Eines Tages stand Teller bei der Versammlung auf und sagte zu mir: »Ich bewahre meine wichtigsten Geheimnisse nicht im Aktenschrank auf; ich habe sie in meiner Schreibtischschublade. Ist das nicht besser?«

Ich sagte: »Ich weiß es nicht. Ich habe Ihre Schreibtischschublade nicht gesehen.«

Er saß während der Versammlung ziemlich weit vorne, und ich saß weiter hinten. Die Versammlung geht weiter, und ich schleiche mich hinaus und gehe mir seine Schreibtischschublade ansehen.

Ich muß nicht einmal das Schubladenschloß knacken. Wie sich herausstellt, kann man, wenn man von unten her hinter die Schublade faßt, das Papier herausziehen wie bei einem Toilettenpapierspender. Man zieht ein Blatt heraus, das zieht ein weiteres heraus, das wieder eines... Ich machte die ganze verflixte Schublade leer, legte alles beiseite und ging wieder nach oben.

Die Versammlung hatte gerade aufgehört, und alles strömte heraus; und ich schloß mich der Mannschaft an und beeilte mich, Teller einzuholen und sagte: »Ach, übrigens, zeigen Sie mir doch mal Ihre Schreibtischschublade.«

»Gewiß«, sagte er und zeigte mir seinen Schreibtisch.

Ich sah ihn mir an und sagte: »Ich finde, das sieht ziemlich gut aus. Lassen Sie mal sehen, was Sie da drin haben.«

»Ich zeig's Ihnen gerne«, sagte er, während er den Schlüssel ins Schloß steckte und die Schublade öffnete. »Aber«, fügte er hinzu, »Sie haben es ja bereits gesehen.«

Das Ärgerliche, wenn man einem hochintelligenten Mann wie Mr. Teller einen Streich spielt, ist, daß er von dem Moment an, in dem er sieht, daß etwas nicht in Ordnung ist, bis zu dem Augenblick, in dem er genau erkennt, was passiert ist, viel zu wenig *Zeit* braucht, als daß es einem Spaß machen würde!

Einige der speziellen Aufgaben, die ich in Los Alamos hatte, waren recht interesant. Eine davon hatte mit der Sicherheit der Fabrik in Oak Ridge, Tennessee, zu tun. In Los Alamos sollte die Bombe gebaut werden, aber in Oak Ridge versuchten sie, die Uranisotope zu trennen – Uran 238 und das explosive Uran 235. Sie fingen *gerade* erst an, mit einem experimentellen Verfahren unendlich kleine Mengen von 235 zu gewinnen, und gleichzeitig erprobten sie die chemische Herstellung. Es sollte eine große Fabrik gebaut werden, sie sollten den Stoff tonnenweise bekommen, und dann sollten sie den gereinigten Stoff nehmen und ihn noch einmal reinigen und für die nächste Stufe vorbereiten (man muß ihn in mehreren Stufen reinigen). So waren sie also einerseits in der Erprobungsphase, und andererseits gewannen sie mit einer der Anlagen experimentell ein kleines bißchen U 235. Und sie versuchten herauszufinden, wie sie den Stoff prüfen konnten, um festzustellen, wieviel Uran 235 er enthielt. Obwohl wir ihnen Anweisungen schickten, bekamen sie es nie hin.

Schließlich meinte Emilio Segrè, die einzige Möglichkeit, das in Ordnung zu bringen, sei, hinzufahren und zu sehen, was da los sei. Die Leute von der Armee sagten: »Nein, es ist unser Grundsatz, daß alle Informationen von Los Alamos an einem Ort bleiben müssen.«

Die Leute in Oak Ridge wußten überhaupt nicht, wozu das verwendet werden sollte; sie wußten nur, was ihre Aufgabe war. Das heißt, die Leute an der Spitze wußten, daß sie Uran trennten, aber sie wußten nicht, wie stark die Bombe war oder wie sie genau funktionierte und so weiter. Die Leute unten wußten *überhaupt nicht*, was sie taten. Und die Armee wollte, daß es so blieb. Es gab keinen Informationsaustausch. Aber Segrè beharrte darauf, sie würden es nie hinkriegen, den Urangehalt zu ermitteln, und die ganze Sache werde sich in Wohlgefallen auflösen. Deshalb fuhr er schließlich doch hin, um zu sehen, was sie trieben, und als er einen Rundgang machte, sah er, wie eine Korbflasche mit Wasser herumgefahren wurde, mit grünem Wasser – nämlich Urannitratlösung.

Er fragte: »He, geht ihr damit auch so um, wenn es gereinigt ist? Habt ihr das wirklich vor?«

Sie sagten: »Na sicher – wieso denn nicht?«

»Meint ihr nicht, daß es explodiert?« fragte er.

Huch! *Explodiert?*

Da sagten die von der Armee: »Sehen Sie! Wir hätten denen keine Informationen zukommen lassen sollen! Jetzt sind sie völlig durcheinander.«

Es stellte sich heraus, daß die Armee begriffen hatte, wieviel Stoff wir brauchten, um eine Bombe zu bauen – zwanzig Kilogramm oder wieviel es war – und es war ihnen klar, daß so viel gereinigtes Material nie auf einmal in der Fabrik sein durfte, so daß keine Gefahr bestand. Was sie aber *nicht* wußten, war, daß die Neutronen ungeheuer viel wirksamer sind, wenn sie im Wasser gebremst werden. Im Wasser braucht man weniger als ein Zehntel – nein, ein Hundertstel – des Materials, um eine Reaktion herbeizuführen, bei der Radioaktivität entsteht. Es tötet Leute, die sich in der Nähe befinden. Es war *sehr* gefährlich, und sie hatten überhaupt nicht auf die Sicherheit geachtet.

Also geht ein Telegramm von Oppenheimer an Segrè: »Sehen Sie sich die ganze Fabrik an. Stellen Sie fest, wo es nach *deren* Vorgehen zu Konzentrationen des Stoffes kommen wird. Wir berechnen inzwischen, wieviel zusammenkommen kann, ohne daß es eine Explosion gibt.«

Zwei Gruppen machten sich an die Arbeit. Christys Gruppe arbeitete an wäßrigen Lösungen, und meine Gruppe arbeitete an trockenem Pulver in Behältern. Wir rechneten aus, wieviel Material sie gefahrlos ansammeln konnten. Und Christy sollte rüber nach Oak Ridge fliegen und ihnen allen die Situation klarmachen, denn die ganze Sache war danebengegangen, und wir *mußten* jetzt einfach hin und es ihnen sagen. Ich gab also Christy froh und zufrieden alle meine Zahlen und sagte, hier hast du den ganzen Kram, nun mach dich auf den Weg. Da bekam Christy eine Lungenentzündung; also mußte ich hin.

Ich war nie zuvor mit einem Flugzeug geflogen. Sie schnallten mir die Geheimunterlagen in einer kleinen Tasche auf den Rücken! Das Flugzeug war damals wie ein Bus, nur die Stationen lagen weiter auseinander. Man machte immer mal wieder Zwischenstation und hatte Aufenthalt.

Neben mir stand ein Kerl, der mit einer Kette herumspielte, und er sagte etwas wie: »Es muß in diesen Zeiten *furchtbar* schwierig sein, ohne Dringlichkeit überhaupt einen Platz in einem Flugzeug zu bekommen.«

Ich konnte nicht widerstehen. Ich sagte: »Also, ich weiß es nicht. Ich *habe* eine Dringlichkeit.«

Ein bißchen später versuchte er es noch einmal: »Da kommen ein paar Generale. Die werden ein paar von uns mit der Stufe drei rausschmeißen.«

»Das geht schon in Ordnung«, sagte ich. »Ich habe Stufe zwei.«

Er hat sicher an seinen Kongreßabgeordneten geschrieben – wenn er nicht selber einer war – und sich beklagt: »Was soll das, daß mitten im Krieg Kinder mit Dringlichkeitsstufe zwei durch die Gegend geschickt werden?«

Wie auch immer, ich kam in Oak Ridge an. Als erstes ließ ich mich zur Fabrik bringen, sagte aber nichts, sondern sah mir nur alles an. Ich stellte fest, daß die Situation noch schlimmer war, als Segrè berichtet hatte; denn ihm waren in einem Raum bestimmte Behälter in großen Mengen aufgefallen, was er aber nicht bemerkt hatte, war eine Menge Behälter in einem weiteren Raum auf der anderen Seite der gleichen Wand – und ähnliches. Wenn man aber zuviel von dem Zeug zusammen lagert, fliegt es in die Luft.

Ich ging also durch die ganze Fabrik. Ich habe ein sehr schlechtes Gedächtnis, aber wenn ich intensiv arbeite, habe ich ein gutes Kurzzeitgedächtnis, deshalb konnte ich mir alle möglichen verrückten Dinge merken wie Gebäude 90-207, Faß Nummer soundso und so weiter.

An dem Abend zog ich mich auf mein Zimmer zurück, ging die ganze Sache durch, klärte, wo die Gefahren lagen und was man tun mußte, um sie zu beseitigen. Es ist ziemlich einfach. Man tut Kadmium in Lösungen, um die Neutronen im Wasser zu absorbieren, und man lagert die Behälter nach bestimmten Regeln so, daß sie nicht zu dicht stehen.

Am nächsten Tag sollte eine große Versammlung stattfinden. Ich habe vergessen zu erwähnen, daß Oppenheimer, bevor ich Los Alamos verließ, zu mir sagte: »Also, folgende Leute da unten in Oak Ridge sind technisch kompetent: Mr. Julian Webb, Mr. Soundso und so weiter. Ich möchte, daß Sie dafür sorgen, daß diese Leute an der Versammlung teilnehmen, daß Sie ihnen sagen, wie die Sache sicher gemacht werden kann, so daß sie es wirklich *verstehen*.«

Ich fragte: »Was ist, wenn sie nicht auf der Versammlung sind? Was soll ich dann tun?«

Er antwortete: »Dann sagen Sie: *Los Alamos kann nicht die Verantwortung für die Sicherheit von Oak Ridge übernehmen, es sei denn* . . .!«

Ich sagte: »Sie meinen, ich, der kleine Richard, soll da reingehen und sagen . . .?«

Er sagte: »Genau, kleiner Richard, Sie gehen da hin und machen das.«

Ich wurde wirklich schnell groß!

Als ich eintraf, waren die großen Tiere in der Firma und die Techniker, die ich brauchte, tatsächlich da, und außerdem die Generale und alle, die an diesem sehr ernsten Problem interessiert waren. Das war gut, denn die Fabrik wäre in die Luft geflogen, wenn niemand dieses Problem beachtet hätte.

Es gab da einen Leutnant Zumwalt, der sich um mich kümmerte. Er teilte mir mit, der Oberst habe gesagt, ich solle ihnen nicht erzählen, wie Neutronen funktionieren, und keine Details nennen, denn ihnen läge daran, daß die Dinge getrennt blieben, ich solle ihnen also nur erzählen, was sie tun müßten, um die Sicherheit zu gewährleisten.

Ich sagte: »Meiner Meinung nach können Sie unmöglich einen Haufen Vorschriften einhalten, wenn Sie nicht verstehen, wie es funktioniert. Ich meine, es wird nur klappen, wenn ich es Ihnen sage, und *Los Alamos kann nicht die Verantwortung für die Sicherheit von Oak Ridge übernehmen, es sei denn, Sie sind voll darüber informiert, wie es funktioniert!*«

Es war großartig. Der Leutnant bringt mich zu dem Oberst und wiederholt meine Bemerkung. Der Oberst sagt: »Geben Sie mir fünf Minuten«, und dann geht er ans Fenster, steht da und überlegt. Darin sind sie sehr gut – im Fällen von Entscheidungen. Ich fand es recht bemerkenswert, daß über ein Problem wie die Frage, ob in Oak Ridge über die Funktion der Bombe informiert werden sollte oder nicht, innerhalb von fünf Minuten entschieden werden mußte und entschieden werden *konnte.* Deshalb habe ich mächtigen Respekt vor diesen Burschen vom Militär, denn ich schaffe es überhaupt nie, etwas sehr Wichtiges in irgendeiner Zeitspanne zu entscheiden.

Nach fünf Minuten sagte er: »In Ordnung, Mr. Feynman, schießen Sie los.«

Ich setzte mich hin und erzählte ihnen alles über Neutronen, wie sie wirken, da, da, da, ta, ta, ta, hier kommen zu viele Neutronen zusammen, man muß das Material auseinanderhalten, Kadmium absorbiert, langsame Neutronen sind wirksamer als schnelle und quassel, quassel – in Los

Alamos war das alles elementares Wissen, aber sie hatten noch nie etwas davon gehört, so daß ich ihnen wie ein ungeheures Genie vorkam.

Das Resultat war, daß sie beschlossen, kleine Gruppen zu bilden, die ihre eigenen Berechnungen anstellen und diesen dann entnehmen konnten, wie sie vorgehen mußten. Sie fingen an, die Fabrik neu zu entwerfen, und dann wurden Architekten hinzugezogen, Konstrukteure, Bauingenieure und Chemotechniker für die neue Fabrik, in der das getrennte Material bearbeitet werden sollte.

Sie sagten, ich solle in ein paar Monaten wiederkommen, deshalb kam ich zurück, als die Ingenieure den Entwurf für die neue Fabrik fertiggestellt hatten. Jetzt sollte ich mir die Fabrik ansehen.

Wie schaut man sich eine Fabrik an, die noch gar nicht gebaut ist? Ich habe keine Ahnung. Leutnant Zumwalt, der mich immer begleitete, weil ich ja überall eine Eskorte haben mußte, bringt mich in einen Raum, in dem diese beiden Ingenieure arbeiten und wo ein *laaaaaanger* Tisch steht, auf dem ein Haufen Blaupausen liegt, auf denen die verschiedenen Stockwerke der geplanten Fabrik dargestellt sind.

Ich habe in der Schule technisches Zeichnen gehabt, aber mit Blaupausen kann ich nicht viel anfangen. Sie rollen also die Baupläne aus und fangen an zu erklären, weil sie mich für ein Genie halten. Nun war eines der Risiken, die sie in der Fabrik vermeiden mußten, die Ansammlung von Material. Dadurch ergaben sich Probleme, denn wenn bei einem Verdampfer, mit dem das Zeug gesammelt wird, das Ventil verstopft ist oder irgend etwas anderes dazu führt, daß sich zuviel Zeug ansammelt, kommt es zu einer Explosion. So erklärten sie mir, die Fabrik sei so angelegt, daß nichts passieren könne, wenn nur ein einziges Ventil verstopft sei. Gefährlich werde es erst, wenn mindestens zwei Ventile verstopft seien.

Dann erklären sie, wie es funktioniert. Das Kohlenstofftetrachlorid kommt hier rein, das Urannitrat von dort kommt hier rein, es geht hoch und runter, läuft hier durch den Boden, kommt durch die Rohre hoch und kommt da vom zweiten Stockwerk her, *bluuuuub* – und sie gehen durch diesen Haufen Blaupausen, runter-rauf-runter-rauf, reden sehr schnell und erläutern die sehr, sehr komplizierte chemische Fabrik.

Ich bin völlig benommen. Schlimmer noch, ich habe keine Ahnung, was die Symbole auf den Bauplänen bedeuten! Da ist so etwas, das ich zuerst für ein Fenster halte. Es ist ein Quadrat mit einem kleinen Kreuz in der Mitte, und das findet sich überall. Ich denke, es ist ein Fenster, aber nein, das kann ja kein Fenster sein, denn es ist nicht immer am Rand. Ich möchte sie fragen, was das ist.

Man muß in einer solchen Situation gewesen sein, in der man nicht gleich gefragt hat. Wenn man gleich gefragt hätte, wär's o. k. gewesen. Aber jetzt haben sie schon ein bißchen zu lange gesprochen. Man hat zu lange gezögert. Wenn man sie jetzt fragt, werden sie sagen: »Wozu stehlen Sie hier unsere Zeit?«

Was soll ich bloß *tun?* Ich habe eine Idee. Vielleicht ist es ein Ventil. Ich tippe mit dem Finger auf eines der mysteriösen Kreuzchen mitten auf einem der Baupläne auf Seite drei und frage: »Und was ist, wenn dieses Ventil verstopft ist?« – und denke, jetzt werden sie mir sagen: »Das ist kein Ventil, Sir, das ist ein Fenster.«

Der eine schaut den anderen an und sagt: »Ja, also, wenn *das* Ventil verstopft ist –«, und er geht rauf und runter auf der Blaupause, rauf und runter, der andere geht rauf und runter, vor und zurück, vor und zurück, und sie schauen sich beide an. Sie drehen sich zu mir herum, sperren den Mund auf wie Fische und sagen: »Sie haben vollkommen recht, Sir.«

Dann rollten sie die Baupläne zusammen, und weg waren sie, und wir gingen hinaus. Und Mr. Zumwalt, der die ganze Zeit verfolgt hatte, was ich tat, sagte: »Einfach genial. Ich fand das schon damals, als Sie durch die Fabrik gegangen sind und denen am nächsten Morgen was über Verdampfer C-21 in Gebäude 90-207 erzählen konnten. Aber was Sie eben gemacht haben, ist so *phantastisch*, daß ich wissen möchte, wie, *wie* machen Sie das?«

Ich erzählte ihm, man versuche halt herauszufinden, ob es ein Ventil sei oder nicht.

Ein anderes Problem, an dem ich arbeitete, war folgendes. Wir mußten viele Berechnungen anstellen, und dazu benutzten wir Marchant-Rechenmaschinen. Übrigens, nur um eine Vorstellung davon zu vermitteln, wie es in Los Alamos zuging: Wir hatten diese Marchant-Computer – Handrechenmaschinen mit Zahlen. Man drückt darauf, und sie multiplizieren, dividieren, addieren und so weiter, aber nicht so einfach, wie das heute geht. Das waren mechanische Geräte, die oft kaputtgingen und dann zur Reparatur an den Hersteller eingeschickt werden mußten. Sehr bald hatten wir nicht mehr genug Maschinen. Ein paar von uns fingen an, die Deckel abzunehmen. (Eigentlich sollte man das nicht. Die Vorschrift lautete: »Bei Entfernen des Deckels übernehmen wir keine Verantwortung...«) Wir nahmen also die Deckel ab und bekamen ein paar schöne Lektionen, wie man die Maschinen in Ordnung bringt, und je schwieriger die Reparaturen wurden, desto besser wurden wir. Wenn etwas zu kompliziert wurde, schickten wir es an den Hersteller, aber die leichteren Sachen machten wir selber und sorgten so dafür, daß es weiterging. Ich war schließlich für alle Computer zuständig, und in der Werkstatt war ein Bursche, der sich um die Schreibmaschinen kümmerte.

Jedenfalls kamen wir zu dem Schluß, daß das große Problem – nämlich herauszufinden, was genau während der Implosion der Bombe geschieht, damit man exakt ausrechnen kann, wieviel Energie freigesetzt wird und so weiter – sehr viel mehr Berechnungen erforderte, als wir anstellen konnten. Ein kluger Bursche namens Stanley Frankel stellte fest, daß es sich möglicherweise auf IBM-Maschinen machen ließe. Die Firma IBM hatte Maschinen, die in der Wirtschaft eingesetzt wurden: Addiermaschinen, sogenannte Tabulatoren zum Auflisten von Summen, und eine Multipliziermaschine, in die man Karten eingab und die zwei Zahlen von einer Karte ablas und sie multiplizierte. Es gab auch Kollationiermaschinen, Sortierer und so weiter.

Frankel dachte sich also ein hübsches Programm aus. Wenn wir genügend von diesen Maschinen in einen Raum bekämen, könnten wir die Karten nehmen und sie nacheinander bearbeiten lassen. Jeder, der numerische Berechnungen anstellt, weiß heute genau, wovon ich spreche, aber damals war das etwas Neues – Massenproduktion mit Maschinen. Wir hatten so etwas schon auf Addiermaschinen gemacht. Für gewöhnlich geht man Schritt für Schritt vor und macht alles selbst. Aber dies war etwas anderes: Man ging erst an die Addiermaschine, dann zur Multipliziermaschine, dann wieder zur Addiermaschine und so weiter. Frankel entwarf also dieses System und bestellte die Maschinen bei der Firma IBM, denn es war uns klar, daß das eine gute Möglichkeit war, unsere Probleme zu lösen.

Wir brauchten jemanden, der die Maschinen reparierte, sie wartete und so weiter. Und die Armee schickte immer nur einen von ihren Leuten, aber er kam dauernd mit Verspätung. Nun, wir waren *immer* in Eile. *Alles,* was wir taten, versuchten wir so schnell wie möglich zu machen. In diesem besonderen Fall arbeiteten wir alle Rechenschritte aus, die die Maschinen durchführen sollten – dies multiplizieren, dann dies tun und dies subtrahieren. Dann arbeiteten wir das Programm aus, aber wir hatten keine Maschine, um es zu testen. Deshalb besetzten wir einen Raum mit Mädchen. Jede hatte einen Marchant: die eine multiplizierte, die nächste addierte. Eine andere kubierte – sie tat nichts anderes, als die Zahl auf einer Indexkarte zu kubieren und sie dann an das nächste Mädchen weiterzugeben.

Auf diese Weise gingen wir unseren Rechenzyklus durch,

bis wir alle Fehler ausgemerzt hatten. Es zeigte sich, daß wir es so weitaus schneller machen konnten, als wenn jeder alle Schritte selbst machte. Wir erreichten mit diesem System die Schnelligkeit, die auch die IBM-Maschinen haben sollten. Nur daß die IBM-Maschinen nicht müde wurden und drei Schichten hintereinander durcharbeiten konnten. Aber die Mädchen wurden nach einer Weile müde.

Jedenfalls merzten wir dabei die Fehler aus, und schließlich kamen die Maschinen, aber nicht der Techniker. Es waren einige der kompliziertesten Maschinen, die es beim damaligen Stand der Technologie gab, Riesendinger, die zum Teil zerlegt eintrafen, mit vielen Kabeln und Anleitungen, wie sie zusammenzubauen waren. Stan Frankel, jemand anders und ich gingen hin und setzten sie zusammen, und wir hatten unseren Ärger dabei. Den meisten Ärger machten die hohen Tiere, die dauernd hereinkamen und sagten: »Ihr macht etwas kaputt.«

Wir bauten sie zusammen, und manchmal arbeiteten sie, und manchmal bauten wir sie falsch zusammen, und sie funktionierten nicht. Zuletzt arbeitete ich an einer Multipliziermaschine und sah innen ein verbogenes Teil, aber ich hatte Angst, es geradezubiegen, denn es hätte abbrechen können – und man erzählte uns ja dauernd, wir würden irgend etwas endgültig ruinieren. Als der Techniker schließlich eintraf, brachte er die Maschinen in Ordnung, die wir nicht in Gang gebracht hatten, und alles lief. Aber er hatte Schwierigkeiten mit der Maschine, mit der auch ich Schwierigkeiten gehabt hatte. Nach drei Tagen arbeitete er immer noch an dieser *einen* Maschine.

Ich ging rüber. Ich sagte: »Übrigens, mir ist aufgefallen, daß da was verbogen ist.«

Er sagte: »Oh, na klar. Daran liegt's!« *Verbeugung!* Es war in Ordnung. Das war's dann.

Nun, Mr. Frankel, der dieses Programm gestartet hatte, begann an der Computer-Krankheit zu leiden, die jeder kennt, der heute mit Computern arbeitet. Es ist eine schlimme Krankheit und bringt die Arbeit völlig durcheinander. Der Ärger mit den Computern ist, daß man mit ihnen *spielt.* Sie sind so toll. Man hat diese Schalter – wenn's eine gerade Zahl ist, macht man dies, wenn's eine ungerade Zahl ist, macht man das –, und wenn man helle genug ist, kann man sehr bald immer schwierigere Dinge machen, auf einer einzigen Maschine.

Nach einer Weile brach das ganze System zusammen. Frankel paßte überhaupt nicht auf; er beaufsichtigte niemanden. Das System lief sehr, sehr langsam – und er saß unterdessen in seinem Zimmer und überlegte sich, wie er mit einem Tabulator automatisch den Arkustangens X ausdrucken lassen konnte, und dann ging es los, und die Maschine druckte Kolonnen, *bitsi, bitsi, bitsi,* und berechnete automatisch durch fortwährendes Integrieren den Arkustangens und machte mit einer Operation eine ganze Tabelle.

Absolut überflüssig. Wir *hatten* Arkustangens-Tabellen. Aber wenn man je mit Computern gearbeitet hat, versteht man die Krankheit – die *Freude* zu sehen, was man alles machen kann. Aber er bekam die Krankheit zum erstenmal, der arme Kerl, der das Ding erfunden hatte.

Ich wurde aufgefordert, die Arbeit an dem Kram, den ich in meiner Gruppe machte, einzustellen und rüberzugehen und die IBM-Gruppe zu übernehmen, und ich versuchte die Krankheit zu vermeiden. Und obwohl sie nur drei Probleme in neun Monaten gelöst hatten, hatte ich eine sehr gute Gruppe.

Das eigentlich Ärgerliche war, daß niemand diesen Burschen je irgend etwas gesagt hatte. Die Armee hatte sie im ganzen Land für ein sogenanntes technisches Sonderkommando ausgewählt – clevere Boys, die von der High School kamen und technische Fähigkeiten hatten. Sie schickten sie hoch nach Los Alamos. Sie steckten sie in Baracken. Und sie sagten ihnen *nichts.*

Dann gab es Arbeit für sie, und was sie tun mußten, war, an IBM-Maschinen arbeiten – Karten lochen, Zahlen, deren

Bedeutung sie nicht verstanden. Niemand sagte ihnen, worum es sich handelte. Die Sache lief sehr langsam. Ich meinte, daß diese Techniker als erstes einmal wissen müßten, was unsere Aufgabe sei. Oppenheimer ging los und redete mit dem Sicherheitsdienst und bekam eine Sondergenehmigung, so daß ich einen hübschen Vortrag darüber halten konnte, was wir taten, und sie waren ganz begeistert: »Wir kämpfen in einem Krieg! Jetzt sehen wir, worum es geht!« Jetzt wußten sie, was die Zahlen bedeuteten. Wenn sich der Druck erhöhte, dann hieß das, daß mehr Energie freigesetzt wurde, und so weiter und so weiter. Jetzt wußten sie, was sie taten.

Völlige Veränderung! *Sie* fingen an, Methoden zu erfinden, um es besser zu machen. Sie verbesserten die Arbeitsorganisation. Sie arbeiteten nachts. Sie brauchten nachts keine Aufsicht; sie brauchten überhaupt nichts. Sie verstanden alles; sie erfanden einige der Programme, die wir verwendeten.

Meine Jungs kamen also wirklich zurecht, und alles, was man tun mußte, war, ihnen zu sagen, worum es ging. Und das Resultat war, daß wir, obwohl sie vorher neun Monate gebraucht hatten, um drei Probleme zu lösen, jetzt neun Probleme in *drei* Monaten lösten, was fast zehnmal so schnell ist.

Aber wir hatten unsere eigenen Methoden, um die Probleme zu lösen. Die Probleme bestanden aus einem Haufen Karten, die bearbeitet werden mußten. Erst addieren, dann multiplizieren – und so ging es durch den Zyklus von Maschinen in diesem Raum, langsam, Runde um Runde. Deshalb überlegten wir uns, einen weiteren Packen andersfarbiger Karten bearbeiten zu lassen, aber phasenverschoben. Auf diese Weise konnten wir zwei oder drei Probleme gleichzeitig erledigen.

Aber damit handelten wir uns ein *anderes* Problem ein. Gegen Ende des Krieges beispielsweise, kurz bevor wir in Albuquerque einen Test machen mußten, war die Frage:

Wieviel Energie würde freigesetzt werden? Wir hatten bei verschiedenen Konstruktionen die Energiefreisetzung kalkuliert, aber für die Konstruktion, die letztlich verwendet wurde, hatten wir keine Berechnungen angestellt. Deshalb kam Bob Christy herüber und sagte: »Wir hätten gern die Zahlen, wie dieses Ding wirken wird, in einem Monat« – oder in sehr kurzer Zeit, innerhalb von drei Wochen vielleicht.

Ich sagte: »Unmöglich.«

Er sagte: »Schauen Sie, Sie lösen im Monat ungefähr zwei Probleme. Also brauchen Sie für ein Problem nur zwei oder drei Wochen.«

Ich sagte: »Ich weiß. In Wirklichkeit dauert es länger, ein Problem zu lösen, aber wir bearbeiten sie *parallel.* Ein Durchlauf dauert sehr lange, und es ist unmöglich, das zu beschleunigen.«

Er ging hinaus, und ich fing an zu überlegen. Gibt es eine Möglichkeit, den Durchlauf zu beschleunigen? Was wäre, wenn wir nichts anderes auf der Maschine bearbeiteten, so daß sich nichts störend auswirken könnte? Ich schrieb den Jungs eine Frage an die Tafel, um sie herauszufordern – KÖNNEN WIR ES SCHAFFEN? Sie fangen an zu schreien: »Ja, wir arbeiten in Doppelschichten, wir machen Überstunden«, und ähnliche Dinge. »Wir *versuchen* es. Wir *versuchen* es!«

Und jetzt hieß die Regel: Alle anderen Probleme *raus.* Nur ein Problem und nur auf dieses eine konzentrieren. Sie machten sich an die Arbeit.

Meine Frau Arlene hatte Tuberkulose – sie war wirklich sehr krank. Es sah so aus, als könnte jeden Moment etwas passieren, deshalb machte ich vorsorglich mit einem Freund aus dem Wohnheim aus, daß er mir im Notfall seinen Wagen leihen würde, damit ich schnell nach Albuquerque fahren könnte. Sein Name war Klaus Fuchs. Er war der Spion, und er benutzte sein Auto, um geheimes Material über die Atombombe von Los Alamos nach Santa Fe zu bringen. Aber das wußte niemand.

Der Notfall trat ein. Ich lieh mir das Auto von Fuchs, und für den Fall, daß unterwegs nach Albuquerque etwas mit dem Wagen passieren sollte, nahm ich zwei Anhalter mit. Und wie es kommen mußte, gerade als wir nach Santa Fe hineinfuhren, hatten wir einen Platten. Die beiden halfen mir, den Reifen zu wechseln, und gerade als wir aus Santa Fe hinausfuhren, ging bei einem anderen Reifen die Luft raus. Wir schoben den Wagen zu einer Tankstelle in der Nähe.

Der Tankwart war gerade dabei, einen anderen Wagen zu reparieren, und es würde eine Weile dauern, bis er uns helfen konnte. Ich dachte nicht einmal daran, irgend etwas zu sagen, aber die beiden Anhalter gingen zu ihm hin und machten ihm die Situation klar. Bald hatten wir einen neuen Reifen (aber keinen Ersatzreifen – Reifen waren während des Krieges knapp).

Etwa dreißig Meilen vor Albuquerque hatten wir einen dritten Platten, deshalb ließ ich den Wagen stehen, und wir trampten das letzte Stück Weg. Ich rief eine Werkstätte an, um den Wagen abschleppen zu lassen, während ich ins Krankenhaus zu meiner Frau ging.

Arlene starb ein paar Stunden später, nachdem ich dort angekommen war. Eine Schwester kam herein, um den Totenschein auszufüllen, und ging wieder hinaus. Ich blieb noch ein wenig bei meiner Frau, Dann schaute ich auf die Uhr, die ich ihr sieben Jahre vorher, als sie zum erstenmal an Tuberkulose erkrankt war, geschenkt hatte. Für damalige Verhältnisse war sie etwas ganz Besonderes: eine Digitaluhr, deren Ziffern durch mechanische Drehung wechselten. Die Uhr war sehr empfindlich und blieb oft aus irgendwelchen Gründen stehen – ich mußte sie von Zeit zu Zeit reparieren –, aber sie war all diese Jahre gelaufen. Jetzt war sie wieder stehengeblieben – um 9 Uhr 22, zu dem Zeitpunkt, der auf dem Totenschein stand!

Ich erinnerte mich, wie mir einmal im Haus meiner Verbindung am MIT aus heiterem Himmel der Gedanke gekommen war, daß meine Großmutter gestorben sei. Gleich danach klingelte das Telephon, einfach so. Es war ein Anruf für Pete Bernays – meine Großmutter war nicht gestorben. Ich merkte mir das für den Fall, daß mir jemand eine Geschichte erzählte, die anders ausgegangen war. Ich überlegte mir, daß solche Dinge manchmal durch Zufall geschehen können – schließlich war meine Großmutter sehr alt –, obwohl man denken könnte, sie hätten sich durch irgendein übernatürliches Phänomen ereignet.

Arlene hatte diese Uhr in der ganzen Zeit, in der sie krank war, neben ihrem Bett gehabt, und nun war sie in dem Moment stehengeblieben, in dem sie starb. Ich kann verstehen, daß jemand, der halb an die Möglichkeit solcher Dinge glaubt und nicht zu Zweifeln neigt – zumal unter solchen Umständen –, nicht sofort herauszufinden versucht, was passiert ist, sondern statt dessen erklärt, daß niemand die Uhr berührt habe und daß es keinerlei Erklärung durch natürliche Phänomene gebe. Die Uhr war einfach stehengeblieben. Das würde auf dramatische Weise diese phantastischen Erscheinungen belegen.

Mir fiel auf, daß das Licht im Zimmer gedämpft war, und dann erinnerte ich mich, daß die Schwester die Uhr genommen und zum Licht gedreht hatte, um die Ziffern besser sehen zu können. Es war durchaus möglich, daß sie dadurch stehengeblieben war.

Ich ging nach draußen, um ein paar Schritte zu gehen. Vielleicht machte ich mir selbst was vor, aber ich war erstaunt, daß ich nicht das empfand, wovon ich annahm, daß man es normalerweise unter solchen Umständen empfindet. Ich war nicht erfreut, aber ich war auch nicht furchtbar bestürzt, vielleicht, weil ich seit sieben Jahren gewußt hatte, daß so etwas passieren würde.

Ich wußte nicht, wie ich all meinen Freunden in Los Alamos gegenübertreten sollte. Ich wollte nicht, daß Leute mit langen Gesichtern mit mir darüber redeten. Als ich zurückkam (unterwegs hatte ich noch einen Platten), fragten sie mich, was geschehen sei.

»Sie ist tot. Und wie läuft's mit dem Programm?«

Sie kapierten sofort, daß ich nicht darüber jammern wollte.

(Ich hatte offenbar irgendwelche psychologischen Vorkehrungen getroffen: Die Realität war so wichtig – ich mußte das, was *eigentlich* mit Arlene passiert war, körperlich erfassen –, daß ich erst einige Monate später, als ich in Oak Ridge war, weinte. Ich ging an einem Kaufhaus vorbei, das Kleider im Schaufenster hatte, und ich dachte, eines davon würde Arlene gefallen. Das war zuviel für mich.)

Als ich an dem Rechenprogramm weiterarbeiten wollte, fand ich ein *heilloses Durcheinander* vor: Weiße Karten, blaue Karten, gelbe Karten, und ich setzte an: »Ihr sollt doch nicht mehr als ein Problem bearbeiten – nur ein Problem!« Sie sagten: »Raus, raus, raus. Warten Sie ab – wir werden alles erklären.«

Ich wartete also ab, und was passierte, war folgendes: Wenn die Karten durchliefen, machte die Maschine manchmal einen Fehler, oder sie gaben eine falsche Zahl ein. Wenn das passierte, mußten wir gewöhnlich wieder von vorne anfangen. Aber ihnen war aufgefallen, daß ein Fehler, der irgendwo in einem Arbeitsgang unterläuft, sich nur auf die benachbarten Zahlen auswirkt, der nächste Arbeitsgang betrifft wiederum die benachbarten Zahlen, und so weiter. Dann zieht er sich durch den ganzen Packen Karten. Wenn man fünfzig Karten hat, und man macht einen Fehler auf Karte Neunundzwanzig, dann wirkt er sich aus auf Siebenunddreißig, Achtunddreißig und Neununddreißig. Der nächste auf Karte Sechsunddreißig, Siebenunddreißig, Achtunddreißig, Neununddreißig und Vierzig. Beim nächsten Mal breitet er sich aus wie eine Krankheit.

Sie verfolgten also einen Irrtum ein Stück zurück, und dabei kamen sie auf eine Idee. Sie überlegten sich, nur einen kleinen Stapel Karten um den Irrtum herum durchrechnen zu lassen. Und weil zehn Karten schneller durch die Maschine geschickt werden konnten als der Stapel von fünfzig Karten, ließen sie rasch diesen anderen Stapel durchlaufen, während sie mit den fünfzig Karten mit der sich ausbreitenden Krankheit weitermachten. Aber der andere Stapel wurde schneller durchgerechnet, und sie dichteten alles gegen den Fehler ab und korrigierten ihn. Sehr clever.

Das war die Art und Weise, wie sie arbeiteten, um die Sache zu beschleunigen. Eine andere Möglichkeit gab es nicht. Wenn sie das Programm hätten stoppen müssen, um es in Ordnung zu bringen, hätten wir Zeit verloren. Dann hätten wir's nicht geschafft. Das war es also, was sie machten.

Es ist ja klar, was passierte, als sie das machten. Sie fanden einen Fehler im blauen Stapel. Deshalb nahmen sie einen gelben Stapel mit ein paar weniger Karten; der läuft schneller durch als der blaue Stapel. Und gerade als sie nah daran sind durchzudrehen – denn nachdem sie das ausgebügelt haben, müssen sie schließlich noch den weißen Stapel in Ordnung bringen –, kommt der *Boß* hereinmarschiert.

»Lassen Sie uns in Ruhe«, sagten sie. Ich ließ sie in Ruhe, und alles ging glatt. Wir haben die Aufgabe rechtzeitig gelöst, und so ist das gelaufen.

Anfangs war ich ein Befehlsempfänger. Später wurde ich Gruppenleiter. Und ich begegnete einigen sehr bedeutenden Männern. Es ist eine der großartigsten Erfahrungen in meinem Leben, daß ich all diesen wunderbaren Physikern begegnet bin.

Unter ihnen war natürlich Enrico Fermi. Er kam einmal von Chicago herunter, um uns ein bißchen zu beraten, um uns zu helfen, falls wir Probleme hätten. Wir hatten eine Besprechung mit ihm, und ich hatte einige Berechnungen angestellt und ein paar Resultate herausbekommen. Die Berechnungen waren so umständlich, daß es sehr schwierig war. Nun war ich gewöhnlich der Fachmann in solchen Dingen; ich konnte immer sagen, wie die Antwort aussehen würde, oder wenn ich sie hatte, konnte ich erklären, warum. Aber diese Sache war so kompliziert, daß ich nicht erklären konnte, *warum* sie so war.

Ich berichtete Fermi also, daß ich an diesem Problem arbeitete, und fing an, die Resultate zu beschreiben. Er sagte: »Warten Sie – bevor Sie mir das Resultat sagen, lassen Sie mich erst einmal überlegen. Herauskommen wird folgendes (er hatte recht), und daß das herauskommt, liegt daran und daran. Und dafür gibt es eine vollkommen einleuchtende Erklärung –«

Er machte das, was ich angeblich gut konnte, zehnmal besser. Das war mir schon eine Lehre.

Dann war da John von Neumann, der große Mathematiker. Wir gingen sonntags immer spazieren. Wir wanderten in den Cañons herum, oft zusammen mit Bethe und Bob Bacher. Es machte großen Spaß. Und von Neumann vermittelte mir eine interessante Idee: daß man für die Welt, in der man lebt, nicht verantwortlich zu sein braucht. Aufgrund von von Neumanns Rat habe ich ein starkes Gefühl der Verantwortungslosigkeit gegenüber der Gesellschaft entwickelt. Das hat mich seither zu einem sehr glücklichen Menschen gemacht. Aber von Neumann legte den Keim, der sich zu meiner *aktiven* Verantwortungslosigkeit ausgewachsen hat!

Ich bin auch Niels Bohr begegnet. Er hieß damals Nicholas Baker, und er kam nach Los Alamos mit Jim Baker, seinem Sohn, der in Wirklichkeit Aage Bohr heißt. Sie kamen aus Dänemark, und wie man weiß, waren die beiden *sehr* berühmte Physiker. Selbst für die Koryphäen war Bohr so etwas wie ein Gott.

Als er das erste Mal kam, gab es eine Versammlung, und jeder wollte den großen Bohr *sehen.* Es waren also eine Menge Leute da, und wir diskutierten über die Probleme, die wir mit der Bombe hatten. Ich war irgendwo hinten in einer Ecke. Er kam und ging wieder, und ich konnte ihn nur zwischen den Köpfen der anderen Leute hindurch sehen.

Am Morgen des Tages, an dem er das nächste Mal kommen soll, erhalte ich einen Anruf.

»Hallo – Feynman?«

»Ja.«

»Hier ist Jim Baker.« Es ist sein Sohn. »Mein Vater und ich würden gerne mit Ihnen sprechen.«

»Mit mir? Ich bin Feynman, ich bin bloß ein ...«

»Ja, mit Ihnen. Ist acht Uhr o. k.?«

Also gehe ich um acht Uhr morgens, bevor jemand auf ist, hin. Wir gehen in ein Büro im technischen Bereich, und er sagt: »Wir haben überlegt, wie man die Bombe wirkungsvoller machen könnte, und wir denken uns folgendes.«

Ich sage: »Nein, das funktioniert nicht. Das hat keine Wirkung ... Blah, blah, blah.«

Darauf sagt er: »Und wie ist es damit und damit?«

Ich sagte: »Das hört sich ein bißchen besser an, aber dabei kommt diese idiotische Überlegung ins Spiel.«

Das ging geschlagene zwei Stunden so, ein ständiges Hin und Her, bei dem wir jede Menge Ideen durchdiskutierten. Der große Niels zündete dauernd seine Pfeife an; sie ging immer wieder aus. Und er sprach so unverständlich – murmel, murmel, schwer zu verstehen. Seinen Sohn konnte ich besser verstehen.

»Na«, sagte er schließlich und zündete seine Pfeife an, »ich schätze, *jetzt* können wir die hohen Tiere reinrufen.« Dann holten sie all die anderen und hatten eine Besprechung mit ihnen.

Danach erzählte mir der Sohn, wie es dazu gekommen war. Als er das letzte Mal dagewesen war, hatte Bohr zu seinem Sohn gesagt: »Erinnerst du dich, wie der kleine Bursche hieß, der da hinten in der Ecke saß? Das ist der einzige, der keine Angst vor mir hat, und der wird es sagen, wenn ich eine verrückte Idee habe. Wenn wir das *nächste* Mal Ideen durchsprechen wollen, dann können wir das nicht mit diesen Leuten machen, die zu allem ja, ja, Dr. Bohr, sagen. Sieh zu, daß du den Kerl herholst, und dann reden wir zuerst mit ihm.«

Ich bin immer so gewesen: Ich achtete nie darauf, mit wem ich rede. Es war immer die Physik, über die ich mir Gedanken machte. Wenn die Idee nichts hergab, dann habe ich gesagt, daß sie nichts hergibt. Wenn sie vielversprechend war, habe ich gesagt, daß sie vielversprechend ist. Ein einfacher Grundsatz.

Ich habe immer so gelebt. Es macht Freude, es macht Spaß – wenn man es kann. Ich habe das Glück in meinem Leben, daß ich es kann.

Nachdem wir die Berechnungen angestellt hatten, war natürlich als nächstes der Test dran. Ich war übrigens zu der Zeit für einen kurzen Urlaub zu Hause, nachdem meine Frau gestorben war, und deshalb bekam ich eine Nachricht, die lautete: »An dem und dem Tag soll das Baby kommen.«

Ich flog zurück und kam gerade an, als die Busse abfuhren, also fuhr ich gleich hinaus zum Testgelände, und da warteten wir dann, in zwanzig Meilen Entfernung. Wir hatten ein Radio dabei, und es sollte durchgesagt werden, wann das Ding hochgehen würde, aber das Radio funktionierte nicht, so daß wir die ganze Zeit nicht wußten, was vorging. Aber ein paar Minuten bevor die Explosion stattfinden sollte, funktionierte das Radio dann, und es wurde durchgesagt, für Leute, die weit weg waren wie wir, sei es in ungefähr zwanzig Sekunden soweit. Andere Leute waren näher dran, sechs Meilen entfernt.

Sie hatten Brillen mit dunklen Gläsern ausgegeben, mit denen man sich das anschauen konnte. Dunkle Gläser! In zwanzig Meilen Entfernung konnte man mit dunklen Gläsern überhaupt nichts sehen. Ich überlegte, daß das einzige, was den Augen wirklich schaden kann (helles Licht kann den Augen nicht schaden), ultraviolettes Licht ist. Ich kletterte in einen Lastwagen – denn ultraviolette Strahlen dringen nicht durch Glas –, so daß ich hinter der Windschutzscheibe in Sicherheit war und die ganze Sache *sehen* konnte.

Es ist soweit, und dieser *ungeheure* Blitz da draußen ist

so hell, daß ich mich ducke, und auf dem Boden des Lastwagens sehe ich diesen dunkelroten Fleck. Ich dachte: »Das ist es nicht. Das ist ein Nachbild.« Ich schaue wieder auf und sehe, wie sich dieses weiße Licht in Gelb und dann in Orange verwandelt. Wolken bilden sich und verschwinden wieder – wegen der Verdichtung und der Ausbreitung der Druckwelle.

Schließlich ein großer orangeroter Ball; das Zentrum, das so hell war, wird zu einem orangeroten Ball, der anfängt zu steigen und sich ein bißchen aufbläht und an den Rändern ein wenig schwarz wird, und dann sieht man, daß es ein großer Ball aus Rauch ist, und innen sind Blitze von dem ausströmenden Feuer, von der Hitze.

All das dauerte ungefähr eine Minute. Es war ein Wechsel von Hell nach Dunkel, und ich hatte es *gesehen.* Ich bin so ungefähr der einzige, der sich die verdammte Sache wirklich angesehen hat – den ersten Trinity-Test. Die anderen hatten alle Brillen mit dunklen Gläsern auf, und die Leute in sechs Meilen Entfernung konnten es nicht sehen, weil man ihnen gesagt hatte, sie sollten sich auf den Boden legen. Ich bin wahrscheinlich der einzige, der es mit eigenen Augen gesehen hat.

Schließlich, nach etwa anderthalb Minuten, gibt es plötzlich einen ungeheuren Knall – BANG, und dann ein Grollen, wie Donner – und das war es, was mich überzeugte. Niemand hatte während dieser ganzen Sache ein Wort gesagt. Wir schauten alle stumm zu. Aber dieser Krach erlöste jeden – erlöste besonders mich, denn die Stärke des Krachs bei der Entfernung bedeutete, daß es wirklich funktioniert hatte.

Der Mann, der neben mir stand, fragte: »Was ist das?«
Ich sagte: »Das war die Bombe.«
Der Mann war William Laurence. Er war dort, um einen Artikel über die ganze Angelegenheit zu schreiben. Ich war derjenige gewesen, der ihn hatte herumführen sollen. Dann stellte sich heraus, daß es zu technisch für ihn war, deshalb

kam später H. D. Smyth, und ich führte ihn herum. Dabei gingen wir in einen Raum, in dem oben auf einem niedrigen Sockel eine kleine versilberte Kugel lag. Man konnte seine Hand darauflegen. Sie war warm. Sie war radioaktiv. Es war Plutonium. Und wir standen an der Tür zu diesem Raum und sprachen darüber. Dies war ein neues Element, das der Mensch geschaffen hatte, das es nie zuvor auf der Erde gegeben hatte, außer vielleicht eine sehr kurze Zeit ganz am Anfang. Und hier lag es nun, isoliert, radioaktiv und mit bestimmten Eigenschaften. Und wir hatten es geschaffen. Und deshalb war es *ungeheuer* wertvoll.

Unterdessen, na ja, wie Leute es eben so machen, wenn sie reden – man wackelt irgendwie herum und so weiter. Er trat gegen den Türanschlag, nicht wahr, und ich sagte: »Ja, der Anschlag ist genau richtig für diese Tür.« Der Anschlag war eine zehn Inches große Halbkugel aus gelblichem Metall – aus Gold, um genau zu sein.

Wir hatten nämlich ein Experiment durchführen müssen, um zu sehen, wie viele Neutronen von verschiedenen Metallen reflektiert wurden, damit wir Neutronen sparen konnten und nicht so viel Material verwenden mußten. Wir hatten viele verschiedene Materialien getestet. Wir hatten Platin getestet, wir hatten Zink getestet, wir hatten Messing getestet, wir hatten Gold getestet. Und von diesen Tests mit dem Gold hatten wir diese Goldklumpen, und jemand hatte die kluge Idee, diese große Goldkugel als Anschlag für die Tür zu dem Raum zu verwenden, in dem das Plutonium war.

Nachdem das Ding hochgegangen war, gab es eine ungeheure Begeisterung in Los Alamos. Jeder veranstaltete Parties, wir machten alle die Gegend unsicher. Ich saß hinten auf einem Jeep und trommelte. Aber ein Mann, daran kann ich mich erinnern, Bob Wilson, saß nur herum und machte eine saure Miene.

Ich fragte: »Warum machen Sie so eine saure Miene?«

Er sagte: »Es ist etwas Furchtbares, was wir gemacht haben.«

Ich sagte: »Aber Sie haben doch damit angefangen. Sie haben uns dazu gebracht.«

Denn mir war es genauso gegangen, wie es den anderen ging: Wir hatten aus einem guten Grund *angefangen,* und dann arbeitet man sehr hart, um etwas zustande zu bringen, und das macht Spaß, es ist aufregend. Und man hört auf zu denken, nicht wahr; man *hört* einfach *auf.* Bob Wilson war der einzige, der in dem Moment noch darüber nachdachte.

Ich kehrte kurz danach in die Zivilisation zurück und ging nach Cornell, um zu lehren, und mein erster Eindruck war sehr seltsam. Ich verstehe es nicht mehr, aber damals empfand ich es sehr stark. Ich saß zum Beispiel in New York in einem Restaurant, und ich sah draußen die Gebäude und fing an zu überlegen, nicht wahr, wie groß der Umkreis war, in dem die Bombe von Hiroshima Zerstörungen angerichtet hatte, und so weiter ... Wie weit war es von hier bis zur 34. Straße? ... Alle diese Gebäude, alles zerschmettert – und so weiter. Und ich ging umher und sah, wie die Leute eine Brücke bauten, oder sie bauten eine neue Straße, und ich dachte, die sind *verrückt,* sie verstehen's einfach nicht, sie *verstehen* nicht. Warum bauen sie diese neuen Dinge? Es ist so zwecklos.

Aber glücklicherweise ist es jetzt schon seit fast vierzig Jahren zwecklos, oder? Ich hatte also unrecht, daß es zwecklos sei, Brücken zu bauen, und ich bin froh, daß die anderen Leute so vernünftig waren, weiterzumachen.

Safeknacker trifft Safeknacker

Wie man Schlösser aufbricht, lernte ich von einem Mann namens Leo Lavatelli. Gewöhnliche Halteschlösser – etwa Sicherheitsschlösser – aufzubrechen, erweist sich als einfach. Man versucht das Schloß zu drehen, indem man einen Schraubenzieher in das Loch steckt (man muß von der Seite her drücken, damit das Loch offen bleibt). Es dreht sich nicht, weil im Inneren Stifte sind, die (durch den Schlüssel) auf die richtige Höhe angehoben werden müssen. Da das Schloß nicht perfekt ist, wird es durch einen der Stifte mehr festgehalten als durch die anderen. Wenn man nun ein Drähtchen – vielleicht eine Büroklammer, die am Ende leicht umgebogen ist – hineinschiebt und in dem Schloß hin und her bewegt, schiebt man schließlich diesen einen Stift, der das Schloß vor allem hält, auf die richtige Höhe. Das Schloß gibt ein klein wenig nach, so daß der erste Stift oben bleibt – er wird am Rand eingeklemmt. Jetzt ist es ein anderer Stift, auf dem die Sperrung vorrangig beruht, und man wiederholt ein paar Minuten das gleiche Zufallsverfahren, bis alle Stifte hochgeschoben sind.

Was oft passiert, ist, daß der Schraubenzieher abrutscht, und dann hört man Klick-Klick-Klick, und das bringt einen zur Weißglut. Im Inneren sind kleine Federn, die die Stifte wieder nach unten drücken, wenn der Schlüssel herausgezogen wird; und wenn man den Schraubenzieher losläßt, kann man sie klicken hören. (Manchmal läßt man den Schraubenzieher auch absichtlich los, um zu sehen, ob man weiterkommt – es kann ja zum Beispiel sein, daß man in die falsche Richtung drückt.) Das Ganze ist so etwas wie eine Sisyphusarbeit: man rollt immer wieder den Abhang hinab.

Es ist ein einfaches Verfahren, aber Übung hilft sehr. Man

lernt, wie fest man drücken muß – fest genug, damit die Stifte oben bleiben, aber nicht so fest, daß sie zuerst überhaupt nicht hochgehen. Was den meisten Leuten nicht recht bewußt ist, ist, daß sie sich andauernd überall mit Schlössern einschließen und daß es nicht besonders schwer ist, sie aufzubrechen.

Als wir an dem Atombomben-Projekt in Los Alamos zu arbeiten begannen, war es eine solche Hetze, daß nicht alles wirklich fertig eingerichtet war. All die Geheimunterlagen des Projekts – alles über die Atombombe – wurden in Aktenschränken aufbewahrt, die, wenn sie überhaupt Schlösser hatten, mit Vorhängeschlössern verschlossen waren, die vielleicht nur drei Stifte hatten: sie waren kinderleicht zu knacken.

Um die Sicherheit zu erhöhen, stattete die Werkstatt jeden Aktenschrank mit einer langen Stange aus, die durch die Griffe der Schubladen führte und mit einem Vorhängeschloß befestigt wurde.

Jemand fragte mich: »Schauen Sie mal, was die Werkstatt neuerdings angebracht hat – kriegen Sie den Schrank jetzt auf?«

Ich schaute mir die Rückseite des Schranks an und sah, daß die Schubladen keine festen Böden hatten. In jeder war ein Schlitz und ein Metallstab mit einem verschiebbaren Teil (das die Papiere in der Schublade hält). Ich streckte meine Hand von hinten hinein, schob das Teil zurück und fing an, die Papiere durch den Schlitz herauszuziehen. »Sehen Sie!« sagte ich. »Ich brauche nicht einmal das Schloß zu knacken.«

In Los Alamos wurde sehr eng zusammengearbeitet, und wir empfanden es als unsere Pflicht, auf Dinge aufmerksam zu machen, die verbessert werden sollten. Ich beschwerte mich immer wieder, daß der Kram unsicher war, und auch wenn alle es wegen der Stahlstangen und Vorhängeschlösser für sicher *hielten*, bedeutete das doch überhaupt nichts.

Um zu demonstrieren, daß die Schlösser nichts bedeuteten, ging ich, wann immer ich irgend jemandes Bericht brauchte und er nicht da war, in sein Büro, öffnete den Aktenschrank und nahm ihn heraus. Wenn ich ihn nicht mehr brauchte, gab ich ihn dem Betreffenden zurück: »Danke für Ihren Bericht.«

»Wo haben Sie den denn her?«

»Aus Ihrem Aktenschrank.«

»Aber den habe ich doch *abgeschlossen!*«

»Ich *weiß*, daß Sie ihn abgeschlossen haben. Die Schlösser taugen nichts.«

Schließlich kamen einige Aktenschränke mit Kombinationsschlössern von der Safe-Firma Mosler. Sie hatten drei Schubladen. Wenn man die oberste Schublade herauszog, wurden die anderen durch einen Haken freigegeben. Die oberste Schublade wurde geöffnet, indem man ein Rad erst nach links, dann nach rechts und wieder nach links drehte, um die Kombination einzustellen, und dann auf die Zahl Zehn, wodurch im Inneren ein Riegel zurückgezogen wurde. Der ganze Aktenschrank ließ sich schließen, indem man zuerst die unteren Schubladen schloß, dann die oberste Schublade und das Rad von der Zahl Zehn wegdrehte, wodurch der Riegel vorgeschoben wurde.

Diese neuen Aktenschränke waren natürlich sofort eine Herausforderung. Ich liebe Puzzles. Einer versucht einen Kniff anzuwenden, um einen anderen draußenzuhalten; es muß eine Möglichkeit geben, das zu überbieten!

Ich mußte zunächst wissen, wie das Schloß funktionierte, deshalb nahm ich das eine in meinem Büro auseinander. Es funktionierte folgendermaßen: Auf einer einzigen Welle befinden sich hintereinander drei Scheiben; jede hat an einer anderen Stelle eine Raste. Es geht darum, die Rasten so hintereinander zu bringen, daß, wenn man das Rad auf Zehn dreht, das kleine Reibungsgetriebe den Riegel in den Schlitz hineinzieht, der durch die Rasten in den drei Scheiben entstanden ist.

Damit man nun die Scheiben drehen kann, steht auf der

Rückseite des Einstellrades ein Stift hervor, und auf der Vorderseite der ersten Scheibe steht im selben Radius ebenfalls ein Stift hervor. Mit einer Drehung des Einstellrades nimmt man die erste Scheibe mit.

Auf der Rückseite der zweiten Scheibe steht im selben Radius ein Stift hervor wie auf der Vorderseite der zweiten Scheibe; wenn man also das Einstellrad zweimal herumgedreht hat, hat man auch die zweite Scheibe mitgenommen.

Dreht man das Rad weiter, so fängt ein Stift auf der Rückseite der zweiten Scheibe einen Stift auf der Vorderseite der dritten Scheibe, die man nun mit der ersten Zahl der Kombination in die richtige Stellung bringt.

Nun muß man mit dem Einstellrad eine volle Drehung in die andere Richtung machen, um die zweite Scheibe von der anderen Seite her zu fangen, und dann mit der zweiten Zahl der Kombination weitermachen, um die zweite Scheibe einzustellen.

Dann wechselt man wieder die Richtung und bringt die erste Scheibe an die richtige Stelle. Nun befinden sich die Rasten hintereinander, und man öffnet den Schrank, indem man das Rad auf Zehn dreht.

Na ja, ich mühte mich ab, aber ich kam einfach nicht weiter. Ich kaufte mir ein paar Safeknacker-Bücher, aber die waren alle gleich. Am Anfang des Buches stehen ein paar Geschichten über die phantastischen Leistungen des Safeknackers, wie die von der Frau, die in einem Kühlschrank gefangen ist und zu erfrieren droht, aber der Safeknacker, der mit dem Kopf nach unten hängt, öffnet den Kühlschrank in zwei Minuten. Oder kostbare Pelze oder Goldbarren befinden sich unter Wasser, im Meer, und der Safeknacker taucht hinab und öffnet die Truhe.

Im zweiten Teil des Buches sagen sie einem, wie man einen Safe knackt. Da stehen alle möglichen dusseligen Sachen wie: »Sie sollten es bei der Kombination vielleicht einmal mit einem Datum versuchen, denn viele Leute neigen dazu, Daten zu verwenden.« Oder: »Denken Sie an die

Mentalität des Eigentümers des Safes und überlegen Sie, was er als Kombination verwenden könnte.« Und: »Die Sekretärin befürchtet oft, daß sie die Kombination des Safes vergessen könnte, deshalb hat sie sie vielleicht an einer der folgenden Stellen notiert – am Rand ihrer Schreibtischschublade, auf einer Liste mit Namen und Adressen...«, und so weiter.

Sie erzählten mir *durchaus* auch etwas Sinnvolles darüber, wie man gewöhnliche Safes öffnet, und es ist leicht zu verstehen. Gewöhnliche Safes haben eine zusätzliche Klinke, wenn man also auf die Klinke drückt, während man am Einstellrad dreht, dann wird, wenn die Übertragung ungleichmäßig ist (wie es bei Schlössern der Fall ist), die Kraft der Klinke, die den Bolzen in die Rasten (die sich nicht hintereinander befinden) zu drücken versucht, mehr von einer Scheibe aufgehalten als von den anderen. Wenn die Raste auf dieser Scheibe unter den Bolzen rutscht, gibt es ein leises Klicken, das man mit einem Stethoskop hören kann, oder eine leichte Abnahme der Reibung, die man spüren kann (dazu braucht man nicht seine Fingerspitzen abzuschmirgeln), und dann weiß man: »Da ist eine Zahl!«

Man weiß jedoch nicht, ob es die erste, zweite oder dritte Zahl ist, aber man kann es sich ziemlich gut klarmachen, indem man herausfindet, wie oft man das Rad in die andere Richtung drehen muß, um das gleiche Klicken wieder zu hören. Wenn man ein bißchen weniger als einmal drehen muß, ist es die erste Scheibe; muß man ein bißchen weniger als zweimal drehen, ist es die zweite Scheibe (man muß die Dicke der Stifte berücksichtigen).

Da dieser nützliche Trick nur bei gewöhnlichen Safes wirkt, die die zusätzliche Klinke haben, war ich aufgeschmissen.

Ich probierte alle möglichen zusätzlichen Tricks an den Schränken aus, so etwa den, herauszufinden, ob man die Riegel an den unteren Schubladen lösen könne, ohne die oberste Schublade zu öffnen, indem ich vorne eine

Schraube abnahm und mit dem Haken eines Kleiderbügels herumstocherte.

Ich versuchte das Einstellrad sehr schnell zu drehen und dann auf Zehn zu gehen, um auf diese Weise die Reibung ein wenig zu erhöhen, wobei ich hoffte, daß dadurch die Scheibe irgendwie am richtigen Punkt halten würde. Ich probierte *alles Mögliche.* Ich war verzweifelt.

In gewissem Maße führte ich auch systematische Studien durch. Beispielsweise war eine typische Kombination 69-32-21. Wie weit konnte man neben der Zahl liegen, wenn man den Safe öffnete? Wenn die Zahl 69 war, würde es dann auch 68 tun? Würde es 67 tun? Bei den besonderen Schlössern, die wir hatten, lautete die Antwort für beide ja, aber 66 tat es nicht. Man konnte in jeder Richtung um zwei Zahlen danebenliegen. Das bedeutete, daß man von fünf Zahlen nur eine auszuprobieren brauchte, so daß man es mit Null, Fünf, Zehn, Fünfzehn und so weiter versuchen konnte. Mit zwanzig solcher Zahlen bei einem Rad mit 100 Zahlen waren das 8000 Möglichkeiten anstatt der 1 000 000 Möglichkeiten, die man bekommen würde, wenn man jede einzelne Zahl ausprobieren müßte.

Jetzt war die Frage, wie lange würde ich brauchen, um die 8000 Möglichkeiten durchzuprobieren? Angenommen, ich habe die ersten beiden Zahlen einer Kombination, die ich herauszukriegen versuche. Sagen wir, die Zahlen sind 69-32, aber ich weiß das nicht – ich habe statt dessen 70-30. Nun kann ich die zwanzig möglichen dritten Zahlen ausprobieren, ohne jedesmal die beiden ersten Zahlen einstellen zu müssen. Nehmen wir nun an, ich habe nur die erste Zahl der Kombination. Nachdem ich die zwanzig Zahlen auf der dritten Scheibe ausprobiert habe, bewege ich die zweite nur ein klein wenig und probiere dann zwanzig andere Zahlen auf der dritten.

Ich übte dauernd an meinem eigenen Safe, damit ich das so schnell wie möglich machen konnte und nicht aus dem Gedächtnis verlor, um welche Zahl es mir ging, und nicht die erste Zahl vermasselte. Wie jemand, der Taschenspielertricks übt, brachte ich es auf einen sehr schnellen Rhythmus, so daß ich die 400 möglichen hinteren Zahlen in weniger als einer halben Stunde durchprobieren konnte. Das bedeutete, ich konnte einen Safe in maximal acht Stunden öffnen – bei einer durchschnittlichen Zeit von vier Stunden.

In Los Alamos gab es noch einen Burschen, namens Staley, der ebenfalls an Schlössern interessiert war. Wir unterhielten uns manchmal darüber, aber wir kamen nicht recht weiter. Nachdem ich diesen Einfall hatte, wie man einen Safe in durchschnittlich vier Stunden öffnen kann, wollte ich Staley zeigen, wie man das macht, deshalb ging ich drüben in der Rechenabteilung zu irgend jemandem ins Büro und fragte: »Haben Sie was dagegen, wenn ich mal Ihren Safe benutze? Ich möchte Staley was zeigen.«

Währenddessen kamen ein paar Leute aus der Rechenabteilung vorbei, und einer von ihnen sagte: »He, kommt mal alle her; der Feynman will dem Staley zeigen, wie man einen Safe öffnet, ha, ha, ha!« Ich wollte den Safe nicht wirklich öffnen; ich wollte Staley nur zeigen, wie man rasch die hinteren beiden Zahlen durchprobiert, ohne daß man die erste Zahl verliert und sie neu einstellen muß.

Ich fing an: »Nehmen wir an, die erste Zahl ist Vierzig, und wir probieren als zweite Zahl Fünfzehn. Wir gehen zurück und vor, Zehn; noch einmal fünf zurück und wieder vor, Zehn; und so weiter. Nun haben wir alle möglichen dritten Zahlen ausprobiert. Jetzt probieren wir für die zweite Zahl Zwanzig: wir gehen zurück und vor, Zehn; noch fünf zurück und wieder vor, Zehn; noch einmal fünf zurück und vor, KLICK!« Mir fiel die Kinnlade herunter: die erste und die zweite Zahl waren zufällig richtig gewesen!

Niemand sah meinen Gesichtsausdruck, denn ich hatte ihnen den Rücken zugewandt. Staley sah sehr überrascht aus, aber wir kapierten beide sehr schnell, was passiert war, deshalb zog ich die oberste Schublade mit Schwung heraus und sagte: »So, das wär's!«

Staley sagte: »Ich verstehe, was Sie meinen; das ist eine sehr gute Methode« – und wir gingen hinaus. Alle waren verblüfft. Es war reines Glück. Jetzt hatte ich *wirklich* den Ruf, Safes öffnen zu können.

Ich brauchte ungefähr anderthalb Jahre, um soweit zu kommen (schließlich arbeitete ich ja auch noch an der Bombe!), aber ich fand, ich hatte die Safes ausgetrickst, so daß ich, sollte es einmal zu einer echten Schwierigkeit kommen – wenn jemand vermißt wurde oder starb und niemand sonst die Kombination kannte, der Kram im Aktenschrank aber gebraucht wurde –, den Safe öffnen konnte. Nachdem ich gelesen hatte, was für groteske Dinge die Safeknacker behaupteten, hielt ich das für eine recht respektable Leistung.

Wir hatten da in Los Alamos keine Unterhaltung, und wir mußten uns selbst irgendwie amüsieren, deshalb gehörte das Herumfummeln mit dem Mosler-Schloß zu meiner Unterhaltung. Eines Tages machte ich eine interessante Beobachtung: Wenn das Schloß geöffnet ist und man die Schublade herausgezogen und das Einstellrad auf Zehn stehenlassen hat (was die Leute tun, wenn sie ihren Aktenschrank geöffnet haben und Papiere herausnehmen), ist der Bolzen immer noch unten. Nun, was bedeutet das, daß der Bolzen immer noch unten ist? Es bedeutet, daß der Bolzen in dem Schlitz ist, der durch die drei Scheiben entsteht, die also immer noch richtig eingestellt sind. Ahaaaa!

Wenn ich jetzt das Rad ein klein wenig von Zehn wegdrehe, geht der Bolzen hoch; drehe ich sofort wieder auf Zehn, geht der Bolzen wieder runter, weil ich noch nichts an dem Schlitz verändert habe. Drehe ich das Einstellrad in Fünferschritten von Zehn weg, dann geht der Bolzen irgendwann nicht mehr runter, wenn ich auf Zehn zurückdrehe: dann ist der Schlitz eben verändert worden. Die Zahl gerade vorher, die den Bolzen immer noch runtergehen ließ, ist die letzte Zahl der Kombination!

Ich stellte fest, daß ich das gleiche tun konnte, um die

zweite Zahl zu finden: Sobald ich die letzte Zahl weiß, kann ich das Rad in die andere Richtung drehen und wieder in Fünferabschnitten die zweite Scheibe Stück für Stück verschieben, bis der Bolzen nicht mehr runtergeht. Die Zahl davor muß dann die zweite Zahl sein.

Wenn ich sehr geduldig gewesen wäre, hätte ich alle drei Zahlen auf diese Weise herausbekommen können, aber die erste Zahl der Kombination durch diese ausgeklügelte Methode herauszubekommen, hätte viel mehr Arbeit bedeutet als nur die zwanzig möglichen ersten Zahlen mit den anderen beiden Zahlen durchzuprobieren, die man bereits kennt, wenn der Aktenschrank geschlossen ist.

Ich übte und übte, bis ich bei offenen Aktenschränken die letzten beiden Zahlen herauskriegen konnte und dabei kaum auf das Einstellrad gucken mußte. Wenn ich dann bei irgend jemandem im Büro war und über ein physikalisches Problem diskutierte, lehnte ich mich an seinen offenen Aktenschrank, und genau wie jemand, der beim Sprechen zerstreut mit seinem Schlüsselbund spielt, drehte ich halt das Einstellrad hin und her, hin und her. Manchmal fühlte ich auch mit dem Finger nach dem Bolzen, damit ich nicht hinzuschauen brauchte, um zu sehen, ob er hochging. Auf diese Weise bekam ich bei mehreren Aktenschränken die letzten beiden Zahlen heraus. Zurück in meinem Büro, schrieb ich mir die beiden Zahlen auf ein Stück Papier, das ich im Schloß meines Aktenschranks aufbewahrte. Um an das Stück Papier zu kommen, nahm ich jedesmal das Schloß auseinander – ich fand, das sei ein sicherer Platz für die Zahlen.

Nach einer Weile begann meine Reputation zu wachsen, denn es kam vor, daß jemand zu mir kam und fragte: »He, Feynman! Christy ist nicht da, und wir brauchen Unterlagen aus seinem Safe – können Sie den mal aufmachen?«

Wenn ich wußte, daß es sich um einen Safe handelte, von dem ich die letzten beiden Zahlen nicht hatte, sagte ich einfach: »Tut mir leid, aber jetzt geht's nicht; ich muß dies hier machen.« Sonst sagte ich: »Yeah, aber ich muß mein Werkzeug holen.« Ich brauchte kein Werkzeug, aber ich ging in mein Büro, öffnete meinen Aktenschrank und schaute auf meinem Stückchen Papier nach: »Christy – 35, 60«. Dann nahm ich einen Schraubenzieher, ging hinüber in Christys Büro und schloß hinter mir die Tür. Es ist ja klar, daß nicht jeder wissen sollte, wie man das macht!

Ich war allein im Zimmer und öffnete den Safe in ein paar Minuten. Alles, was ich zu tun brauchte, war, die erste Zahl höchstens zwanzigmal auszuprobieren, dann saß ich fünfzehn oder zwanzig Minuten herum und las eine Zeitschrift oder etwas anderes. Es hatte keinen Sinn, so zu tun, als wäre es ganz einfach; sonst wäre noch jemand daraufgekommen, daß ein Trick dabei war! Nach einer Weile öffnete ich die Tür und sagte: »Er ist offen.«

Die Leute dachten, ich würde die Safes aus dem Stand öffnen. Jetzt konnte ich der bei dem Zufall mit Staley entstandenen Vorstellung Nahrung geben, daß ich Safes ohne weiteres öffnen könnte. Niemand kam dahinter, daß ich mir die letzten beiden Zahlen von ihren Safes besorgte, obwohl – und vielleicht gerade weil – ich das *dauernd* machte, wie ein Falschspieler, der dauernd mit einem Kartenspiel herumläuft.

Ich fuhr oft nach Oak Ridge, um die Sicherheit der Uranfabrik zu überprüfen. Alles mußte immer schnell gehen, denn es war Krieg, und einmal mußte ich an einem Wochenende hin. Es war Sonntag, und wir waren bei diesem Kerl im Büro – ein General, der Chef oder der stellvertretende Aufsichtsratsvorsitzende irgendeiner Firma, ein paar andere hohe Tiere und ich. Wir waren zusammengekommen, um einen Bericht zu erörtern, der bei dem Kerl im Safe lag – in einem Geheimsafe –, als ihm auf einmal einfiel, daß er die Kombination nicht kannte. Seine Sekretärin war die einzige, die sie kannte, deshalb rief er sie zu Hause an, und es stellte sich heraus, daß sie zu einem Picknick in den Bergen war.

Während all das ablief, fragte ich: »Haben Sie was dagegen, wenn ich an dem Safe herumspiele?«

»Ha, ha, ha – überhaupt nicht!« Ich ging also zu dem Safe und begann daran herumzufummeln.

Sie fingen an zu diskutieren, wie man ein Auto bekommen könnte, um zu versuchen, die Sektretärin zu finden, und der Bursche wurde immer verlegener, weil die ganzen Leute seinetwegen warten mußten und er ein solcher Esel war, daß er nicht einmal seinen eigenen Safe öffnen konnte. Alle waren ziemlich nervös und wurden allmählich sauer auf ihn, als es Klick! machte – und der Safe aufging.

Innerhalb von zehn Minuten hatte ich den Safe geöffnet, der alle Geheimdokumente über die Fabrik enthielt. Sie staunten nicht schlecht. Die Safes waren offenkundig nicht besonders sicher. Es war ein ziemlicher Schock: Dieser ganze, »nur zur Ansicht bestimmte«, streng geheime Kram, verschlossen in diesem wunderbaren Geheimsafe, und dieser Bursche öffnet ihn in zehn Minuten!

Natürlich konnte ich den Safe nur wegen meiner Angewohnheit öffnen, mir dauernd die beiden letzten Zahlen zu besorgen. Als ich im Monat zuvor in Oak Ridge gewesen war, war ich im gleichen Büro gewesen, als der Safe offen war, und ich hatte mir, ohne weiter nachzudenken, die Zahlen besorgt – ich folgte eben immer meiner Obsession. Obwohl ich sie nicht aufgeschrieben hatte, konnte ich mich vage an sie erinnern. Zuerst probierte ich 40-15, dann 15-40, aber keines von beiden funktionierte. Dann probierte ich 10-45 mit sämtlichen ersten Zahlen durch, und der Safe ging auf.

Etwas Ähnliches passierte an einem anderen Wochenende, als ich zu einem Besuch in Oak Ridge war. Ich hatte einen Bericht geschrieben, zu dem ein Oberst sein O. K. geben mußte, und er war in seinem Safe. Alle anderen bewahrten Unterlagen in Aktenschränken wie jenem in Los Alamos auf, aber er war Oberst, und deshalb hatte er einen viel tolleren, zweitürigen Safe mit großen Griffen, die vier

¾-Inch-starke Stahlbolzen aus dem Rahmen herauszogen. Die großen Messingtüren schwangen auf, und er nahm meinen Bericht heraus, um ihn zu lesen.

Da ich keine Gelegenheit gehabt hatte, irgendwelche wirklich *guten* Safes zu sehen, fragte ich ihn: »Hätten Sie etwas dagegen, wenn ich mir Ihren Safe anschaue, während Sie meinen Bericht lesen?« »Nur zu«, sagte er, überzeugt davon, daß ich nichts anstellen konnte. Ich sah mir die Innenseite von einer der soliden Messingtüren an und entdeckte, daß das Einstellrad mit einem kleinen Schloß in Verbindung stand, das genauso aussah wie die kleine Vorrichtung an meinem Aktenschrank in Los Alamos. Dieselbe Firma, derselbe kleine Bolzen, nur daß man, wenn der Bolzen runterging, mit den großen Griffen am Safe ein paar Stangen zur Seite schieben und mit einigen Hebeln all diese ¾-Inch-starken Stahlstäbe zurückziehen konnte. Das ganze Hebelsystem schien von dem gleichen kleinen Bolzen abzuhängen, der auch die Aktenschränke verschloß.

Nur weil ich als Fachmann perfekt sein wollte, um *sicherzugehen*, daß es der gleiche war, besorgte ich mir die beiden Zahlen in der gleichen Weise, wie ich es bei den Aktenschrank-Safes machte.

Er las inzwischen den Bericht. Als er fertig war, sagte er: »Alles klar, das ist in Ordnung.« Er legte den Bericht in den Safe, packte die großen Griffe und schlug die riesigen Messingtüren zu. Es klingt so gut, wenn sie schließen, aber ich weiß ja, daß das bloß etwas Psychologisches ist, denn da ist nichts als das gleiche verdammte Schloß dran.

Ich konnte nicht anders, ich mußte ihn ein bißchen piesacken (irgend etwas reizt mich immer bei diesen Burschen vom Militär in ihren schicken Uniformen), deshalb sagte ich: »Wenn man so sieht, wie Sie den Safe zumachen, könnte man fast annehmen, Sie glauben, daß die Sachen da drin sicher sind.«

»Ja natürlich.«

»Der einzige Grund, weshalb Sie glauben, daß sie darin

sicher sind, ist, daß die *Zivilisten* es behaupten.« (Das Wort »Zivilisten« benutzte ich, damit es so klang, als sei er von ihnen übers Ohr gehauen worden.)

Er wurde sehr ungehalten. »Was wollen Sie damit sagen – ist das nicht sicher?«

»Ein guter Safeknacker könnte ihn in einer halben Stunde öffnen.«

»Können *Sie* ihn in einer halben Stunde öffnen?«

»Ich sagte ›ein *guter* Safeknacker‹. Ich würde ungefähr eine Dreiviertelstunde brauchen.«

»Also!« sagte er. »Meine Frau wartet zu Hause mit dem Essen auf mich, aber ich werde hierbleiben und Ihnen zusehen, und *Sie* werden sich da hinsetzen und eine Dreiviertelstunde an diesem verflixten Ding arbeiten und es *nicht* öffnen!« Er setzte sich in seinen großen Ledersessel, legte die Füße auf den Schreibtisch und las.

Voller Zuversicht nahm ich mir einen Sessel, trug ihn hinüber zu dem Safe und setzte mich davor hin. Ich fing an, aufs Geratewohl an dem Rad zu drehen, damit sich irgend etwas tat.

Nach ungefähr fünf Minuten, was ziemlich lange ist, wenn man bloß dasitzt und wartet, verlor er ein wenig die Geduld: »Na, kommen Sie weiter?«

»Dinger wie das hier kriegt man entweder auf, oder man kriegt sie nicht auf.«

Ich schätzte, in ein oder zwei Minuten sollte es soweit sein, also fing ich an, ernsthaft zu arbeiten, und zwei Minuten später, *KLICK* – ging der Safe auf.

Dem Oberst fiel die Kinnlade runter, und er bekam Stielaugen.

»Herr Oberst«, sagte ich in ernstem Ton, »lassen Sie mich Ihnen etwas über diese Schlösser sagen: Wenn die Tür zum Safe oder die oberste Schublade des Aktenschranks offengelassen wird, ist es sehr einfach, die Kombination herauszubekommen. Nur um auf die Gefahr aufmerksam zu machen, habe ich genau das getan, während Sie meinen Bericht gelesen haben. Sie sollten darauf bestehen, daß jedermann während der Arbeit die Schubladen der Aktenschränke verschlossen hält, denn wenn sie offen sind, sind sie sehr, sehr ungeschützt.«

»Yeah! Ich verstehe, was Sie meinen! Das ist ja äußerst interessant!« Danach befanden wir uns beide auf der gleichen Seite.

Als ich das nächste Mal nach Oak Ridge kam, sagten alle Sekretärinnen und die Leute, die wußten, wer ich war, zu mir: »Nicht hier durch! Nicht hier durch!«

Der Oberst hatte jedem in der Fabrik einen Vermerk zukommen lassen, der lautete: »Ist Mr. Feynman während seines letzten Besuches zu irgendeinem Zeitpunkt in Ihrem Büro oder in seiner Nähe gewesen oder durch Ihr Büro gegangen?« Einige Leute bejahten das; andere verneinten es. Die, die es bejahten, bekamen einen weiteren Vermerk: »Bitte ändern Sie die Kombination an Ihrem Safe.«

Das war seine Lösung: *Ich* war die Gefahr. So mußten sie alle meinetwegen ihre Kombination ändern. Es stinkt einem, wenn man die Kombination ändern und sich die neue merken muß, deshalb waren sie alle sauer auf mich und wollten nicht, daß ich in ihre Nähe kam: sonst hätten sie vielleicht ihre Kombination noch einmal ändern müssen. Ihre Aktenschränke standen natürlich auch weiterhin offen, während sie arbeiteten!

Sämtliche Unterlagen, an denen wir je gearbeitet hatten, befanden sich in einer Bibliothek in Los Alamos: Es war ein solider Raum aus Beton mit einer großen, schönen Tür, an der ein Metallrad war, das man drehen mußte – wie bei einem Tresorraum. Während des Krieges hatte ich versucht, mir die Tür näher anzusehen. Ich kannte das Mädchen, das als Bibliothekarin dort arbeitete, und ich bat sie, mich ein bißchen damit spielen zu lassen. Ich war fasziniert: es war das größte Schloß, das ich je gesehen habe!

Ich stellte fest, daß ich meine Methode, die letzten beiden Zahlen aufzunehmen, um hineinzukommen, nicht anwenden konnte. Denn dadurch, daß ich den Griff drehte, während die Tür offen war, rastete das Schloß ein, so daß der Riegel hervorstand und man die Tür nicht schließen konnte, bis das Mädchen kam und das Schloß entriegelte. Da war es mit meinem Herumfummeln an dem Schloß vorbei. Ich hatte keine Zeit herauszufinden, wie es funktionierte; das ging weit über meine Fähigkeiten hinaus.

In dem Sommer nach dem Krieg mußte ich Akten anlegen und Arbeiten zu Ende führen, deshalb ging ich von Cornell, wo ich in dem Jahr gelehrt hatte, nach Los Alamos zurück. Mitten in der Arbeit mußte ich eine Akte einsehen, die ich früher angelegt hatte, an die ich mich jedoch nicht mehr erinnern konnte, und diese Akte war in der Bibliothek.

Ich ging hin, um sie zu holen, und vor dem Raum ging ein Soldat mit Gewehr auf und ab. Es war Samstag, und nach dem Krieg war die Bibliothek samstags geschlossen.

Da fiel mir ein, was mein guter Freund Frederic de Hoffman gemacht hatte. Er war in der Abteilung zur Freigabe von Dokumenten. Nach dem Krieg hatte die Armee vor, bestimmte Dokumente freizugeben, und er mußte soviel zwischen seinem Büro und der Bibliothek hin und her rennen – dies Dokument angucken, das Dokument angucken, dies überprüfen, das überprüfen –, daß er allmählich durchdrehte! Deshalb hatte er Kopien von jedem Dokument – von allen Geheimunterlagen über die Atombombe – in neun Aktenschränken in seinem Büro.

Ich ging zu seinem Büro, und dort brannte Licht. Es sah so aus, als arbeite dort jemand – vielleicht seine Sekretärin – und sei nur für ein paar Minuten hinausgegangen, also wartete ich. Während ich wartete, fing ich an, an dem Einstellrad von einem der Aktenschränke herumzufummeln. (Übrigens, die letzten beiden Zahlen von de Hoffmans Safes hatte ich nicht; sie wurden erst nach dem Krieg aufgestellt, nachdem ich weggegangen war.)

Ich fing also an, an einem der Einstellräder herumzuspielen, und dachte an die Safeknacker-Bücher. Ich überlegte: »Die Tricks, die in diesen Büchern beschrieben werden, haben mich nie besonders beeindruckt, deshalb habe ich sie nie ausprobiert, aber wir wollen doch mal sehen, ob wir de Hoffmans Safe öffnen können, wenn wir den Büchern folgen.«

Erster Trick, die Sekretärin: sie fürchtet, daß sie die Kombination vergißt, deshalb schreibt sie sie irgendwo auf. Ich schaute an den Plätzen nach, die in den Büchern erwähnt wurden. Die Schreibtischschublade war verschlossen, aber es war eines von den gewöhnlichen Schlössern, die zu öffnen Leo Lavatelli mir beigebracht hatte – *ping!* Ich schaute am Rand nach: nichts.

Dann sah ich die Papiere der Sekretärin durch. Ich fand ein Blatt Papier, wie es alle Sekretärinnen hatten, mit sorgfältig geschriebenen griechischen Buchstaben – so daß sie sie in mathematischen Formeln wiedererkennen konnten – und ihren Namen. Und oben drüber stand unvorsichtigerweise: pi = 3,14159. Nun, das sind sechs Ziffern, und wieso muß eine Sekretärin den Zahlenwert von pi kennen? Es war offensichtlich; einen anderen Grund gab es nicht!

Ich ging hinüber zu den Aktenschränken und versuchte es an dem ersten: 31-41-59. Er öffnete sich nicht. Dann probierte ich 59-41-31. Das funktionierte auch nicht. Dann 95-14-13. Rückwärts, vorwärts, verkehrt herum, so herum oder so herum – es tat sich nichts!

Ich schloß die Schreibtischschublade und wollte schon hinausgehen, als mir wieder die Safeknacker-Bücher einfielen: Probieren Sie als nächstes die psychologische Methode. Ich sagte mir: »Freddy de Hoffman ist *genau* der Typ, der eine mathematische Konstante als Safekombination verwendet.«

Ich ging zu dem ersten Aktenschrank zurück und probierte 27-18-28 – KLICK! Er ging auf! (Die nach pi zweitwichtigste mathematische Konstante ist die Basis natürlicher Logarithmen, e = 2,71828 . . .) Es gab neun Aktenschränke, und ich hatte den ersten geöffnet, aber das Dokument, das ich brauchte, war in einem anderen – sie waren nach Autorennamen alphabetisch geordnet. Ich versuchte es an dem zweiten Aktenschrank: 27-18-28 – KLICK! Er öffnete sich mit derselben Kombination. »Das ist ja *herrlich!* Ich bin an die Geheimnisse der Atombombe herangekommen, aber wenn ich diese Geschichte je erzählen will, muß ich sicher sein, daß die Kombinationen wirklich alle gleich sind!« Einige von den Aktenschränken waren im Nebenzimmer, deshalb probierte ich 27-18-28 an einem aus, und er ging auf. Jetzt hatte ich drei Safes geöffnet – überall dasselbe.

Ich dachte bei mir: »Jetzt könnte *ich* ein Safeknacker-Buch schreiben, das alle anderen übertreffen würde, denn am Anfang würde ich erzählen, wie ich Safes mit wichtigeren und wertvolleren Dingen geöffnet habe, als es je irgendeinem Safeknacker irgendwo gelungen ist – abgesehen von einem Safe mit einem lebendigen Menschen drin natürlich; aber verglichen mit Pelzen und Goldbarren, habe ich sie alle in die Tasche gesteckt: Ich habe die Safes geöffnet, in denen alle Geheimunterlagen über die Atombombe lagen – die Pläne für die Plutoniumherstellung, die Reinigungsverfahren, wieviel Material notwendig ist, wie die Bombe funktioniert, wie die Neutronen erzeugt werden, welche Konstruktion verwendet wurde, die Abmessungen – sämtliche Informationen, die in Los Alamos bekannt waren: *der ganze Krempel!*«

Ich ging zu dem zweiten Aktenschrank zurück und nahm das Dokument heraus, das ich brauchte. Dann nahm ich einen roten Wachsstift und ein Stück gelbes Papier, das im Büro herumlag, und schrieb: »Ich habe mir Dokument Nr. LA4312 ausgeliehen – Feynman, der Safeknacker.« Ich legte den Zettel oben auf die Papiere im Aktenschrank und machte ihn zu.

Dann ging ich zu dem ersten, den ich geöffnet hatte, und schrieb einen zweiten Zettel: »Der hier war nicht schwieriger zu öffnen als der andere – Schlaumeier«, und schloß den Schrank.

In den anderen Schrank im Nebenraum legte ich einen Zettel, auf dem stand: »Wenn alle Kombinationen gleich sind, ist einer nicht schwieriger zu öffnen als der andere – Selbiger«, und dann schloß ich auch diesen Schrank. Danach ging ich in mein Büro und schrieb meinen Bericht.

Am gleichen Abend ging ich in die Cafeteria, um zu Abend zu essen. Dort traf ich Freddy de Hoffman. Er sagte, er gehe hinüber in sein Büro, um zu arbeiten, und zum Spaß ging ich mit.

Er fing an zu arbeiten, und bald ging er ins Nebenzimmer, um einen der Aktenschränke dort zu öffnen – etwas, womit ich nicht gerechnet hatte –, und zufällig öffnete er zuerst den Aktenschrank, in den ich den dritten Zettel gelegt hatte. Er zog die Schublade auf und sah darin dieses fremde Ding – dieses leuchtend gelbe Papier, auf dem in leuchtend Rot etwas gekritzelt war.

Ich hatte in Büchern gelesen, wer einen Schreck bekomme, werde fahl, aber gesehen hatte ich es noch nie. Na ja, es ist absolut wahr. Sein Gesicht wurde grau, gelbgrün – es war wirklich zum Fürchten, das zu sehen. Er nahm den Zettel, und seine Hand zitterte. »G-g-guck mal hier!« sagte er mit bebender Stimme.

Auf dem Zettel stand: »Wenn alle Kombinationen gleich sind, ist einer nicht schwieriger zu öffnen als der andere – Selbiger.«

»Was soll das heißen?« fragte ich.

»Alle meine Safes haben die g-g-gleiche K-k-kombination!« stammelte er.

»Das ist aber keine sehr gute Idee.«

»D-das weiß ich j-jetzt auch!« sagte er, völlig erschüttert.

Daß das Blut aus dem Gesicht weicht, muß auch die Wirkung haben, daß das Gehirn nicht richtig arbeitet. »Er hat sogar unterschrieben! Er hat sogar unterschrieben!« sagte er.

»*Was?*« (Auf diesen Zettel hatte ich meinen Namen nicht geschrieben.)

»Ja«, sagte er, »es ist *derselbe* Kerl, der versucht hat, in Gebäude Omega reinzukommen!«

Während des ganzen Krieges und sogar danach noch gab es fortwährend diese Gerüchte: »Jemand versucht in Gebäude Omega reinzukommen!« Denn während des Krieges wurden Experimente durchgeführt, bei denen es darum ging, soviel Material zusammenzubringen, daß die Kettenreaktion gerade anfing. Man ließ ein Stück Material *durch* ein anderes hindurchfallen, und wenn es hindurchfiel, fing die Reaktion an, und man maß, wieviel Neutronen man dabei bekam. Das Stück fiel so schnell durch, daß sich nichts aufbauen und nichts explodieren konnte. Die Reaktion begann jedoch gerade soweit, daß man feststellen konnte, daß alles richtig anfing, daß die Beträge stimmten und daß alles ablief wie vorausgesagt – ein *äußerst* gefährliches Experiment!

Natürlich wurde dieses Experiment nicht mitten in Los Alamos durchgeführt, sondern ein paar Meilen entfernt, in einem Cañon hinter mehreren Mesas, ganz isoliert. Um dieses Gebäude Omega war eigens ein Zaun mit Wachtürmen gezogen worden. Mitten in der Nacht, wenn alles ruhig ist, kommt irgendein Kaninchen aus dem Unterholz, rennt gegen den Zaun und macht ein Geräusch. Die Wache schießt. Der wachhabende Leutnant kommt. Was soll der Wachsoldat sagen? – Daß es bloß ein Kaninchen war? Nein. »Da hat jemand versucht, in Gebäude Omega einzudringen, und ich habe ihn verscheucht!«

De Hoffman war also bleich und zitterte, und er merkte nicht, daß es in seiner Logik einen Fehler gab: es war nicht klar, daß der Kerl, der versucht hatte, in Gebäude Omega einzudringen, eben der war, der neben ihm stand.

Er fragte mich, was er tun solle.

»Na, sehen Sie nach, ob irgendwelche Dokumente fehlen.«

»Es sieht so aus, als wäre alles in Ordnung«, sagte er. »Es scheinen keine zu fehlen.«

Ich versuchte ihn zu dem Aktenschrank zu steuern, aus dem ich mein Dokument herausgenommen hatte. »Also, hm, wenn alle Kombinationen gleich sind, hat er vielleicht aus einer anderen Schublade etwas herausgenommen.«

»Stimmt!« sagte er und ging in sein Büro zurück, öffnete den ersten Aktenschrank und fand den zweiten Zettel, den ich geschrieben hatte: »Der hier war nicht schwieriger zu öffnen als der andere – Schlaumeier.«

Jetzt machte es keinen Unterschied mehr, ob da »Selbiger« drunterstand oder »Schlaumeier«: Für ihn war es völlig klar, daß es der Kerl gewesen war, der versucht hatte, in Gebäude Omega hineinzukommen. Deshalb war es besonders schwierig, ihn davon zu überzeugen, daß er den Aktenschrank öffnen müsse, in dem mein erster Zettel lag, und ich weiß nicht mehr, wie ich ihn dazu überredete.

Er machte sich daran, ihn zu öffnen, und ich verdrückte mich über den Flur, denn ich hatte ein bißchen Angst, daß er mich einen Kopf kürzer machen würde, wenn er herausfand, wer ihm den Streich gespielt hatte.

Da kam er auch schon hinter mir hergelaufen, aber statt ärgerlich zu sein, umarmte er mich beinahe, so erleichtert war er, daß der Diebstahl der Geheimunterlagen über die Atombombe nur ein Unfug war, den ich getrieben hatte.

Ein paar Tag später erzählte de Hoffman mir, er brauche etwas aus Kersts Safe. Donald Kerst war nach Illinois zurückgegangen und schwer zu erreichen. »Wenn Sie *meine* Safes alle mit der psychologischen Methode öffnen können«, sagte de Hoffman (ich hatte ihm erzählt, wie ich es gemacht hatte), »können Sie vielleicht auch Kersts Safe so öffnen.«

Inzwischen hatte die Geschichte die Runde gemacht, deshalb kamen einige Leute, um sich den phantastischen Vorgang anzusehen, wie ich – aus dem Stand – Kersts Safe öffnete. Allein zu sein, war nicht nötig. Die letzten beiden

Zahlen zu Kersts Safe hatte ich nicht, und um die psychologische Methode anzuwenden, brauchte ich Leute um mich, die ihn kannten.

Wir durchsuchten sein ganzes Büro, und ich sah in den Schubladen nach, ob ich irgendwelche Anhaltspunkte fand; es war nichts da. Dann fragte ich sie: »Was für eine Kombination würde Kerst verwenden – eine mathematische Konstante?«

»O nein!« sagte de Hoffman. »Kerst würde etwas sehr Einfaches tun.«

Ich versuchte es mit 10-20-30, 20-40-60, 60-40-20, 30-20-10. Nichts.

Dann fragte ich: »Glauben Sie, er würde ein Datum verwenden?«

»Yeah!« sagten sie. »Er ist genau der Typ, der ein Datum nehmen würde.«

Wir probierten verschiedene Daten aus: 8-6-45, als die Bombe hochging; 86-19-45; dieses Datum; jenes Datum; das Datum des Projektbeginns. Nichts funktionierte.

Zu diesem Zeitpunkt waren die meisten Leute schon weggegangen. Sie hatten nicht die Geduld, mir dabei zuzusehen, aber man löst so etwas nur mit Geduld!

Dann beschloß ich, von 1900 bis heute alles durchzuprobieren. Es klingt so, als wäre das sehr viel, aber das stimmt nicht: die erste Zahl ist ein Monat, Eins bis Zwölf, und das kann ich mit nur drei Zahlen ausprobieren: Zehn, Fünf und Null. Die zweite Zahl ist ein Tag, von Eins bis Einunddreißig, was ich mit sechs Zahlen durchprobieren kann. Die dritte Zahl ist ein Jahr, und das waren damals nur fünfundvierzig Zahlen, was ich mit neun Zahlen durchprobieren konnte. So reduzierten sich die 8000 Kombinationen auf 162, die ich in fünfzehn oder zwanzig Minuten ausprobieren konnte.

Unglücklicherweise fing ich für die Monate am oberen Ende an, denn als ich den Safe schließlich öffnete, lautete die Kombination 0-5-35.

Ich wandte mich an de Hoffman. »Was ist Kerst um den 5. Januar 1935 herum passiert?«

»Seine Tochter ist 1935 geboren«, sagte de Hoffman. »Das muß ihr Geburtstag sein.«

Jetzt hatte ich ohne weitere Vorbereitung zwei Safes geöffnet. Ich machte mich. Ich war jetzt ein Profi.

In dem gleichen Sommer nach dem Krieg wollte der Mann, der für das Staatseigentum zuständig war, einige der Sachen zurückzunehmen, die die Regierung erworben hatte, um sie wieder zu verkaufen. Dazu gehörte auch der Safe eines Hauptmanns. Wir wußten alle über diesen Safe Bescheid. Als der Hauptmann während des Krieges eintraf, entschied er, für die Geheimunterlagen, die *er* bekommen werde, seien Aktenschränke nicht sicher genug, so daß er einen Spezialsafe haben mußte.

Das Büro des Hauptmanns befand sich im zweiten Stock in einem der leicht gebauten Holzhäuser, in denen wir alle unsere Büros hatten, und der Safe, den er bestellt hatte, war ein schwerer Stahlsafe. Die Arbeiter mußten hölzerne Bühnen errichten und spezielle Hebevorrichtungen verwenden, um ihn die Treppe hinaufzuwuchten. Da es nicht viel Unterhaltung gab, schauten wir alle zu, wie dieser Riesensafe mit viel Mühe in das Büro gehievt wurde, und wir machten alle Witze darüber, was für Geheimnisse der Hauptmann darin aufbewahren werde. Irgend jemand meinte, wir sollten unseren Kram in seinen Safe packen und ihn seinen Kram in unsere tun lassen. Es wußte also jeder über diesen Safe Bescheid.

Der Mann von der Abteilung für Staatseigentum wollte ihn haben, um ihn wieder zu verkaufen, aber zuerst mußte er leer gemacht werden, und die einzigen, die die Kombination kannten, waren der Hauptmann, der auf Bikini war, und Alvarez, der sie vergessen hatte. Der Mann bat mich, den Safe zu öffnen.

Ich ging hinauf in das frühere Büro des Hauptmanns und fragte die Sektretärin: »Warum rufen Sie nicht den Hauptmann an und fragen ihn nach der Kombination?«

»Ich möchte ihn nicht belästigen«, sagte sie.

»Also, *mich* werden Sie für gute acht Stunden belästigen. Ich mach' es nicht, wenn Sie nicht versuchen, ihn anzurufen.«

»O. k., o. k.!« sagte sie. Sie nahm den Hörer ab, und ich ging in das andere Zimmer, um mir den Safe anzusehen. Da stand er, dieser riesige, stählerne Safe, und seine Türen waren weit offen.

Ich ging wieder zu der Sekretärin. »Er ist offen.«

»Großartig!« sagte sie und legte den Hörer wieder auf.

»Nein«, sagte ich, »er *war* schon offen.«

»Oh! Ich nehme an, die Eigentumsabteilung hat's doch geschafft, ihn zu öffnen.«

Ich ging zu dem Mann in der Eigentumsabteilung. »Ich wollte mir den Safe vornehmen, aber der war schon auf.«

»Ach ja«, sagte er. »Tut mir leid, daß ich's Ihnen nicht gesagt habe. Ich habe unseren eigenen Schlosser hingeschickt, um ihn aufzubohren, aber bevor er gebohrt hat, hat er versucht, ihn zu öffnen, und er hat's geschafft.«

So! Erste Information: Los Alamos hat jetzt einen richtigen Schlosser. Zweite Information: Der Mann weiß, wie man Safes aufbohrt, eine Sache, von der ich gar nichts verstehe. Dritte Information: Er kann Safes aus dem Stand öffnen – in ein paar Minuten. Das ist ein *echter* Profi, eine *echte* Informationsquelle. Den Burschen muß ich kennenlernen.

Ich fand heraus, daß sie ihn nach dem Krieg als Schlosser angestellt hatten (als sie sich nicht mehr solche Sorgen um die Sicherheit machten), damit er sich um solche Dinge kümmerte. Es stellte sich heraus, daß er mit dem Öffnen von Safes nicht ausgelastet war, deshalb reparierte er auch die Marchant-Rechenmaschinen, die wir verwendet hatten. Während des Krieges hatte ich diese Dinger dauernd repariert – es gab also etwas, das uns verband.

Nun bin ich, wenn ich jemanden kennenlernen wollte, nie hinterhältig oder verschlagen gewesen; ich gehe einfach hin und stelle mich vor. Aber in dem Fall war es so wichtig, diesen Mann kennenzulernen, und ich wußte, ehe er mir irgendeines von seinen Geheimnissen über das Öffnen von Safes anvertrauen würde, würde ich mich beweisen müssen.

Ich fand heraus, wo sein Raum war – im Keller der Abteilung für Theoretische Physik, wo ich arbeitete –, und ich wußte, daß er abends arbeitete, wenn die Maschinen nicht benutzt wurden. Als erstes ging ich deshalb abends auf dem Weg zu meinem Büro an seiner Tür vorbei. Das war alles; ich ging nur da vorbei.

Ein paar Abende später nicht mehr als ein »Hallo«. Als er nach einer Weile sah, daß immer der gleiche Typ vorbeikam, sagte er »Hallo« oder »Guten Abend«.

Das geht ein paar Wochen so langsam, und eines Tages sehe ich, daß er an den Marchant-Rechenmaschinen arbeitet. Ich sage nichts; es ist noch nicht soweit.

Allmählich sprechen wir ein paar mehr Worte: »Hallo! Sie haben ja ziemlich viel zu tun!«

»Yeah, ziemlich viel« – solche Dinge halt.

Schließlich ein Durchbruch: er lädt mich zu einer Suppe ein. Jetzt läuft es sehr gut. Jeden Abend essen wir Suppe zusammen. Jetzt fange ich an, ein bißchen über die Addiermaschinen zu reden, und er erzählt mir, daß er ein Problem hat. Er hat versucht, eine Reihe von Rädern mit Sprungfedern wieder auf eine Welle zu stecken, und er hat nicht das richtige Werkzeug oder so; er hat schon eine Woche lang daran gearbeitet. Ich erzähle ihm, daß ich während des Krieges an diesen Maschinen gearbeitet habe, und schlage ihm vor: »Ich sag Ihnen was: Sie lassen die Maschine heute abend einfach stehen, und ich seh sie mir morgen mal an.«

»O. k.«, sagt er, denn er weiß nicht mehr weiter.

Am nächsten Tag sah ich mir das verdammte Ding an und versuchte die Räder einzubauen, indem ich sie alle mit der Hand festhielt. Die Federn schnappten immer wieder zurück. Ich überlegte: »Wenn er das jetzt eine Woche lang versucht hat, und ich versuche es und bringe es nicht fertig, dann *geht* es so nicht!« Ich hielt inne und sah es mir sehr genau an, und ich bemerkte, daß jedes Rad ein kleines Loch hatte – einfach ein kleines Loch. Da dämmerte es mir: Ich spannte das erste; dann steckte ich ein Stück Draht durch das kleine Loch. Dann spannte ich das zweite und steckte auch da den Draht durch. Dann das nächste, und noch eines – wie wenn man Perlen auf eine Schnur zieht –, und ich zog das ganze Ding beim ersten Versuch auf, reihte alles auf, zog den Draht heraus, und alles war o. k.

Abends zeigte ich ihm das kleine Loch und wie ich es gemacht hatte, und von da an redeten wir viel über Maschinen; wir wurden gute Freunde. Nun gab es in seinem Büro eine Menge kleiner Fächer, in denen halb auseinandergenommene Schlösser und auch Teile von Safes lagen. Oh, die waren schön! Aber ich sagte immer noch kein Wort über Schlösser und Safes.

Endlich fand ich, der Tag sei nahe, und so beschloß ich, einen kleinen Köder auszulegen, der ihn auf Safes bringen sollte: Ich wollte ihm das einzig wirklich Wertvolle erzählen, das ich über sie wußte – daß man sich die letzten beiden Zahlen besorgen kann, wenn sie offen sind. »He!« sagte ich und schaute zu den Fächern hinüber. »Ich sehe, Sie arbeiten an Mosler-Safes.«

»Yeah.«

»Wissen Sie, diese Schlösser sind schwach. Wenn Sie offen sind, kann man sich die letzten beiden Zahlen besorgen...«

»Tatsächlich?« fragte er und zeigte endlich etwas Interesse.

»Yeah.«

»Zeigen Sie mir, wie«, sagte er. Ich zeigte ihm, wie man es machte, und er sah mich an. »Wie heißen Sie eigentlich?« In der ganzen Zeit hatten wir uns einander nicht vorgestellt.

»Dick Feynman«, sagte ich.

»Gott! Sie sind Feynmann!« sagte er respektvoll. »Der

große Safeknacker! Ich habe von Ihnen gehört; ich habe Sie schon lange kennenlernen wollen! Ich möchte von Ihnen lernen, wie man Safes knackt.«

»Was soll das heißen? Sie öffnen Safes doch mit links.«

»Keineswegs.«

»Jetzt passen Sie mal auf, ich habe von der Sache mit dem Safe des Hauptmannes gehört, und ich habe mich die ganze Zeit ziemlich ins Zeug gelegt, denn *ich* wollte *Sie* kennenlernen. Und jetzt wollen Sie mir erzählen, Sie könnten Safes nicht mit links öffnen?«

»Stimmt genau.«

»Aber Sie müssen wissen, wie man einen Safe aufbohrt.«

»Auch davon habe ich keine Ahnung.«

»WAS?« rief ich. »Der Typ in der Eigentumsabteilung hat gesagt, Sie hätten Ihr Werkzeug genommen und wären hingegangen, um den Safe des Hauptmanns aufzubohren.«

»Mal angenommen, Sie hätten einen Job als Schlosser«, sagte er, »und es kommt jemand zu Ihnen und bittet Sie, einen Safe aufzubohren. Was würden Sie tun?«

»Na ja«, antwortete ich, »ich würde erstmal so tun, als müßte ich mein Werkzeug zusammenpacken, dann würde ich es nehmen und zu dem Safe bringen. Dann würde ich aufs Geratewohl irgendwo meinen Bohrer an dem Safe ansetzen und dann *rrrrrrrrrrh*, um meinen Job zu retten.«

»Genau das wollte ich auch tun.«

»Aber Sie haben ihn doch geöffnet! Sie müssen wissen, wie man Safes knackt.«

»O ja. Ich wußte, daß die Schlösser, wenn sie aus der Fabrik kommen, auf 25-0-25 oder auf 50-25-50 eingestellt sind, und da habe ich gedacht: ›Wer weiß; vielleicht hat der Bursche sich nicht mal die Mühe gemacht, die Kombination zu ändern‹, und bei der zweiten hat's geklappt.«

So lernte ich *wirklich* etwas von ihm – daß er Safes mit derselben wundersamen Methode knackte wie ich. Aber noch komischer war, daß dieses hohe Tier von Hauptmann einen Super-Supersafe haben mußte, daß sich die Leute die ganze Mühe machen mußten, das Ding in sein Büro zu hieven, und daß er es nicht einmal für nötig gehalten hatte, die Kombination einzustellen.

Ich ging in meinem Gebäude von Büro zu Büro und probierte diese beiden Kombinationen aus der Fabrik aus, und ich öffnete ungefähr jeden fünften Safe.

Dich braucht Uncle Sam nicht!

Nach dem Krieg kratzte die Armee alles zusammen, um Leute für die Besatzungstruppen in Deutschland zu bekommen. Bis dahin stellte die Armee Leute in erster Linie aus *anderen* Gründen als wegen körperlicher Untauglichkeit zurück (ich wurde zurückgestellt, weil ich an der Bombe arbeitete), aber jetzt wurde das umgekehrt, und jeder mußte zuerst einmal zur Musterung.

In dem Sommer arbeitete ich für Hans Bethe bei General Electric in Schenectady, New York, und ich erinnere mich, daß ich ziemlich weit fahren mußte – ich glaube, nach Albany –, um die Musterung über mich ergehen zu lassen.

Ich komme zur Einberufungsbehörde, und da drückt man mir eine Menge Formulare in die Hand, die ausgefüllt werden müssen, und dann gehe ich rundherum zu all diesen Kabinen. In der einen wird die Sehfähigkeit überprüft, in einer anderen das Gehör, in wieder einer anderen wird eine Blutprobe entnommen und so weiter.

Jedenfalls kommt man zuletzt zu Kabine Nummer Dreizehn: Psychiater. Da wartet man, sitzt auf einer der Bänke, und während ich warte, kann ich sehen, was vorgeht. Es sind drei Schreibtische da, hinter jedem ein Psychiater, und den Psychiatern gegenüber sitzt der »Täter« in Unterhosen und beantwortet eine Reihe von Fragen.

Um die Zeit gab es eine Menge Filme über Psychiater. Da war zum Beispiel *Spellbound*, in dem einer Frau, die eine große Pianistin war, die Hände in einer verdrehten Haltung stehenbleiben, so daß sie sie nicht bewegen kann, und ihre Familie ruft einen Psychiater zur Hilfe, und der Psychiater geht oben mit ihr in ein Zimmer, und man sieht, wie sich die Tür hinter ihnen schließt; und unten bespricht die Familie, was passieren wird, und dann kommt sie aus dem

Zimmer, die Hände immer noch in dieser schrecklichen Haltung, geht dramatisch die Treppe herunter, auf das Klavier zu und setzt sich hin, hebt ihre Hände über die Tasten, und plötzlich – *dum diedel dum diedel dum, dum dum* – kann sie wieder spielen. Also, ich kann diesen Stuß nicht ausstehen, und ich hatte beschlossen, daß Psychiater Schwindler sind und ich nichts mit ihnen zu tun haben will. Das war also die Stimmung, in der ich war, als ich an die Reihe kam, mit dem Psychiater zu sprechen.

Ich setze mich vor den Schreibtisch, und der Psychiater fängt an, meine Papiere durchzusehen. »Hallo, Dick!« sagt er mit aufmunternder Stimme. »Wo arbeiten Sie?«

Ich denke: »Für wen hält er sich, daß er mich mit meinem Vornamen anredet?«, und ich sage kühl: »Schenectady.«

»Bei wem arbeiten Sie, Dick?« fragt der Psychiater und lächelt wieder.

»General Electric.«

»Mögen Sie Ihre Arbeit, Dick?« fragt er, mit dem gleichen breiten Lächeln auf dem Gesicht.

»Solala.« Ich wollte einfach nichts mit ihm zu tun haben.

Drei nette Fragen, und die vierte ist dann ganz anders. »Glauben Sie, daß die Leute über Sie reden?« fragt er mit leiser, ernster Stimme.

Ich fange an zu strahlen und sage: »Ja sicher! Wenn ich nach Hause komme, erzählt mir meine Mutter oft, daß sie mit ihren Freundinnen über mich gesprochen hat.« Er hört gar nicht auf die Erklärung; statt dessen schreibt er etwas in meine Papiere.

Dann fragt er wieder mit leiser, ernster Stimme: »Haben Sie das Gefühl, daß die Leute Sie *anstarren*?«

Ich will das schon verneinen, da sagt er: »Haben Sie zum Beispiel jetzt das Gefühl, daß irgendeiner von den Jungs, die da auf den Bänken warten, Sie anstarrt?«

Während ich auf das Gespräch mit dem Psychiater gewartet hatte, hatte ich bemerkt, daß da ungefähr zwölf Burschen auf den Bänken saßen und auf die drei Psychiater warteten, und die hatten sonst nichts, wo sie hinschauen konnten, also teile ich zwölf durch drei – das macht vier für jeden –, aber ich bin vorsichtig, deshalb sage ich: »Yeah, kann sein, daß zwei von denen zu uns rüberschauen.«

Er sagt: »Nun, drehen Sie sich rum und sehen Sie nach« – und *er* macht sich nicht mal die Mühe, selbst hinzusehen!

Ich drehe mich also herum, und tatsächlich, zwei Burschen schauen herüber. Ich zeige also auf sie und sage: »Yeah – *der* da und der da *drüben* schaut zu uns rüber.« Als ich mich herumdrehe und so zeige, gucken natürlich auch andere zu uns herüber, darum sage ich: »Jetzt er, und die beiden da hinten – und jetzt die ganze Bande.« Er schaut immer noch nicht auf, um es zu überprüfen. Er ist damit beschäftigt, noch mehr in meine Unterlagen hineinzuschreiben.

Dann frage er: »Hören Sie manchmal Stimmen in Ihrem Kopf?«

»Sehr selten«, und ich will schon anfangen, die beiden Gelegenheiten zu beschreiben, bei denen das passierte, als er fragt: »Führen Sie Selbstgespräche?«

»Yeah, manchmal, wenn ich mich rasiere oder wenn ich nachdenke; das kommt schon mal vor.« Er schreibt noch mehr Sachen auf.

»Wie ich sehe, ist Ihre Frau verstorben – sprechen Sie manchmal mit *ihr?*«

Diese Frage ärgert mich wirklich, aber ich beherrsche mich und antworte: »Manchmal, wenn ich beim Bergsteigen bin und an sie denke.«

Wieder Schreiberei. Dann fragt er: »Ist irgend jemand aus Ihrer Familie in einer Nervenheilanstalt?«

»Yeah, eine Tante von mir ist im Irrenhaus.«

»Warum nennen Sie das Irrenhaus?« fragt er vorwurfsvoll. »Warum nennen Sie es nicht Nervenheilanstalt?«

»Ich habe gedacht, das sei dasselbe.«

»Was glauben Sie denn, was Geisteskrankheit ist?« fragt er verärgert.

»Das ist eine seltsame, eigenartige Krankheit, die manche Menschen haben«, sage ich aufrichtig.

»Daran ist nichts seltsamer oder eigenartiger als an einer Blinddarmentzündung«, versetzt er.

»Das finde ich nicht. Bei Blinddarmentzündung verstehen wir die Ursachen besser und wissen auch etwas über den Ablauf, während das bei Geisteskrankheiten viel komplizierter und geheimnisvoller ist.« Ich will hier nicht die ganze Diskussion wiedergeben; der Punkt ist, daß ich meinte, Geisteskrankheit sei *körperlich* etwas Eigenartiges, während er dachte, ich hätte gemeint, sie sei unter *sozialen* Gesichtspunkten eigenartig.

Obwohl ich zu dem Psychiater unfreundlich gewesen war, war ich bis zu diesem Zeitpunkt doch in allem, was ich gesagt hatte, ehrlich gewesen. Aber als er mich aufforderte, meine Hände auszustrecken, konnte ich nicht widerstehen, einen Trick abzuziehen, den mir jemand verraten hatte, als wir bei dem »Blutsauger« anstanden. Ich dachte, niemand würde je die Chance bekommen, das zu machen, und solange ich es mir leisten konnte, würde ich es tun. Darum streckte ich meine Hände aus und hielt bei der einen die Handfläche nach oben und bei der anderen nach unten.

Der Psychiater merkt nichts. Er sagt: »Drehen Sie sie rum.«

Ich drehe sie herum. Bei der einen drehe ich die Handfläche nach oben und bei der anderen nach unten, und er merkt *immer noch* nichts, denn er schaut die ganze Zeit nur auf eine Hand, um zu sehen, ob sie zittert. Der Trick wirkt also nicht.

Schließlich wird er, nachdem er all diese Fragen gestellt hat, wieder freundlich. Sein Gesicht hellt sich auf, und er sagt: »Ich sehe, Sie haben einen Doktor, Dick. Wo haben Sie studiert?«

»Am MIT und in Princeton. Und wo haben *Sie* studiert?«

»In Yale und in London. Und was haben Sie studiert, Dick?«

»Physik. Und was haben *Sie* studiert?«

»Medizin.«

»Und *das hier* ist *Medizin?*«

»Nun, ja. Was *glauben* Sie, was das ist? Sie gehen jetzt da rüber und warten ein paar Minuten!«

Also sitze ich wieder auf der Bank, und einer von den anderen Typen, die warten, macht sich an mich heran und sagt: »Mensch! Du warst fünfundzwanzig Minuten da drin! Bei den anderen hat's nur fünf Minuten gedauert!«

»Yeah.«

»He«, sagt er. »Willste wissen, wie man die Psychiater reinlegt? Du brauchst nur an deinen Nägeln zu kauen, so.«

»Warum kaust *du* dann nicht an *deinen* Nägeln herum?«

»Oh«, sagt er, »ich will doch in die Armee!«

»Willst du den Psychiater reinlegen?« sage ich. »Dann erzähl ihm genau das!«

Nach einer Weile wurde ich zu einem anderen Schreibtisch gerufen, um mit einem anderen Psychiater zu sprechen. Während der erste Psychiater reichlich jung gewesen war und harmlos ausgesehen hatte, war der hier grauhaarig und wirkte distinguiert – offenbar der leitende Psychiater. Ich denke, jetzt wird das alles ins richtige Gleis kommen, aber egal was passiert, ich werde nicht freundlich sein.

Der neue Psychiater schaut in meine Papiere, lächelt breit und sagt: »Hallo, Dick. Wie ich sehe, haben Sie während des Krieges in Los Alamos gearbeitet.«

»Yeah.«

»Da gab es doch eine Jungenschule, nicht wahr?«

»Das stimmt.«

»Hatte die Schule viele Gebäude?«

»Nur ein paar.«

Drei Fragen – die gleiche Technik –, und die nächste Frage wird völlig anders sein. »Sie haben gesagt, daß Sie Stimmen in Ihrem Kopf hören. Beschreiben Sie das bitte.«

»Es passiert sehr selten, wenn ich jemandem mit einem ausländischen Akzent zugehört habe. Wenn ich einschlafe, kann ich seine Stimme ganz klar hören. Das erste Mal, als das passiert ist, war ich Student am MIT. Ich konnte hören, wie der alte Professor Vallarta sagte: ›Dee-a dee-a electric field-a.‹ Und das andere Mal war in Chicago während des Krieges, als Professor Teller mir erklärte, wie die Bombe funktionierte. Da ich mich für alle möglichen Erscheinungen interessiere, habe ich mich gefragt, wieso ich diese Stimmen mit Akzent so präzise hören konnte, obwohl ich sie nicht so gut imitieren konnte ... Passiert so etwas nicht jedem ab und zu?«

Der Psychiater tat seine Hand vors Gesicht, und durch die Finger konnte ich ein kleines Lächeln sehen (die Frage beantwortete er nicht).

Dann ging er zu etwas anderem über. »Sie haben gesagt, daß Sie mit Ihrer verstorbenen Frau sprechen. Was sagen Sie zu ihr?«

Ich wurde ärgerlich. Ich finde, das geht ihn überhaupt nichts an und sage: »Ich sage ihr, daß ich sie liebhabe, wenn Sie nichts dagegen haben!«

Nach ein paar weiteren scharfen Wortwechseln fragt er: »Glauben Sie an das Übernormale?«

Ich sage: »Ich weiß nicht, was das ›Übernormale‹ ist.«

»Was, Sie haben einen Doktor in Physik und Sie wissen nicht, was das Übernormale ist?«

»So ist es.«

»Es ist das, woran Sir Oliver Lodge und seine Schule glauben.«

Das gibt auch nicht viel her, aber darüber wußte ich Bescheid. »Sie meinen das *Übernatürliche*.«

»Wenn Sie möchten, nennen Sie's so.«

»Schön, das werde ich tun.«

»Glauben Sie an Telepathie?«

»Nein. Sie?«

»Nun, ich bin aufgeschlossen.«

»Was? Sie, ein Psychiater, und *aufgeschlossen?* Ha!« So ging es noch eine ganze Weile weiter.

Gegen Ende des Gesprächs fragt er mich dann irgendwann: »Welchen Wert messen Sie dem Leben bei?«

»Vierundsechzig.«

»Warum sagen Sie ›Vierundsechzig‹?«

»Wie *soll* man denn den Wert des Lebens messen?«

»Nein! Ich meine, warum haben Sie ›Vierundsechzig‹ gesagt und zum Beispiel nicht ›Dreiundsiebzig‹?«

»Wenn ich ›Dreiundsiebzig‹ gesagt hätte, hätten Sie mir die gleiche Frage gestellt!«

Der Psychiater beendete das Gespräch mit drei freundlichen Fragen, genau wie der erste, übergab mir meine Papiere, und ich ging zur nächsten Kabine.

Während ich in der Schlange warte, schaue ich mir das Blatt an, auf dem das Ergebnis aller Tests steht, die ich bis dahin gemacht habe. Und aus Jux und Tollerei zeige ich es meinem Nachbarn und frage ihn, indem ich extra dämlich tue: »He! Was hast du denn in ›Psychiatrie‹ bekommen? Oh! Du hast ein ›N‹. Ich hab sonst auch überall ein ›N‹, aber in ›Psychiatrie‹ hab ich ein ›A‹ bekommen. Was heißt *das* denn?« Ich wußte, was es hieß: »N« bedeutet normal und »A« anomal.

Der Typ klopft mir auf die Schulter und sagt: »Alles palleti, Junge. Das heißt gar nichts. Mach dir darüber keine Sorgen!« Dann geht er erschrocken in die andere Ecke des Raumes: Ein Irrer!

Ich begann mir die Papiere anzusehen, die die Psychiater geschrieben hatten, und es sah ziemlich übel aus! Der erste hatte geschrieben:

Glaubt, daß die Leute über ihn reden.

Glaubt, daß die Leute ihn anstarren.

Hypnagogische Gehörhalluzinationen.

Führt Selbstgespräche.

Spricht mit seiner verstorbenen Frau.

Tante mütterlicherseits in einer Nervenheilanstalt.

Sehr eigenartiger Blick. (Was *das* war, wußte ich – das war, als ich gesagt hatte: »Und *das hier* ist *Medizin?*«)

Der zweite Psychiater nahm offenbar eine bedeutendere Stellung ein, denn sein Gekritzel war schwerer zu lesen. In seinen Notizen standen Dinge wie: »Hypnagogische Gehörhalluzinationen bestätigt«. (»Hypnagogisch« bedeutet, daß man die Halluzinationen beim Einschlafen hat.)

Er hatte noch eine Menge anderer, mit Fachausdrücken gespickte Bemerkungen notiert, die ich mir anschaute und die ziemlich schlimm aussahen. Ich überlegte, irgendwie würde ich das alles mit der Armee klären müssen.

Am Ende der ganzen Musterung entscheidet ein Offizier von der Armee, ob man dabei ist oder nicht. Wenn zum Beispiel irgend etwas mit dem Gehör nicht stimmt, muß *er* entscheiden, ob es schlimm genug ist, um einen vom Militärdienst auszuschließen. Und weil die Armee alles zusammenkratzte, um neue Rekruten zu bekommen, ließ sich dieser Offizier von niemandem etwas vormachen. Das war ein knallharter Bursche. Bei dem Kerl vor mir zum Beispiel standen hinten am Hals zwei Knochen hervor – verschobene Rückenwirbel oder so etwas Ähnliches –, und der Armee-Offizier mußte von seinem Schreibtisch aufstehen und sie *anfassen* – er mußte sicher sein, daß sie echt waren!

Ich denke, *das* ist die Stelle, wo ich dieses ganze Mißverständnis ausräumen kann. Als ich an der Reihe bin, reiche ich dem Offizier meine Papiere, und ich bin bereit, alles zu erklären, aber der Offizier schaut nicht auf. Er sieht das »A« bei »Psychiatrie«, nimmt den Ablehnungs-Stempel, stellt mir keinerlei Fragen, sagt überhaupt nichts; er stempelt nur »ABGELEHNT« auf meine Papiere und reicht mir meine Untauglichkeitsbescheinigung, wobei er immer noch auf den Schreibtisch schaut.

So ging ich hinaus und stieg in den Bus nach Schenectady, und während der Busfahrt dachte ich über die verrückte Sache nach, die mir passiert war, und fing – laut – an zu lachen und sagte mir: »Mein Gott! Wenn die mich jetzt sehen könnten, wären sie *sicher*!«

Als ich schließlich in Schenectady ankam, ging ich zu

Hans Bethe hinein. Er saß hinter seinem Schreibtisch und fragte mich scherzhaft: »Na, Dick, bestanden?«

Ich machte ein langes Gesicht und schüttelte langsam den Kopf. »Nein.«

Da war es ihm auf einmal unangenehm, weil er dachte, man hätte irgendein ernstes medizinisches Problem bei mir entdeckt, so daß er besorgt fragte: »Was ist denn los, Dick?«

Ich tippte an meine Stirn.

Er sagte: »Nein!«

»Doch!«

Er rief: »N-ei-ei-ei-ei-ei-ei-n!!!«, und er lachte so laut, daß bei der Firma General Electric beinah das Dach runtergekommen wäre.

Ich habe die Geschichte vielen Leuten erzählt, und bis auf wenige Ausnahmen haben alle gelacht.

Als ich nach New York zurückkam, holten mich mein Vater, meine Mutter und meine Schwester am Flughafen ab, und auf der Heimfahrt im Auto erzählte ich ihnen die Geschichte. Als ich fertig war, sagte meine Mutter: »Was sollen wir bloß tun, Mel?«

Mein Vater sagte: »Mach dich nicht lächerlich, Lucille. Das ist doch absurd!«

Damit hatte es sich, aber meine Schwester erzählte mir später, als wir nach Hause kamen und sie allein waren, hätte mein Vater gesagt: »Du hättest vor ihm nichts sagen dürfen, Lucille. Was sollen wir denn jetzt *tun*?«

Aber da hatte meine Mutter sich beruhigt, und sie sagte: »Mach dich nicht lächerlich, Mel!«

Noch jemandem machte die Geschichte zu schaffen. Es war bei einem Essen aus Anlaß einer Zusammenkunft der Physical Society, und Professor Slater, mein früherer Lehrer am MIT, sagte: »He, Feynman! Erzählen Sie uns doch mal die Geschichte von der Einberufung, die ich gehört habe.«

Ich erzählte all diesen Physikern – von denen ich außer Slater keinen kannte – die ganze Geschichte, und sie lachten die ganze Zeit, aber am Ende sagte jemand: »Na, vielleicht hat sich der Psychiater etwas dabei gedacht.«

Ich fragte energisch: »Und was sind *Sie* von Beruf, Sir?« Das war natürlich eine dumme Frage, denn wir waren ja alle Physiker bei einer Fachtagung. Aber es überraschte mich, daß ein Physiker so etwas sagte.

Er sagte: »Also, hm, eigentlich gehöre ich hier ja nicht hin, aber ich bin als Gast meines Bruders gekommen, der Physiker ist. Ich bin Psychiater.« Ich hatte ihn richtiggehend gewittert!

Nach einer Weile begann ich mir Sorgen zu machen. Da gibt es jemanden, der während des ganzen Krieges zurückgestellt worden ist, weil er an der Bombe arbeitet, und die Einberufungsbehörde bekommt Briefe, in denen steht, daß er wichtig sei, und jetzt kriegt er ein »A« in »Psychiatrie« – es stellt sich heraus, daß er ein Spinner ist! Offensichtlich ist er *kein* Spinner; er versucht nur, uns *glauben* zu machen, daß er ein Spinner ist – den holen wir uns!

Es sah nicht gut aus für mich, deshalb mußte ich einen Ausweg finden. Nach ein paar Tagen hatte ich mir eine Lösung ausgedacht. Ich schrieb einen Brief an die Einberufungsbehörde, in dem ungefähr folgendes stand:

Sehr geehrte Herren,

ich glaube nicht, daß ich einberufen werden sollte, denn ich lehre Naturwissenschaften, und das Wohlergehen des Landes hängt teilweise von den Fähigkeiten unserer künftigen Wissenschaftler ab. Nichtsdestoweniger mögen Sie zu dem Schluß kommen, daß ich wegen des Resultats meines medizinischen Gutachtens, nämlich daß ich aus psychiatrischen Gründen ungeeignet bin, zurückgestellt werden sollte. Ich glaube, daß diesem Gutachten keinerlei Gewicht beigemessen werden sollte, denn ich halte es für einen groben Irrtum.

Ich lenke Ihre Aufmerksamkeit auf diesen Irrtum, weil ich verrückt genug bin, um ihn nicht ausnützen zu wollen.

Hochachtungsvoll
R. P. Feynman

Ergebnis: »Zurückgestellt. Untauglich. Medizinische Gründe.«

4. Teil: Von Cornell ans Caltech, mit einem Abstecher nach Brasilien

Der würdevolle Professor

Ich glaube, ohne zu lehren kann ich überhaupt nicht auskommen. Der Grund ist, ich muß etwas haben, so daß ich mir, wenn ich keine Ideen habe und nicht weiterkomme, sagen kann: »Zumindest lebe ich; zumindest *tue* ich etwas; ich leiste *irgendeinen* Beitrag« – das ist rein psychologisch.

Als ich in den 40er Jahren in Princeton war, konnte ich sehen, was mit den großen Geistern am Institute for Advanced Study passierte, die speziell wegen ihrer ungeheuren Gehirne ausgewählt worden waren und denen man nun die Gelegenheit gab, in diesem schönen Haus da am Wald zu sitzen, ohne unterrichten zu müssen, ohne irgendwelche Verpflichtungen. Diese armen Kerle konnten jetzt sitzen und ganz ungestört nachdenken, o. k.? Und dann fällt ihnen eine Zeitlang nichts ein: Sie haben jede Möglichkeit, etwas zu tun, und es fällt ihnen nichts ein. Ich glaube, in so einer

Situation beschleicht einen ein Schuldgefühl oder eine Depression, und man fängt an, sich *Sorgen* zu machen, weil einem nichts einfällt. Und nichts tut sich. Es kommen immer noch keine Einfälle.

Es tut sich nichts, weil es nicht genügend *wirkliche* Aktivität und Herausforderung gibt: Man hat keinen Kontakt zu den Leuten, die Experimente machen. Man muß nicht darüber nachdenken, wie man die Fragen der Studenten beantwortet. Nichts!

Bei jeder geistigen Arbeit gibt es Momente, in denen alles gut läuft und man tolle Einfälle hat. Unterrichten zu müssen, bedeutet eine Unterbrechung, und deshalb ist das die größte Geduldsprobe, die man sich vorstellen kann. Und dann gibt es die *längeren* Phasen, in denen einem nicht viel kommt. Man hat keine Einfälle, und wenn man nichts zu tun hat, macht einen das wahnsinnig! Man kann nicht einmal sagen: »Ich habe ja meinen Unterricht.«

Wenn man unterrichtet, kann man über die elementaren Dinge nachdenken, die man sehr gut kennt. Das macht irgendwie Spaß und befriedigt einen sehr. Es schadet nichts, wenn man sie noch einmal überdenkt. Kann man sie besser darstellen? Gibt es irgendwelche neuen Probleme, die mit ihnen in Zusammenhang stehen? Kann man irgendwelche neuen Überlegungen über sie anstellen? Es ist so *leicht*, über die elementaren Dinge nachzudenken; wenn einem nichts Neues dazu einfällt, so schadet das nichts; die Gedanken, die man sich vorher darüber gemacht hat, genügen für den Unterricht. Wenn einem aber *tatsächlich* etwas Neues einfällt, freut man sich sehr, daß man eine neue Methode hat, die Dinge zu betrachten.

Die Fragen der Studenten sind oft die Quelle neuer Forschungen. Sie stellen oft tiefgründige Fragen, über die ich zu Zeiten nachgedacht und die ich dann für eine Weile gewissermaßen aufgegeben habe. Es würde mir nicht schaden, wieder über sie nachzudenken und zu sehen, ob ich jetzt weiterkomme. Die Studenten sehen vielleicht nicht, worauf ich eine Antwort finden möchte oder über welche Feinheiten ich nachdenken möchte, aber sie *erinnern* mich an ein Problem, wenn sie Fragen stellen, die in der Nachbarschaft dieses Problems liegen. Sich *selbst* an diese Dinge zu erinnern, ist nicht so einfach.

Ich finde also, daß der Unterricht und die Studenten dafür sorgen, daß das Leben weitergeht, und ich würde *nie* eine Position akzeptieren, bei der mir jemand eine angenehme Stellung eingerichtet hat, wo ich nicht zu lehren brauche. Niemals.

Aber einmal ist mir *tatsächlich* eine solche Position angeboten worden.

Während des Krieges, als ich noch in Los Angeles war, besorgte mir Hans Bethe diesen Job in Cornell, für 3700 Dollar im Jahr. Von irgendwo anders bekam ich ein Angebot, bei dem ich mehr verdienen sollte, aber ich mag Bethe, und ich hatte beschlossen, nach Cornell zu gehen, und machte mir wegen des Geldes keine Sorgen. Aber Bethe hielt immer Ausschau für mich, und als er herausfand, daß andere mir mehr anboten, sorgte er dafür, daß Cornell mein Gehalt auf 4000 Dollar erhöhte, bevor ich überhaupt dort anfing.

Cornell teilte mir mit, daß ich einen Kurs über mathematische Methoden der Physik geben sollte, und sie teilten mir mit, an welchem Tag ich kommen sollte – ich glaube, am 6. November, obwohl es komisch klingt, daß es so spät im Jahr gewesen sein soll. Ich nahm den Zug von Los Alamos nach Ithaca und verbrachte die meiste Zeit damit, Abschlußberichte für das Manhattan Project zu schreiben. Ich erinnere mich noch, daß ich im Nachtzug von Buffalo nach Ithaca an meinem Kurs zu arbeiten begann.

Man muß verstehen, was für ein Druck in Los Alamos herrschte. Man machte alles so schnell man konnte; jeder arbeitete sehr, sehr hart; und alles wurde in letzter Minute fertig. Deshalb kam es mir ganz natürlich vor, ein oder zwei Tage vor der ersten Vorlesung im Zug an meinem Kurs zu arbeiten.

Mathematische Methoden der Physik war ein idealer Kurs für mich. Es war das, was ich während des Krieges gemacht hatte – Mathematik auf die Physik anwenden. Ich wußte, welche Methoden *wirklich* nützlich waren und welche nicht. Ich hatte damals eine Menge Erfahrung, weil ich vier Jahre lang so hart gearbeitet und dabei mathematische Tricks angewandt hatte. So legte ich die verschiedenen Gebiete der Mathematik dar und wie man mit ihnen umgeht, und die Papiere – die Notizen, die ich im Zug machte – habe ich immer noch.

Ich stieg in Ithaca aus dem Zug und trug wie gewöhnlich meinen schweren Koffer auf der Schulter. Da rief jemand: »Taxi, Sir?«

Ich wäre nie auf den Gedanken gekommen, ein Taxi zu nehmen: Ich war immer ein junger Bursche gewesen, der nicht viel Geld hatte und sein eigener Herr sein wollte. Aber ich dachte mir: »Ich bin jetzt *Professor* – ich muß würdevoll sein.« So nahm ich meinen Koffer von der Schulter, trug ihn mit der Hand und sagte: »Ja.«

»Wohin soll's gehen?«

»Zum Hotel.«

»Zu welchem Hotel?«

»Zu einem der Hotels, die es in Ithaca gibt.«

»Haben Sie sich ein Zimmer reservieren lassen?«

»Nein.«

»Es ist nicht so einfach, ein Zimmer zu bekommen.«

»Wir fahren einfach von Hotel zu Hotel. Ich gehe fragen, und Sie warten auf mich.«

Ich versuchte es im Hotel Ithaca: kein Zimmer. Wir fahren zum Traveller's Hotel: sie haben auch kein Zimmer.

Ich sage zu dem Taxifahrer: »Es hat keinen Sinn, mit mir durch die Stadt zu fahren; das wird mir zu teuer. Ich werde von Hotel zu Hotel gehen.« Ich lasse meinen Koffer im Traveller's Hotel und fange an, herumzulaufen und nach einem Zimmer zu suchen. Da kann man sehen, wie gut vorbereitet ich als frischgebackener Professor war.

Ich traf jemanden, der ebenfalls auf der Suche nach einem Zimmer herumlief. Es stellte sich heraus, daß die Hotel-Situation völlig hoffnungslos war. Nach einer Weile wanderten wir eine Art Hügel hinauf und merkten allmählich, daß wir uns dem Campus der Universität näherten.

Wir sahen etwas, das wie ein Logierhaus aussah, und durch ein offenes Fenster konnte man drinnen Etagenbetten sehen. Es war inzwischen Nacht, und wir beschlossen zu fragen, ob wir dort schlafen könnten. Die Tür war offen, aber es war niemand im ganzen Haus. Wir gingen hinauf in eines der Zimmer, und der andere Typ sagte: »Also los, jetzt schlafen wir einfach hier!«

Ich hielt das nicht für so gut. Mir kam das vor wie Diebstahl. Jemand hatte die Betten gemacht; sie könnten nach Hause kommen und uns in ihren Betten finden, und wir würden Ärger bekommen.

Also gehen wir hinaus. Wir gehen ein bißchen weiter und sehen unter einer Laterne einen Riesenhaufen Blätter, die von den Rasenflächen zusammengefegt worden waren – es war Herbst. Ich sage: »He! Wir könnten in die Blätter kriechen und hier schlafen.« Ich probierte es; sie waren ganz weich. Ich war es müde, umherzulaufen, und wenn der Blätterhaufen nicht gerade unter einer Laterne gewesen wäre, wäre er genau richtig gewesen. Aber ich wollte nicht gleich in Schwierigkeiten kommen. In Los Alamos hatten die Leute mich geneckt (wenn ich getrommelt hatte und so weiter), was für einen »Professor« Cornell bekommen werde. Sie meinten, ich würde gleich meinen Ruf ruinieren, indem ich irgend etwas Dummes anstellen würde, darum versuchte ich, ein bißchen würdevoll zu sein. Widerstrebend gab ich die Idee auf, in dem Blätterhaufen zu schlafen.

Wir wanderten noch ein wenig herum und kamen an ein großes Gebäude, irgendein wichtiges Gebäude auf dem Campus. Wir gingen hinein, und in der Eingangshalle standen zwei Couchen. Der andere Typ sagte: »Ich schlafe hier!« und ließ sich auf eine Couch fallen.

Ich wollte nicht in Schwierigkeiten kommen, deshalb suchte ich nach dem Hausmeister, und als ich ihn im Keller fand, fragte ich ihn, ob ich auf einer der Couchen schlafen könnte, und er sagte: »Sicher.«

Am nächsten Morgen wachte ich auf, fand etwas, wo ich frühstücken konnte, und zischte so schnell wie möglich los, um herauszufinden, wann meine erste Unterrichtsstunde stattfinden sollte. Ich rannte zum Fachbereich Physik: »Wann ist meine erste Stunde? Habe ich sie verpaßt?«

Der Mensch sagte: »Sie brauchen sich keine Sorgen zu machen. Die Lehrveranstaltungen beginnen erst in acht Tagen.«

Das war ein *Schock* für mich! Das erste, was ich sagte, war: »Na, und warum haben Sie mir mitgeteilt, daß ich eine Woche früher hier sein soll?«

»Ich dachte, Sie würden gern herkommen und sich umsehen, eine Bleibe finden und sich einleben, bevor Sie mit Ihrem Unterricht beginnen.«

Ich war zurück in der Zivilisation, und ich wußte nicht, wie es da zuging!

Professor Gibbs schickte mich zur Studentenvereinigung, wo ich nach einer Unterkunft fragen sollte. Es ist ein großes Gebäude, in dem Unmassen von Studenten herumlaufen. Ich gehe zu einem großen Informationsschalter mit dem Schild »UNTERKÜNFTE« und sage: »Ich bin neu hier und suche ein Zimmer.«

Der Typ sagte: »Junge, die Wohnsituation in Ithaca ist schwierig. Ob du's glaubst oder nicht, sie ist so schwierig, daß letzte Nacht sogar ein *Professor* hier in der Halle auf einer Couch schlafen mußte!«

Ich schaue mich um, und es ist dieselbe Eingangshalle! Ich wende mich wieder an ihn und sage: »Also, ich bin dieser Professor, und der Professor möchte das nicht noch einmal machen!«

Meine erste Zeit in Cornell als neuer Professor war interessant und mitunter amüsant. Ein paar Tage nach meiner

Ankunft kam Professor Gibbs in mein Büro und erklärte mir, daß wir so spät im Semester gewöhnlich keine Studenten aufnähmen, daß wir aber in wenigen Fällen, wenn der Bewerber sehr, sehr gut sei, eine Ausnahme machen könnten. Er reichte mir eine Bewerbung und bat mich, sie anzuschauen.

Er kommt zurück: »Na, was meinen Sie?«

»Ich meine, er ist erstklassig, und ich finde, wir sollten ihn nehmen. Ich glaube, wir können uns glücklich schätzen, ihn hier zu haben.«

»Ja, aber haben Sie sich sein Photo angesehen?«

»*Was könnte das wohl für einen Unterschied machen?*« rief ich aus.

»Überhaupt keinen, Sir. Ich bin froh, daß Sie das sagen. Ich wollte sehen, wen wir hier als neuen Professor haben.« Es gefiel Gibbs, wie ich sofort auf ihn reagierte, ohne mir zu überlegen: »Er ist Fachbereichsleiter, und ich bin neu hier, ich bin also lieber vorsichtig mit dem, was ich sage.«

Ich bin nicht schnell genug, um so zu überlegen; meine erste Reaktion ist unmittelbar, und ich sage das erste, was mir in den Sinn kommt.

Dann kam jemand anders in mein Büro. Er wollte mit mir über Philosophie reden, und ich kann mich wirklich nicht erinnern, was er sagte, aber er wollte, daß ich mich irgendeinem Professoren-Club anschloß. Der Club war irgend so ein antisemitischer Verein, der meinte, daß die Nazis nicht so übel seien. Er versuchte mir zu erklären, daß es zu viele Juden gebe, die dies und das machten – irgendwas Verrücktes. So wartete ich, bis er fertig war, und sagte dann zu ihm: »Wissen Sie, Sie haben einen großen Fehler gemacht: ich komme aus einer jüdischen Familie.« Er ging hinaus, und von dem Zeitpunkt an verlor ich den Respekt vor einigen der Professoren in den Geisteswissenschaften und anderen Bereichen an der Cornell University.

Ich war dabei, nach dem Tod meiner Frau wieder neu anzufangen, und ich wollte ein paar Mädchen kennenlernen.

Damals gab es eine Menge geselliger Tanzveranstaltungen. Auch in Cornell gab es viele Tanzveranstaltungen, bei denen sich Kontakte ergaben, die die Leute zusammenbrachten, vor allem für Erstsemester und andere, die sich entschlossen hatten, wieder zu studieren.

Ich erinnere mich an den ersten Tanzabend, zu dem ich ging. Ich hatte, während ich in Los Alamos war, drei oder vier Jahre lang nicht mehr getanzt; ich war nicht mal in Gesellschaft gewesen. Ich ging also zu dieser Tanzveranstaltung und tanzte so gut ich konnte, wobei ich fand, daß meine Tanzerei einigermaßen in Ordnung sei. Man kriegt das gewöhnlich mit, wenn man mit jemandem tanzt und der andere sich dabei recht gut fühlt.

Beim Tanzen sprach ich ein bißchen mit dem Mädchen; sie stellte mir ein paar Fragen über mich, und ich stellte ihr ein paar über sie. Aber wenn ich mit einem Mädchen tanzen wollte, mit dem ich vorher schon einmal getanzt hatte, mußte ich nach ihr *suchen*.

»Mögen Sie nochmal tanzen?«

»Nein, tut mir leid; ich muß ein bißchen Atem schöpfen.« Oder: »Also, ich muß mal auf die Toilette« – diese und jene Ausrede, von zwei oder drei Mädchen hintereinander! Was war mit mir los? Tanzte ich schlecht? Oder lag es an meiner Person?

Ich tanzte mit einem anderen Mädchen, und wieder kamen die üblichen Fragen: »Sind Sie Student oder Doktorand?« (Viele Studenten sahen älter aus, weil sie beim Militär gewesen waren.)

»Nein, ich bin Professor.«

»Ach? In welchem Fach?«

»Theoretische Physik.«

»Da haben Sie wohl an der Atombombe gearbeitet.«

»Ja, ich war während des Krieges in Los Alamos.«

Sie sagte: »Sie sind ein verdammter Lügner!« – und ging weg.

Ich war mächtig erleichtert. Das erklärte alles. Ich hatte

allen Mädchen schlicht und einfach die Wahrheit erzählt, und wußte nie, was daran verkehrt war. Es war ganz offensichtlich, daß mir ein Mädchen nach dem anderen aus dem Weg ging, wenn ich sehr nett und natürlich und höflich war und die Fragen beantwortete. Alles sah recht erfreulich aus, und dann *wups* – ging es schief. Ich verstand das nicht, bis mich diese Frau zum Glück einen verdammten Lügner nannte.

So versuchte ich dann allen Fragen auszuweichen, und das hatte die gegenteilige Wirkung: »Sind Sie Erstsemester?«

»Na ja, nein.«

»Sind Sie Doktorand?«

»Nein.«

»Was *sind* Sie?«

»Ich möchte es nicht sagen.«

»Warum wollen Sie uns nicht sagen, was Sie sind?«

»Ich möchte nicht...« – und sie redeten weiter mit mir.

Am Ende war ich mit zwei Mädchen bei mir zu Hause, und eine von ihnen meinte, ich solle mir wirklich nichts daraus machen, daß ich erst im ersten Semester sei; es gebe massenhaft Typen in meinem Alter, die jetzt am College anfingen, und da sei doch überhaupt nichts dabei. Sie studierten im 2. Jahr, und sie waren recht mütterlich, alle beide. Sie bearbeiteten ganz schön meine Psyche, aber ich wollte nicht, daß die Situation so verdreht und mißverstanden wurde, deshalb ließ ich sie wissen, daß ich Professor war. Sie waren sehr beleidigt, daß ich sie getäuscht hatte. Ich hatte schon meine Mühe als junger Professor in Cornell.

Wie auch immer, ich fing an, meinen Kurs über die mathematischen Methoden in der Physik zu halten, und ich glaube, ich hielt noch einen anderen Kurs – Elektrizität und Magnetismus möglicherweise. Ich hatte auch vor, zu forschen. Vor dem Krieg, während ich an meiner Dissertation arbeitete, hatte ich viele Ideen: Ich hatte neue Methoden erfunden, in der Quantenmechanik mit Pfad-Integralen zu rechnen, und es gab eine Menge Sachen, die ich tun wollte.

In Cornell arbeitete ich, um meine Kurse vorzubereiten, und ich ging oft rüber in die Bibliothek und las mich durch *Tausendundeine Nacht* und beäugte die Mädchen, die vorbeikamen. Aber als es Zeit wurde, mich an die Forschung zu machen, wollte es mit der Arbeit nicht klappen. Ich war ein wenig müde; ich hatte kein Interesse; ich konnte nicht forschen! Es kam mir früher so vor, als sei das ein paar Jahre so gegangen, aber wenn ich zurückdenke und mir den zeitlichen Ablauf überlege, kann es nicht so lange gedauert haben. Heute würde mir das vielleicht nicht mehr so lang vorkommen, aber damals schien es *sehr* lange zu dauern. Ich brachte es einfach nicht fertig, irgendein Problem anzugehen: Ich entsinne mich, daß ich ein oder zwei Sätze über ein Problem niederschrieb, das mit Gammastrahlen zu tun hatte, und dann konnte ich nicht weitermachen. Ich war überzeugt, daß ich durch den Krieg und alles andere (den Tod meiner Frau) einfach ausgebrannt war.

Heute verstehe ich das viel besser. Vor allem ist einem jungen Menschen nicht klar, wieviel Zeit man braucht, um gute Vorlesungen vorzubereiten, besonders wenn man es zum erstenmal macht – und um die Vorlesungen zu halten und um sich Examensaufgaben auszudenken und zu überprüfen, daß sie auch sinnvoll sind. Ich gab gute Kurse, Kurse, bei denen ich in jeden einzelnen eine Menge Überlegungen einfließen ließ. Aber mir war nicht bewußt, daß das eine *Menge* Arbeit ist! So stand es also mit mir, ich war »ausgebrannt«, las *Tausendundeine Nacht* und fühlte mich niedergeschlagen.

Während dieser Phase bekam ich Angebote von verschiedenen Seiten – von Universitäten und aus der Industrie – mit Gehältern, die höher waren als meines. Und jedesmal wenn ich so ein Angebot bekam, war ich noch ein wenig mehr niedergedrückt. Ich sagte mir: »Schau, die machen dir diese großartigen Angebote, aber sie wissen nicht, daß ich ausgebrannt bin! Natürlich kann ich sie nicht annehmen. Sie erwarten von mir, daß ich etwas leiste, und ich kann überhaupt nichts leisten! Ich habe keine Ideen ...«

Schließlich kam mit der Post eine Einladung vom Institute for Advanced Study: Einstein... von Neumann... Weil... all diese großen Geister! *Sie* schreiben mir und laden mich ein, *dort* Professor zu sein! Und nicht bloß ein gewöhnlicher Professor. Irgendwie kannten sie meine Ansichten über das Institut: daß es zu theoretisch sei; daß es da zuwenig *wirkliche* Aktivität und Herausforderung gebe. Deshalb schreiben sie: »Wir haben Verständnis dafür, daß Sie ein beträchtliches Interesse an Experimenten und am Unterrichten haben, deshalb haben wir Vorsorge getroffen, eine besondere Art von Professur zu schaffen, wenn Sie dies wünschen: zur Hälfte Professor an der Universität Princeton und zur Hälfte am Institut.«

Institute for Advanced Study! Sonderregelung! Sogar eine bessere Stellung als Einstein! Es war ideal; es war perfekt; es war absurd!

Es *war* absurd. Bei den anderen Angeboten hatte ich mich bis zu einem gewissen Grad schlechter gefühlt. Sie erwarteten von mir, daß ich etwas leistete. Aber dieses Angebot war so lächerlich, es war so unmöglich für mich, ihm gerecht zu werden, es war so lächerlich unverhältnismäßig. Bei den anderen handelte es sich bloß um Irrtümer; dieses war eine Absurdität! Ich lachte eine Zeitlang darüber, während ich mich rasierte und darüber nachdachte.

Und dann dachte ich bei mir: »Weißt du, was sie von dir halten, ist so phantastisch, daß es unmöglich ist, dem gerecht zu werden. Du bist nicht verpflichtet, dem gerecht zu werden!«

Es war eine glänzende Idee: Man ist nicht verpflichtet, dem gerecht zu werden, was man nach Meinung anderer Leute leisten sollte. Ich bin nicht verpflichtet, so zu sein, wie sie es von mir erwarten. Es ist ihr Irrtum, nicht mein Versagen.

Es war kein Versagen meinerseits, daß das Institute for Advanced Study von mir erwartete, so gut zu sein; es war unmöglich. Es war offensichtlich ein Irrtum – und in dem

Augenblick, in dem ich die Möglichkeit anerkannte, daß sie sich vielleicht irrten, wurde mir bewußt, daß das auch für all die anderen Stätten galt, meine eigene Universität eingeschlossen. Ich bin, was ich bin, und wenn sie von mir erwartet haben, daß ich gut sein soll, und mir dafür Geld angeboten haben, dann ist das ihr Pech.

Durch eine seltsame Fügung – vielleicht hörte er mich darüber sprechen, vielleicht verstand er mich auch einfach – rief mich dann am gleichen Tag Bob Wilson, der in Cornell das Labor leitete, zu sich herein. Er sagte mit ernster Stimme: »Feynman, Ihr Unterricht ist ausgezeichnet; Sie machen Ihren Job gut, und wir sind sehr zufrieden. Ob irgendwelche anderen Erwartungen, die wir vielleicht haben, erfüllt werden, ist Glückssache. Wenn wir einen Professor anstellen, tragen wir das ganze Risiko. Wenn es gut läuft, prima. Wenn nicht, Pech. Aber Sie sollten sich nicht den Kopf darüber zerbrechen, was Sie tun oder nicht tun.« Er hat es viel besser gesagt, als ich es hier wiedergeben kann, und es befreite mich von dem Schuldgefühl.

Dann hatte ich einen anderen Gedanken: Die Physik ödet mich jetzt ein bißchen an, aber früher hatte ich *Spaß* daran. Warum hatte ich Spaß daran? Ich habe damit *gespielt.* Ich habe getan, wozu ich Lust hatte – es hatte nichts damit zu tun, ob es wichtig war für die Entwicklung der Kernphysik, sondern damit, ob es interessant und amüsant für mich war, damit zu spielen. Als ich in der High School war, habe ich gesehen, wie Wasser aus einem Hahn lief und wie die Kurve, die es beschrieb, immer flacher wurde, und ich habe mich gefragt, ob ich herauskriegen könnte, was diese Kurve verursacht. Ich fand, es war ziemlich leicht. Ich *mußte* es nicht tun; es war nicht wichtig für die Zukunft der Wissenschaft; es hatte schon jemand anders getan. Das machte aber nichts; ich erfand etwas und spielte damit zu meiner eigenen Unterhaltung.

So bekam ich eine neue Einstellung. Jetzt, wo ich ausgebrannt *bin* und nie mehr etwas leisten werde, habe ich diese hübsche Stellung an der Universität und unterrichte, was mir ziemlichen Spaß macht, und genauso wie ich *Tausendundeine Nacht* zum Vergnügen lese, werde ich mit der Physik *spielen*, wann immer ich es möchte, ohne mich darum zu kümmern, ob es auch wichtig ist.

Eine Woche später war ich in der Cafeteria, und irgend jemand, der herumalbert, wirft einen Teller in die Luft. Als der Teller in die Luft flog, sah ich, daß er eierte, und mir fiel auf, daß das rote Medaillon von Cornell, das auf dem Teller war, sich drehte. Es war ziemlich offensichtlich für mich, daß sich das Medaillon schneller drehte als der Teller eierte.

Ich hatte nichts zu tun, und so fing ich an, die Bewegung des rotierenden Tellers zu berechnen. Ich entdeckte, daß das Medaillon bei sehr kleinem Winkel zweimal so schnell rotiert wie der Teller eiert – zwei zu eins. Das ergab sich aus einer komplizierten Gleichung! Dann überlegte ich: »Gibt es eine Möglichkeit, auf eine mehr grundsätzliche Weise zu erkennen – indem ich die Kräfte oder die Dynamik in Betracht ziehe – warum es zwei zu eins ist?«

Ich weiß nicht mehr, wie ich es machte, aber ich rechnete schließlich die Bewegung der Masseteilchen aus und wie die ganzen Beschleunigungen sich ausgleichen, so daß sich ein Verhältnis zwei zu eins ergibt.

Ich weiß noch, wie ich zu Bethe ging und sagte: »He, Hans! Mir ist was Interessantes aufgefallen. Der Teller hier dreht sich so, und der Grund dafür, daß es zwei zu eins ist, ist...«, und ich zeigte ihm die Beschleunigungen.

Er sagt: »Feynman, das ist ja recht interessant, aber was ist daran so wichtig? Warum machen Sie das?«

»Ha!« sage ich. »Daran ist überhaupt nichts wichtig. Ich mache das nur aus Jux und Tollerei.« Seine Reaktion entmutigte mich nicht; ich hatte beschlossen, Spaß an der Physik zu haben und zu tun, was mir gefiel.

Ich arbeitete weiter Gleichungen von Taumelbewegungen aus. Dann dachte ich darüber nach, wie sich die Bahnen von Elektronen in der Relativität zu bewegen beginnen. Dann ist da die Dirac-Gleichung in der Elektrodynamik. Und dann die Quantenelektrodynamik. Und ehe ich mich versah (es ging sehr schnell), »spielte« – in Wahrheit: arbeitete – ich mit demselben alten Problem, das ich so liebte und an dem ich zu arbeiten aufgehört hatte, als ich nach Los Alamos ging: Probleme wie die, die ich in meiner Doktorarbeit behandelt hatte; all diese altmodischen, wunderbaren Sachen.

Es ging mühelos. Es war leicht, mit diesen Dingen zu spielen. Es war, wie wenn man eine Flasche entkorkt: Alles floß mühelos heraus. Ich war fast versucht, mich dagegen zu wehren! Es war nichts wichtig an dem, was ich tat, aber schließlich doch. Die Diagramme und die ganze Geschichte, wofür ich den Nobelpreis erhielt, das kam von dem Herummachen mit dem eiernden Teller.

Irgendwelche Fragen?

Als ich in Cornell war, wurde ich gebeten, einmal in der Woche an einem Luftfahrt-Laboratorium in Buffalo einen Vortrag zu halten. Cornell hatte eine Abmachung mit den Laboratorium getroffen, und dazu gehörte auch, daß jemand von der Universität abends Vorträge über Physik halten sollte. Zwar machte das schon jemand, aber es hatte Klagen gegeben, so daß der Fachbereich Physik sich an mich wandte. Ich war damals ein junger Professor und konnte nicht gut nein sagen, deshalb willigte ich ein.

Um nach Buffalo zu kommen, mußte ich mit einer kleinen Fluggesellschaft fliegen, die aus einem einzigen Flugzeug bestand. Sie hieß Robinson Airlines (später wurde sie in Mohawk Airlines umbenannt), und ich erinnere mich, daß, als ich das erste Mal nach Buffalo flog, Mr. Robinson der Pilot war. Er klopfte das Eis von den Tragflächen, und wir flogen los.

Ich war nicht gerade erfreut über den Gedanken, jeden Donnerstagabend nach Buffalo fliegen zu müssen. Die Universität zahlte mir zusätzlich zu meinen Auslagen 35 Dollar. Ich war in den Depressionsjahren groß geworden, und ich nahm mir vor, die 35 Dollar, was damals eine ziemliche Menge Geld war, zu sparen.

Auf einmal kam mir eine Idee: Mir wurde klar, daß die 35 Dollar den Trip nach Buffalo angenehmer machen sollten, und das hieß: das Geld ausgeben. Deshalb beschloß ich, die 35 Dollar auszugeben und mich jedesmal in Buffalo zu amüsieren, damit der Trip sich auch lohnte.

Ich hatte nicht viel Erfahrung mit dem Rest der Welt. Da ich nicht wußte, wo ich anfangen sollte, bat ich den Taxifahrer, der mich am Flughafen abholte, mich in die Geheimnisse des Nachtlebens von Buffalo einzuweihen. Er war sehr hilfsbereit, und ich erinnere mich noch, wie er hieß – Marcuso, und er fuhr Wagen Nummer 169. Ich ließ mich immer von ihm fahren, wenn ich donnerstags abends auf dem Flughafen ankam.

Als ich meinen ersten Vortrag hielt, fragte ich Marcuso: »Wo ist eine interessante Bar, in der eine Menge los ist?« Ich dachte, in Bars sei etwas los.

»Der Alibi Room«, sagte er. »Da tut sich was, und Sie können da eine Menge Leute kennenlernen. Ich fahre Sie nach Ihrem Vortrag hin.«

Nach dem Vortrag holte Marcuso mich ab und fuhr mich zum Alibi Room. Unterwegs frage ich: »Hören Sie mal, ich muß mir ja irgendwas zu trinken bestellen. Kennen Sie eine gute Whisky-Marke?«

»Bestellen Sie Black and White, Wasser extra«, riet er mir.

Der Alibi Room war eine elegante Bar, es waren viele Leute da, und es ging recht lebhaft zu. Die Frauen trugen Pelze, jedermann war freundlich, und die ganze Zeit klingelten die Telephone.

Ich ging zur Bar und bestellte meinen Black and White, das Wasser extra. Der Barkeeper war sehr freundlich, fand schnell eine hübsche Frau, die sich neben mich setzte, und stellte sie mir vor. Ich spendierte ihr Drinks. Der Platz gefiel mir, und ich beschloß, in der darauffolgenden Woche wiederzukommen.

Jeden Donnerstag abend kam ich nach Buffalo, wurde in Wagen Nummer 169 zu meinen Vortrag und danach zum Alibi Room gefahren. Ich marschierte in die Bar und bestellte meinen Black and White, das Wasser extra. Nach ein paar Wochen war es soweit, daß, sobald ich hereinkam und noch bevor ich die Bar erreichte, ein Black and White mit Wasser extra für mich bereitstand. »Das Übliche für Sie, Sir«, begrüßte mich der Barkeeper.

Ich kippte gleich das ganze Glas runter, um zu zeigen, daß ich ein zäher Bursche war, wie ich's im Kino gesehen hatte, und dann saß ich so etwa zwanzig Sekunden da, bevor ich das Wasser trank. Nach einer Weile brauchte ich nicht einmal mehr das Wasser.

Der Barkeeper sorgte immer dafür, daß der Stuhl neben mir nicht lange leer blieb, sondern daß da bald eine hübsche Frau saß, und alles ließ sich gut an, aber kurz bevor die Bar schloß, mußten alle woandershin. Ich dachte, das müsse wohl daran liegen, daß ich um die Zeit meist schon ziemlich betrunken war.

Einmal, als der Alibi Room schloß, schlug das Mädchen, dem ich an jenem Abend Drinks spendierte, vor, woandershin zu gehen, wo sie eine Menge Leute kenne. Es war im zweiten Stock in irgendeinem anderen Haus, und nichts deutete darauf hin, daß es da oben eine Bar gab. Die Bars in Buffalo mußten alle um zwei Uhr zumachen, und die ganzen Leute in den Bars wurden von diesem großen Saal im zweiten Stock geschluckt und machten einfach weiter – illegal, versteht sich.

Ich versuchte herauszukriegen, wie ich in Bars bleiben und dem Treiben zusehen konnte, ohne betrunken zu werden.

Eines Nachts sah ich, wie ein Kerl, der oft da gewesen war, zur Bar ging und ein Glas Milch bestellte. Jeder wußte, was sein Problem war: er hatte ein Magengeschwür, der arme Kerl. Das brachte mich auf eine Idee.

Als ich das nächste Mal in den Alibi Room komme, fragt der Barkeeper: »Das Übliche, Sir?«

»Nein. Coke. Nur ein einfaches Coke«, sage ich und mache ein enttäuschtes Gesicht.

Die anderen Typen bilden eine Runde um mich und bekunden mir ihr Mitgefühl: »Yeah, vor drei Wochen konnt' ich auch nichts trinken«, sagt einer. »Das ist verdammt hart, Dick, verdammt hart«, sagt ein anderer.

Sie bekundeten mir alle ihren Respekt. Ich hatte jetzt »dem Alkohol abgeschworen« und hatte doch den *Mumm*, in die Bar mit all ihren »Versuchungen« zu kommen und einfach ein Coke zu bestellen – denn natürlich mußte ich meine Freunde sehen. Und ich hielt das einen Monat lang durch! Ich war wirklich ein zäher Bursche.

Einmal war ich auf der Herrentoilette, und am Pissoir stand ein Kerl. Er war ganz schön betrunken und sagte mit fieser Stimme zu mir: »Dein Gesicht gefällt mir nicht. Ich glaub', ich hau dir eine rein.«

Ich kriegte einen Heidenschreck. Mit ebenso fieser Stimme gab ich zurück: »Verzieh dich, oder ich piss' durch dich durch!«

Er sagte irgend etwas anderes, und ich dachte, es würde gleich zu einer Schlägerei kommen. Ich hatte noch nie eine Schlägerei gehabt. Ich wußte nicht genau, was ich tun sollte, und ich hatte Angst, verletzt zu werden. Ich dachte nur an eins: ich ging von der Wand weg, weil ich dachte, wenn ich einen abbekäme, dann schon besser von hinten.

Dann spürte ich so ein komisches Knirschen im Auge – es tat nicht sehr weh –, und das Nächste, was ich weiß, ist, daß ich dem Mistkerl eine verpasse, ganz automatisch. Ich war erstaunt, festzustellen, daß ich nicht zu denken brauchte; die »Maschinerie« wußte, was zu tun war.

»O. k. Jetzt sind wir quitt«, sagte ich. »Oder willst du weitermachen?«

Der andere wich zurück und ging hinaus. Wir hätten uns umgebracht, wenn der andere so blöd gewesen wäre wie ich.

Ich ging mich waschen, meine Hände zitterten, mein Zahnfleisch blutete – ich habe da eine empfindliche Stelle –, und mein Auge tat weh. Nachdem ich mich beruhigt hatte, ging ich in die Bar zurück und stolzierte zum Barkeeper: »Black and White, Wasser extra«, sagte ich. Ich dachte, das würde meine Nerven beruhigen.

Ich merkte es nicht, aber der Bursche, dem ich in der Herrentoilette eine geknallt hatte, war in einem anderen Teil der Bar und sprach mit drei anderen Kerlen. Bald darauf kamen die drei – große, harte Burschen – zu mir und beugten sich über mich. Sie schauten drohend auf mich herab und fragten: »Was soll denn das, mit unserem Freund eine Schlägerei anzufangen?«

Na ja, und ich bin so dumm und kriege nicht mit, daß sie mich einschüchtern wollen; ich kenne nur richtig und falsch. Ich fahre herum und schnauze sie an: »Warum findet ihr nicht erstmal raus, wer womit angefangen hat, bevor ihr anfangt, Ärger zu machen?«

Die großen Burschen waren so erstaunt, daß ihr Einschüchterungsversuch nicht funktionierte, daß sie zurückwichen und gingen.

Nach einer Weile kam einer von ihnen zurück und sagte zu mir: »Du hast recht gehabt, das ist typisch Curly. Der prügelt sich dauernd, und wir sollen es dann geradebiegen.«

»Das kannst du laut sagen, daß ich recht habe!« sagte ich, und er setzte sich neben mich.

Curly und die beiden anderen kamen herüber und setzten sich zwei Stühle weiter auf der anderen Seite hin. Curly sagte etwas über mein Auge, es sehe nicht besonders gut aus, und ich sagte, seines sei aber auch nicht in Bestform.

Ich rede weiter so forsch daher, denn ich stelle mir vor, daß sich ein richtiger Mann in einer Bar eben so benehmen muß.

Die Lage wird immer brenzliger, und die Leute in der Bar fangen an, sich Sorgen zu machen, was passieren wird. Der Barkeeper sagt: »Keine Schlägerei hier drin, Jungs! Beruhigt euch mal!«

Curly zischt: »Das ist o. k.; wir kriegen den, wenn er rausgeht.«

Da kommt ein Genie vorbei. In jedem Bereich gibt es erstklassige Fachleute. Dieser Bursche kommt zu mir und sagt: »He, Dan! Ich wußte gar nicht, daß du in der Stadt bist! Schön, dich zu treffen!«

Dann sagt er zu Curly: »Eh, Paul! Ich möchte dir einen guten Freund von mir vorstellen, Dan hier. Ich glaube, ihr beide werdet euch verstehen. Warum gebt ihr euch nicht die Hand?«

Wir geben uns die Hand. Curly sagt: »Hm, sehr erfreut.«

Dann beugt sich das Genie zu mir herüber und flüstert sehr leise: »Jetzt aber schnell raus hier!«

»Aber sie haben gesagt, sie ...«

»Los!« sagt er.

Ich holte meinen Mantel und ging schnell hinaus. Ich ging an den Häuserwänden entlang, für den Fall, daß sie nach mir suchten. Niemand kam heraus, und ich ging in mein Hotel. Zufällig war es der Abend meines letzten Vortrags, deshalb ging ich nie wieder in den Alibi Room, jedenfalls ein paar Jahre lang nicht.

(Ungefähr zehn Jahre später bin ich noch einmal hingegangen, und es hatte sich alles verändert. Es war nicht mehr fein und gewienert wie früher; es war schäbig, und es waren zweifelhafte Leute da. Ich sprach mit dem Barkeeper, der auch nicht mehr derselbe war, und erzählte ihm von früher. »O, ja!« sagte er. »Das war die Bar, wo die ganzen Buchmacher mit ihren Mädchen rumhingen.« Da verstand ich, warum da so viele freundliche und elegant aussehende Leute gewesen waren und warum dauernd die Telephone geklingelt hatten.)

Als ich am nächsten Morgen aufstand und in den Spiegel schaute, stellte ich fest, daß es ein paar Stunden dauert, bis ein blaues Auge voll herauskommt. Als ich am selben Tag nach Ithaca zurückkam, ging ich hinüber ins Büro des Dekans, um dort etwas abzuliefern. Ein Philosophieprofessor sah mein blaues Auge und rief aus: »Oh, Mr. Feynman! Sie sind doch nicht etwa gegen eine Tür gerannt?«

»Keineswegs«, sagte ich. »Das habe ich mir in einer Bar in Buffalo bei einer Schlägerei auf der Herrentoilette geholt.«

»Ha, ha, ha!« lachte er.

Und dann gab es das Problem, daß ich meine reguläre Vorlesung halten mußte. Ich ging mit gesenktem Kopf in den Hörsaal und studierte meine Notizen. Als ich bereit war anzufangen, hob ich den Kopf und sah sie offen an, und dann sagte ich, was ich immer sagte, bevor ich mit meiner Vorlesung begann – aber diesmal mit etwas barscherer Stimme: »Irgendwelche Fragen?«

Ich will meinen Dollar!

Von Cornell aus fuhr ich oft zu Besuch heim nach Far Rockaway. Einmal, als ich zu Hause war, bekam ich einen Anruf: ein FERNGESPRÄCH aus Kalifornien. Ein Ferngespräch bedeutete damals, daß es sich um etwas *sehr* Wichtiges handeln mußte, besonders wenn es ein Ferngespräch aus dem eine Million Meilen entfernten fabelhaften Kalifornien war.

Der Mensch am anderen Ende fragt: »Spreche ich mit Professor Feynman von der Cornell University?«

»Ja, der bin ich.«

»Hier ist Mr. Soundso von der und der Flugzeugfirma.«

Es war eine der großen Flugzeugfirmen in Kalifornien, aber leider weiß ich nicht mehr, welche. Der Mensch fährt fort: »Wir haben die Absicht, ein Laboratorium für atomgetriebene Raketenflugzeuge einzurichten. Das jährliche Budget wird sich auf soundso viele Millionen Dollar belaufen...« Riesenzahlen.

Ich sagte: »Einen Moment, Sir; ich weiß nicht, warum Sie mir das alles erzählen.«

»Lassen Sie mich nur zu Ihnen sprechen«, sagt er, »lassen Sie mich nur alles erklären. Bitte, lassen Sie mich das auf meine Weise tun.« Er redet also ein bißchen weiter, sagt, wie viele Leute in dem Labor arbeiten werden, soundso viele Leute auf dieser Ebene und soundso viele Doktoren auf jener Ebene...

»Verzeihen Sie, Sir«, sage ich, »aber ich glaube, Sie haben den falschen Mann am Telephon.«

»Ich spreche doch mit Richard Feynman, Richard *P.* Feynman?«

»Schon, aber Sie...«

»Würden Sie mich Ihnen *bitte* unterbreiten lassen, was ich zu sagen habe, Sir, und *dann* besprechen wir es.«

»Na gut!« Ich setze mich hin und schließe die Augen, um mir diesen ganzen Kram anzuhören, all diese Einzelheiten über dieses große Projekt, und ich habe immer noch nicht die leiseste Ahnung, *warum* er mir diese ganzen Informationen gibt.

Als er schließlich fertig ist, sagt er: »Ich berichte Ihnen von unseren Plänen, weil wir wissen wollen, ob Sie Direktor des Laboratoriums werden möchten.«

»Sprechen Sie *wirklich* mit dem richtigen Mann?« frage ich. »Ich bin Professor für Theoretische Physik. Ich bin weder Raketenkonstrukteur noch Flugzeugkonstrukteur oder so etwas Ähnliches.«

»Wir sind sicher, daß wir den richtigen Mann haben.«

»Woher haben Sie denn meinen Namen? Wieso kamen Sie auf die Idee, *mich* anzurufen?«

»Sir, Ihr Name steht auf dem Patent für Raketenflugzeuge mit Atomantrieb.«

»Oh«, sagte ich, und mir wurde klar, *warum* mein Name auf dem Patent stand, und die Geschichte will ich jetzt erzählen. Dem Mann sagte ich: »Es tut mir leid, aber ich bleibe lieber Professor an der Cornell University.«

Es war folgendes passiert: Während des Krieges gab es in Los Alamos einen netten Kerl namens Hauptmann Smith, der das Patentbüro für die Regierung unter sich hatte. Smith schickte jedem eine Mitteilung, in der ungefähr folgendes stand: »Das Patentbüro möchte jede Idee patentieren, die Sie für die Regierung der Vereinigten Staaten, für die Sie jetzt arbeiten, entwickeln. Jede Idee zur Kernenergie und ihrer Anwendung, die Sie für allgemein bekannt halten, ist *keineswegs* allgemein bekannt: Kommen Sie einfach in mein Büro und teilen Sie mir die Idee mit.«

Ich treffe Smith beim Mittagessen, und als wir zur technischen Abteilung zurückgehen, sage ich zu ihm: »Diese Mitteilung, die Sie rumgeschickt haben: Das ist doch irgendwie verrückt, daß wir zu Ihnen reinkommen und Ihnen *jede* Idee mitteilen sollen.«

Wir diskutieren es hin und her – derweil sind wir in seinem Büro –, und ich sage: »Es gibt so viele Ideen zur Kernenergie, die völlig auf der Hand liegen, daß ich einen ganzen *Tag* hier zu tun hätte, um Ihnen das alles zu erzählen.«

»ZUM BEISPIEL?«

»Kein Problem!« sage ich. »Beispiel: Kernreaktor... unter Wasser... Wasser geht rein... auf der anderen Seite kommt Dampf raus... *Pschschschscht!* – ein Unterseeboot. Oder: Kernreaktor... vorne strömt Luft hinein... wird durch die Kernreaktion erhitzt... kommt hinten raus... *Bum!* Fliegt durch die Luft – ein Flugzeug. Oder: Kernreaktor... man läßt Wasserstoff durch das Ding durchgehen... *Sssst!* – eine Rakete. Oder: Kernreaktor... statt gewöhnlichem Uran nimmt man angereichertes Uran mit Berylliumoxid bei hoher Temperatur, um es wirksamer zu machen... Das ist ein Kraftwerk zur Stromerzeugung. Es gibt eine *Million* Ideen!« sage ich beim Hinausgehen.

Nichts geschah.

Ungefähr drei Monate später ruft mich Smith in sein Büro und sagt: »Feynman, das Unterseeboot ist schon patentiert. Aber die anderen drei gehören Ihnen.« Als daher die Typen bei der Flugzeugfirma in Kalifornien ihr Labor planen und herauszufinden versuchen, wer Fachmann für raketengetriebene Dingsbumse ist, ist das ganz einfach: Sie gucken nach, wer das Patent dafür hat!

Jedenfalls sagte Smith mir, ich solle wegen der drei Ideen, die ich der Regierung zum Patentieren gab, ein paar Papiere unterzeichnen. Na ja, das ist so eine bescheuerte Rechtsangelegenheit, aber wenn man das Patent der Regierung gibt, dann ist das Dokument, das man unterzeichnet, erst dann rechtsgültig, wenn eine *Bezahlung* stattgefunden hat, und deshalb stand auf dem Papier, das ich unterschrieb: »Ich, Richard P. Feynman, überlasse für die Summe von einem Dollar der Regierung diese Idee...«

Ich unterschrieb.

»Wo ist mein Dollar?«

»Das ist bloß eine Formalität«, sagt er. »Wir haben keine Mittel bereitgestellt, um einen Dollar zu bezahlen.«

»Sie haben es so hingestellt, daß ich für den Dollar *unterzeichne*«, sage ich. »Ich will meinen Dollar!«

»Das ist doch lächerlich«, protestiert Smith.

»Nein, daß ist es nicht«, sage ich. »Das ist ein rechtsgültiges Dokument. Sie haben mich das unterschreiben lassen, und ich bin ein ehrlicher Mensch. Wenn ich etwas unterschreibe, das besagt, daß ich einen Dollar bekommen habe, dann muß ich einen Dollar bekommen. Damit kann man keine Spielchen treiben.«

»Schon gut, schon gut!«, sagt er entnervt. »Ich *gebe* Ihnen einen Dollar, aus meiner *eigenen* Tasche!«

»O. k.«

Ich nehme den Dollar, und ich weiß, was ich tun werde. Ich gehe runter ins Lebensmittelgeschäft und kaufe für einen Dollar – was damals ziemlich viel war – Plätzchen und Süßigkeiten, zum Beispiel diese Schokoladenbonbons mit Marshmallow drin, eine ganze Menge davon.

Ich komme zurück ins theoretische Labor und verteile sie: »Alle mal herhören, ich habe was gewonnen! Hier, ein Plätzchen für dich! Ich habe was gewonnen! Einen Dollar für mein Patent! Ich habe einen Dollar für mein Patent gekriegt!«

Jeder, der so ein Patent hatte – und eine Menge Leute hatten welche eingeschickt –, jeder kommt zu Hauptmann Smith gelaufen: Sie wollen ihren Dollar.

Zuerst blecht er sie aus eigener Tasche, aber bald merkt er, daß das ein Aderlaß werden wird! Er bemühte sich wie irre, einen Fonds einzurichten, von dem er die Dollars nehmen konnte, auf denen diese Kerle bestanden. Ich habe keine Ahnung, wie er das abgerechnet hat.

Du *fragst* sie einfach?

In der ersten Zeit, als ich in Cornell war, stand ich im Briefwechsel mit einem Mädchen, das ich in New Mexico kennengelernt hatte, als ich an der Bombe arbeitete. Als sie einen anderen Burschen erwähnte, den sie kannte, überlegte ich mir, daß es wohl besser wäre, rasch am Ende des Semesters hinzufahren und zu versuchen, die Situation zu retten. Aber als ich hinkam, fand ich heraus, daß es zu spät war, und so landete ich in einem Motel in Albuquerque mit einem freien Sommer und nichts zu tun.

Das Casa Grande Motel lag an der Route 66, der Hauptstraße, die durch die Stadt führt. Drei Häuser weiter gab es einen kleinen Nachtklub, in dem Darbietungen stattfanden. Da ich nichts zu tun hatte und gern Leute in Bars beobachtete und kennenlernte, ging ich sehr oft in diesen Nachtklub.

Als ich das erste Mal hinging, unterhielt ich mich mit einem Typen an der Bar, und uns fiel ein *ganzer Tisch* mit hübschen jungen Frauen auf – ich glaube, sie waren TWA-Stewardessen –, die einen Geburtstag feierten oder so etwas Ähnliches. Der andere meinte: »Na los, geben wir uns einen Ruck und fordern wir sie zum Tanzen auf.«

Wir baten also zwei von ihnen zum Tanz, und nachher luden sie uns ein, mit bei den anderen Mädchen am Tisch zu sitzen. Nach ein paar Drinks kam der Kellner vorbei: »Möchte jemand was *bestellen?*«

Ich machte gern Betrunkene nach, und obwohl ich völlig nüchtern war, wandte ich mich an das Mädchen, mit dem ich getanzt hatte, und fragte sie lallend: »MÖCHsteirgendwas?«

»Was können wir denn bestellen?« fragt sie.

»Allllllllllllles, was ihr wollt – ALLES!«

»Na gut! Wir nehmen Champagner!« sagt sie vergnügt. Darauf sage ich mit lauter Stimme, so daß jeder in der Bar es hören kann: »O. k.! Ch-ch-champagner für alle!«

Da höre ich, wie mein Freund mit meinem Mädchen spricht und sagt, was für ein gemeiner Trick das sei, »dem die ganze Kohle abzunehmen, weil er einen sitzen hat«, und mir kommt allmählich zu Bewußtsein, daß ich vielleicht einen Fehler gemacht habe.

Na ja, freundlicherweise kommt der Kellner zu mir, beugt sich herab und sagt leise: »Sir, das macht *sechzehn Dollar die Flasche.*«

Ich beschließe, die Idee mit dem Champagner für alle fallenzulassen, deshalb sage ich noch lauter als vorher: »VERGESSEN SIE'S!«

So war ich reichlich überrascht, als der Kellner ein paar Augenblicke später mit diesem ganz tollen Zeug wieder an den Tisch kam: ein weißes Tuch über dem Arm, ein Tablett voller Gläser, ein Kübel voller Eis und eine Flasche Champagner. Er hatte gedacht, ich hätte gemeint: »Vergessen Sie den *Preis*«, während ich gemeint hatte: »Vergessen Sie den *Champagner!*«

Der Kellner schenkte allen Champagner ein, ich zahlte die sechzehn Dollar, und mein Freund war sauer auf mein Mädchen, weil er dachte, sie hätte mich dazu gebracht, so viel Geld auszugeben. Aber was mich anging, so war der Fall damit erledigt – obwohl sich später herausstellte, daß es der Beginn eines neuen Abenteuers war.

Ich ging recht oft in diesen Nachtklub, und im Laufe der Wochen wechselten auch die Darbietungen. Die Künstler waren auf einer Rundreise, die durch Amarillo und eine Menge anderer Orte in Texas und Gott weiß wohin führte. In dem Nachtklub gab es auch eine festangestellte Sängerin, die Tamara hieß. Immer wenn eine neue Gruppe von Artisten in den Klub kam, stellte mich Tamara einem der Mädchen aus der Gruppe vor. Das Mädchen kam, setzte sich zu mir an den Tisch, ich spendierte ihr Drinks, und wir unterhielten uns. Natürlich hätte ich gern mehr gemacht als nur *geredet*, aber in letzter Minute kam immer etwas dazwischen. Deshalb konnte ich nie verstehen, warum sich Tamara immer die Mühe machte, mich all diesen netten Mädchen vorzustellen, denn auch wenn alles gut anfing, spendierte ich am Ende immer Drinks und verbrachte den Abend mit Reden, aber das war es dann auch. Mein Freund, der nicht den Vorteil genoß, von Tamara vorgestellt zu werden, kam auch nicht weiter – wir waren beide Nieten.

Nach ein paar Wochen mit wechselnden Shows und wechselnden Mädchen kam eine neue Show, und wie gewöhnlich stellte mich Tamara einem Mädchen aus der Gruppe vor, und es lief das Übliche ab: ich spendiere Drinks, wir reden, und sie ist sehr nett. Sie ging und hatte ihren Auftritt, und danach kam sie zu mir an den Tisch zurück, und ich fühlte mich recht wohl. Die Leute drehten sich um und dachten: »Was hat der bloß, daß dieses Mädchen gerade zu *ihm* kommt?«

Aber dann, irgendwann gegen Ende des Abends, sagte sie etwas, was ich nun schon viele Male gehört hatte: »Ich würde dich ja gern heute nacht mit zu mir nehmen, aber bei uns steigt ein Fest, vielleicht geht's morgen ...« – und ich wußte, was dieses »vielleicht morgen« bedeutete: NICHTS.

Nun, mir war im Laufe des Abends aufgefallen, daß dieses Mädchen – sie hieß Gloria – während der Show und wenn sie zur Toilette ging oder von da kam, ziemlich oft mit dem Conférencier sprach. Als sie wieder einmal auf der Toilette war und der Conférencier zufällig an meinem Tisch vorbeikam, riet ich einfach drauflos und sagte: »Sie haben eine nette Frau.«

Er sagte: »Ja, danke«, und wir fingen an, uns ein wenig zu unterhalten. Er nahm an, sie hätte es mir gesagt. Und als Gloria wiederkam, nahm sie an, *er* hätte es mir gesagt. Sie unterhielten sich also beide ein bißchen mit mir und luden mich ein, nachts, wenn die Bar schloß, mit zu ihnen zu kommen.

Um zwei Uhr morgens ging ich mit ihnen zu ihrem Motel. Natürlich fand da kein Fest statt, und wir unterhielten uns lange. Sie zeigten mir ein Photoalbum mit Bildern von Gloria aus der Zeit, als ihr Mann sie in Iowa kennengelernt hatte, eine gemästete, ziemlich üppig aussehende Frau; dann andere Bilder von ihr, nachdem sie abgenommen hatte, und jetzt sah sie wirklich flott aus! Er hatte ihr alles mögliche beigebracht, aber *er* konnte weder lesen noch schreiben, was besonders interessant war, denn als Conférencier mußte er die Namen der Nummern und der Teilnehmer am Amateurwettbewerb lesen, und ich hatte nicht einmal bemerkt, daß er nicht *lesen* konnte, was er »vorlas«. (Am nächsten Abend sah ich, wie sie es machten. Wenn sie jemand auf die Bühne oder von der Bühne herunterbrachte, schaute sie auf den Zettel, den er in der Hand hatte, und flüsterte ihm im Vorbeigehen die Namen der nächsten Teilnehmer und den Titel der Nummer zu.)

Sie waren ein sehr interessantes, freundliches Paar, und wir hatten viele interessante Unterhaltungen. Mir fiel ein, wie wir uns kennengelernt hatten, und ich fragte sie, warum mir Tamara immer die neuen Mädchen vorstellte.

Gloria antwortete: »Bevor Tamara mich dir vorstellte, sagte sie: ›Jetzt stelle ich dich dem einzigen vor, der hier wirklich was *springen läßt!*‹«

Ich mußte einen Moment überlegen, bis mir klar wurde, daß sich die mit einem so forschen und mißverstandenen *»Vergessen Sie's!«* gekaufte Sechzehn-Dollar-Flasche Champagner als gute Investition erwiesen hatte. Ich stand offenbar in dem Ruf, irgendein Exzentriker zu sein, der *nie* feingemacht, *nie* in einem ordentlichen Anzug hereinkam, aber *immer* bereit war, eine Menge Geld für die Mädchen auszugeben.

Schließlich erzählte ich ihnen, daß mir etwas aufgefallen sei: »Ich bin einigermaßen intelligent«, sagte ich, »aber vielleicht nur, was die Physik angeht. Aber in der Bar da sind eine Menge intelligenter Leute – Leute aus dem Ölgeschäft,

Leute aus dem Bergbau, wichtige Geschäftsleute und so weiter –, und die ganze Zeit spendieren sie den Mädchen Drinks, und sie bekommen *nichts* dafür!« (Zu dem Zeitpunkt hatte ich geschlossen, daß auch sonst niemand etwas von all diesen Drinks hatte.) »Wie geht das zu«, fragte ich, »daß ein ›intelligenter‹ Typ so ein gottverdammter Narr sein kann, wenn er in eine Bar kommt?«

Der Conférencier sagte: »*Darüber* weiß ich genau Bescheid. Ich weiß genau, wie das alles funktioniert. Ich werde es dir beibringen, so daß du danach in einer Bar wie der auch etwas von einem Mädchen kriegen kannst. Aber ehe ich es dir beibringe, muß ich beweisen, daß ich wirklich weiß, wovon ich rede. Um das zu tun, wird Gloria einen *Mann* dazu bringen, *dir* einen Champagner-Cocktail auszugeben.«

Ich sagte: »O. k.«, obwohl ich dachte: »Wie zum Teufel wollen die das *anstellen?*«

Der Conférencier fuhr fort: »Du mußt jetzt genau das tun, was wir dir sagen. Morgen abend solltest du dich ein Stück weit entfernt von Gloria in die Bar setzen, und wenn sie dir ein Zeichen gibt, brauchst du nur hinzugehen.«

»Ja«, sagte Gloria. »Das geht ganz leicht.«

Am nächsten Abend gehe ich in die Bar und setze mich in die Ecke, wo ich Gloria von weitem im Auge behalten kann. Nach einer Weile sitzt natürlich jemand bei ihr, und ein Weilchen später ist der Kerl happy, und Gloria zwinkert mir zu. Ich stehe auf und schlendere lässig vorbei. Gerade als ich vorbeikomme, dreht Gloria sich um und sagt richtig freundlich und heiter: »Oh, hallo, Dick! Seit wann bist du wieder in der Stadt? Wo warst du?«

In diesem Moment dreht sich der andere um, um zu sehen, wer dieser »Dick« ist, und ich kann in seinen Augen etwas sehen, das ich vollkommen verstehe, weil ich selbst so oft in dieser Lage gewesen bin.

Erster Blick: »Aha, es gibt Konkurrenz. Er wird sie mir wegnehmen, nachdem ich ihr einen Drink spendiert habe! Was passiert jetzt?«

Zweiter Blick: »Nein, es ist nur ein flüchtiger Bekannter. Sie scheinen sich von früher zu kennen.« All das konnte ich *sehen.* Ich konnte es von seinem Gesicht ablesen. Ich wußte genau, was er durchmachte.

Gloria wendet sich an ihn und sagt: »Jim, ich möchte dir einen alten Freund von mir vorstellen, Dick Feynman.«

Nächster Blick: »Ich weiß, was ich tue; *ich werde zu diesem Kerl freundlich sein, damit sie mich noch mehr mag.*«

Jim dreht sich zu mir herum und sagt: »Hallo, Dick. Wie wär's mit einem Drink?«

»Ja, gern!« sage ich.

»Was nimmst du?«

»Dasselbe wie sie.«

»Barkeeper, noch einen Champagner-Cocktail bitte.«

Es war also leicht; es ging ohne Problem. In der gleichen Nacht ging ich, nachdem die Bar geschlossen hatte, wieder hinüber zu dem Motel, in dem der Conférencier und Gloria wohnten. Sie amüsierten sich und lachten und freuten sich, wie gut es geklappt hatte. »Also gut«, sagte ich, »ich bin absolut davon überzeugt, daß ihr beide genau wißt, wovon ihr redet. Was willst du mir jetzt beibringen?«

»O. k.«, sagte er. »Das ganze Prinzip ist folgendes: Der Mann möchte ein Gentleman sein. Er möchte nicht für unhöflich, grob oder etwa für einen Knauser gehalten werden. Solange das Mädchen die Motive des Typen so gut kennt, ist es leicht, ihn dahin zu steuern, wo sie ihn haben will.

»Deshalb«, fuhr er fort, »darfst du *unter keinen Umständen* ein Gentleman sein! Du mußt die Mädchen *geringschätzig* behandeln. Außerdem ist die allererste Regel, du darfst einem Mädchen *nichts* spendieren – nicht einmal ein Päckchen Zigaretten –, bevor du sie nicht *gefragt* hast, ob sie mir dir schläft, und du davon überzeugt bist, daß sie es auch *tun* wird und nicht lügt.«

»Hm ... du meinst ... du willst nicht ... hm ... du *fragst* sie einfach?«

»O. k.«, sagte er, »ich weiß, dies ist deine erste Lektion,

und wahrscheinlich ist es schwierig für dich, so unverblümt zu sein. Wenn du willst, kannst du ihr also was spendieren – aber nur was ganz Kleines –, bevor du sie fragst. Aber du mußt dir darüber im klaren sein, daß es dadurch nur schwieriger wird.«

Also, mir muß nur jemand das Prinzip sagen, und dann sehe ich schon, wo's langgeht. Während des ganzen nächsten Tages baute ich meine Strategie um: ich machte mir die Haltung zu eigen, daß diese Mädchen in der Bar alles bloß Weibsbilder sind, daß sie nichts *wert* sind und daß sie nur darauf aus sind, daß man ihnen einen Drink spendiert, daß sie einem aber nicht das geringste dafür geben; diesen nichtsnutzigen Weibsbildern gegenüber werde ich mich nicht wie ein Gentleman verhalten und so weiter. Ich lernte das, bis es automatisch wurde

Am Abend war ich dann bereit, es auszuprobieren. Ich gehe wie gewöhnlich in die Bar, und sofort sagt mein Freund: »He, Dick! Wart ab, bis du das Mädchen siehst, das ich heut abend habe. Sie mußte sich umziehen gehen, aber sie kommt gleich zurück.«

»Yeah, yeah«, sage ich unbeeindruckt und setze mich an einen anderen Tisch, um mir die Show anzusehen. Als die Show gerade anfängt, kommt das Mädchen meines Freundes herein, und ich denke: »Ist mir doch scheißegal, *wie* hübsch sie ist; sie bringt ihn ja doch nur dazu, ihr Drinks zu spendieren, und geben wird sie ihm *nichts!*«

Nach der ersten Nummer sagt mein Freund: »He, Dick! Ich möchte dir Ann vorstellen. Ann, das ist ein guter Freund von mir, Dick Feynman.«

Ich sage »hallo« und sehe mir weiter die Show an.

Ein paar Augenblicke später sagt Ann zu mir: »Warum kommst du nicht rüber an unseren Tisch?«

Ich denke bei mir: »So 'n Weibsbild: *Er* gibt ihr Drinks aus, und *sie* lädt jemand *anderen* ein, an den Tisch zu kommen.« Ich sage: »Ich sehe gut von hier.«

Ein Weilchen später kommt ein Leutnant von dem Standort in der Nähe herein, er trägt eine schmucke Uniform. Es dauert nicht lange, und wir sehen, daß Ann am anderen Ende der Bar bei dem Leutnant sitzt!

Später am Abend sitze ich an der Bar, Ann tanzt mit dem Leutnant, und als er mir den Rücken zuwendet und sie mich ansieht, lächelt sie mich ganz freundlich an. Ich denke wieder: »So ein Weibsbild! Jetzt macht sie das sogar mit dem *Leutnant!*«

Dann kommt mir eine gute Idee: Ich schaue sie so lange nicht an, bis auch der Leutnant mich sehen kann, und *dann* lächle ich ihr zu, so daß der Leutnant weiß, was vorgeht. Ihr Trick hat also nicht lange funktioniert.

Ein paar Minuten später ist sie nicht mehr bei dem Leutnant, sondern bittet den Barkeeper um ihren Mantel und ihre Handtasche und sagt laut, so daß es jeder hört: »Ich geh' ein bißchen spazieren. Hat jemand Lust mitzugehen?«

Ich denke mir: »Du kannst weiter nein sagen und sie nicht landen lassen, aber du kannst das nicht ewig machen, sonst kommst du nicht weiter. Irgendwann mußt du mitziehen.« So sage ich cool: »*Ich* geh mit.« Wir gehen also hinaus. Wir spazieren ein paar Häuserblocks weit die Straße hinunter und sehen ein Café, und sie sagt: »Ich hab eine Idee – wir holen uns Kaffee und Sandwiches und gehen zu mir und essen etwas.«

Die Idee hört sich recht gut an, wir gehen also in das Café, und sie bestellt drei Kaffee und drei Sandwiches, und ich bezahle.

Als wir aus dem Café hinausgehen, überlege ich: »Irgendwas stimmt da nicht: zu viele Sandwiches!«

Auf dem Weg zu ihrem Motel sagt sie: »Weißt du, ich habe gar keine Zeit, die Sandwiches mit dir zu essen, denn nachher kommt noch ein Leutnant rüber zu mir...«

Ich denke bei mir: »Siehste, verhauen. Der Conférencier hat mir beigebracht, was ich tun soll, und ich hab's verhauen. Ich habe ihr für 1,10 Dollar Sandwiches gekauft und vorher nichts von ihr verlangt, und jetzt *weiß* ich, daß ich nichts bekommen werde! Ich muß das wiedergutmachen, und sei's nur, um die Ehre meines Lehrers zu retten.«

Ich bleibe plötzlich stehen und sage zu ihr: »Du ... bist ja schlimmer als 'ne HURE!«

»Wie meinst'n das?«

»*Du* hast *mich* dazu gebracht, diese Sandwiches zu kaufen, und was kriege ich dafür? *NICHTS!*«

»Du Knauser!« sagt sie. »Wenn du das so siehst, dann geb *ich* dir das Geld für die Sandwiches *zurück!*«

Ich ließ es darauf ankommen: »Dann her damit.«

Sie war erstaunt. Sie langte in ihr Portemonnaie, holte das bißchen Geld heraus, das sie bei sich hatte, und gab es mir. Ich nahm einen Kaffee und mein Sandwich und ging.

Nachdem ich gegessen hatte, ging ich in die Bar zurück, um dem Conférencier Bericht zu erstatten. Ich erklärte alles und sagte ihm, es täte mir leid, daß ich es verhauen hätte, aber ich hätte versucht, es wiedergutzumachen.

Er sagte ruhig: »Das ist o. k., Dick; das geht in Ordnung. Da du ihr am Ende ja nichts spendiert hast, wird sie heute nacht mit dir schlafen.«

»*Was?*«

»So ist es«, sagt er zuversichtlich; »sie wird heute nacht mir dir schlafen. Ich *weiß* es.«

»Aber sie ist ja nicht mal *hier!* Sie ist bei *sich* mit dem Leu-«

»Das geht klar.«

Es wird zwei Uhr, die Bar macht zu, und Ann ist nicht aufgetaucht. Ich frage den Conférencier und seine Frau, ob ich wieder mit zu ihnen kommen kann. Sie sagen ja.

Gerade als wir aus der Bar treten, kommt Ann und läuft über die Straße auf mich zu. Sie hakt mich unter und sagt: »Komm, gehen wir zu mir.«

Der Conférencier hatte recht. Das war eine tolle Lektion!

Als ich im Herbst wieder in Cornell war, tanzte ich mit der Schwester eines Doktoranden, die aus Virginia zu Besuch war. Sie war sehr nett, und plötzlich hatte ich diesen

Einfall: »Laß uns in eine Bar gehen und etwas trinken«, sagte ich.

Auf dem Weg zur Bar nahm ich meinen Mut zusammen, um die Lehre des Conférenciers an einem *normalen* Mädchen auszuprobieren. Schließlich kommt man sich nicht so übel vor, wenn man ein Barmädchen geringschätzig behandelt, das einen dazu zu bringen versucht, ihm einen Drink auszugeben – aber ein nettes, normales Mädchen aus dem Süden?

Wir gingen in die Bar, und bevor ich mich hinsetzte, sagte ich: »Hör mal, bevor ich dir einen Drink spendiere, möchte ich eins wissen: Schläfst du heute nacht mit mir?«

»Ja.«

Es funktionierte also auch bei einem normalen Mädchen! Aber so wirksam die Lehre auch war, danach habe ich sie eigentlich nicht mehr angewendet. Es machte mir keinen Spaß, es so zu machen. Aber es war interessant zu wissen, daß es Dinge gab, die ganz anders funktionierten, als ich es von meiner Erziehung her gewöhnt war.

Glückszahlen

Eines Tages saß ich in Princeton im Aufenthaltsraum und hörte, wie ein paar Mathematiker über die Reihe für e^x sprachen, die mit $1 + x + x^2/2! + x^3/3!$ beginnt! Man bekommt jeden Term, indem man den vorhergehenden Term mit x multipliziert und durch die nächste Zahl dividiert. Um zum Beispiel den nächsten Term nach $x^4/4!$ zu bekommen, multipliziert man diesen Term mit x und dividiert ihn durch 5. Es ist ganz einfach.

Als Kind war ich von den Reihen begeistert und hatte mit ihnen gespielt. Ich hatte e mit dieser Reihe berechnet und gesehen, wie rasch die neuen Terme sehr klein wurden.

Ich murmelte irgend etwas, von wegen es sei sehr leicht, mit Hilfe dieser Reihe e in jede Potenz zu erheben (man setzt einfach für x die Potenz ein).

»Ach ja?« sagten sie. »Was ergibt denn e hoch 3,3?« fragte irgendein Witzbold – ich glaube, es war Tukey.

Ich sage: »Das ist leicht. Das ergibt 27,11.«

Tukey weiß, daß es nicht so leicht ist, das alles im Kopf auszurechnen. »He! Wie hast du denn das gemacht?«

Ein anderer Typ sagt: »Du kennst doch Feynman, der tut doch nur so. Das stimmt gar nicht wirklich.«

Sie holen eine Logarithmentafel, und währenddessen füge ich noch ein paar Zahlen hinzu: »27,1126«, sage ich.

Sie finden es auf der Tafel. »Es stimmt! Aber wie hast du das *gemacht?*«

»Ich habe einfach die Summe der Reihe gebildet.«

»Niemand kann so schnell die Summe der Reihe bilden. Du mußt einfach zufällig gewußt haben, was herauskommt. Wie ist es mit e hoch 3?«

»Also schaut mal«, sage ich. »Das ist harte Arbeit! Einmal am Tag reicht!«

»Ha! Schwindel!« sagen sie erfreut.

»Na schön«, sage ich, »das gibt 20,085.«

Sie schauen im Buch nach, während ich noch ein paar Zahlen hinzufüge. Jetzt sind sie alle aufgeregt, weil ich wieder einen Treffer habe.

Da stehen diese großen Mathematiker und zerbrechen sich den Kopf, wie es möglich ist, daß ich e in jede Potenz erheben kann! Einer von ihnen meint: »Es ist einfach *nicht drin*, daß er einsetzt und die Summe bildet – das ist zu schwierig. Da ist irgendein Trick dabei. Du könntest das nicht mit jeder beliebigen Zahl wie zum Beispiel e hoch 1,4.«

Ich sage: »Es ist harte Arbeit, aber weil du's bist, o. k. Das ergibt 4,05.«

Während sie nachsehen, füge ich einige Ziffern hinzu und sage: »Und das ist die letzte für heute!« und gehe hinaus.

Folgendes war passiert: Ich kannte zufällig drei Zahlen: den Logarithmus von 10 zur Basis e (den man braucht, um Zahlen von der Basis 10 in die Basis e umzurechnen), der 2,3026 ist (daher wußte ich, daß e hoch 2,3 sehr nah an 10 liegt), und von der Radioaktivität her (mittlere Lebensdauer und Halbwertszeit) kannte ich den Logarithmus von 2 zur Basis e, der 0,69315 ist (auf diese Weise wußte ich auch, daß e hoch 0,7 fast gleich 2 ist). Außerdem kannte ich die Größe von e (hoch 1), nämlich 2,71828.

Die erste Zahl, die sie mir gaben, war e hoch 3,3, und das ist e hoch 2,3 – zehnmal e oder 27,18. Während sie darüber ins Schwitzen kamen, wie ich das machte, nahm ich Korrekturen wegen der zusätzlichen 0,0026 vor – 2,3026 ist ein bißchen hoch.

Ich wußte, daß ich keine weitere Aufgabe lösen konnte; es war reines Glück gewesen. Aber dann sagte er, e hoch 3; das ist e hoch 2,3 mal e hoch 0,7 oder zehn mal zwei. So wußte ich, daß das 20 Komma irgendwas sein mußte, und während sie überlegten, wie ich es machte, stimmte ich das Ergebnis auf die 0,693 ab.

Jetzt war ich *sicher*, daß ich nicht noch eine Aufgabe lösen konnte, denn bei der letzten war das wieder nur durch reines Glück gelungen. Aber der Typ sagte, e hoch 1,4, was e hoch 0,7 mit sich selbst malgenommen ist. Alles, was ich zu tun brauchte, war also, die 4 ein bißchen genauer hinzukriegen.

Sie haben nie herausgefunden, wie ich das machte.

Als ich in Los Alamos war, stellte ich fest, daß Hans Bethe im Rechnen absolute Spitze war. Einmal zum Beispiel schrieben wir ein paar Zahlen in eine Formel und kamen zu 48 zum Quadrat. Ich lange nach der Marchant-Rechenmaschine, und er sagt: »Das ist 2300.« Ich fange an, auf die Knöpfe zu drücken, und er sagt: »Wenn du's genau wissen willst, es ist 2304.«

Die Maschine zeigt 2304 an. »Mensch! Is' ja toll!« sage ich. »Weißt du nicht, wie man Zahlen in der Nähe von 50 quadriert?« fragt er. »Du quadrierst 50 – das gibt 2500 –, und dann subtrahierst du 100 mal die Differenz deiner Zahl von 50 (in diesem Fall 2), so hast du 2300. Wenn du die Korrektur machen willst, quadriere die Differenz und addiere das dazu. Das macht 2304.«

Ein paar Minuten später müssen wir die Kubikwurzel von 2,5 ziehen. Um auf dem Marchant Kubikwurzeln zu ziehen, mußte man für die erste Näherung eine Tabelle verwenden. Ich öffne die Schublade, um die Tabelle herauszuholen – diesmal dauert es ein bißchen länger –, und er sagt: »Das ist ungefähr 1,35.«

Ich rechne es auf dem Marchant nach, und es stimmt. »Wie hast du's denn diesmal gemacht?« frage ich. »Hast du irgendeine Zauberformel, wie man Kubikwurzeln zieht?«

»Oh«, sagt er, »der Logarithmus von 2,5 ist soundso. Ein Drittel von diesem Logarithmus liegt zwischen den Logarithmen von 1,3, der soundsoviel ist, und 1,4, der soundsoviel ist, und da habe ich interpoliert.«

Auf diese Weise fand ich etwas heraus: Erstens, er kennt die Logarithmentafeln; zweitens, allein für die Rechenoperationen, die er angestellt hat, um die Interpolation zu machen, hätte ich länger gebraucht als es dauert, die Tafel herauszuholen und auf die Knöpfe der Rechenmaschine zu drücken. Ich war sehr beeindruckt.

Danach versuchte ich auch solche Dinge zu machen. Ich prägte mir ein paar Logarithmen ein und fing an, auf einiges zu achten. Wenn beispielsweise jemand fragt: »Was ist 28 zum Quadrat?«, stellt man fest, daß die Quadratwurzel von 2 1,4 ist, und 28 ist 20 mal 1,4, also muß das Quadrat von 28 irgendwo bei 400 mal 2 liegen, das heißt bei 800.

Wenn jemand kommt und will 1 durch 1,73 teilen, kann man sofort sagen, daß das 0,577 ist, denn man stellt fest, daß 1,73 fast die Quadratwurzel von 3 ist, so daß 1/1,73 ein Drittel von der Quadratwurzel von 3 sein muß. Und wenn die Aufgabe 1/1,75 lautet, dann ist das gleich dem Kehrwert von 7/4, und die sich wiederholenden Dezimalstellen für Siebtel hat man sich eingeprägt: 0,571428 ...

Ich hatte eine Menge Spaß, als ich mit Hans zusammen versuchte, Rechenaufgaben mit Hilfe von Tricks schnell zu lösen. Es kam sehr selten vor, daß ich etwas sah, was er nicht gesehen hatte, und ihn bei der Lösung schlug, und er lachte sein herzliches Lachen, wenn ich gewann. Er war fast immer in der Lage, die Lösung für jede beliebige Aufgabe mit einer Abweichung von einem Prozent herauszubekommen. Es fiel ihm leicht – jede Zahl lag in der Nähe von etwas, das er kannte.

Eines Tages stach mich der Hafer. Es war Mittagspause im Technischen Bereich, und ich weiß nicht, wie ich auf die Idee kam, aber ich verkündete: »Ich kann in sechzig Sekunden jede Aufgabe lösen, die jemand in zehn Sekunden stellen kann, und zwar mit einer Ungenauigkeit von höchstens zehn Prozent.«

Die Leute fingen an, mir Aufgaben zu stellen, die sie für schwierig hielten, so zum Beispiel das Integrieren einer Funktion wie $1/(1+x^4)$, die sich über den Bereich, den sie mir angaben, kaum veränderte. Die schwierigste Aufgabe, die mir jemand stellte, war der Binominalkoeffizient von x^{10} in $(1+x)^{20}$; das bekam ich gerade noch rechtzeitig hin.

Sie alle stellten mir Aufgaben, und ich fühlte mich großartig, als Paul Olum vorbeikam. Paul hatte eine Zeitlang in Princeton mit mir gearbeitet, bevor er nach Los Alamos kam, und er war immer gerissener als ich. Eines Tages zum Beispiel spielte ich zerstreut mit einem dieser Maßbänder, die zurückschnappen, wenn man auf einen Knopf drückt. Das Band klatschte immer auf meine Hand, und das tat ein bißchen weh. »Aua!« rief ich. »Was bin ich doch für ein *Trottel*. Spiele weiter mit diesem Band und tue mir jedesmal weh.«

Er sagte: »Du hältst es nicht richtig«, und nahm das verdammte Ding, zog das Band heraus, drückte auf den Knopf, und es zischte zurück. Er tat sich nicht weh.

»Wow! Wie machst du *das* denn?« rief ich.

»Find's selber raus!«

Während der nächsten zwei Wochen laufe ich in Princeton herum und lasse dieses Band zurückschnappen, bis meine Hand ganz wund ist. Schließlich halte ich es nicht mehr aus. »Paul! Ich geb's auf! Wie zum Teufel hältst du es, damit es nicht weh tut?«

»Wer sagt denn, daß es nicht weh tut? Bei mir tut's auch weh!«

Ich kam mir so dumm vor. Er hatte mich dazu gebracht, zwei Wochen herumzulaufen und mir die Hand zu verletzen!

Paul wandert also durch die Kantine, und die Burschen sind alle ganz aufgedreht. »He, Paul!« rufen sie. »Feynman ist sagenhaft! Wir geben ihm eine Aufgabe, die man in zehn Sekunden stellen kann, und innerhalb von einer Minute hat er die Antwort mit einer Ungenauigkeit von zehn Prozent. Willst du ihm nicht auch eine stellen?«

Er bleibt nicht einmal richtig stehen und sagt: »Der Tangens von zehn bis auf die hundertste Stelle.«

Ich war geliefert: man muß durch pi teilen bis auf 100 Dezimalstellen! Es war hoffnungslos!

Ein andermal prahlte ich: »Ich kann jedes Integral, für das man sonst die Integration von geschlossenen Kurven braucht, mit anderen Methoden berechnen.«

Da stellt Paul dieses un*heim*liche Integral auf, das er erhalten hatte, indem er mit einer komplexen Funktion anfing, deren Auflösung er kannte, nimmt den reellen Teil davon heraus und läßt nur den komplexen Teil stehen. Er hatte es so aufgedröselt, daß man es *nur* mit der Integration einer geschlossenen Kurve machen konnte! So nahm er mir immer den Wind aus den Segeln. Er war ein sehr raffinierter Bursche.

Als ich das erste Mal in Brasilien war, aß ich zu einer unmöglichen Zeit zu Mittag – ich war immer zur falschen Zeit in den Restaurants –, und ich war der einzige Gast. Ich hatte Reis und Steak bestellt (was ich sehr gerne aß), und es standen ungefähr vier Kellner herum.

Da kam ein Japaner in das Restaurant. Ich hatte ihn schon vorher herumwandern sehen; er versuchte Abakusse zu verkaufen. Er fing ein Gespräch mit den Kellnern an und forderte sie heraus: Er sagte, er könne schneller addieren als sie.

Die Kellner wollten ihr Gesicht nicht verlieren und sagten: »Ja, ja. Warum gehen Sie nicht zu dem Gast da und fordern ihn heraus?«

Der Mann kam zu mir. Ich protestierte: »Aber ich spreche nicht gut Portugiesisch!«

Die Kellner lachten. »Zahlen sind leicht«, sagten sie.

Sie brachten mir Papier und Bleistift.

Der Mann forderte einen der Kellner auf, Zahlen anzusagen, die addiert werden sollten. Er schlug mich haushoch, denn während ich die Zahlen aufschrieb, zählte er sie schon nacheinander zusammen.

Ich schlug vor, der Kellner solle zwei gleiche Listen mit Zahlen schreiben und sie uns gleichzeitig aushändigen. Es machte keinen großen Unterschied. Er war immer noch ein Gutteil schneller als ich.

Doch der Mann war jetzt ein bißchen aufgeregt: er wollte sich noch mehr beweisen. »*Multiplicação!*« sagte er.

Jemand schrieb eine Aufgabe auf. Er war wieder schneller, aber nicht viel, denn bei Produkten bin ich ziemlich gut.

Dann machte er einen Fehler: er schlug vor, wir sollten zum Dividieren übergehen. Ihm war nicht klar, daß meine Chance um so besser wurde, je schwieriger die Aufgabe war.

Wir lösten beide ein lange Divisionsaufgabe. Es war ein Unentschieden.

Das ärgerte den Japaner furchtbar, denn offenbar konnte er gut mit dem Abakus umgehen, und jetzt war er von diesem Gast in dem Restaurant beinahe geschlagen worden.

»*Raios cubicos!*« sagt er heftig. Kubikwurzeln! Er will arithmetisch Kubikwurzeln berechnen! Es gibt kaum ein schwierigeres Grundproblem in der Arithmetik. Das muß seine Spitzenleistung im Abakusland gewesen sein.

Er schreibt eine Zahl auf ein Stück Papier – irgendeine Zahl –, und ich weiß sie immer noch: 1729,03. Er fängt an zu rechnen, und rechnet und murmelt und grummelt vor sich hin: »*Mmmmmmagmmmmbrrr*« – er arbeitet wie ein Irrer! Völlig in die Aufgabe vertieft, rechnet er an dieser Kubikwurzel herum.

Währenddessen *sitze* ich einfach da.

Einer der Kellner fragt: »Was machen Sie?«

Ich zeige auf meinen Kopf. »Denken!« sage ich. Ich schreibe 12 auf das Blatt. Nach einem Weilchen habe ich 12,002.

Der Mann mit dem Abakus wischt sich den Schweiß von der Stirn: »Zwölf!« sagt er.

»O nein!« sage ich. »Mehr Zahlen! Mehr Zahlen!« Ich weiß, daß, wenn man arithmetisch Kubikwurzeln zieht, jede neue Zahl noch mehr Arbeit bedeutet als die vorige. Es ist eine schwierige Sache.

Er vergräbt sich wieder in die Aufgabe und grunzt: »*Rrrrgrrrrmmmmmm...*«, während ich noch zwei Zahlen hinzufüge. Schließlich hebt er den Kopf und sagt: »12,0!«

Die Kellner sind ganz begeistert und vergnügt. Sie sagen zu dem Mann: »Schauen Sie! Er macht es nur durch Denken, und Sie brauchen einen Abakus! Er hat mehr Zahlen!«

Er war völlig erledigt und ging beschämt weg. Die Kellner beglückwünschten sich gegenseitig.

Wie hat der Gast den Abakus geschlagen? Die Zahl war 1729,03. Ich wußte zufällig, daß ein Kubikfuß 1728 Kubikinches enthält, so daß die Lösung ein klein wenig größer sein muß als 12. Der Rest, 1,03, ist nur ein Teil in beinah 2000, und ich hatte in der Differential- und Integralrechnung gelernt, daß bei kleinen Brüchen der Rest der Kubikwurzeln ein Drittel des Restes der Zahl beträgt. Alles, was ich also tun mußte, war, den Bruch 1/1728 zu finden und mit 4 zu multiplizieren (durch 3 zu dividieren und mit 12 zu multiplizieren). Auf diese Weise konnte ich eine ganze Menge Zahlen herausbringen.

Ein paar Wochen später kam der Mann in den Cocktail-Raum des Hotels, in dem ich wohnte. Er erkannte mich wieder und kam zu mir. »Sagen Sie, wie haben Sie diese Kubikwurzel-Aufgabe so schnell lösen können?« fragte er mich.

Ich fing an zu erklären, daß es eine Näherungsmethode war und mit dem Prozentsatz der Abweichung zu tun hatte. »Angenommen, Sie hätten mir 28 gegeben. Die Kubikwurzel von 27 ist 3...«

Er nimmt seinen Abakus: zzzzzzzzzzzzzz. »O ja«, sagt er.

Mir wurde etwas klar: er *kannte* die Zahlen nicht. Beim Abakus braucht man sich nicht viele arithmetische Kombinationen zu merken; man muß nur lernen, wie man die kleinen Perlen hoch- und runterschiebt. Man braucht sich nicht zu merken 9 + 7 = 16; man weiß bloß, wenn man 9 addiert, schiebt man die Zehnerperle hoch und eine Einerperle runter. In den Grundrechnungsarten sind wir also langsamer, aber dafür kennen wir die Zahlen.

Außerdem ging die ganze Idee einer Näherungsmethode über sein Verständnis hinaus, auch wenn eine Kubikwurzel oft mit keiner Methode genau berechnet werden kann. So konnte ich ihm nie beibringen, wie ich Kubikwurzeln berechnete oder was für ein Glück ich hatte, daß er zufällig die Zahl 1729,03 gewählt hatte.

O Americano, outra vez!

Einmal nahm ich einen Anhalter mit, der mir erzählte, wie interessant Südamerika sei und daß ich da einmal hinfahren müsse. Ich klagte, daß dort eine andere Sprache gesprochen werde, aber er meinte, ich solle mich einfach daranmachen und die Sprache lernen – es sei nicht besonders schwierig. Da dachte ich, das ist eine gute Idee: Ich gehe nach Südamerika.

In Cornell gab es ein paar Fremdsprachenkurse, in denen eine während des Krieges benutzte Methode angewandt wurde, bei der kleine Gruppen von Studenten und ein Muttersprachler nur die Fremdsprache benutzten – und nichts anderes. Da ich dort in Cornell für einen Professor ziemlich jung aussah, beschloß ich, an dem Kurs teilzunehmen, als ob ich ein gewöhnlicher Student wäre. Und weil ich noch nicht wußte, wo ich in Südamerika landen würde, entschloß ich mich, Spanisch zu belegen, denn in der Mehrzahl der Länder dort wird Spanisch gesprochen.

Als es soweit war, sich für den Kurs einzuschreiben, standen wir draußen und warteten darauf, in den Lehrsaal zu gehen, als diese vollbusige Blondine vorbeikam. MANNOMANN, manchmal überkommt's einen halt, nicht wahr? Sie sah toll aus. Ich sagte mir: »Vielleicht ist sie auch in dem Spanisch-Kurs – das wär' *stark*!« Aber nein, sie ging in den Portugiesisch-Kurs. Also überlegte ich: »Was soll's – ich kann genausogut Portugiesisch lernen.«

Ich wollte schon hinter ihr hergehen, als diese angelsächsische Einstellung, die ich habe, sich meldete: »Nein, so kann man nicht entscheiden, welche Sprache man sprechen wird.« So ging ich zurück und trug mich, sehr zu meinem Bedauern, für den Spanisch-Kurs ein.

Etwas später war ich zu einem Treffen der Physikalischen Gesellschaft in New York und stellte fest, daß ich neben Jaime Tiomno aus Brasilien saß, und er fragte: »Was machen Sie nächsten Sommer?«

»Ich habe vor, Südamerika zu besuchen.«

»So! Warum kommen Sie nicht nach Brasilien? Ich besorge Ihnen eine Stelle am Physikalischen Forschungszentrum.«

Nun mußte ich das ganze Spanisch auf Portugiesisch umstellen!

Ich fand einen portugiesischen Doktoranden in Cornell, und er gab mir zweimal die Woche Stunden, so daß ich das, was ich gelernt hatte, abwandeln konnte.

Im Flugzeug nach Brasilien saß ich zunächst neben jemandem aus Kolumbien, der nur Spanisch sprach: ich unterhielt mich nicht mit ihm, um nicht alles wieder durcheinanderzubringen. Aber vor mir saßen zwei, die Portugiesisch sprachen. Ich hatte noch nie *richtiges* Portugiesisch gehört; ich hatte nur diesen Lehrer gehabt, der sehr langsam und deutlich gesprochen hatte. Und jetzt sitzen da diese beiden und reden in einem wahnsinnigen Tempo, *brrrrrrr-a-ta brrrrrrr-a-ta*, und ich verstehe nicht mal das Wort für »ich« oder einen Artikel oder sonst *irgendwas*.

Als wir zum Auftanken in Trinidad zwischenlandeten, ging ich schließlich zu den beiden Burschen hin und fragte sehr langsam auf portugiesisch oder in der Sprache, die ich für Portugiesisch hielt: »Entschuldigen Sie ... können Sie verstehen ... was ich jetzt zu Ihnen sage?«

»*Pues não, porque não?*« – »Ja sicher, wieso nicht?« antworteten sie.

Da erklärte ich so gut es ging, daß ich jetzt seit ein paar Monaten Portugiesisch gelernt, es aber noch nie im Gespräch gehört hätte und daß ich ihnen im Flugzeug zugehört hätte, aber nicht ein Wort verstehen könne.

»*Oh*«, sagten sie lachend, »*não e Portugues! E Ladão! Judeo!*« Was sie sprachen, stand zu Portugiesisch in dem Verhältnis, in dem Jiddisch zu Deutsch steht. Man kann sich also vorstellen, wie jemand, der Deutsch gelernt hat, hinter zwei Leuten sitzt, die Jiddisch reden, und versucht herauszukriegen, worum es geht. Es ist offenbar Deutsch, aber es klappt nicht. Das kann nur heißen, daß er nicht besonders gut Deutsch gelernt hat.

Als wir wieder an Bord des Flugzeugs gingen, zeigten sie mir noch einen Mann, der Portugiesisch sprach, und ich setzte mich neben ihn. Er hatte in Maryland Neurochirurgie studiert, so daß es leicht war, sich mit ihm zu unterhalten – jedenfalls solange es um *cirurgia neural, o cerebreu* und andere so »komplizierte« Dinge ging. Die langen Worte lassen sich eigentlich recht leicht ins Portugiesische übersetzen, denn der einzige Unterschied sind ihre Endungen: die Endung »-tion« im Englischen heißt im Portugiesischen »-ção«; »-ly« heißt »-mente« und so weiter. Aber als er aus dem Fenster schaute und etwas Einfaches sagte, war ich aufgeschmissen: »Der Himmel ist blau« konnte ich nicht entschlüsseln.

In Recife stieg ich aus dem Flugzeug (die brasilianische Regierung sollte die Kosten für das Stück von Recife nach Rio übernehmen) und wurde von dem Schwiegervater von Cesar Lattes, der der Leiter des Physikalischen Forschungszentrums in Rio war, seiner Frau und einem anderen Herrn abgeholt. Während die Männer weg waren, um mein Gepäck zu holen, fing die Dame an, sich mit mir auf portugiesisch zu unterhalten: »Sie sprechen Portugiesisch? Wie schön! Wie kommt es, daß Sie Portugiesisch gelernt haben?«

Ich antwortete langsam, mit größter Mühe. »Zuerst habe ich Spanisch gelernt ... dann stellte sich heraus, daß ich nach Brasilien gehen würde ...« Jetzt wollte ich sagen: »Deshalb habe ich Portugiesisch gelernt«, aber mir fiel das Wort für »deshalb« nicht ein. Ich wußte freilich, wie man GROSSE Worte macht, und so beendete ich den Satz folgendermaßen: »*CONSEQUENTEMENTE, apprendi Portugues!*«

Als die beiden Männer mit dem Gepäck zurückkamen,

sagte sie: »Oh, er spricht Portugiesisch! Und mit solch herrlichen Worten: *CONSEQUENTEMENTE!*«

Dann kam eine Ansage über den Lautsprecher. Der Flug nach Rio war gestrichen worden, und der nächste sollte erst am folgenden Dienstag gehen – und ich mußte spätestens am Montag in Rio sein.

Ich regte mich ziemlich auf. »Vielleicht geht ein Frachtflugzeug. Ich werde mit einem Frachtflugzeug fliegen«, sagte ich.

»Professor!« sagten sie, »es ist wirklich sehr schön hier in Recife. Wir zeigen Ihnen die Gegend. Warum spannen Sie nicht ein bißchen aus – Sie sind in *Brasilien*.«

Am gleichen Abend machte ich einen Spaziergang in der Stadt und stieß auf ein paar Leute, die um ein großes rechtekkiges Loch in der Straße herumstanden – es war für Abwasserleitungen oder aus irgendeinem anderen Grund gegraben worden –, und da, genau in dem Loch, saß ein Auto fest. Es war fabelhaft: das Auto paßte genau in das Loch, das Dach auf gleicher Höhe mit der Straße. Die Arbeiter hatten sich nicht die Mühe gemacht, am Abend irgendwelche Schilder aufzustellen, und der Fahrer war einfach hineingefahren. Mir ging ein Unterschied auf: Wenn *wir* ein Loch graben, gibt es alle möglichen Umleitungsschilder und Warnleuchten, um uns zu schützen. Dort graben sie das Loch, und wenn sie ihr Tagewerk beendet haben, gehen sie einfach weg.

Jedenfalls, Recife *war* eine schöne Stadt, und ich wartete *tatsächlich* bis zum folgenden Dienstag, um nach Rio zu fliegen.

Als ich in Rio ankam, wurde ich von Cesar Lattes empfangen. Die staatliche Fernsehgesellschaft wollte ein paar Bilder von unserer Begegnung aufnehmen, und sie fingen an zu filmen, aber ohne Ton. Die Kameraleute sagten: »Tun Sie so, als unterhielten Sie sich. Sagen Sie etwas – irgend etwas.«

Also fragte Lattes mich: »Haben Sie schon ein Wörterbuch für die Nacht?«

Am Abend sahen die brasilianischen Fernsehzuschauer, wie der Leiter des Physikalischen Forschungszentrums den Gastprofessor aus den Vereinigten Staaten willkommen hieß, aber sie konnten kaum wissen, daß es in ihrem Gespräch darum ging, ein Mädchen für die Nacht zu finden!

Als wir ins Zentrum kamen, mußten wir entscheiden, wann ich meine Vorlesungen halten würde – morgens oder nachmittags.

Lattes sagte: »Den Studenten ist es nachmittags lieber.«

»Also machen wir es nachmittags.«

»Aber nachmittags ist es am Strand angenehmer. Halten Sie die Vorlesungen doch morgens, dann können Sie nachmittags den Strand genießen.«

»Aber Sie sagten, die Studenten hätten die Vorlesungen lieber am Nachmittag.«

»Machen Sie sich darüber keine Gedanken. Tun Sie, was *Ihnen* am angenehmsten ist! Genießen Sie am Nachmittag den Strand.«

So lernte ich das Leben auf eine Weise betrachten, die anders ist als dort, wo ich herkomme. Erstens, sie hatten es hier nicht so eilig wie ich. Und zweitens, wenn's für dich besser ist, nimm keine Rücksicht! Ich hielt also morgens Vorlesungen, und nachmittags genoß ich den Strand. Und hätte ich diese Lektion früher gelernt, hätte ich, statt Spanisch, gleich Portugiesisch gelernt.

Ich hatte zuerst vorgehabt, meine Vorlesungen auf englisch zu halten, aber dann fiel mir etwas auf: Wenn die Studenten mir etwas auf portugiesisch erklärten, verstand ich es nicht so recht, obwohl ich mich in der Sprache einigermaßen auskannte. Es war für mich nicht ganz klar, ob sie »increase« gesagt hatten oder »decrease«, »not increase«, »not decrease« oder »decrease slowly«. Aber wenn sie sich mit Englisch abmühten, sagten sie »ahp« oder »duun«, und ich wußte, was gemeint war, auch wenn die Aussprache schlecht und die Grammatik völlig verkorkst war. So wurde mir klar, wenn ich zu ihnen sprechen und ihnen etwas beibringen wollte, würde ich das besser auf portugiesisch tun, ganz gleich, wie mangelhaft ich die Sprache beherrschte. Auf diese Weise würden sie es leichter verstehen.

Während dieses ersten Aufenthalts in Brasilien, der sechs Wochen dauerte, wurde ich eingeladen, an der Brasilianischen Akademie der Wissenschaften einen Vortrag über einige Arbeiten im Bereich der Quantenelektrodynamik zu halten, die ich gerade durchgeführt hatte. Ich nahm mir vor, den Vortrag auf portugiesisch zu halten, und zwei Studenten am Zentrum sagten, sie würden mir dabei helfen. Ich fing an, meinen Vortrag in ganz schlechtem Portugiesisch niederzuschreiben. Ich machte es selbst, denn wenn sie es gemacht hätten, hätten da zu viele Worte gestanden, die ich nicht kannte und nicht richtig aussprechen konnte. Ich schrieb ihn also nieder, und sie brachten die ganze Grammatik in Ordnung, korrigierten Wörter und glätteten den Text, aber er war immer noch auf dem Niveau, daß ich ihn leicht lesen konnte und mehr oder weniger wußte, was ich sagte. Sie übten mit mir, damit die Aussprache auch wirklich stimmte: das »de« sollte zwischen »deh« und »day« liegen – das gehörte sich einfach so.

Ich kam zur Versammlung der Brasilianischen Akademie der Wissenschaften, und der erste Sprecher, ein Chemiker, stand auf und hielt seinen Vortrag – auf englisch. Wollte er höflich sein, oder was? Ich konnte nicht verstehen, was er sagte, denn seine Aussprache war sehr schlecht, aber vielleicht hatten alle anderen den gleichen Akzent, so daß *sie* ihn verstehen konnten; ich weiß es nicht. Dann steht der nächste auf und hält seinen Vortrag *ebenfalls* auf englisch!

Als ich an der Reihe war, stand ich auf und sagte: »Es tut mir leid; ich wußte nicht, daß die offizielle Sprache der Brasilianischen Akademie der Wissenschaften Englisch ist, und deshalb habe ich meinen Vortrag nicht in Englisch abgefaßt. Bitte entschuldigen Sie, aber ich werde ihn auf portugiesisch halten.«

Ich las also den Text, und alle waren davon angetan.

Der nächste Redner sagte: »Dem Beispiel meines Kollegen aus den Vereinigten Staaten folgend, werde ich meinen Vortrag ebenfalls auf portugiesisch halten.« Soviel ich weiß, habe ich auf diese Weise die Tradition des Sprachgebrauchs an der Brasilianischen Akademie der Wissenschaften verändert.

Ein paar Jahre später lernte ich einen Mann aus Brasilien kennen, der mir genau die Sätze zitierte, die ich am Anfang meines Vortrags vor der Akademie gesagt hatte. Es hat also offenbar einen ziemlichen Eindruck auf sie gemacht.

Aber die Sprache war immer schwierig für mich, und ich arbeitete dauernd weiter daran, indem ich Zeitungen las und so weiter. Meine Vorlesungen hielt ich weiter in einem Portugiesisch – das ich »Feynmans Portugiesisch« nenne, von dem ich wußte, daß es kein richtiges Portugiesisch war, denn ich konnte zwar verstehen, was ich selbst sagte, nicht aber das, was die Leute auf der Straße sagten.

Weil es mir bei diesem ersten Mal in Brasilien so gut gefiel, ging ich ein Jahr später wieder hin, und zwar für zehn Monate. Diesmal hielt ich Vorlesungen an der Universität von Rio, die mich bezahlen sollte, dies aber nie tat, so daß das Zentrum mir weiter das Honorar zahlte, das ich eigentlich von der Universität erhalten sollte.

Ich blieb schließlich in einem Hotel, das direkt am Strand von Copacabana lag und Miramar hieß. Eine Zeitlang hatte ich ein Zimmer im dreizehnten Stock, von dessen Fenster aus ich das Meer sehen und den Mädchen am Strand zuschauen konnte.

Es stellte sich heraus, daß in diesem Hotel die Piloten und Stewardessen der Pan American Airlines abstiegen, wenn sie einen Aufenthalt hatten – ihr Ausdruck dafür, »lay over«, störte mich immer ein bißchen. Sie hatten stets Zimmer im vierten Stock, und spät nachts gab es oft ein verlegenes Herauf- und Herunterschleichen im Aufzug.

Einmal verreiste ich für ein paar Wochen, und als ich zurückkam, teilte mir der Geschäftsführer mit, er habe mein

Zimmer für jemand anderen reservieren müssen, weil es das letzte freie Zimmer war, und daß er meine Sachen in ein anderes Zimmer gebracht habe.

Es war ein Zimmer direkt über der Küche, in dem gewöhnlich niemand lange blieb. Der Geschäftsführer mußte sich gedacht haben, daß ich als einziger die Vorteile dieses Zimmers klar genug erkennen würde, um die Gerüche zu tolerieren und mich nicht zu beschweren. Ich beschwerte mich nicht: Das Zimmer lag im vierten Stock, in der Nähe der Stewardessen. Es ersparte mir eine Menge Probleme.

Seltsamerweise fühlten sich die Leute von der Fluggesellschaft von ihrem Leben ein bißchen angeödet, und nachts gingen sie oft in Bars, um zu trinken. Ich mochte sie alle, und um gesellig zu sein, ging ich jede Woche an ein paar Abenden mit ihnen in die Bar, um einige Drinks zu nehmen.

Eines Tages, so gegen halb vier nachmittags, ging ich auf dem Bürgersteig gegenüber dem Strand von Copacabana an einer Bar vorbei. Plötzlich überkam mich dieses unheimlich starke Bedürfnis: »Das ist *genau*, was ich möchte; das kommt gerade recht. Ich möchte jetzt einfach was trinken!«

Ich wollte schon in die Bar gehen, da schoß es mir durch den Kopf: »Moment mal! Es ist doch erst Nachmittag. Es ist keiner da. Es gibt keinen geselligen Anlaß, einen zu trinken. Warum hast du diesen schrecklich starken Drang, *unbedingt* einen Drink zu nehmen?« – und da bekam ich es mit der Angst zu tun.

Seitdem habe ich nie wieder getrunken. Ich nehme an, ich war nicht wirklich in Gefahr, denn es fiel mir sehr leicht aufzuhören. Aber dieses starke Bedürfnis, das ich nicht verstand, machte mir Angst. Denn das *Denken* bereitet mir eine solche Freude, daß ich diese höchst vergnügliche Maschine, durch die das Leben so großen Spaß macht, nicht kaputtmachen möchte. Das ist auch der Grund dafür, warum ich später gezögert habe, Experimente mit LSD zu unternehmen, trotz meiner Neugierde, was Halluzinationen betrifft.

Gegen Ende dieses Jahres in Brasilien nahm ich eine der Stewardessen – ein sehr hübsches Mädchen mit Zöpfen – ins Museum mit. Während wir durch die ägyptische Abteilung gingen, merkte ich, daß ich ihr alles mögliche erzählte, zum Beispiel: »Die Flügel auf dem Sarkophag bedeuten das und das, und in diese Vasen haben sie die Eingeweide getan, und hinter der Ecke müßte dies und jenes zu sehen sein...«, und ich dachte: »Weißt du, von wem du das alles hast? Von Mary Lou« – und ich bekam Sehnsucht nach ihr.

Ich lernte Mary Lou in Cornell kennen, und später, als ich nach Pasadena kam, fand ich heraus, daß sie nach Westwood gegangen war, ganz in die Nähe. Ich mochte sie eine Zeitlang sehr gern, aber wir stritten uns immer; schließlich fanden wir, es sei hoffnungslos, und trennten uns. Aber nachdem ich ein Jahr diese Stewardessen ausgeführt hatte und nicht recht weiterkam, war ich frustriert. So kam es, daß ich, als ich diesem Mädchen all diese Dinge erzählte, dachte, eigentlich sei Mary Lou doch ganz in Ordnung, und wir hätten uns nicht dauernd streiten sollen.

Ich schrieb ihr einen Brief und machte ihr einen Heiratsantrag. Jemand, der erfahren ist, hätte mir sagen können, daß das gefährlich war. Wenn man weit weg ist und nichts als Papier hat, und wenn man sich einsam fühlt, erinnert man sich nur an die guten Dinge und nicht an das, weswegen man sich gestritten hat. Und es klappte nicht. Die Streitereien gingen gleich wieder los, und die Ehe war nach nur zwei Jahren zu Ende.

In der amerikanischen Botschaft gab es jemanden, der wußte, daß ich Sambamusik mochte. Ich glaube, ich hatte ihm erzählt, bei meinem ersten Aufenthalt in Brasilien hätte ich auf der Straße eine Sambagruppe üben hören und ich wolle mehr über brasilianische Musik erfahren.

Er sagte, in seinem Apartment übe jede Woche eine kleine sogenannte »Stadtteilgruppe«, und ich könne hinkommen und ihnen beim Spiel zuhören.

Es waren drei oder vier Leute da – einer von ihnen war

der Hauswart des Apartmenthauses –, und sie spielten ziemlich leise Musik in seiner Wohnung; sie hatten keinen anderen Ort, wo sie spielen konnten. Einer hatte ein kleines Tamburin, das sie *Pandeiro* nannten, ein anderer eine kleine Gitarre. Irgendwo hörte ich dauernd den Schlag einer Trommel, aber es war keine Trommel da! Schließlich wurde mir klar, daß es das Tamburin war, das der Bursche auf komplizierte Weise spielte, indem er sein Handgelenk verdrehte und mit dem Daumen auf das Fell schlug. Ich fand das interessant und lernte mehr oder weniger, wie man Pandeiro spielt.

Dann rückte die Karnevalssaison näher. In dieser Zeit wird neue Musik vorgestellt. Man bringt nicht dauernd neue Musik und Schallplatten heraus; man bringt alles in der Karnevalszeit heraus, und das ist sehr aufregend.

Es stellte sich heraus, daß der Hauswart der Komponist für eine kleine Sambagruppe vom Copacabana-Strand war, die *Farçantes de Copacabana,* »Schwindler von Copacabana«, hieß, was genau das richtige für mich war, und er lud mich ein mitzumachen.

Zu dieser Sambagruppe kamen Burschen aus den *Favelas* – den Armenstadtteilen – herüber und trafen sich hinter einer Baustelle, wo irgendwelche Apartmenthäuser errichtet wurden, um dort die neue Musik für den Karneval einzuüben.

Ich entschied mich, ein Instrument zu spielen, das *»Frigideira«* heißt und aus einer metallenen Spielzeugbratpfanne mit einem Durchmesser von etwas mehr als sechs Inches und einem kleinen Schlagstock aus Metall besteht. Es ist ein Begleitinstrument, das ein schepperndes, kurzes Geräusch erzeugt, das zu der eigentlichen Sambamusik und ihrem Rhythmus paßt und sie voller klingen läßt. Ich versuchte also, auf diesem Ding zu spielen, und alles lief gut. Wir übten, die Musik dröhnte, und wir waren ungeheuer in Fahrt, als auf einmal der Leiter der *Batteria*-Gruppe, ein riesiger Schwarzer, »STOP!« brüllte, »aufhören, aufhören –

einen Moment mal!« Und alle hörten auf zu spielen. »Mit den *Frigideiras* stimmt irgend etwas nicht!« donnerte er. *»O Americano, outra vez!«* (»Schon wieder der Amerikaner!«)

Ich fühlte mich unbehaglich. Ich übte ausdauernd. Ich ging am Strand spazieren und versuchte mit zwei Stöckchen, die ich aufgelesen hatte, die Drehbewegung der Handgelenke hinzukriegen und übte, übte und übte. Ich arbeitete weiter daran, aber ich hatte immer das Gefühl, unterlegen zu sein, den anderen lästig zu fallen und der Sache nicht recht gewachsen zu sein.

Nun, der *Carnaval* rückte näher, und eines Abends gab es ein Gespräch zwischen dem Bandleader und jemand anderm, und dann ging der Leader herum und wählte Leute aus: »Du!« sagte er zu einem Trompeter. »Du!« zu einem Sänger. »Du!« – und er zeigte auf mich. Ich dachte, jetzt sei es vorbei für uns. Er sagte: »Geht nach vorne!«

Wir – fünf oder sechs Leute – gingen vor den Bauplatz, und da stand ein altes Cadillac-Kabriolett mit aufgeklapptem Verdeck. »Steigt ein!« sagte der Leader.

Es war nicht genug Platz für uns alle, und einige mußten hinten auf der Rückenlehne sitzen. Ich fragte meinen Nebenmann: »Was hat er vor – schmeißt er uns raus?«

»Não sé, não sé.« (»Ich weiß nicht.«)

Wir fuhren ziemlich weit eine Straße hinauf, die am Rande eines Felsens endete, von wo aus man das Meer sehen konnte. Der Wagen hielt, und der Leader sagte: »Aussteigen!« – und sie führten uns genau an den Rand des Felsens!

Und er sagte tatsächlich: »Stellt euch jetzt auf! Du als erster, dann du, dann du! Fangt an zu spielen! Und jetzt marsch!«

Wir wären über den Rand des Felsens marschiert – wäre da nicht ein steiler Pfad gewesen, der hinunterführte. Unser Grüppchen – die Trompete, der Sänger, die Gitarre, das *Pandeiro* und die *Frigideira* – ging also den Pfad hinunter zu einer Party draußen im Wald. Wir waren nicht ausgesucht worden, weil der Leader uns loswerden wollte; er schickte uns zu dieser privaten Party, wo man Sambamusik hören wollte! Und später sammelte er Geld ein, um Kostüme für unsere Band anzuschaffen.

Danach fühlte ich mich ein bißchen besser, denn als er den *Frigideira*-Spieler ausgesucht hatte, war seine Wahl auf *mich* gefallen!

Noch etwas anderes trug dazu bei, mein Selbstvertrauen zu stärken. Einige Zeit später kam jemand von einer anderen Sambaband aus Leblon, einem etwas weiter entfernt liegenden Strand. Er wollte sich unserer Gruppe anschließen.

Der Boß fragte: »Wo kommst du her?«

»Aus Leblon.«

»Und was spielst du?«

»Frigideira.«

»O. k. Dann laß mal hören, wie du *Frigideira* spielst.«

Der Mensch nahm seine *Frigideira* und den Metallstab und... »brrra-dap-dap; tschick-a-tschick.« Mein lieber Mann! Es war großartig!

Der Boß sagte zu ihm: »Geh da drüben hin und stell dich neben *O Americano,* und dann lernst du mal, wie man *Frigideira* spielt!«

Meine Theorie ist, daß das so ähnlich sein muß wie bei Leuten, die Französisch sprechen und nach Amerika kommen. Zuerst machen sie alle möglichen Fehler, und man kann sie kaum verstehen. Dann üben sie, bis sie ziemlich gut sprechen können, und man findet Gefallen an einer Eigentümlichkeit ihrer Sprechweise – ihr Akzent ist recht anziehend, und man hört ihn gern. Ich muß also so etwas wie einen Akzent gehabt haben, wenn ich *Frigideira* spielte, denn mit denen, die sie ihr ganzes Leben lang gespielt hatten, konnte ich nicht konkurrieren; es muß irgendein komischer Akzent gewesen sein. Aber was es auch war, ich bin ein ziemlich erfolgreicher *Frigideira*-Spieler geworden.

Eines Tages, kurz vor der Karnevalszeit, sagte der Leiter der Sambaschule: »O. k., wir üben jetzt, auf der Straße zu marschieren.«

Wir gingen alle aus dem Baugelände heraus auf die Straße, wo starker Verkehr war. Die Straßen von Copacabana waren immer ein großes Durcheinander. Ob man's glaubt oder nicht, es gab eine Obuslinie, bei der die Busse in die eine Richtung fuhren und die Autos in die andere. Es war gerade Hauptverkehrszeit in Copacabana, und wir sollten mitten auf der Straße die Avenida Atlantica hinuntermarschieren.

Ich dachte: »Du lieber Himmel! Der Boß hat keine Genehmigung, er hat das nicht mit der Polizei abgestimmt, er hat überhaupt nichts getan. Er hat einfach beschlossen, daß wir jetzt rausgehen.«

Wir gingen also raus auf die Straße, und alle Leute rundherum waren begeistert. Ein paar Freiwillige aus einer Gruppe von Zuschauern nahmen ein Seil und bildeten ein großes Karree um unsere Band, so daß die Fußgänger nicht durch unsere Reihen hindurchgingen. Menschen lehnten sich aus den Fenstern. Jeder wollte die neue Sambamusik hören. Es war sehr aufregend!

Wir waren gerade losmarschiert, da sah ich weit hinten am anderen Ende der Straße einen Polizisten. Er schaute herüber, sah, was los war, und fing an, den Verkehr umzuleiten! Alles ging ganz zwanglos. Niemand traf irgendwelche Vorkehrungen, aber alles lief gut. Um uns herum hielten die Leute die Seile, der Polizist leitete den Verkehr um, die Fußgänger drängten sich, und der Verkehr stockte, aber wir kamen großartig zurecht! Wir gingen die Straße hinunter, bogen in Nebenstraßen ein und zogen durch ganz Copacabana, *einfach so!*

Schließlich kamen wir auf einen kleinen Platz vor dem Mietshaus, in dem die Mutter von unserem Boß wohnte. Wir stellten uns dahin und spielten, und seine Mutter, seine Tante und andere Verwandte kamen herunter. Sie trugen

Schürzen, weil sie in der Küche gewesen waren, und man sah, wie aufgeregt sie waren – sie weinten fast. Es machte wirklich Spaß, so etwas Menschliches zu tun. Und überall in den Fenstern hingen die Leute – es war toll! Und mir fiel ein, daß ich bei meinem vorigen Besuch in Brasilien eine dieser Sambabands gesehen hatte – wie gut mir die Musik gefallen hatte und daß ich dabei ganz verrückt vor Begeisterung gewesen war –, und jetzt war ich *dabei!*

Übrigens sah ich, als wir an diesem Tag in den Straßen von Copacabana herummarschierten, in einer Gruppe am Straßenrand zwei junge Frauen aus der Botschaft. In der Woche darauf bekam ich einen Brief von der Botschaft: »Sie tun etwas sehr Bedeutsames, blah, blah, blah...«, als hätte ich die Absicht gehabt, die Beziehungen zwischen den Vereinigten Staaten und Brasilien zu verbessern! Ich tat also etwas »Bedeutsames«.

Nun, was die Proben betraf, so wollte ich da nicht in der Kleidung hingehen, die ich gewöhnlich in der Universität trug. Die Leute in der Band waren sehr arm und hatten nur alte, zerlumpte Sachen. So zog ich ein altes Unterhemd an, eine alte Hose und so weiter, damit ich nicht zu sehr auffiel. Aber damit konnte ich nicht gut mein Luxushotel an der Avenida Atlantica in Copacabana durch die Eingangshalle verlassen. Deshalb fuhr ich mit dem Fahrstuhl immer bis ganz unten und ging dann durch den Keller hinaus.

Kurz vor dem Karneval sollte ein besonderer Wettstreit zwischen den Sambabands von Copacabana, Ipanema und Leblon stattfinden; es gab drei oder vier Bands, und wir waren eine davon. Wir sollten im Kostüm über die Avenida Atlantica marschieren. Mir war nicht ganz wohl dabei, in einem dieser aufgedonnerten Karnevalskostüme zu gehen, denn ich war ja kein Brasilianer. Aber wir sollten als Griechen verkleidet gehen, und ich fand, ich sei ein ebenso guter Grieche wie sie.

Am Tag des Wettstreits aß ich im Hotelrestaurant, und der Oberkellner, der oft gesehen hatte, wie ich auf dem

Tisch herumtrommelte, wenn Sambamusik gespielt wurde, kam zu mir und sagte: »Mr. Feynman, heute abend gibt's etwas, das Ihnen *gefallen* wird! Es ist *tipico Brasileiro* – typisch brasilianisch: Die Sambagruppen veranstalten einen Umzug genau vor dem Hotel! Und die Musik ist so gut – das *müssen* Sie hören.«

Ich sagte: »Also, ich habe heute abend zu tun. Ich weiß nicht, ob ich kommen kann.«

»Oh! Aber das würde Ihnen sehr gefallen! Das dürfen Sie nicht verpassen! Es ist *tipico Brasileiro!*«

Er war sehr hartnäckig, und als ich ihm sagte, wahrscheinlich würde ich nicht dabei sein können, war er enttäuscht.

An dem Abend zog ich meine alten Kleider an und verließ das Hotel wie gewöhnlich durch den Keller. Wir kostümierten uns an der Baustelle und begannen dann, die Avenida Atlantica hinunterzumarschieren, an die hundert brasilianische Griechen in Pappmaché, und ich ging hinten und spielte in einem fort auf der *Frigideira*.

Große Menschenmengen säumten auf beiden Seiten die Avenida Atlantica; überall hingen Leute aus den Fenstern, und wir näherten uns dem Hotel Miramar, wo ich wohnte. Die Leute standen auf Tischen und Stühlen, und es war eine riesige Menschenmenge da. Wir spielten ununterbrochen, in unheimlichem Tempo, als unsere Band vor dem Hotel vorbeizog. Plötzlich sah ich, wie einer der Kellner hochschoß und auf mich zeigte, und durch diesen ganzen *Krach* konnte ich hören, wie er brüllte: »O PROFESSOR!« So fand der Oberkellner heraus, warum ich an dem Abend nicht da sein konnte, um den Wettstreit zu sehen – ich *nahm daran teil!*

Am nächsten Tag traf ich eine Dame, die ich kannte, weil ich ihr dauernd am Strand begegnete, und die eine Wohnung mit Blick auf die Avenida hatte. Sie hatte ein paar Freunde zu Besuch gehabt, die die Parade der Sambagruppen sehen wollten, und als wir vorbeigezogen waren, hatte einer von ihren Bekannten gerufen: »Hört mal, wie der Bursche die *Frigideira* spielt – *der ist gut!*« Ich hatte es geschafft. Es machte mir Spaß, etwas zu schaffen, was ich eigentlich gar nicht konnte.

Zur Karnevalszeit ließen sich nicht viele Leute von unserer Schule blicken. Es gab besondere Kostüme, die nur für diese Gelegenheit geschneidert worden waren, aber nicht genug Leute. Vielleicht dachten sie, daß wir gegen die wirklich großen Sambabands aus der Stadt keine Chance hätten; ich weiß es nicht. Ich dachte, wir würden Tag für Tag arbeiten und für den Karneval üben und marschieren, aber als der Karneval da war, blieben viele von der Band weg, und wir schnitten nicht besonders gut ab. Sogar als wir auf der Straße marschierten, gingen einige von der Band einfach weg. Komisches Resultat! Ich habe das nie so recht verstanden, aber vielleicht war es aufregender und machte es mehr Spaß, den Wettstreit der Strände zu gewinnen, bei dem die meisten Leute das Gefühl hatten, daß das ihrem Niveau entsprach. Und, nebenbei bemerkt, wir haben gewonnen.

Während dieses zehnmonatigen Aufenthalts in Brasilien entwickelte ich ein Interesse für die Energieniveaus der leichteren Atomkerne. Ich arbeitete die ganze Theorie dafür in meinem Hotelzimmer aus, aber ich wollte überprüfen, was die Daten aus den Experimenten besagten. Dabei handelte es sich um neues Material, das von den Experten am Caltech im Kellogg Laboratory erarbeitet wurde, und ich kontaktierte sie – die Zeiten waren abgesprochen – über Amateurfunk. Ich fand einen Amateurfunker in Brasilien und ging einmal in der Woche zu ihm nach Hause. Er stellte einen Kontakt zu dem Funkamateur in Pasadena her, und dann gab er mir, weil die Sache nicht ganz legal war, einen Codenamen und sagte: »Ich übergebe jetzt an WKWX, der neben mir sitzt und mit Ihnen sprechen möchte.«

Dann sagte ich: »Hier WKWX. Können Sie mir bitte die

Abstände zwischen den Energieniveaus bei Bor mitteilen, über die wir letzte Woche gesprochen haben«, und so weiter. Ich verwendete die Daten aus den Experimenten, um meine Konstanten anzupassen und um zu kontrollieren, ob ich auf der richtigen Spur war.

Der erste Amateurfunker ging in Urlaub, aber er gab mir die Adresse eines anderen Funkamateurs, zu dem ich gehen konnte. Er war blind, betrieb aber trotzdem einen Sender. Sie waren beide sehr freundlich, und der Kontakt, den ich über Amateurfunk mit dem Caltech hielt, war sehr effektiv und nützlich für mich.

Was die Physik selbst anging, so arbeitete ich eine Menge aus, und es machte Sinn. Es wurde später von anderen Leuten weiterentwickelt und verifiziert. Ich fand jedoch, daß ich so viele Parameter anpassen mußte – daß zu viele »phänomenologische Anpassungen von Konstanten« vorzunehmen waren, damit alles zusammenstimmte –, daß ich nicht sicher sein konnte, daß es auch brauchbar sei. Mir ging es um ein tieferes Verständnis der Atomkerne, und ich war nie so ganz überzeugt, daß das, was ich herausgefunden hatte, sonderlich bedeutsam sei, so daß ich nie etwas damit angefangen habe.

Im Hinblick auf das Bildungswesen in Brasilien machte ich eine sehr interessante Erfahrung. Ich unterrichtete eine Gruppe von Studenten, die letzten Endes Lehrer werden würden, denn damals gab es in Brasilien für Leute mit einer wissenschaftlichen Ausbildung nicht viele Möglichkeiten. Diese Studenten hatten schon viele Kurse absolviert, und dies sollte für sie ein Fortgeschrittenen-Kurs über Elektrizität und Magnetismus sein – die Maxwellschen Gleichungen und so weiter.

Die Universität war in verschiedenen, über die ganze Stadt verstreuten Bürogebäuden untergebracht, und der Kurs, den ich abhielt, fand in einem Gebäude statt, von dem aus man die Bucht überblicken konnte.

Ich stellte etwas sehr Merkwürdiges fest: Ich konnte eine

Frage stellen, die die Studenten sofort beantworteten. Aber wenn ich die Frage das nächste Mal stellte – das gleiche Thema, die gleiche Frage, soviel ich wußte –, konnten sie sie keineswegs beantworten. Einmal sprach ich beispielsweise über polarisiertes Licht und gab jedem von ihnen einen Streifen polarisierendes Material.

Ein Polarisator läßt nur solches Licht durch, dessen elektrischer Vektor eine bestimmte Richtung hat, und ich erklärte, wie man, ausgehend davon, ob der Polarisator dunkel oder hell ist, herausfinden kann, in welcher Ebene das Licht polarisiert wird.

Wir nahmen zunächst zwei Streifen polarisierendes Material und drehten sie so lange, bis sie die größte Menge Licht durchließen. Aufgrund dessen konnten wir feststellen, daß die beiden Streifen nun Licht durchließen, das in der gleichen Richtung polarisiert wurde – was durch den einen Polarisator ging, ging auch durch den anderen hindurch. Aber dann fragte ich, wie man mit einem *einzigen* Stück polarisierenden Materials die *absolute* Richtung der Polarisierung feststellen kann. Sie hatten keine Ahnung.

Ich wußte, daß man dazu ein gewisses Maß an Findigkeit brauchte, deshalb gab ich ihnen einen Hinweis: »Schauen Sie auf das Licht, das draußen vom Wasser in der Bucht reflektiert wird.«

Keiner sagte etwas.

Dann fragte ich: »Haben Sie schon mal etwas vom Brewsterschen Winkel gehört?«

»Ja. Der Brewstersche Winkel ist der Winkel, bei dem Licht, das von einem Medium mit einem Brechungsindex reflektiert wird, vollständig polarisiert ist.«

»Und wie ist das Licht polarisiert, wenn es reflektiert wird?«

»Das Licht ist senkrecht zur Reflektionsebene polarisiert.« Ich muß mir das sogar jetzt noch überlegen; sie wußten es auf Anhieb! Sie wußten sogar, daß der Tangens des Winkels gleich dem Index ist!

Ich fragte: »Na, und was folgt daraus?«

Immer noch nichts. Dabei hatten sie mir gerade erzählt, daß Licht, das von einem Medium mit Brechungsindex wie dem Wasser draußen in der Bucht reflektiert wird, polarisiert ist; sie hatten mir sogar gesagt, *wie* es polarisiert ist.

Ich sagte: »Schauen Sie durch den Polarisator auf die Bucht dort draußen. Und jetzt drehen Sie den Polarisator.«

»Ooh«, sagten sie, »das ist ja polarisiert!«

Nach allerlei Nachforschungen fand ich schließlich heraus, daß die Studenten alles auswendig gelernt hatten, aber nicht wußten, was es bedeutete. Wenn sie hörten: »Licht, das von einem Medium mit Brechungsindex reflektiert wird«, wußten sie nicht, daß damit ein Material *wie zum Beispiel Wasser* gemeint war. Sie wußten nicht, daß die »Richtung des Lichts« die Richtung ist, in der man etwas *sieht*, wenn man darauf schaut, und so weiter. Alles war ganz und gar auswendig gelernt, aber nichts war in sinnvolle Worte übersetzt worden. Wenn ich also fragte: »Was ist der Brewstersche Winkel?«, war es, als würde ich die Antwort mit dem richtigen Stichwort aus einem Computer abrufen. Wenn ich dagegen sagte: »Schauen Sie auf das Wasser«, tat sich nichts – denn unter »Schauen Sie auf das Wasser!« hatten sie nichts abgespeichert.

Später wohnte ich einer Vorlesung an der Technischen Hochschule bei. Die Vorlesung lief, ins Englische übersetzt, etwa so ab: »Zwei Körper ... gelten als äquivalent ..., wenn gleiche Drehmomente ... gleiche Beschleunigung hervorrufen. Zwei Körper gelten als äquivalent, wenn gleiche Drehmomente gleiche Beschleunigung hervorrufen.« Die Studenten saßen alle da und nahmen ein Diktat auf, und wenn der Professor den Satz wiederholte, kontrollierten sie, ob sie auch alles richtig mitgeschrieben hatten. Dann schrieben sie den nächsten Satz hin und so weiter. Ich war der einzige, der wußte, daß der Professor über Objekte mit gleichen Trägheitsmomenten sprach, und es fiel schwer, das zu verstehen.

Ich sah nicht, wie sie daraus etwas lernen konnten. Er stand da und redete über Trägheitsmomente, aber es wurde nicht besprochen, daß eine Tür, wenn man außen schwere Gewichte daran hängt, schwerer zu öffnen ist, als wenn man die Gewichte in der Nähe der Angeln befestigt – *nichts!*

Nach der Vorlesung sprach ich mit einem der Studenten: »Sie machen sich all diese Notizen – was tun Sie damit?«

»Oh, wir lernen damit«, sagte er. »Wir müssen ein Examen ablegen.«

»Was wird dabei geprüft?«

»Ganz einfach. Ich kann Ihnen jetzt schon sagen, wie eine der Fragen lauten wird.« Er schaute in sein Notizbuch und sagte: »›Wann sind zwei Körper äquivalent?‹ Und die Antwort ist: ›Zwei Körper gelten als äquivalent, wenn gleiche Drehmomente gleiche Beschleunigung hervorrufen.‹« Es war also möglich, die Prüfungen zu bestehen und dieses ganze Zeug zu »lernen«, ohne das geringste zu *wissen*, abgesehen von dem, was auswendig gelernt worden war.

Dann ging ich zu einer Aufnahmeprüfung für Studenten, die an der Technischen Hochschule studieren wollten. Es war eine mündliche Prüfung, und ich durfte zuhören. Einer der Studenten war absolute Spitze: Er beantwortete alles im Handumdrehen! Die Prüfer fragten, was Diamagnetismus ist, und seine Antwort war perfekt. Dann fragten sie: »Wenn Licht in einem Winkel durch ein Material von bestimmter Dicke und mit einem bestimmten Index N geschickt wird, was geschieht dann mit dem Licht?«

»Es tritt parallel zu sich selbst aus – verschoben.«

»Und um wieviel ist es verschoben?«

»Das weiß ich nicht, aber ich kann es ausrechnen.« Also rechnete er es aus. Er war sehr gut. Aber ich hatte jetzt meine Zweifel.

Nach dem Examen ging ich zu diesem gescheiten jungen Mann und erklärte ihm, ich sei aus den Vereinigten Staaten und wolle ihm ein paar Fragen stellen, die am Ergebnis seiner Prüfung nicht das geringste ändern würden. Die erste Frage, die ich stellte, war: »Können Sie mir ein Beispiel für eine diamagnetische Substanz geben?«

»Nein.«

Dann fragte ich: »Angenommen, dieses Buch wäre aus Glas, und ich würde durch es hindurch etwas betrachten, das auf dem Tisch steht, was würde dann mit dem Bild geschehen, wenn ich das Glas neigen würde?«

»Es würde verschoben werden, und zwar um das Doppelte des Winkels, um den Sie das Buch gedreht haben.«

Ich sagte: »Sie haben das doch nicht mit einem Spiegel verwechselt, oder?«

»Nein, Sir!«

Gerade hatte er in der Prüfung gesagt, daß das Licht parallel zu sich selbst verschoben würde. Folglich würde sich das Bild zur Seite bewegen, aber nicht um irgendeinen Winkel gedreht werden. Er hatte sogar ausgerechnet, um *wieviel* es verschoben würde, aber es war ihm nicht klar, daß ein Stück Glas ein Material mit einer Brechzahl ist und daß seine Berechnung auf meine Frage zutraf.

Ich hielt an der Technischen Hochschule einen Kurs über mathematische Methoden in der Physik ab, in dem ich zeigen wollte, wie man Probleme durch die Trial-and-error-Methode löst. Das ist etwas, was die Leute gewöhnlich nicht lernen, und deshalb begann ich mit einfachen arithmetischen Beispielen, um die Methode zu veranschaulichen. Ich war überrascht, daß nur ungefähr acht von den etwa achtzig Studenten die erste Aufgabe abgaben. Deshalb hielt ich einen strengen Vortrag darüber, daß man es wirklich *probieren* müsse und sich nicht einfach zurücklehnen und zuschauen dürfe, wie *ich* es machte.

Nach dem Vortrag kam eine kleine Abordnung der Studenten zu mir, um mir klarzumachen, daß ich keine Ahnung hätte von dem Vorwissen, das sie hätten, sie könnten studieren, ohne Aufgaben zu lösen, sie hätten bereits Arithmetik gehabt, und dieser Kram sei unter ihrer Würde.

Ich ging also weiter im Stoff, und ganz gleich wie kompliziert oder anspruchsvoll die Arbeit wurde, sie gaben nie irgend etwas ab. Natürlich war mir klar, woran das lag: Sie konnten die Aufgaben *nicht* lösen!

Etwas anderes, wozu ich sie nie bringen konnte, war, Fragen zu stellen. Schließlich hat mir das ein Student erklärt: »Wenn ich Ihnen während der Vorlesung eine Frage stelle, sagen die anderen mir später: ›Warum vergeudest du im Kurs unsere Zeit? Wir versuchen etwas zu *lernen*. Und du hältst ihn mit einer Frage auf.‹«

Es ging darum, den anderen immer um eine Nasenlänge voraus zu sein, wobei niemand wußte, was vorging, und jeder den anderen von oben herab behandelte, als wüßte *er* es. Sie täuschten alle Wissen vor, und wenn ein Student nur einen Augenblick zugab, daß etwas verwirrend war, indem er eine Frage stellte, wurden die anderen überheblich, taten so, als sei es überhaupt nicht verwirrend, und sagten ihm, er verschwende ihre Zeit.

Ich erklärte, wie nützlich es sei, zusammenzuarbeiten, die Fragen zu diskutieren, sie zu besprechen, aber das wollten sie auch nicht, denn sie hätten ja ihr Gesicht verloren, wenn sie jemand anderen hätten fragen müssen. Es war eine Schande! Die ganze Arbeit, die sie sich machten, intelligente Leute, aber sie brachten sich selber in diesen seltsamen Geisteszustand, diese merkwürdige, in sich leerlaufende »Bildung«, die sinnlos ist, völlig sinnlos!

Am Ende des akademischen Jahres baten mich die Studenten, einen Vortrag über meine Lehrerfahrungen in Brasilien zu halten. Zu dem Vortrag sollten nicht nur Studenten, sondern auch Professoren und Regierungsbeamte kommen, so daß ich ihnen das Versprechen abnahm, daß ich sagen könne, was ich wolle. Sie meinten: »Aber sicher. Natürlich. Das ist hier ein freies Land.«

Ich kam also an und hatte das Lehrbuch zur Einführung in die Physik bei mir, das sie im ersten College-Jahr verwendeten. Sie hielten dieses Buch für besonders gut, weil es in verschiedenen Schriften gedruckt war – fett für die wichtigsten Dinge, die man sich einprägen soll, halbfett für weniger Wichtiges und so weiter.

Sofort sagte jemand: »Sie werden doch nichts Schlechtes über das Lehrbuch sagen, oder? Der Verfasser ist hier, und es gilt allgemein als vorzügliches Lehrbuch.«

»Sie haben doch versprochen, daß ich alles sagen kann.«

Der Vortragssaal war voll. Ich begann, indem ich die Wissenschaft als Verstehen des Verhaltens der Natur definierte. Dann stellte ich die Frage: »Weshalb wird Wissenschaft gelehrt? Natürlich kann sich ein Land so lange nicht für zivilisiert halten, bis ... und blah, blah, blah.« Sie saßen alle da und nickten, denn das ist ja genau das, was sie denken.

Dann sagte ich: »Das ist natürlich absurd, denn warum sollten wir meinen, wir müßten mit anderen Ländern mithalten? Wir müssen es aus einem *guten* Grund tun, einem *sinnvollen* Grund; nicht bloß weil es andere Länder auch tun.« Dann sprach ich über den Nutzen der Wissenschaft und über ihren Beitrag zur Verbesserung der menschlichen Lebensbedingungen und all das – ich nahm sie wirklich ein bißchen auf den Arm.

Dann sagte ich: »Der Hauptzweck meines Vortrags ist, Ihnen zu beweisen, daß in Brasilien *keine* Wissenschaft gelehrt wird!«

Ich konnte sehen, wie sie unruhig wurden, weil sie dachten: »Wie bitte? Keine Wissenschaft? Das ist ja völlig irre! Wir haben doch all diese Universitätsveranstaltungen.«

So erzählte ich ihnen, eines der ersten Dinge, die mir auffielen, als ich nach Brasilien kam, sei gewesen, daß man in den Buchläden Kinder aus der Grundschule sieht, die Physikbücher kaufen. Es gebe in Brasilien so viele Kinder, die Physik lernten, und sie begännen damit viel früher als die Kinder in den Vereinigten Staaten, so daß es erstaunlich sei, daß es in Brasilien nicht viele Physiker gebe – woran das liege? So viele Kinder arbeiteten so hart, und nichts komme dabei heraus.

Dann zog ich einen Vergleich mit einem Gräzisten, der die griechische Sprache liebt, aber weiß, daß in seinem eigenen Land nicht viele Kinder Griechisch lernen. Doch dann kommt er in ein anderes Land und freut sich, daß alle Leute Griechisch lernen – sogar die kleinen Kinder in der Grundschule. Er geht zur Prüfung eines Studenten, der seinen Abschluß in Griechisch machen will, und fragt ihn: »Was hat Sokrates über das Verhältnis von Wahrheit und Schönheit gelehrt?« – und der Student kann nicht antworten. Dann fragt er ihn: »Was hat Sokrates im Dritten Symposion zu Platon gesagt?«, und der Student strahlt und: »*Rrrrrrrrrr-t*« – rasselt er alles, Wort für Wort, in wunderschönem Griechisch herunter, was Sokrates gesagt hat.

Aber worüber Sokrates im Dritten Symposium gesprochen hat, war eben das Verhältnis von Wahrheit und Schönheit!

Was dieser Gräzist entdeckt, ist, daß die Studenten in dem anderen Land Griechisch lernen, indem sie zuerst lernen, die Buchstaben auszusprechen, dann die Worte und dann Sätze und Absätze. Sie sind imstande, Wort für Wort zu rezitieren, was Sokrates gesagt hat, ohne sich darüber klar zu sein, daß diese griechischen Worte wirklich etwas *bedeuten.* Für den Studenten sind das alles bedeutungslose Laute. Niemand hat sie je in Worte übersetzt, die die Studenten verstehen können.

Ich sagte: »So wirkt das auf mich, wenn ich sehe, wie Sie hier in Brasilien den Kindern ›Wissenschaft‹ beibringen.« (Ein Knalleffekt, was?)

Dann hielt ich das Lehrbuch zu Einführung in die Physik, das sie benutzten, in die Höhe. »In diesem Buch werden nirgendwo Resultate von Experimenten erwähnt, außer an einer Stelle, wo es um eine Kugel geht, die eine schräge Ebene hinabrollt, wo steht, wie weit die Kugel nach einer Sekunde, zwei Sekunden, drei Sekunden und so weiter gerollt ist. Die Zahlen weisen ›Abweichungen‹ auf – das heißt, wenn man sie sich anschaut, denkt man, man hat es mit Ergebnissen von Experimenten zu tun, denn die Zahlen liegen ein wenig über oder unter den theoretischen Werten. Das Buch weist sogar darauf hin, daß man die Abweichungen beim Experiment korrigieren muß – sehr schön. Das Ärgerliche ist bloß, wenn man den Wert der Beschleunigungskonstante aus diesen Werten berechnet, erhält man die richtige Antwort. Aber eine Kugel, die eine schräge Ebene hinunterrollt, hat, *wenn man das tatsächlich durchführt*, eine Trägheit, die bewirkt, daß sie sich dreht, und wird, *wenn man das Experiment wirklich macht*, wegen der zusätzlichen Energie, die in die Drehung eingeht, nur fünf Siebtel des richtigen Wertes liefern. Folglich stammt dieses einzige Beispiel für experimentelle ›Resultate‹ aus einem *vorgetäuschten* Experiment. Niemand hat eine solche Kugel rollen lassen, denn dabei wären niemals diese Resultate herausgekommen!

Ich habe noch etwas entdeckt«, fuhr ich fort. »Wenn ich herumblättere und das Buch irgendwo aufschlage und die Sätze auf der Seite vorlese, kann ich zeigen, was los ist – warum das keine Wissenschaft ist, sondern *immer und überall* nur dazu dient, auswendig gelernt zu werden. Ich bin deshalb mutig genug, jetzt, vor dieser Hörerschaft, das Buch durchzublättern, irgendwo aufzuschlagen, vorzulesen und es Ihnen zu zeigen.«

Und das tat ich dann. *Rrrrrrrrrr-t* – ich steckte meinen Finger hinein, schlug auf und fing an zu lesen: »Triboluminiszenz. Triboluminiszenz ist das Licht, das emittiert wird, wenn Kristalle zerkleinert werden...«

Ich sagte: »Und, ist das Wissenschaft? Nein! Man bekommt nur die Bedeutung eines Wortes durch andere Worte erklärt. Von der Natur – *welche* Kristalle Licht erzeugen, wenn man sie zerkleinert, *warum* sie Licht erzeugen – war überhaupt nicht die Rede. Ist auch nur ein Student nach Hause gegangen und hat es *versucht?* Unmöglich.

Wenn Sie aber statt dessen schreiben würden: Wenn man ein Stück Zucker nimmt und es im Dunkeln mit einer

Zange zerdrückt, kann man einen bläulichen Blitz sehen. Dies ist auch bei einigen anderen Kristallen der Fall. Niemand weiß, warum das so ist. Das Phänomen wird als ›Triboluminiszenz‹ bezeichnet! Dann wird jemand nach Hause gehen und es versuchen. Dann wird eine Erfahrung mit der Natur gemacht.« Ich verwendete dieses Beispiel, um ihnen etwas zu zeigen, aber ich hätte das Buch auch irgendwo anders aufschlagen können; es war überall so.

Schließlich sagte ich, ich sähe nicht, wie irgend jemand durch dieses in sich leerlaufende System, in dem Leute Examen bestehen und anderen beibringen, Examen zu bestehen, aber niemand irgend etwas weiß, ausgebildet werden könne. »Trotzdem«, sagte ich, »muß ich mich irren. Zwei Studenten in meinem Kurs waren recht gut, und einer der Physiker, die ich kenne, hat seine ganze Ausbildung in Brasilien absolviert. Demnach muß es für einige Leute möglich sein, sich durch das System hindurchzuarbeiten, wie schlecht es auch sein mag.«

Nachdem ich den Vortrag beendet hatte, stand der Leiter der Abteilung für wissenschaftliche Ausbildung auf und sagte: »Mr. Feynman hat uns einige Dinge gesagt, die wir nicht gern hören, aber mir scheint, daß er die Wissenschaft wirklich liebt und seine Kritik ernst meint. Deshalb denke ich, wir sollten auf ihn hören. Ich bin hierhergekommen, weil ich wußte, daß unser Erziehungssystem an etwas krankt; was ich gelernt habe, ist, daß wir es mit einem *Krebsgeschwür* zu tun haben!« – und er setzte sich.

Das erlaubte es anderen Leuten, frei ihre Meinung zu äußern, und es gab große Aufregung. Jeder stand auf und machte Vorschläge. Die Studenten bildeten einen Ausschuß, um die Vorlesungen im vorhinein zu vervielfältigen, und sie organisierten die Bildung anderer Ausschüsse, die dies und jenes übernehmen sollten.

Dann passierte etwas, das für mich völlig unerwartet kam. Einer der Studenten stand auf und sagte: »Ich bin einer der beiden Studenten, von denen Mr. Feynman am

Ende seines Vortrags gesprochen hat. Ich bin nicht in Brasilien, sondern in Deutschland ausgebildet worden und erst dieses Jahr nach Brasilien gekommen.«

Der andere Student aus dem Kurs, der gut gewesen war, hatte etwas Ähnliches zu sagen. Und der Professor, den ich erwähnt hatte, stand auf und sagte: »Ich habe meine Ausbildung hier in Brasilien absolviert, und zwar während des Krieges, als glücklicherweise alle Professoren die Universität verlassen hatten, so daß ich mir alles, was ich gelernt habe, selbst angeeignet habe. Deshalb bin ich nicht wirklich im brasilianischen System ausgebildet worden.«

Das hatte ich nicht erwartet. Ich wußte, daß das System schlecht war, aber 100 Prozent – das war schlimm!

Da ich innerhalb eines von der amerikanischen Regierung geförderten Programms nach Brasilien gegangen war, wurde ich vom State Department aufgefordert, einen Bericht über meine Erfahrungen in Brasilien zu schreiben, und ich schrieb die wichtigsten Punkte des Vortrags, den ich gehalten hatte, nieder. Später kam mir zu Ohren, daß irgend jemand im State Department so darauf reagiert hatte: »Das zeigt, wie gefährlich es ist, jemand nach Brasilien zu schicken, der so naiv ist. Ein dummer Bursche; er kann nur Ärger machen. Er hat die Probleme nicht verstanden.« Ganz im Gegenteil! Ich denke, daß dieser Jemand im State Department naiv war. Denn bloß weil er ein Vorlesungsverzeichnis mit Inhaltsangaben gesehen hatte, glaubte er, das sei schon eine Universität.

Der Mann der tausend Zungen

Als ich in Brasilien war, hatte ich mich bemüht, die Landessprache zu lernen und beschlossen, meine Physik-Vorlesungen auf portugiesisch zu halten. Bald nachdem ich ans Caltech gekommen war, wurde ich zu einer Party eingeladen, die Professor Bacher gab. Bevor ich zu der Party kam, hatte Bacher zu den Gästen gesagt: »Dieser Feynman hält sich für weltgewandt, bloß weil er ein bißchen Portugiesisch gelernt hat, dem werden wir's jetzt mal zeigen: Mrs. Smith hier (sie wirkt ganz wie eine Asiatin) ist in China aufgewachsen. Sie soll Feynman auf chinesisch begrüßen.«

Ich komme nichtsahnend auf die Party, und Bacher stellt mich all diesen Leuten vor: »Mr. Feynman, dies ist Mr. Soundso.«

»Sehr erfreut, Mr. Feynman.«

»Und dies ist Mr. Soundso.«

»Angenehm, Mr. Feynman.«

»Und dies ist Mrs. Smith.«

»*Ai, chung, ngong jia!*« sagt sie und verbeugt sich.

Ich bin so überrascht, daß ich denke, das einzige, was ich tun kann, ist, im gleichen Stil zu antworten. Ich verbeuge mich höflich vor ihr und sage völlig zuversichtlich: »*Ah ching, jong jien!*«

»Oh, mein Gott!« ruft sie, ganz aus der Fassung. »Ich wußte, daß das passieren würde – ich spreche Mandarin und er Kantonesisch!«

Selbstverständlich, Mr. Big!

Ich fuhr jeden Sommer mit meinem Auto durch die Vereinigten Staaten und versuchte, bis zum Pazifik zu kommen. Aber aus verschiedenen Gründen blieb ich immer irgendwo hängen – meistens in Las Vegas.

Ich erinnere mich, daß es mir dort besonders das erste Mal sehr gut gefiel. Damals, wie heute, wurde in Las Vegas Geld mit Spielern verdient, so daß das ganze Problem für die Hotels darin bestand, die Leute dazu zu bringen, dort *hinzukommen.* Deshalb gab es Shows und Essen, die sehr billig waren – fast umsonst. Man brauchte nichts vorzubestellen: Man konnte reingehen, sich an irgendeinen der leeren Tische setzen und die Show genießen. Es war einfach *toll* für jemand, der nicht spielt, denn ich genoß alle Vorteile – die Zimmer waren billig, das Essen kostete fast nichts, die Shows waren gut, und mir gefielen die Mädchen.

Eines Tages lag ich am Swimmingpool meines Motels, und da sprach mich jemand an. Ich weiß nicht mehr, wie er anfing, aber er war der Meinung, ich arbeitete wohl für meinen Lebensunterhalt, und das sei ziemlich töricht. »Schauen Sie, wie leicht es für mich ist«, sagte er. »Ich hänge die ganze Zeit am Swimmingpool rum und genieße das Leben in Las Vegas.«

»Ja, und wie zum Teufel machen Sie das, wenn Sie nicht arbeiten?«

»Ganz einfach: Ich mache Pferdewetten.«

»Ich verstehe nichts von Pferden, aber mir ist nicht klar, wie man von Pferdewetten leben kann«, sagte ich skeptisch.

»Natürlich kann man das«, sagte er. »Ich lebe davon! Ich sag' Ihnen was: Ich bring' *Ihnen* bei, wie man das macht. Wir gehen hin, und ich garantiere Ihnen, daß Sie hundert Dollar gewinnen!«

»Wie soll das gehen?«

»Ich *wette* mit Ihnen um hundert Dollar, daß Sie gewinnen«, sagte er. »Wenn Sie gewinnen, kostet es Sie also gar nichts, und wenn Sie verlieren, bekommen Sie hundert Dollar!«

Ich denke: »Mensch! So ist es richtig! Wenn ich hundert Dollar mit den Pferden gewinne und ihn bezahlen muß, verliere ich nichts; das ist bloß eine Probe – ein Beweis, daß sein System funktioniert. Und wenn es ihm mißlingt, gewinne ich hundert Dollar. Ist ja toll!«

Er nimmt mich mit zu einem Wettbüro, wo eine Liste der Pferde und der Rennbahnen aus dem ganzen Land aushängt. Er stellt mich anderen Leuten vor, die sagen: »Eh, Mann, der ist große Klasse! Ich hab' auch schon hundert Dollar gewonnen!«

Mir wird allmählich klar, daß ich mein eigenes Geld bei den Wetten einsetzen muß, und ich fange an, ein bißchen nervös zu werden. »Wieviel Geld muß ich denn setzen?« frage ich.

»Och, drei- oder vierhundert Dollar.«

So viel habe ich nicht bei mir. Außerdem fängt es an, mich zu beunruhigen: Und wenn ich nun alle Wetten verliere?

Da meint er: »Ich sag' Ihnen was: Mein Rat soll *Sie* nur *fünfzig* Dollar kosten, und zwar *nur wenn's klappt*. Wenn's nicht klappt, gebe ich Ihnen die hundert Dollar, die Sie sowieso gewonnen hätten.«

Ich denke: »Wow! Jetzt gewinne ich so oder so – entweder fünfzig oder hundert Dollar. Wie *macht* er das bloß?« Dann mache ich mir klar, daß bei einem Spiel mit ziemlich gleichen Erfolgschancen – wenn man für den Moment mal die geringen Ausgaben vergißt, die durch seine Einnahmen entstehen – die Chance, hundert Dollar zu gewinnen, gegen den Verlust von eigenen vierhundert Dollar vier zu eins steht. Wenn er das also fünfmal mit jemandem probiert, werden die anderen viermal hundert Dollar gewinnen, und er bekommt zweihundert (und brüstet sich vor ihnen, wie schlau er ist); beim fünften Mal muß *er* hundert Dollar bezahlen. Er bekommt also im Durchschnitt *zwei*hundert, wenn er *ein*hundert ausgibt! So verstand ich endlich, wie er das machte.

Das ging ein paar Tage so weiter. Er heckte irgendwelche Pläne aus, die sich zuerst wie ein todsicheres Geschäft anhörten, aber nachdem ich dann ein Weilchen darüber nachgedacht hatte, fand ich langsam heraus, wie es funktionierte. Schließlich sagt er in einer Art Verzweiflung: »Also gut, ich sag' Ihnen was: Sie zahlen mir fünfzig Dollar für den Rat, und wenn Sie verlieren, zahle ich Ihnen Ihr *ganzes* Geld zurück.«

Dabei *kann* ich *nicht* verlieren! Also sage ich: »Na gut, abgemacht!«

»Schön!« sagt er. »Aber leider muß ich am Wochenende nach San Francisco, lassen Sie mir also die Ergebnisse einfach per Post zukommen, und wenn Sie Ihre vierhundert Dollar verlieren, schicke ich Ihnen das Geld.«

Die ersten Pläne dienten dazu, Geld mit ehrlicher Arithmetik zu machen. Die einzige Möglichkeit, mit *diesem* Plan Geld zu machen, bestand darin, es *nicht* zu schicken – also in einem richtigen Betrug.

Ich habe nie eines seiner Angebote angenommen. Aber es war sehr unterhaltsam zu sehen, wie er vorging.

Das andere, was in Las Vegas Spaß machte, war, Showgirls kennenzulernen. Ich nehme an, sie sollten sich zwischen den Shows in der Bar aufhalten, um Kunden anzuziehen. Auf diese Weise lernte ich einige von ihnen kennen, unterhielt mich mit ihnen und fand sie nett. Für Leute, die sagen: »Showgirls, wie?«, steht schon fest, was sie sind! Aber in jeder Gruppe gibt es, wenn man sie näher kennenlernt, solche und solche. Eines der Mädchen beispielsweise war die Tochter eines Dekans einer Universität im Osten. Sie hatte eine Begabung zum Tanz und tanzte gern; sie hatte den Sommer über frei, und da Jobs als Tänzerin schwierig zu finden waren, arbeitete sie in einer Tanztruppe in Las Vegas. Die meisten Showgirls waren sehr nett und freundlich. Sie waren alle hübsch, und ich *liebe* nun mal hübsche Mädchen. Tatsächlich waren sie der eigentliche Grund dafür, warum mir Las Vegas so gut gefiel.

Zuerst war ich ein wenig ängstlich: Die Mädchen waren sehr hübsch, sie hatten einen gewissen Ruf und so weiter. Ich versuchte sie kennenzulernen, und wenn ich sie ansprach, mußte ich immer ein bißchen schlucken. Am Anfang war es schwierig, aber allmählich wurde es leichter, und schließlich hatte ich soviel Selbstvertrauen, daß ich mich vor nichts fürchtete.

Ich hatte eine Art, in Abenteuer hineinzugeraten, die schwer zu erklären ist: Es ist wie beim Angeln, wobei man eine Schnur auswirft und dann Geduld haben muß. Wenn ich jemand von meinen Abenteuern erzählte, hieß es etwa: »Au ja – das *machen* wir jetzt!« Und dann gingen wir in eine Bar, um zu sehen, ob sich etwas ergab, und nach zwanzig Minuten oder so verloren sie die Geduld. Normalerweise muß man ein paar *Tage* dranhängen, bevor sich irgend etwas tut. Ich verbrachte eine Menge Zeit damit, mich mit den Showgirls zu unterhalten. Das eine stellte mich dem anderen vor, und nach einer Weile passierte meist irgend etwas Interessantes.

Ich erinnere mich an ein Mädchen, das gern Gibsons trank. Sie tanzte im Flamingo Hotel, und ich lernte sie recht gut kennen. Wenn ich in die Stadt kam, ließ ich ihr zum Zeichen, daß ich da sei, einen Gibson auf den Tisch stellen, bevor sie sich setzte.

Einmal ging ich hin und setzte mich neben sie, und sie sagte: »Heut' abend bin ich mit einem Mann zusammen – ein Zocker aus Texas.« (Ich hatte schon von ihm gehört. Immer wenn er am Würfeltisch spielte, versammelten sich die Leute, um ihm zuzusehen.) Er kam an den Tisch zurück, wo wir saßen, und meine Bekannte stellte mich ihm vor.

Das erste, was er zu mir sagte, war: »Wissense was? Ich hab' hier heut' abend sechzigtausend Dollar verloren.«

Ich wußte, was zu tun war: Ich wandte mich ihm völlig unbeeindruckt zu und sagte: »Soll ich das nun schlau oder blöd finden?«

Einmal frühstückten wir zusammen im Speisesaal. Er sagte: »He, lassen Sie mich Ihre Rechnung unterschreiben. Die berechnen mir das alles nicht, weil ich hier soviel Geld lasse.«

»Ich habe genug Geld, und brauche mir keine Sorgen darum zu machen, wer mein Frühstück bezahlt, danke.« Ich versetzte ihm immer wieder einen Dämpfer, wenn er versuchte, bei mir Eindruck zu schinden.

Er probierte alles mögliche: wie reich er sei, wieviel Öl er in Texas habe, und nichts funktionierte, denn ich kannte das Rezept.

Schließlich hatten wir doch noch ein bißchen Spaß zusammen.

Als wir einmal an der Bar saßen, sagte er zu mir: »Sehen Sie die Mädchen da drüben am Tisch? Das sind Huren aus Los Angeles.«

Sie sahen sehr nett aus; sie hatten irgendwie Klasse.

Er sagte: »Wissen Sie was: Ich stell' sie Ihnen vor, und dann bezahl' ich für die, die Sie haben wollen.«

Ich hatte keine Lust, die Mädchen kennenzulernen, und ich wußte, daß er das nur sagte, um Eindruck zu machen, so daß ich erst einmal ablehnte. Aber dann dachte ich: »Das ist ja ein Ding! Der Kerl versucht so sehr, mich zu beeindrucken, daß er bereit ist, mir das zu *spendieren*. Wenn ich je diese Geschichte erzähle...« Darum sagte ich zu ihm: »Also, o. k., stellen Sie mich vor.«

Wir gingen hinüber an ihren Tisch, und er stellte mich den Mädchen vor und ging dann für einen Moment weg. Eine Kellnerin kam und fragte, was wir trinken wollten. Ich bestellte etwas Wasser, und das Mädchen neben mir fragte: »Ist das in Ordnung, wenn ich Champagner nehme?«

»Sie können nehmen, was immer Sie wollen«, antwortete ich kühl, »denn *Sie* zahlen dafür.«

»Was ist denn mit Ihnen los?« fragte sie. »Knauser, oder was?«

»Genau.«

»Sie sind bestimmt kein Gentleman!« sagte sie entrüstet.

»Das haben Sie aber schnell spitzgekriegt!« antwortete ich. Ich hatte viele Jahre zuvor in New Mexico gelernt, *kein* Gentleman zu sein.

Sehr bald boten sie an, mir Drinks zu spendieren – das Blatt hatte sich vollkommen gewendet! (Übrigens, der texanische Ölmensch kam nicht zurück.)

Nach einer Weile sagte eines der Mädchen: »Laßt uns rüber ins El Rancho gehen. Vielleicht ist da mehr los.« Wir stiegen in ihr Auto. Es war ein schickes Auto, und es waren nette Leute. Unterwegs fragte sie mich nach meinem Namen.

»Dick Feynman.«

»Wo sind Sie her, Dick? Was machen Sie?«

»Ich bin aus Pasadena; ich arbeite am Caltech.«

Eines der Mädchen fragte: »Ach, kommt da nicht dieser Physiker Pauling her?«

Ich war oft in Las Vegas gewesen, immer wieder, und ich hatte *nie* jemanden getroffen, der irgend etwas von Wissenschaft wußte. Ich hatte mich mit allen möglichen Geschäftsleuten unterhalten, und für sie war ein Wissenschaftler ein Niemand. »Yeah!« sagte ich erstaunt.

»Und da arbeitet doch auch einer, der Gellan oder so ähnlich heißt – ein Physiker.« Ich konnte es nicht glauben. Ich fuhr in einem Wagen voller Prostituierter, und sie wußten all das!

»Yeah! Er heißt Gell-Mann! Wie kommt's, daß ihr das wißt?«

»Eure Bilder waren im *Time-Magazine*.« Das stimmt, aus irgendeinem Grund hatten sie im *Time-Magazine* Photos von zehn amerikanischen Wissenschaftlern gebracht. Ich war dabei und so auch Pauling und Gell-Mann.

»Und wieso erinnert ihr euch an die Namen?« fragte ich.

»Na, wir haben uns die Bilder angesehen und uns die Jüngsten und die, die am besten aussehen, ausgesucht!« (Gell-Mann ist jünger als ich.)

Wir kamen ins El Rancho Hotel, und die Mädchen setzten dieses Spiel fort, mich so zu behandeln, wie sonst jeder sie behandelt: »Hast du Lust zu spielen?« fragten sie. »Wir bezahlen dafür, und du kannst die Hälfte der Gewinne behalten.« Ich spielte ein bißchen mit ihrem Geld, und wir haben uns alle gut amüsiert.

Nach einer Weile sagten sie: »Schau mal, wir haben einen ausgespäht, der mit Geld um sich wirft, wir müssen dich jetzt allein lassen«, und sie gingen wieder an die Arbeit.

Einmal saß ich an einer Bar, und mir fielen zwei Mädchen mit einem älteren Mann auf. Schließlich ging er weg, und sie kamen herüber und setzten sich zu mir: die hübschere und aktivere neben mich und ihre etwas weniger attraktive Freundin, die Pam hieß, auf die andere Seite.

Die Dinge entwickelten sich gleich recht angenehm. Sie war sehr freundlich. Bald lehnte sie sich an mich, und ich legte meinen Arm um sie. Zwei Männer kamen herein und setzten sich an einen Tisch in der Nähe. Dann gingen sie, bevor die Kellnerin kam, wieder hinaus.

»Hast du die Männer gesehen?« fragte meine neue Freundin.

»Jaa.«

»Das sind Freunde von meinem Mann.«

»Wie? Was soll *das* denn heißen?«

»Ja, weißt du, ich habe gerade John Big geheiratet« – sie nannte einen sehr bekannten Namen –, »und wir hatten einen kleinen Streit. Wir sind auf Hochzeitsreise, und John spielt die ganze Zeit. Er kümmert sich überhaupt nicht um mich, deshalb ziehe ich los und amüsiere mich, aber er schickt mir immer Spione hinterher, damit er auf dem laufenden ist, was ich treibe.«

Sie bat mich, sie mit meinem Auto in ihr Motel zu bringen. Unterwegs fragte ich: »Und wenn John das erfährt?«

Sie sagte: »Mach dir darüber keine Gedanken. Du brauchst nur auf einen großen roten Wagen mit zwei Antennen zu achten. Wenn du den nicht siehst, ist er nicht in der Nähe.«

Am Abend darauf ging ich mit dem »Gibson-Mädchen« und einer Freundin von ihr in die Spätvorstellung im Silver Slipper, wo es eine Show gab, die später lief als in allen anderen Hotels. Die Mädchen, die in den anderen Shows arbeiteten, gingen gerne dorthin, und der Conférencier machte eine Ansage, wenn die verschiedenen Tänzerinnen hereinkamen. Ich ging also mit diesen beiden *bildhübschen* Tänzerinnen am Arm hinein, und er sagte: »Und da kommen Miss Soundso und Miss Soundso aus dem Flamingo!« Alle drehten sich um, um zu sehen, wer hereinkam. Ich fühlte mich *großartig!*

Wir setzten uns an einen Tisch in der Nähe der Bar, und nach einer Weile gab es ein bißchen Unruhe – die Kellner stellten Tische um, und bewaffnete Sicherheitsleute kamen herein. Sie machten Platz für eine Berühmtheit. JOHN BIG betrat das Lokal.

Er kam herüber zur Bar, direkt neben unseren Tisch, und sofort forderten zwei Kerle die Mädchen, die ich mitgebracht hatte, zum Tanzen auf. Sie gingen weg, um zu tanzen, und ich saß allein am Tisch, als John herüberkam und sich zu mir setzte. »Wie *geht's* 'n so?« fragte er. »Was machen Sie in Vegas?«

Ich war sicher, er hatte etwas über mich und seine Frau herausgekriegt. »Ich häng' so rum..« (Ich mußte ja auf hart machen, nicht wahr?)

»Schon lange hier?«

»Vier oder fünf Nächte.«

»Ich kenn' Sie«, sagte er. »Sind wir uns nicht schon mal in Florida begegnet?«

»Also, ich weiß wirklich nicht...«

Er probierte es mit allen möglichen Orten, und ich wußte nicht, worauf er hinauswollte. »Jetzt fällt's mir ein«, sagte er.

»Es war im El Morocco.« (Das El Morocco war ein großer Nachtclub in New York, wo eine Menge schwere Jungs verkehrten – also genau der Ort, wo auch Professoren für Theoretische Physik hingehen, wie?)

»Das muß es gewesen sein«, sagte ich. Ich fragte mich, wann er *zur Sache* kommen würde. Schließlich lehnte er sich zu mir herüber und fragte: »He, stellen Sie mich den Mädchen vor, mit denen Sie hier sind, wenn sie vom Tanzen zurückkommen?«

Das war alles, was er wollte; er hatte keinen Schimmer, wer ich war! Ich stellte ihn also vor, aber meine Showgirl-Freundinnen sagten, sie seien müde und wollten nach Hause gehen.

Am folgenden Nachmittag sah ich John Big im Flamingo; er stand an der Bar, unterhielt sich mit dem Barkeeper über Kameras und machte Aufnahmen. Vielleicht war er ein Photoamateur: Er hatte eine Menge Glühbirnen und Kameras bei sich, redete aber nur dummes Zeug darüber. Ich kam zu dem Schluß, er könne wohl kaum ein Amateurphotograph sein; er war einfach ein reicher Kerl, der sich ein paar Kameras gekauft hatte.

Zu dem Zeitpunkt war mir klar, daß er nicht wußte, daß ich mit seiner Frau herumgemacht hatte; er hatte nur wegen der Mädchen, die bei mir waren, mit mir reden wollen. Deshalb überlegte ich mir ein Spiel. Ich erfand eine Rolle für mich: John Bigs Assistent.

»Hallo, John«, sagte ich. »Machen wir ein paar Aufnahmen. Ich nehme Ihnen die Blitzlampen ab.«

Ich steckte die Blitzlampen in die Tasche, und wir fingen an, Aufnahmen zu machen. Ich reichte ihm die Blitzlampen und gab ihm dann und wann einen Rat; das *gefiel* ihm.

Wir gingen hinüber ins Last Frontier, um zu spielen, und er fing an zu gewinnen. Die Hotels sehen es nicht gern, wenn ein Zocker sich verabschiedet, aber ich konnte sehen, daß er gehen wollte. Das Problem war, wie man es mit Anstand machen konnte.

»John, wir müssen jetzt weg«, sagte ich mit ernstem Ton.
»Aber ich gewinne gerade.«
»Ja, aber wir haben eine *Verabredung* heute nachmittag.«
»O. k., holen Sie meinen Wagen.«
»Selbstverständlich, Mr. Big!« Er reichte mir die Schlüssel und beschrieb mir, wie der Wagen aussah. (Ich ließ mir nicht anmerken, daß ich Bescheid wußte.)

Ich ging hinaus auf den Parkplatz, und natürlich stand da dieser riesengroße wunderschöne Schlitten mit den zwei Antennen. Ich stieg ein und drehte den Zündschlüssel – und das Auto sprang nicht an. Es hatte eine automatische Gangschaltung; die waren gerade herausgekommen, und ich kannte mich damit überhaupt nicht aus. Nachdem ich ein bißchen herumgefummelt hatte, schob ich sie zufällig auf PARK, und der Wagen sprang an. Ich fuhr sehr vorsichtig, wie sich das für eine so teure Karre gehört, zum Hoteleingang, stieg aus, ging hinein zu dem Tisch, an dem er immer noch spielte, und sagte: »Ihr Wagen steht bereit, Sir!«

»Ich muß los«, sagte er, und wir gingen.

Er ließ mich fahren. »Ich möchte zum El Rancho«, sagte er. »Kennen Sie da irgendwelche Mädchen?«

Ein Mädchen da kannte ich ziemlich gut, und so sagte ich: »Jaa.« Zum den Zeitpunkt war ich mir hinreichend sicher, daß er nur deshalb bei dem Spiel, das ich erfunden hatte, mitmachte, weil er ein paar Mädchen kennenlernen wollte, und deshalb sprach ich ein heikles Thema an: »An einem der letzten Abende habe ich Ihre Frau kennengelernt...«

»Meine Frau? Meine Frau ist nicht hier in Las Vegas.«

Ich erzählte ihm von dem Mädchen, das ich in der Bar kennengelernt hatte.

»Oh! Ich weiß, wen Sie meinen; ich habe das Mädchen und ihre Freundin in Los Angeles kennengelernt und sie nach Las Vegas mitgenommen. Das erste, was sie gemacht haben, war, stundenlang mein Telephon zu benutzen, um mit ihren Freunden in Texas zu sprechen. Ich wurde sauer und warf sie raus! Sie ist also rumgelaufen und hat allen Leuten erzählt, sie sei meine Frau, wie?«

Das war also geklärt.

Wir gingen ins El Rancho, und ungefähr fünfzehn Minuten später sollte die Show beginnen. Es war proppenvoll; im ganzen Haus gab es keinen freien Platz mehr. John ging zum Majordomus und sagte: »Ich möchte einen Tisch.«

»Jawohl, Mr. Big! In fünf Minuten haben Sie Ihren Tisch.«

John gab ihm ein Trinkgeld und ging dann weg, um zu spielen. Währenddessen ging ich hinter die Bühne, wo die Mädchen sich für die Show fertigmachten, und fragte nach meiner Bekannten. Sie kam heraus, und ich erklärte ihr, John Big sei bei mir und wolle nach der Show ein bißchen Gesellschaft haben.

»Geht klar, Dick«, sagte sie. »Ich bringe ein paar Freundinnen mit, und wir sehen euch dann nach der Show.«

Ich ging wieder nach vorne, um John zu suchen. Er spielte noch. »Gehen Sie ohne mich rein«, sagte er. »Ich komme gleich nach.«

Ganz vorne, direkt am Bühnenrand, standen zwei Tische. Alle anderen Tische waren besetzt. Ich setzte mich alleine hin. Die Show fing an, ehe John kam, und die Showgirls kamen auf die Bühne. Sie konnten sehen, daß ich einen Tisch ganz für mich allein hatte. Bis dahin hatten sie mich für einen mickrigen Professor gehalten; jetzt sahen sie, daß ich ein GROSSES TIER war.

Schließlich kam John herein, und kurz darauf nahmen ein paar Leute am Nebentisch Platz – Johns »Frau« und ihre Freundin Pam mit zwei Männern!

Ich beugte mich zu John hinüber: »Sie sitzt am Nebentisch.«

»Yeah.«

Als sie sah, daß ich mich um John kümmerte, lehnte sie sich von dem anderen Tisch herüber und fragte: »Kann ich mit John sprechen?«

Ich sagte kein Wort. Auch John sagte nichts.

Ich wartete ein Weilchen, dann beugte ich mich zu John: »Sie will mit Ihnen reden.«

Er wartete ein wenig. »In Ordnung«, sagte er dann.

Ich wartete ein bißchen länger, und dann beugte ich mich zu ihr hinüber: »John ist jetzt bereit, mit Ihnen zu sprechen.«

Sie kam an unseren Tisch. Sie fing an, »Johnnie« zu bearbeiten und rückte ganz nah an ihn heran. Ich sah, daß da ein paar Dinge eingerenkt wurden.

Ich spiele zu gern Streiche, und immer wenn sie etwas geklärt hatten, erinnerte ich John an etwas: »Die Telephoniererei, John . . .«

»Ja, genau!« sagte er. »Was soll denn das, stundenlang am Telephon zu hängen?«

Sie sagte, es sei Pam gewesen, die angerufen hätte.

Als sich die Wogen ein bißchen glätteten, wies ich darauf hin, daß es ihre Idee gewesen sei, Pam *mitzunehmen*.

»Ja, genau!« sagte er. (Es machte mir einen Heidenspaß, dieses Spiel zu spielen; es ging noch eine ganze Weile so weiter.)

Als die Show vorüber war, kamen die Mädchen vom El Rancho an unseren Tisch, und wir unterhielten uns mit ihnen, bis sie sich für die nächste Show fertig machen mußten. Dann sagte John: »Ich kenne eine nette kleine Bar nicht weit von hier. Lassen Sie uns dahin gehen.«

Ich fuhr ihn zu der Bar, und wir gingen hinein. »Sehen Sie die Frau da drüben?« sagte er. »Sie ist eine wirklich gute Rechtsanwältin. Kommen Sie, ich mache Sie mit ihr bekannt.«

John machte uns miteinander bekannt und entschuldigte sich dann, um auf die Toilette zu gehen. Er kam nicht wieder. Ich glaube, er wollte zurück zu seiner »Frau«, und ich fing an, ihn zu stören.

Ich sagte »Hallo« zu der Frau und bestellte nur mir selber einen Drink (immer noch dieses Spiel spielend, unbeeindruckt und kein Gentleman zu sein).

»Wissen Sie«, sagte sie, »ich gehöre zu den besseren Rechtsanwälten hier in Las Vegas.«

»Ach was«, antwortete ich cool. »Rechtsanwältin mögen Sie vielleicht den Tag über sein, aber wissen Sie, was Sie jetzt sind? Jetzt sind Sie bloß 'ne Kneipenhockerin in 'ner kleinen Bar in Vegas.«

Sie mochte mich, und wir gingen noch in ein paar andere Bars zum Tanzen. Sie tanzte sehr gut, und ich tanze *unheimlich gern,* so daß wir uns gut amüsierten.

Dann fing auf einmal, mitten in einem Tanz, mein Rücken an, weh zu tun. Es war ein ziemlich heftiger Schmerz, und er begann ganz plötzlich. Ich wußte, was los war: Ich war drei Tage und Nächte aufgewesen und hatte diese verrückten Abenteuer erlebt, und ich war vollkommen *erschöpft.*

Sie sagte, sie würde mich mit zu sich nehmen. Sobald ich in ihrem Bett lag – PENG! war ich weg.

Am nächsten Morgen wachte ich in diesem herrlichen Bett auf. Die Sonne schien, und von ihr keine Spur. Statt dessen war ein Dienstmädchen da. »Sir«, sagte sie, »sind Sie wach? Das Frühstück ist fertig.«

»Also, hm . . .«

»Ich bringe es Ihnen. Was möchten Sie haben?«, und sie betete eine ganze Speisekarte herunter.

Ich bestellte und frühstückte im Bett – im Bett einer Frau, die ich nicht kannte; ich wußte nicht, wer sie war oder wo sie herkam!

Ich stellte dem Dienstmädchen ein paar Fragen, aber sie wußte auch nichts über diese geheimnisvolle Frau: Sie war gerade erst angestellt worden, und es war ihr erster Arbeitstag. Sie hielt mich für den Herrn des Hauses und fand es merkwürdig, daß ich *ihr* Fragen stellte. Schließlich zog ich mich an und ging. Ich habe die geheimnisvolle Frau nie wiedergesehen.

Als ich das erste Mal in Las Vegas war, setzte ich mich hin und rechnete für alles die Gewinnchancen aus, und ich stellte fest, daß sie am Würfeltisch ungefähr bei 0,493 lagen. Würde ich einen Dollar setzen, so würde mich das nur 1,4 Cents kosten. Ich überlegte: »Warum setze ich so ungern? Es kostet ja kaum etwas!«

Ich fing also an zu setzen und verlor gleich hintereinander fünf Dollar – eins, zwei, drei, vier, fünf. Eigentlich hätte mich das nur sieben Cents kosten dürfen, und jetzt war ich fünf Dollar im Rückstand! Seitdem habe ich nie wieder gespielt (jedenfalls nicht mit eigenem Geld). Ich hatte großes Glück, daß ich gleich zu Anfang verlor.

Einmal aß ich mit einem der Showgirls zu Mittag. Es war ein ruhiger Nachmittag, nicht der übliche Rummel, und sie sagte: »Siehst du den Mann dort drüben, der über den Rasen geht? Das ist Nick der Grieche. Er ist Berufsspieler.«

Nun wußte ich ja recht gut über die Gewinnchancen in Las Vegas Bescheid, und ich fragte: »Wie macht er das, Berufsspieler zu sein?«

»Ich rufe ihn her.«

Nick kam herüber, und sie machte uns bekannt. »Marilyn sagt, daß Sie Berufsspieler sind.«

»Stimmt genau.«

»Also, ich wüßte gern, wie das möglich ist, daß Sie vom Spielen leben, denn am Tisch betragen die Gewinnchancen 0,493.«

»Sie haben recht«, sagte er, »und ich werde es Ihnen erklären. Ich setze nicht am Tisch oder bei ähnlichen Glücksspielen. Ich wette nur, wenn die Gewinnchancen für mich günstig stehen.«

»Hä? Wann stehen die Gewinnchancen je günstig für Sie?« fragte ich ungläubig.

»Ganz einfach«, sagte er. »Ich stehe bei einem Tisch herum und irgend jemand sagt: ›Jetzt kommt Neun! Es muß einfach eine Neun sein!‹ Er ist aufgeregt; er glaubt, es wird eine Neun kommen, und er möchte setzen. Nun kenne ich die Gewinnchancen für alle Zahlen auswendig, also sage ich zu ihm: ›Ich wette mit Ihnen vier gegen eins, daß *keine*

Neun kommt‹, und auf lange Sicht gewinne ich dabei. Ich setze nicht am Tisch, ich wette mit Leuten am Tisch, die voreingenommen sind – die abergläubische Vorstellungen über Glückszahlen haben.«

Nick fuhr fort: »Jetzt, wo ich einen gewissen Ruf habe, ist es noch leichter, denn die Leute wetten mit mir, selbst wenn sie *wissen*, daß ihre Gewinnchancen nicht besonders gut stehen, einfach weil sie, wenn sie gewinnen, die Geschichte erzählen möchten, wie sie Nick den Griechen geschlagen haben. Ich lebe also wirklich vom Spielen, und es ist herrlich!«

Nick der Grieche war wirklich ein gebildeter Mann. Er war sehr nett und hatte ein einnehmendes Wesen. Ich dankte ihm für die Erklärung; jetzt verstand ich es. Denn es ist nun mal so, daß ich die Welt verstehen muß.

Ein Angebot,
das man ablehnen muß

In Cornell gab es alle möglichen Fachbereiche, die mich nicht besonders interessierten. (Das soll nicht heißen, daß mit ihnen irgend etwas nicht stimmte; es ist einfach so, daß ich zufällig kein besonderes Interesse an ihnen hatte.) Es gab Hauswirtschaftslehre, Philosophie (die Leute aus diesem Fachbereich waren besonders fade), und es gab die kulturellen Dinge – Musik und so weiter. Natürlich gab es eine ganze Menge Leute, mit denen ich mich gern unterhielt. Dazu gehörten Professor Kac und Professor Feller aus dem Fachbereich Mathematik; Professor Calvin, der Chemie lehrte; und ein toller Bursche aus dem Fachbereich Zoologie, Dr. Griffin, der herausfand, daß sich Fledermäuse mit Hilfe von Echos orientieren. Aber es war schwierig, genügend Leute zu finden, mit denen man sich unterhalten konnte, und es gab all dieses andere Zeug, das ich für den letzten Stuß hielt. Und Ithaca war eine kleine Stadt.

Außerdem war das Klima nicht gerade gut. Eines Tages war ich mit dem Auto unterwegs, und es gab eines dieser plötzlichen Schneegestöber, das man nicht erwartet und auf das man nicht gefaßt ist, und man denkt: »Ach, das wird nicht viel geben; ich fahre weiter.«

Aber dann fällt so viel Schnee, daß der Wagen ins Rutschen kommt, so daß man die Schneeketten aufziehen muß. Man steigt aus, legt die Ketten in den Schnee, und es ist *kalt*, und man fängt an zu zittern. Dann setzt man das Auto zurück auf die Ketten, und dann hat man dieses Problem – jedenfalls hatten wir das damals, ich weiß nicht, wie es heute ist –, daß es auf der Innenseite einen Haken gibt, den man als erstes einhängen muß. Und da die Ketten ziemlich straff gespannt sein müssen, ist es schwierig, den Haken einzuhängen. Dann muß man mit den nun schon fast steifgefrorenen Fingern eine Klammer umlegen. Und da man vor dem Reifen kniet und der Haken auf der Innenseite ist, geht das mit den kalten Händen sehr schwer. Er rutscht einem immer wieder weg, und es ist *kalt,* und es schneit, und man versucht diese Klammer herunterzudrükken, und die Hand tut einem weh, und das verflixte Ding geht nicht zu – also, ich weiß noch, *das* war der *Moment,* in dem ich entschied, *dies* sei *Irrsinn;* es müsse doch irgendwo auf der Welt einen Platz geben, wo man mit so etwas nicht zu kämpfen hat.

Ich erinnerte mich an die Besuche, die ich auf Einladungen von Professor Bacher, der zuvor in Cornell gewesen war, dem Caltech abgestattet hatte. Bacher stellte es bei meinen Besuchen ziemlich schlau an. Er kannte mich sehr gut und sagte: »Ich habe einen Zweitwagen, Feynman, den werde ich Ihnen leihen. Und jetzt zeige ich Ihnen, wie Sie nach Hollywood und auf den Sunset Strip kommen. Amüsieren Sie sich gut.«

So fuhr ich jeden Abend mit seinem Auto zum Sunset Strip – zu den Nachtclubs und den Bars und dorthin, wo etwas los war. Es war das, was ich von Las Vegas her mochte: hübsche Mädchen, große Tiere und so weiter. Bacher wußte genau, wie er mein Interesse für das Caltech wecken konnte.

Vielleicht kennt man die Geschichte von dem Esel, der genau zwischen zwei Heuhaufen steht und zu keinem von beiden hingeht, weil beide gleich hoch sind. Also, das ist noch gar nichts. Cornell und Caltech fingen an, mir Angebote zu machen, und kaum wollte ich den Schritt tun, weil ich dachte, am Caltech sei es wirklich besser, erhöhten sie ihr Angebot in Cornell; und wenn ich dachte, ich wollte in Cornell bleiben, gingen sie am Caltech etwas höher. Man kann sich also diesen Esel zwischen den beiden Heuhaufen vorstellen, mit der besonderen Vertracktheit, daß, sobald er zu dem einen hingeht, der andere größer wird. Das macht es sehr schwierig!

Das Argument, das schließlich den Ausschlag gab, war mein Forschungsurlaub. Ich wollte wieder nach Brasilien, diesmal für zehn Monate, und hatte mir in Cornell gerade den Anspruch auf Forschungsurlaub erworben. Ich wollte ihn nicht verlieren, und nachdem ich nun einen Grund gefunden hatte, zu einer Entscheidung zu kommen, schrieb ich an Bacher und teilte ihm meinen Entschluß mit.

Das Caltech antwortete: »Wir stellen Sie sofort an und gewähren Ihnen für das ganze erste Jahr Forschungsurlaub.« So gingen sie vor: Ganz gleich, was ich beschloß, sie durchkreuzten es. Auf diese Weise verbrachte ich mein erstes Jahr am Caltech in Wirklichkeit in Brasilien. Meine Lehrtätigkeit am Caltech nahm ich erst im zweiten Jahr auf. So ist das gewesen.

Ich bin jetzt seit 1951 am Caltech und war hier bisher immer sehr zufrieden. Es ist *genau* das richtige für einen Burschen wie mich. Da arbeiten all diese Spitzenleute, die sehr an dem interessiert sind, was sie tun, und mit denen ich reden kann. Deshalb fühle ich mich dort sehr wohl.

Eines Tages freilich, als ich noch nicht sehr lange am Caltech war, hatten wir üblen Smog. Es war schlimmer als es heute ist – jedenfalls brannten einem die Augen noch mehr. Ich stand an einer Ecke, und meine Augen tränten, und ich dachte: »Das ist ja Wahnsinn! Das ist absolut IRRE! In Cornell war es ganz gut. Ich haue hier ab.«

Ich rief in Cornell an und fragte, ob sie es für möglich hielten, daß ich zurückkäme. Sie meinten: »Sicher! Wir richten das ein und rufen Sie morgen zurück.«

Am nächsten Tag hatte ich das größte Glück bei einer Entscheidung. Der liebe Gott muß es so eingerichtet haben, um mir bei meiner Entscheidung zu helfen. Ich ging in mein Büro, da kam jemand angelaufen und sagte: »He, Feynman! Haben Sie schon gehört? Baade hat herausgefunden, daß es *zwei* verschiedene Sternpopulationen gibt! Alle

Messungen der Entfernungen zu den Galaxien haben auf einem *einzigen* Typ von Cepheiden-Variablen basiert, aber es gibt noch einen *anderen* Typ, so daß das Universum zwei-, drei- oder viermal so alt ist, als wir angenommen haben!«

Ich kannte das Problem. Damals schien die Erde älter zu sein als das Universum. Die Erde war viereinhalb Milliarden und das Universum bloß zwei oder drei Milliarden Jahre alt. Es war ein großes Rätsel. Und diese Entdeckung löste alles: Es ließ sich jetzt beweisen, daß das Universum älter war, als man bislang angenommen hatte. Und ich bekam diese Information auf der Stelle – es kam jemand angelaufen, um mir das alles zu erzählen.

Ich schaffte es nicht mal, über den Campus bis zu meinem Büro zu kommen, da kam wieder einer angelaufen – Matt Meselson, ein Biologe, der im Nebenfach Physik studiert hatte. (Ich war in seiner Promotionskommission gewesen.) Er hatte die erste Zentrifuge zur Messung der Dichte von Stoffen gebaut – man konnte damit die Dichte von Molekülen messen. Er sagte: »Schauen Sie sich die Resultate des Experiments an, das ich durchgeführt habe!«

Er hatte nachgewiesen, daß, wenn eine Bakterie eine neue produziert, ein ganzes, vollständiges Molekül von der einen Bakterie an die andere weitergegeben wird – ein Molekül, das wir heute als DNS kennen. Wir glauben ja immer, daß alles sich immer weiter teilt. Wir glauben, daß *alles* in der Bakterie sich teilt und die eine Hälfte an die neue Bakterie weitergegeben wird. Aber das ist unmöglich: Irgendwo kann sich das kleinste Molekül, das die genetische Information enthält, *nicht* in zwei Hälften teilen; es muß eine *Kopie* seiner selbst herstellen und eine Kopie in die neue Bakterie schicken und eine für die alte behalten. Und er hatte das folgendermaßen nachgewiesen: Zunächst züchtete er die Bakterien in schwerem und später in gewöhnlichem Stickstoff. Zwischendurch wog er die Moleküle in seiner Zentrifuge zur Dichtemessung.

Bei der ersten Generation von neuen Bakterien lag das Gewicht ihrer Chromosomenmoleküle genau zwischen dem Gewicht von Molekülen, die mit schwerem, und solchen, die mit gewöhnlichem Stickstoff gezüchtet worden waren – ein Resultat, das nur auftreten konnte, wenn sich alles teilte, einschließlich der Chromosomenmoleküle.

Aber bei den nächsten Generationen, wo man hätte erwarten können, daß das Gewicht der Chromosomenmoleküle ein Viertel, ein Achtel und ein Sechzehntel der Differenz zwischen den schweren und den gewöhnlichen Molekülen betragen würde, zerfielen die Molekülgewichte nur in zwei Gruppen. Eine Gruppe hatte das gleiche Gewicht wie die erste neue Generation (in der Mitte zwischen den schwereren und den leichteren Molekülen), und die andere Gruppe war leichter – sie hatte das Gewicht von in gewöhnlichem Stickstoff entstandenen Molekülen. Der *Anteil* der schwereren Moleküle halbierte sich bei jeder folgenden Generation, nicht aber ihre Gewichte. Das war ungeheuer aufregend und sehr wichtig – es war eine grundlegende Entdeckung. Und ich erkannte, als ich endlich in mein Büro kam, daß dies der Ort war, wo ich hingehörte. Wo Leute aus den verschiedensten Gebieten der Wissenschaft mir die aufregendsten Dinge erzählten. Es war genau das, was ich wirklich wollte.

Als deshalb ein wenig später Cornell anrief und es hieß, sie seien dabei, alles zu veranlassen, und es sei beinahe soweit, sagte ich: »Es tut mir leid, ich habe es mir wieder anders überlegt.« Doch dann beschloß ich, mich *nie* wieder anders zu entscheiden. Nichts – absolut nichts – würde je wieder meine Meinung ändern.

Wenn man jung ist, muß man sich über all diese Dinge den Kopf zerbrechen: Soll man dahin oder dorthin gehen, wer kümmert sich dann um die Mutter? Und man macht sich Gedanken und versucht sich zu entscheiden, aber dann ergibt sich irgend etwas anderes. Es ist viel leichter, sich ganz einfach zu *entscheiden*. Ganz egal – *nichts* wird meine Meinung ändern. Ich habe das mal gemacht, als ich am MIT studierte. Ich war es leid, entscheiden zu müssen, welchen Nachtisch ich im Restaurant nehmen wollte, so daß ich entschied, von jetzt an solle es *immer* Schokoladeneis sein, und mir darüber nie wieder Gedanken machte – für *das* Problem hatte ich eine Lösung gefunden. Jedenfalls beschloß ich, für immer am Caltech zu bleiben.

Einmal versuchte jemand, mich umzustimmen, was das Caltech betraf. Fermi war kurze Zeit vorher gestorben, und die Fakultät in Chicago hielt Ausschau nach jemandem, der seine Stelle einnehmen sollte. Zwei Leute kamen aus Chicago angereist und fragten, ob sie mich zu Hause aufsuchen könnten – ich hatte keine Ahnung, worum es ging. Sie fingen an, mir all die guten Gründe aufzuzählen, warum ich nach Chicago gehen sollte: Ich könne dies tun, ich könne das tun, sie hätten eine Menge bedeutender Leute da, ich hätte die Gelegenheit, alle möglichen wunderbaren Dinge zu tun. Ich fragte sie nicht, wieviel sie zahlen würden, und sie ließen immer wieder durchblicken, daß sie es mir sagen würden, wenn ich sie fragte. Schließlich fragten sie mich, ob ich die Höhe des Gehalts wissen wolle. »O, nein!« sagte ich. »Ich habe mich schon entschieden, am Caltech zu bleiben. Meine Frau Mary Lou ist im Nebenzimmer, und wenn sie hört, wie hoch das Gehalt ist, kriegen wir Streit. Im übrigen habe ich beschlossen, mich nicht mehr anders zu entscheiden; ich bleibe für immer am Caltech.« Ich ließ also nicht zu, daß sie mir das Gehaltsangebot mitteilten.

Ungefähr einen Monat später war ich auf einer Versammlung, und Leona Marshall kam zu mir und sagte: »Es ist komisch, daß Sie das Angebot von uns in Chicago nicht angenommen haben. Wir waren so enttäuscht und konnten nicht verstehen, wie Sie ein so sagenhaftes Angebot ausschlagen konnten.«

»Es war leicht«, sagte ich, »denn ich habe nicht zugelassen, daß sie mir sagten, wie hoch das Angebot war.«

Eine Woche danach bekam ich einen Brief von ihr. Ich

öffnete ihn, und der erste Satz lautete: »Das Gehalt, das man Ihnen angeboten hat, betrug...«, eine *ungeheure* Menge Geld, drei- oder viermal so viel wie ich verdiente. Umwerfend! Ihr Brief ging weiter: »Ich habe Ihnen das Gehalt mitgeteilt, bevor Sie weiterlesen konnten. Vielleicht möchten Sie es sich jetzt noch einmal überlegen, denn ich habe gehört, daß die Stelle noch nicht besetzt ist, und wir hätten sehr gern, daß Sie kommen.«

Ich antwortete mit folgendem Brief: »Nachdem ich die Höhe des Gehalts erfahren habe, habe ich entschieden, daß ich ablehnen *muß*. Der Grund, weshalb ich ein derartiges Gehalt ablehnen muß, ist, daß ich damit tun könnte, was ich immer tun wollte: mir eine Geliebte zulegen, sie in ein Apartment stecken, ihr hübsche Sachen kaufen... Mit dem Gehalt, das Sie angeboten haben, könnte ich das *tatsächlich* tun, und ich weiß, was dann mit mir passieren würde. Ich würde mir ihretwegen Gedanken machen, mich fragen, was sie treibt; ich würde mit ihr streiten, wenn ich nach Hause komme, und so weiter. Dieser ganze Ärger würde mich unruhig und unglücklich machen. Ich wäre nicht mehr imstande, Physik zu treiben, und es wäre ein *großer Schlamassel!* Was ich immer tun wollte, wäre schlecht für mich, deshalb habe ich entschieden, daß ich Ihr Angebot nicht annehmen kann.«

5. Teil: Die Welt eines Physikers

Würden *Sie* die Diracsche Gleichung lösen?

Gegen Ende des Jahres, das ich in Brasilien verbrachte, erhielt ich einen Brief von Professor Wheeler, in dem er darauf hinwies, daß in Japan ein internationaler Kongreß für Theoretische Physik stattfinden werde, und anfragte, ob ich teilnehmen wolle. Vor dem Krieg hatte es in Japan einige berühmte Physiker gegeben – Professor Yukawa, ein Nobelpreisträger, Tomonaga und Nishina –, doch dies war das erste Zeichen für eine Wiederbelebung Japans nach dem Krieg, und wir waren alle der Meinung, daß wir hingehen und ihnen behilflich sein sollten.

Wheeler hatte einen Armee-Sprachführer mitgeschickt und schrieb, es wäre schön, wenn wir alle ein bißchen Japanisch lernen würden. Ich fand in Brasilien eine Japanerin, die mir bei der Aussprache half, übte mit Stäbchen, Papierschnitzel aufzuheben, und las eine Menge über Japan. Japan war damals sehr geheimnisvoll für mich, und ich dachte, es müsse interessant sein, in ein so fremdartiges und wunderbares Land zu reisen, und gab mir deshalb große Mühe.

Als wir ankamen, wurden wir am Flughafen abgeholt und in ein Hotel in Tokio gebracht, dessen Architekt Frank Lloyd Wright war. Es war die Nachahmung eines europäischen Hotels, bis hin zu dem kleinen Pagen, der so angezogen war wie das Kerlchen von Philip Morris. Wir waren nicht in Japan; wir hätten ebensogut in Europa oder in Amerika sein können! Der Hoteldiener, der uns zu unseren Zimmern brachte, stand herum, zog die Jalousien hoch und runter und wartete auf ein Trinkgeld. Alles war genau wie in Amerika.

Unsere Gastgeber hatten an alles gedacht. An diesem ersten Abend wurde uns das Essen im obersten Stockwerk des Hotels zwar von einer japanisch gekleideten Frau serviert, aber die Speisekarten waren auf englisch. Ich hatte mir viel Mühe gegeben, ein paar Brocken Japanisch zu lernen, und als wir beinahe mit dem Essen fertig waren, sagte ich zu der Kellnerin: »*Kohi-o motte kite kudasai.*« Sie verbeugte sich und ging weg.

Mein Freund Marshak konnte es nicht glauben: »Wie? Was?«

»Ich spreche japanisch«, sagte ich.

»Oh, du Schwindler! Du mußt aber auch immer 'n Jux machen, Feynman.«

»Wovon redest du?« fragte ich mit ernstem Ton.

»O. k.«, sagte er. »Was hast du gesagt?«

»Ich habe sie gebeten, uns Kaffee zu bringen.«

Marshak glaubte mir nicht. »Ich wette mit dir«, sagte er. »Wenn sie uns Kaffee bringt...«

Die Kellnerin erschien mit unserem Kaffee, und Marshak verlor seine Wette.

Es stellte sich heraus, daß ich der einzige war, der ein bißchen Japanisch gelernt hatte – nicht einmal Wheeler, der alle aufgefordert hatte, Japanisch zu lernen, hatte etwas gelernt –, und ich hielt es nicht aus. Ich hatte über die Hotels im japanischen Stil gelesen, die sehr anders sein sollten als das Hotel, in dem wir untergebracht waren.

Am nächsten Morgen bat ich den Japaner, der alles organisierte, auf mein Zimmer. »Ich möchte in einem Hotel im japanischen Stil wohnen.«

»Ich fürchte, das ist nicht möglich, Professor Feynman.«

Ich hatte gelesen, daß die Japaner sehr höflich, aber äußerst stur seien: Man muß sie bearbeiten. Deshalb beschloß ich, ebenso stur zu sein wie sie und genauso höflich. Es war ein Kampf der Mentalitäten: Es ging hin und her und dauerte eine halbe Stunde.

»Warum wollen Sie in ein Hotel japanischer Art umziehen?«

»Weil ich in diesem Hotel nicht das Gefühl habe, in Japan zu sein.«

»Hotels im japanischen Stil sind nicht gut. Da müssen Sie auf dem Boden schlafen.«

»Genau das möchte ich; ich möchte sehen, wie das ist.«

»Und außerdem gibt es keine Stühle – man sitzt bei Tisch auf dem Boden.«

»Das ist o. k. Es wird wunderbar sein. Ich freue mich schon darauf.«

Schließlich gibt er zu, worum es eigentlich geht: »Wenn Sie in einem anderen Hotel sind, muß der Bus, der Sie zum Kongreß bringt, einen Umweg machen.«

»Nein, nein!« sage ich. »Ich komme morgens in dieses Hotel und steige hier in den Bus.«

»Na dann, o. k. In Ordnung.« Das war *alles*, was dahintersteckte – bloß, daß es eine halbe Stunde dauerte, bis man zu dem eigentlichen Problem kam.

Er geht zum Telephon, um das andere Hotel anzurufen, als er plötzlich innehält; wieder ist alles blockiert. Es dauert weitere fünfzehn Minuten, um herauszukriegen, daß es diesmal die Post ist. Sie haben bereits geregelt, wo etwaige Nachrichten von dem Kongreß abgegeben werden sollen.

»Das ist o. k.«, sage ich. »Wenn ich morgens zum Bus komme, schaue ich hier im Hotel nach, ob irgendwelche Nachrichten für mich da sind.«

»Na schön. In Ordnung.« Er geht ans Telephon, und endlich sind wir unterwegs zu dem Hotel im japanischen Stil.

Sobald ich dort ankam, wußte ich, daß es sich lohnte: Es war so reizend! Auf der Vorderseite gab es einen Platz, wo man seine Schuhe auszog, dann kam ein Mädchen im traditionellen Gewand – dem Obi – und in Sandalen herausgeschlurft und nahm mir das Gepäck ab; ich folgte ihr durch einen Gang, dessen Boden mit Matten bedeckt war, vorbei an Schiebetüren aus Papier, und sie ging, *scht-scht-scht-scht*, mit kleinen Schritten voraus. Es war alles ganz wunderbar.

Wir gingen in mein Zimmer, und der Japaner, der alles arrangiert hatte, kniete sich hin, beugte sich vor und berührte mit der Nase den Boden; auch das Mädchen kniete sich hin und berührte mit der Nase den Boden. Ich war sehr verlegen. Sollte *ich* ebenfalls mit der Nase den Boden berühren?

Sie begrüßten einander, er akzeptierte das Zimmer für mich und ging hinaus. Es war *wirklich* ein schönes Zimmer. Darin befanden sich all die üblichen Gegenstände, die man jetzt kennt, aber für mich war alles neu. Da gab es eine kleine Nische mit einem Gemälde, eine Vase mit hübsch arrangierten Salweiden, einen ganz niedrigen Tisch mit einem Sitzkissen auf dem Boden, und am Ende des Raumes waren zwei Schiebetüren, die in einen Garten gingen.

Die Dame, die sich um mich kümmern sollte, war eine Frau in den mittleren Jahren. Sie half mir abzulegen und gab mir einen *Yukata,* einen einfachen blau-weißen Hausmantel, den ich im Hotel tragen konnte.

Ich schob die Türen zur Seite, bewunderte den herrlichen Garten und setzte mich dann an den Tisch, um ein wenig zu arbeiten.

Ich war nicht mehr als fünfzehn oder zwanzig Minuten dort, als etwas meine Aufmerksamkeit erregte. Ich blickte auf, zum Garten hin, und sah, daß an der Türschwelle, malerisch in die Ecke drapiert, eine *sehr* hübsche junge Japanerin in einem wunderschönen Gewand saß.

Ich hatte eine Menge über die japanischen Sitten gelesen und glaubte zu wissen, weshalb sie zu meinem Zimmer geschickt worden war. Ich dachte: »Das könnte recht interessant werden!«

Sie konnte ein bißchen Englisch. »Möchten Sie den Garten sehen?« fragte sie.

Ich zog die Schuhe an, die zu dem *Yukata* gehörten, den ich trug, und wir gingen hinaus in den Garten. Sie nahm meinen Arm und zeigte mir alles.

Es stellte sich heraus, daß der Hotelmanager angenommen hatte, weil sie ein bißchen Englisch konnte, würde ich mir von ihr gern den Garten zeigen lassen – das war alles. Ich war natürlich ein wenig enttäuscht, aber es war ja eine Begegnung von Kulturen, und ich wußte, daß man dabei leicht auf falsche Gedanken kommt.

Etwas später kam die Frau, die sich um mein Zimmer kümmerte, herein und sagte etwas – auf japanisch – über ein Bad. Ich wußte, daß japanische Bäder interessant sind, und war begierig, es zu versuchen, und so sagte ich: »*Hai.*«

Ich hatte gelesen, daß japanische Bäder sehr kompliziert sind. Sie brauchen eine Menge Wasser, das von außen beheizt wird, und man darf keine Seife ins Badewasser kommen lassen, damit es nicht für den, der als nächster baden möchte, verdorben wird.

Ich stand auf und ging zu den Baderäumen, wo das Waschbecken war, und ich konnte hören, daß nebenan, hinter der verschlossenen Tür, jemand badete. Plötzlich gleitet die Tür auf: Der Mann, der badete, schaut heraus, um zu sehen, wer der Eindringling ist. »Professor!« sagt er auf englisch zu mir. »Es ist ein sehr schwerer Verstoß, den Baderaum zu betreten, wenn jemand anders ein Bad nimmt!« Es war Professor Yukawa!

Er erklärte mir, ohne Zweifel habe die Frau mich gefragt,

ob ich ein Bad nehmen *wolle,* und wenn ich ein Bad nehmen wolle, werde sie es mir bereiten und mir sagen, wann der Baderaum frei sei. Ich hatte Glück, daß mir dieser schlimme Verstoß gegen die Sitten gerade bei Professor Yukawa passierte!

Dieses Hotel im japanischen Stil war angenehm, vor allem, wenn ich Besuch bekam. Die Besucher kamen in mein Zimmer, und wir setzten uns auf den Boden und fingen an, uns zu unterhalten. Es vergingen kaum mehr als fünf Minuten, dann kam die Frau, die sich um mein Zimmer kümmerte, mit einem Tablett herein und brachte Süßigkeiten und Tee. Es war, als wäre man in seinem eigenen Hause zu Gast, und das Hotelpersonal half einem, seine Gäste zu bewirten. Wenn man hier in Amerika in seinem Hotelzimmer Gäste hat, interessiert das keinen; man muß den Service anrufen und so weiter.

Im Hotel zu essen war auch anders. Das Mädchen, das das Essen bringt, bleibt im Zimmer, während man ißt, so daß man Gesellschaft hat. Ich konnte mich nicht allzu gut mit ihr unterhalten, aber es ging. Und das Essen ist phantastisch. Die Suppe beispielsweise kommt in einer zugedeckten Schüssel. Man hebt den Deckel auf und sieht ein schönes Bild: Zwiebelstückchen, die in der Suppe schwimmen, einfach so; es ist herrlich. Wie das Essen auf dem Teller aussieht, ist sehr wichtig.

Ich hatte beschlossen, so japanisch wie möglich zu leben. Das bedeutete, Fisch zu essen. Als Kind mochte ich keinen Fisch, aber in Japan fand ich heraus, daß das albern war: Ich aß viel Fisch und habe es genossen. (Als ich in die Vereinigten Staaten zurückkam, ging ich als erstes in ein Fischrestaurant. Es war scheußlich – genau wie früher. Ich konnte es nicht ausstehen. Später fand ich heraus, woran es lag: Der Fisch muß sehr, sehr frisch sein – denn wenn er das nicht ist, bekommt er einen bestimmten Geschmack, der mich stört.)

Einmal wurde mir, als ich in dem japanischen Hotel aß,

in einer Tasse mit einer gelben Flüssigkeit etwas Rundes, Hartes serviert, das ungefähr die Größe eines Eidotters hatte. Bis dahin hatte ich in Japan alles gegessen, aber das erschreckte mich: es hatte überall Windungen, wie ein Gehirn. Als ich das Mädchen fragte, was das sei, antwortete sie: »*Kuri*«. Das nützte mir nicht viel. Ich meinte, es sei wohl ein Tintenfischei oder so etwas. Ich aß es mit einiger Beklommenheit, denn ich wollte mich den japanischen Gepflogenheiten so weit wie möglich anpassen. (Im übrigen prägte ich mir das Wort »*kuri*« ein, als hinge mein Leben davon ab – ich habe es in dreißig Jahren nicht vergessen.)

Am nächsten Tag fragte ich einen Japaner auf der Tagung, was dieses Ding mit den Windungen sei. Ich erzählte ihm, es sei mir sehr schwergefallen, es zu essen. Was zum Teufel war »*kuri*«?

»Es bedeutet ›Kastanie‹«, antwortete er.

Einiges von dem Japanisch, das ich gelernt hatte, tat ungeahnte Wirkung. Als es einmal sehr lange dauerte, bis der Bus abfuhr, sagte jemand: »He, Feynman! Sie können doch Japanisch; sagen Sie denen doch mal, daß sie losfahren sollen!«

Ich sagte: »*Hayaku! Hayaku! Ikimasho! Ikimasho!*« – was bedeutet: »Los! Los! Beeilung! Beeilung!«

Ich merkte, daß mit meinem Japanisch etwas nicht stimmte. Ich hatte diese Ausdrücke aus einem Sprachführer für das Militär gelernt, und sie müssen ziemlich unhöflich gewesen sein, denn im Hotel huschten plötzlich alle wie Mäuse herum und sagten: »Jawohl, Sir! Jawohl, Sir!«, und der Bus fuhr gleich darauf ab.

Der Kongreß in Japan verlief in zwei Teilen: der eine fand in Tokio und der andere in Kyoto statt. Im Bus nach Kyoto erzählte ich meinem Freund Abraham Pais von dem Hotel im japanischen Stil, und er wollte es ausprobieren. Wir wohnten im Hotel Miyako, in dem es Zimmer sowohl im amerikanischen als auch im japanischen Stil gab, und Pais teilte sich mit mir ein Zimmer im japanischen Stil.

Am nächsten Morgen bereitet die junge Frau, die sich um unser Zimmer kümmert, das Bad, das von unserem Zimmer aus zugänglich war. Etwas später kommt sie mit einem Tablett zurück, um uns das Frühstück zu bringen. Ich bin noch nicht ganz angezogen. Sie wendet sich mir zu und sagt freundlich: »*Ohayo, gozai masu*«, was »Guten Morgen!« bedeutet.

Pais kommt gerade pitschnaß und völlig nackt aus dem Bad. Sie wendet sich ihm zu, sagt ebenso gelassen: »*Ohayo, gozai masu*« und stellt das Tablett für uns hin.

Pais schaut mich an und sagt: »Mein Gott, was sind wir doch unzivilisiert!«

Uns war eingefallen, daß es in Amerika Geschrei und großes Trara gegeben hätte, wenn das Mädchen das Frühstück gebracht hätte und einem splitternackten Mann begegnet wäre. In Japan hingegen fand man gar nichts dabei, und wir hatten das Gefühl, daß sie viel weiter und in solchen Dingen viel zivilisierter seien als wir.

Ich hatte zu der Zeit an der Theorie des flüssigen Heliums gearbeitet und herausgefunden, wie sich durch die Gesetze der Quantendynamik das merkwürdige Phänomen der Supraflüssigkeit erklären läßt. Ich war sehr stolz darauf und wollte auf dem Kongreß in Kyoto einen Vortrag über meine Arbeit halten.

Am Abend vorher fand ein Essen statt, und der Mann, der neben mir Platz nahm, war niemand anders als Professor Onsager, ein hervorragender Experte auf dem Gebiet der Festkörperphysik und der Probleme des flüssigen Heliums. Er war einer von denen, die nicht viel sagen, aber jedesmal, wenn er etwas sagte, hatte es Gewicht.

»Na, Feynman«, sagte er verdrießlich, »wie ich höre, glauben Sie, Sie hätten das flüssige Helium verstanden.«

»Nun, ja...«

»Hmmmpf.« Und das war alles, was er während des ganzen Essens zu mir sagte! Ermutigend war das nicht gerade.

Am nächsten Tag hielt ich meinen Vortrag und legte alles

über das flüssige Helium dar. Am Ende bedauerte ich, daß es immer noch etwas gebe, das ich nicht herausgebracht hätte: nämlich ob der Übergang zwischen der einen und der anderen Phase des flüssigen Heliums eine Phasenumwandlung erster Ordnung (wie beim Schmelzen eines Festkörpers oder beim Kochen einer Flüssigkeit – wobei die Temperatur konstant ist) oder zweiter Ordnung ist (wie man sie manchmal beim Magnetismus beobachtet, wobei die Temperatur sich verändert).

Da stand Professor Onsager auf und sagte mürrisch: »Also, Professor Feynman ist neu auf unserem Gebiet, und ich denke, er muß aufgeklärt werden. Es gibt etwas, das er wissen sollte, und wir sollten es ihm sagen.«

Ich dachte: »Heiliger Strohsack! Was hab' ich bloß falsch gemacht?«

Onsager fuhr fort: »Wir sollten Feynman sagen, daß es *niemand* geschafft hat, die Ordnung *irgendeiner* Umwandlung von den Grundlagen her zu bestimmen, so daß die Tatsache, daß ihm seine Theorie nicht erlaubt, die Ordnung korrekt zu ermitteln, *nicht* bedeutet, daß er nicht alle anderen Aspekte des flüssigen Heliums hinreichend verstanden hätte.« Es stellte sich heraus, daß er mir ein Kompliment machen wollte, aber so, wie er angefangen hatte, hatte ich gedacht, jetzt würde ich wirklich Prügel kriegen.

Schon einen Tag später klingelte in meinem Zimmer das Telephon. Es war das Nachrichtenmagazin *Time*. Der Anrufer sagte: »Wir interessieren uns sehr für Ihre Arbeit. Haben Sie eine Kopie Ihres Vortrages, die Sie schicken könnten?«

Mein Name hatte noch nie in *Time* gestanden, und ich war sehr aufgeregt. Ich war stolz auf meine Arbeit, die bei dem Kongreß gut aufgenommen worden war, und sagte: »Sicher!«

»Schön. Schicken Sie sie bitte an unser Büro in Tokio.« Er gab mir die Adresse. Ich fühlte mich großartig.

Ich wiederholte die Adresse, und der Anrufer sagte: »Stimmt genau. Vielen Dank, Mr. Pais.«

»Oh, halt!« sagte ich unangenehm überrascht. »Ich bin nicht Pais. Sie wollen mit Pais sprechen? Entschuldigen Sie. Ich werde ihm sagen, daß Sie mit ihm sprechen wollen, wenn er wiederkommt.«

Ein paar Stunden später kam Pais herein: »He, Pais! Pais!« sagte ich aufgeregt. »*Time* hat angerufen! Die wollen, daß du ihnen 'ne Kopie von deinem Vortrag schickst.«

»Ach!« sagt er. »Publicity ist 'ne Hure!«

Ich stand doppelt dumm da.

Inzwischen habe ich herausgefunden, daß Pais recht hatte, aber damals dachte ich, es müsse wunderbar sein, im *Time-Magazine* zu stehen.

Das war das erste Mal, daß ich in Japan war. Ich war erpicht darauf, wieder dorthin zu kommen, und sagte, ich würde an jede Universität gehen, an der sie mich haben wollten. So arrangierten die Japaner, daß ich einer ganzen Reihe von Orten jeweils für ein paar Tage einen Besuch abstatten konnte.

Aber dieses Mal begleitete mich Mary Lou, die ich inzwischen geheiratet hatte, und wo wir auch hinkamen, überall tat man etwas für unsere Unterhaltung. In einer Stadt führten sie extra für uns eine ganze Tanzzeremonie vor, die sonst nur für große Touristengruppen gezeigt wird. In einer anderen Stadt wurden wir gleich am Schiff von allen Studenten begrüßt. Anderswo holte uns der Bürgermeister ab.

Einmal wohnten wir in einem kleinen, bescheidenen Haus in den Wäldern, in dem früher der Kaiser gewohnt hatte, wenn er in die Gegend kam. Es war ein lieblicher Platz, von Wäldern umgeben, einfach herrlich, an einem mit Bedacht ausgewählten Flüßchen. Der Ort strahlte eine gewisse Ruhe aus, eine ruhige Anmut. Daß der Kaiser einen derartigen Ort aufsuchte, zeugt, denke ich, von einer größeren Empfänglichkeit für die Natur als wir im Westen sie kennen.

Überall in diesen Städten erzählten mir die Leute, die auf dem Gebiet der Physik arbeiteten, womit sie sich beschäftigten, und ich diskutierte mit ihnen darüber. Sie erzählten mir, an welchem allgemeinen Problem sie arbeiteten, und fingen dann meist an, einen Haufen Gleichungen hinzuschreiben.

»Einen Moment«, pflegte ich dann zu sagen. »Gibt es ein bestimmtes Beispiel für dieses allgemeine Problem?«

»Aber ja, natürlich.«

»Gut. Dann geben Sie mir ein Beispiel.« Ich brauchte das: Ich bin nicht in der Lage, etwas im allgemeinen zu verstehen, wenn ich nicht ein bestimmtes Beispiel im Kopf habe und sehe, wie es läuft. Manche Leute denken anfangs, daß ich ein bißchen langsam sei und das Problem nicht verstünde, weil ich eine Menge von diesen »dummen« Fragen stelle: »Ist eine Kathode plus oder minus? Ist ein Anion positiv oder negativ geladen?«

Aber später, wenn der andere mitten in einem Haufen Gleichungen steckt, sagt er irgend etwas, und ich sage: »Einen Moment! Da ist ja ein Fehler! Das kann nicht stimmen!«

Er guckt auf seine Gleichungen, und tatsächlich, nach einer Weile findet er den Fehler und wundert sich: »Wie zum Teufel hat dieser Bursche in dem Durcheinander dieser ganzen Gleichungen den Fehler gefunden, wo er doch am Anfang kaum etwas verstanden hat?«

Der andere glaubt, daß ich den Schritten mathematisch folge, aber das tue ich nicht. Ich habe das besondere, physikalische Beispiel für das, was er zu analysieren versucht, und ich weiß instinktiv und aus Erfahrung, was für Eigenschaften die Sache hat. Wenn also die Gleichung besagt, daß es sich so und so verhalten sollte, und ich weiß, daß das verkehrt ist, springe ich auf und sage: »Moment! Da ist ein Fehler!«

Ich konnte also in Japan nur dann verstehen oder besprechen, woran die Leute arbeiteten, wenn sie in der Lage waren, mir ein physikalisches Beispiel zu geben, und die meisten waren dazu nicht imstande. Die, die es konnten, gaben oft schwache Beispiele, die sich durch viel einfachere Analysemethoden lösen ließen.

Da ich fortwährend *nicht* nach mathematischen Gleichungen, sondern nach den physikalischen Bedingungen dessen fragte, was sie auszuarbeiten versuchten, wurden die Ergebnisse meines Besuches in einem vervielfältigten Papier zusammengefaßt, das unter den Wissenschaftlern verteilt wurde (ein bescheidenes, aber wirkungsvolles Kommunikationssystem, das sie sich nach dem Krieg hatten einfallen lassen) und den Titel trug: »Die Fragen, mit denen Feynman uns bombardierte, und unsere Antworten.«

Nachdem ich eine Reihe von Universitäten besucht hatte, verbrachte ich einige Monate am Yukawa-Institut in Kyoto. Es war wirklich eine Freude, dort zu arbeiten. Alles war so angenehm: Man kam zur Arbeit, zog seine Schuhe aus, und jemand servierte morgens Tee, wenn man etwas trinken wollte. Es war ein Vergnügen.

Während ich in Kyoto war, versuchte ich mit aller Macht, Japanisch zu lernen. Ich gab mir viel mehr Mühe und kam so weit, daß ich mit Taxis herumfahren und etwas unternehmen konnte. Jeden Tag nahm ich eine Stunde Unterricht bei einem Japaner.

Eines Tages brachte er mir das Wort für »sehen« bei. »Also«, sagte er, »angenommen, Sie wollen sagen: ›Darf ich Ihren Garten sehen?‹ Wie drücken Sie das aus?«

Ich bildete einen Satz mit dem Wort, das ich gerade gelernt hatte.

»Nein, nein!« sagte er. »Wenn Sie zu jemandem sagen: ›Möchten Sie meinen Garten sehen?‹, verwenden Sie das erste ›sehen‹. Aber wenn Sie den Garten von jemand anderem sehen möchten, müssen Sie ein anderes ›sehen‹ verwenden, das höflicher ist.«

Im ersten Fall sagt man im Grunde: »Wollen Sie mal *einen Blick* auf meinen lausigen Garten *werfen*?«, aber wenn man sich den Garten des anderen anschauen will, muß man etwas sagen, das ungefähr so lautet: »Darf ich Ihren herrlichen Garten *in Augenschein nehmen?*« Es gibt also zwei verschiedene Worte, die man verwenden muß.

Dann stellte er mir eine andere Aufgabe: »Sie gehen zu einem Tempel und möchten sich die Gärten anschauen...«

Ich bildete einen Satz, diesmal mit dem höflichen »sehen«.

»Nein, nein!« sagte er. »Im Tempel sind die Gärten viel gepflegter. Sie müssen also etwas sagen, das gleichbedeutend ist mit: ›Darf ich *meine Augen* auf Ihre köstlichen Gärten *heften?*‹«

Drei oder vier verschiedene Worte für einen Gedanken; denn wenn *ich* es tue, ist es jämmerlich, aber wenn *du* es tust, ist es großartig.

Ich lernte Japanisch vor allem wegen technischer Dinge, und so beschloß ich zu prüfen, ob es das gleiche Problem auch bei den Wissenschaftlern gab.

Am nächsten Tag fragte ich im Institut die Leute im Sekretariat: »Wie sagt man auf japanisch: ›Ich löse die Diracsche Gleichung?‹«

Sie sagten es mir.

»O. k. Jetzt möchte ich sagen: ›Würden *Sie* die Diracsche Gleichung lösen?‹ – Wie sage ich das?«

»Nun, da müssen Sie ein anderes Wort für ›lösen‹ verwenden«, sagten sie.

»Wieso?« protestierte ich. »Wenn *ich* sie löse, dann tue ich doch genau dasselbe, wie wenn *du* sie löst!«

»Schon, ja, aber es ist ein anderes Wort – es ist höflicher.«

Ich gab es auf. Ich fand, das sei keine Sprache für mich, und hörte auf, Japanisch zu lernen.

Die 7-Prozent-Lösung

Das Problem war, die Gesetze des Beta-Zerfalls zu finden. Es schien zwei Teilchen zu geben, die wir als Tau und Theta bezeichneten. Es sah so aus, als hätten beide fast genau die gleiche Masse, aber das eine zerfiel in zwei und das andere in drei Pionen. Sie schienen nicht nur die gleiche Masse zu haben, sondern hatten auch die gleiche Lebensdauer, was ein merkwürdiger Zufall ist. Es beschäftigte jeden.

Auf einer Tagung, an der ich teilnahm, wurde berichtet, daß diese beiden Teilchen, wenn sie mit unterschiedlichen Winkeln und unterschiedlichen Energien in einem Zyklotron erzeugt wurden, stets in gleichen Mengen entstanden – soundso viele Taus bei soundso vielen Thetas.

Eine Möglichkeit war natürlich, daß es sich um das gleiche Teilchen handelte, das manchmal in zwei und manchmal in drei Pionen zerfiel. Aber das wollte niemand einräumen, denn es gibt das sogenannte Paritätsgesetz, das auf der Annahme beruht, daß alle physikalischen Gesetze spiegelsymmetrisch sind, und aus dem folgt, daß etwas, das in zwei Pionen zerfällt, nicht auch in drei zerfallen kann.

Gerade zu der Zeit war ich nicht ganz auf dem laufenden: Ich hinkte immer ein wenig hinterher. Alle schienen so auf Draht zu sein, und ich hatte das Gefühl, daß ich nicht mithielt. Jedenfalls, ich teilte mir ein Zimmer mit jemandem namens Martin Block, einem Experimentalphysiker. Und eines Abends fragte er mich: »Warum reitet ihr eigentlich immer so auf dieser Paritätsregel herum? Vielleicht sind Tau und Theta ein und dasselbe Teilchen. Was wären denn die Folgen, wenn die Paritätsregel falsch wäre?«

Ich überlegte einen Moment und sagte: »Das würde bedeuten, daß sich die Naturgesetze für links und rechts unterscheiden, daß man rechts durch physikalische Phänomene definieren kann. Ich habe keine Ahnung, warum das so schlimm sein soll, obwohl es irgendwelche üblen Folgen haben muß, aber ich weiß nicht. Warum fragen Sie nicht morgen die Experten?«

Er sagte: »Nein, die hören mir nicht zu. Fragen *Sie!*«

Als wir am nächsten Tag bei dem Treffen das Tau-Theta-Rätsel diskutierten, sagte Oppenheimer: »Wir brauchen neue, ausgefallenere Ideen zu diesem Problem.«

Ich stand auf und sagte: »Ich stelle diese Frage für Martin Block: Was für Folgen hätte es, wenn die Paritätsregel falsch wäre?«

Murray Gell-Mann hat mich oft deswegen geneckt und gemeint, ich hätte nicht den Mut gehabt, die Frage als meine eigene zu stellen. Aber das war nicht der Grund. Ich dachte, es könnte durchaus ein wichtiger Gedanke sein.

Lee, der mit Yang zusammenarbeitete, gab irgendeine komplizierte Antwort, und wie gewöhnlich verstand ich sie nicht so recht. Am Ende des Treffens fragte mich Block, was er gesagt habe, und ich meinte, ich wisse es nicht, aber soweit ich sehen könne, sei es immer noch offen – es bestehe noch immer eine Möglichkeit. Ich hielt es nicht für wahrscheinlich, aber ich dachte, es sei möglich.

Norm Ramsey fragte mich, ob ich meinte, daß er ein Experiment durchführen und nach Verletzungen des Paritätsgesetzes suchen solle, und ich antwortete: »Lassen Sie es mich so sagen: Ich wette nur fünfzig zu eins gegen Sie, daß Sie nichts finden.«

Er sagte: »Das genügt mir.« Aber er hat das Experiment nie gemacht.

Wie auch immer, die Verletzung des Paritätsgesetzes wurde auf experimentellem Wege von Frau Wu entdeckt, und das eröffnete eine ganze Menge neuer Möglichkeiten für die Theorie des Beta-Zerfalls. Es führte auch unmittelbar zu einer ganzen Reihe neuer Experimente. Einige zeigten aus den Kernen kommende Elektronen, die sich nach links, und einige solche, die sich nach rechts drehten, und es gab alle möglichen Experimente, alle möglichen interessanten Entdeckungen im Hinblick auf die Parität. Aber die Daten waren so verwirrend, daß niemand in der Lage war, die Dinge zusammenzubringen.

Zu einem bestimmten Zeitpunkt fand eine Tagung in Rochester statt – die jährliche Rochester-Konferenz. Ich hinkte noch immer hinterher, und Lee hielt seinen Vortrag über die Verletzung der Parität. Er und Yang waren zu dem Schluß gekommen, daß die Parität verletzt sei, und jetzt lieferte er die Theorie dafür.

Während der Konferenz wohnte ich bei meiner Schwester in Syracuse. Ich nahm die Kopie des Vortrages mit nach Hause und sagte zu ihr: »Ich verstehe nicht, was Lee und Yang da ausführen. Das ist alles so kompliziert.«

»Nein«, sagte sie, »was du sagen willst, ist *nicht*, daß du es nicht verstehst, sondern daß *du* es nicht herausgefunden hast. Du hast es nicht auf *deine* Weise durchdacht, nachdem du gehört hast, was der Schlüssel dazu ist. Du solltest dir vorstellen, daß du wieder Student bist, das Papier mit nach oben nehmen, jede Zeile lesen und die Gleichungen überprüfen. Dann wird's dir ganz leichtfallen, es zu verstehen.«

Ich folgte ihrem Rat, prüfte die ganze Sache durch und fand sie ganz einsehbar und einfach. Ich hatte Angst gehabt, sie zu lesen, weil ich dachte, es sei zu schwierig.

Das erinnerte mich an etwas, was ich vor langer Zeit bezüglich Gleichungen mit einer Links-Rechts-Asymmetrie getan hatte. Nun wurde irgendwie klar, als ich mir Lees Formeln ansah, daß die Lösung für alles viel einfacher war: Alles kommt linkshändig heraus. Für das Elektron und das Myon ergaben meine Voraussagen das gleiche wie die von Lee, nur daß ich einige Vorzeichen vertauschte. Es war mir damals nicht klar, aber Lee hatte nur das einfachste Beispiel für die Myon-Kopplung genommen und nicht bewiesen, daß alle Myonen ganzzahlig rechtsdrehend sein müßten, während dies nach meiner Theorie automatisch der

Fall sein mußte. Deshalb konnte ich tatsächlich über das hinaus, was er herausgefunden hatte, eine weitere Voraussage machen. Ich hatte andere Vorzeichen, aber ich bemerkte nicht, daß ich auch die Größe richtig vorausgesagt hatte.

Ich sagte einige Dinge voraus, die noch niemand experimentell überprüfen konnte, aber als die Reihe an das Neutron und das Proton kam, konnte ich es nicht mit dem in Übereinstimmung bringen, was damals über deren Kopplung bekannt war: irgendwie war da der Wurm drin.

Als ich am nächsten Tag zum Treffen ging, trat mir ein sehr freundlicher Mensch namens Ken Case, der über irgend etwas einen Vortrag halten sollte, fünf Minuten von der ihm zugemessenen Zeit ab, damit ich meine Idee vortragen konnte. Ich sagte, ich sei überzeugt davon, daß alles linkshändig sei und daß die Vorzeichen für das Elektron und das Myon umgekehrt seien, aber ich hätte Schwierigkeiten mit dem Neutron. Später stellten mir die Experimentalphysiker einige Fragen zu meinen Voraussagen, und dann fuhr ich den Sommer über nach Brasilien.

Als ich in die Vereinigten Staaten zurückkam, wollte ich wissen, was sich in Sachen Beta-Zerfall getan hatte. Ich fuhr zu dem Labor von Frau Professor Wu an der Columbia University. Sie war nicht da, aber eine andere Dame zeigte mir alle möglichen Daten, alle möglichen chaotischen Zahlen, die zu nichts paßten. Die Elektronen, die nach meinem Modell allesamt linksdrehend hätten sein müssen, kamen in einigen Fällen rechtsdrehend heraus. Nichts paßte zusammen.

Als ich ans Caltech zurückkehrte, fragte ich einige der Experimentalphysiker, wie es mit dem Beta-Zerfall stehe. Ich erinnere mich, daß mich drei von ihnen, Hans Jensen, Aaldert Wapstra und Felix Boehm, auf einem kleinen Hokker Platz nehmen ließen und anfingen, mich mit Fakten zu überschütten: experimentelle Resultate aus anderen Teilen des Landes und ihre eigenen Ergebnisse aus Experimenten.

Weil ich sie kannte und wußte, wie sorgfältig sie vorgingen, maß ich ihren Ergebnissen mehr Bedeutung bei als den anderen. Ihre Resultate für sich genommen waren gar nicht so ungereimt, ungereimt waren alle anderen *plus* ihre.

Nachdem sie mir all das eingetrichtert hatten, sagten sie: »Die Lage ist so verwickelt, daß sogar einige von den Dingen, die seit *Jahren* feststehen, in Frage gestellt werden – wie zum Beispiel, ob der Beta-Zerfall des Neutrons durch S- und T-Kopplungen beschrieben ist. Es geht so drunter und drüber, daß Murray sagt, es könnte sogar V und A sein.«

Ich springe vom Hocker auf und sage: »Dann ist mir ALLLLLES klar!«

Sie dachten, ich machte Spaß. Aber das, womit ich auf der Tagung in Rochester Schwierigkeiten gehabt hatte – der Neutronen- und Protonen-Zerfall: abgesehen *davon*, paßte alles, und wenn es V und A statt S und T war, würde auch *das* passen. Insofern hatte ich die ganze Theorie!

In der Nacht berechnete ich alles mögliche mit dieser Theorie. Das erste, was ich berechnete, waren die Zerfallsraten des Myons und des Neutrons. Wenn diese Theorie zutraf, mußten sie in einem bestimmten Verhältnis zueinander stehen, und das war bis auf eine Ungenauigkeit von 9 Prozent auch tatsächlich der Fall. Eine Ungenauigkeit von 9 Prozent, das kam dem erwarteten Ergebnis ziemlich nahe. Es hätte perfekter sein sollen, aber es war nahe genug.

Ich machte weiter und überprüfte ein paar andere Dinge, die paßten, es ergaben sich immer neue Übereinstimmungen, und ich war sehr aufgeregt. Es war das erste und einzige Mal in meiner Laufbahn, daß ich um ein Naturgesetz wußte, das sonst niemand kannte. (Natürlich stimmte das nicht, aber daß ich später herausfand, daß zumindest Murray Gell-Mann – und auch Sudarshan und Marshak – die gleiche Theorie entwickelt hatten, hat mir nicht den Spaß verdorben.) Was ich bis dahin gemacht hatte, war, die Theorie von jemand anderem zu nehmen und die Rechenmethode zu verbessern oder eine Gleichung, wie zum Beispiel die Schrödinger-Gleichung, zu verwenden, um ein Phänomen wie das Helium zu erklären. Wir kennen die Gleichung und wir kennen das Phänomen, aber wie funktioniert es?

Ich dachte an Dirac und seine Gleichung – eine neue Gleichung, aus der sich das Verhalten des Elektrons ergab –, und jetzt hatte ich diese neue Gleichung für den Beta-Zerfall gefunden, die nicht so wichtig wie die Diracsche Gleichung, aber doch recht gut war. Es war das einzige Mal, daß ich ein neues Gesetz entdeckte.

Ich rief meine Schwester in New York an, um ihr dafür zu danken, daß sie mich während der Konferenz in Rochester dazu gebracht hatte, mich hinzusetzen und das Papier von Lee und Yang durchzuarbeiten. Ich hatte mich unbehaglich und im Rückstand gefühlt, und jetzt war ich *drin;* ich hatte eine Entdeckung gemacht, einfach durch das, was sie mir geraten hatte. Ich konnte sozusagen wieder in die Physik einsteigen, und dafür wollte ich ihr danken. Ich erzählte ihr, daß alles zusammenstimme, bis auf die 9 Prozent.

Ich war sehr aufgeregt und rechnete weiter, und die passenden Ergebnisse purzelten nur so heraus: sie ergaben sich wie von selbst, ohne Mühe. Zu dem Zeitpunkt hatte ich die 9 Prozent schon vergessen, denn alles andere, was herauskam, stimmte.

Ich arbeitete mit aller Kraft weiter, bis in die Nacht hinein, an einem kleinen Tisch in der Küche, in der Nähe eines Fensters. Es wurde später und später – 2 oder 3 Uhr morgens. Ich arbeite angestrengt, packe das, was paßt, in diese ganzen Berechnungen hinein, und ich überlege und konzentriere mich, und es ist dunkel und still ... als es plötzlich, TACK-TACK-TACK-TACK, laut ans Fenster klopft. Ich gucke und sehe dicht am Fenster, nur ein paar Zentimeter entfernt, dieses *bleiche Gesicht,* und vor Schreck und Überraschung *schreie* ich *auf!*

Es war eine Bekannte, die mir böse war, weil ich aus dem Urlaub zurückgekommen war und sie nicht gleich angerufen hatte, um ihr zu sagen, daß ich wieder da sei. Ich ließ sie ein und versuchte zu erklären, daß ich gerade sehr beschäftigt sei, daß ich gerade etwas entdeckt hätte und daß es sehr wichtig sei. Ich sagte: »Es ist besser, wenn du gehst, damit ich das zu Ende bringen kann.«

Sie sagte: »Nein, ich will dich nicht stören. Ich setze mich einfach hier ins Wohnzimmer.«

Ich sagte: »Na, von mir aus, aber es ist sehr schwierig.«

Daß sie sich ins Wohnzimmer *setzte,* kann man nicht gerade sagen. Sie hockte sich irgendwie in eine Ecke und legte ihre Hände ineinander, weil sie mich ja nicht »stören« wollte. Natürlich bezweckte sie nichts anderes, als mich ganz *fürchterlich* zu stören! Und das gelang ihr auch – ich schaffte es nicht, sie nicht zu beachten. Ich wurde sehr ärgerlich und ungehalten und konnte es nicht ertragen. Ich mußte diese Berechnungen durchführen; ich war dabei, eine große Entdeckung zu machen, und ich war entsetzlich aufgekratzt, und irgendwie war das wichtiger für mich als sie – jedenfalls in dem Moment. Ich weiß nicht mehr, wie ich sie schließlich loswurde, aber es war sehr schwierig.

Nachdem ich noch etwas gearbeitet hatte, war es sehr spät in der Nacht, und ich hatte Hunger. Ich ging die Hauptstraße hinauf zu einem kleinen Restaurant, das fünf oder zehn Häuserblocks entfernt war, wie ich es schon oft vorher spät nachts getan hatte.

Bei früheren Gelegenheiten war ich oft von der Polizei angehalten worden, denn unterwegs dachte ich nach, und dann blieb ich stehen – manchmal kommt man auf einen Gedanken, der so schwierig ist, daß man nicht weitergehen kann; man muß sich über etwas klarwerden. Ich blieb also stehen, und manchmal fuchtelte ich mit den Händen und sagte: »Die Entfernung zwischen dem und dem ist soundsoviel, und wenn sich das jetzt in *diese* Richtung bewegt...«

Ich fuchtelte mit den Händen, mitten auf der Straße, und dann kam die Polizei: »Wie heißen Sie? Wo wohnen Sie? Was treiben Sie hier?«

»Och! Ich habe nachgedacht. Tut mir leid; ich wohne hier und gehe oft in das Restaurant...« Nach einer Weile kannten sie mich und ließen mich in Ruhe.

Ich ging also in das Restaurant, und während ich esse, bin ich so aufgeregt, daß ich einer Dame erzähle, daß ich gerade eine Entdeckung gemacht habe. Sie legt los: Daß sie mit einem Feuerwehrmann verheiratet sei oder mit einem Förster oder sonst jemand; daß sie sich so einsam fühle – all dieses Zeug, das mich nicht interessiert. *Sowas* kommt vor.

Als ich am nächsten Morgen zur Arbeit kam, ging ich zu Wapstra, Boehm und Jensen und erzählte ihnen: »Ich hab' alles ausgearbeitet. Es haut alles hin.«

Christy, der auch da war, fragte: »Was für eine Konstante des Beta-Zerfalls haben Sie verwendet?«

»Die aus dem Buch von Soundso.«

»Aber es ist doch erwiesen, daß die falsch ist. Neuere Messungen haben ergeben, daß sie um 7 Prozent danebenliegt.«

Da fallen mir die 9 Prozent wieder ein. Es war wie eine Offenbarung für mich: Ich war nach Hause gegangen und hatte diese Theorie ausgearbeitet, wonach es beim Neutronenzerfall eine Unsicherheit von 9 Prozent geben mußte, und am nächsten Morgen erzählen sie mir, daß sich die Konstante eigentlich um 7 Prozent verändert hat. Aber hat sie sich von 9 auf 16 verändert, was schlecht ist, oder von 9 auf 2, was gut ist?

Da ruft meine Schwester aus New York an: »Was ist mit den 9 Prozent – was hat sich da getan?«

»Ich habe gerade entdeckt, daß neue Daten vorliegen: Es geht um 7 Prozent...«

»*Mehr oder weniger?*«

»Das versuche ich gerade rauszukriegen. Ich rufe dich zurück.«

Ich war so aufgeregt, daß ich nicht klar denken konnte. Das ist so, wie wenn man sich beeilt, um ein Flugzeug zu erwischen, und nicht weiß, ob man zu spät dran ist oder nicht, und man schafft es nicht, und dann sagt jemand: »Es ist doch Sommerzeit!« Ja, aber muß man nun Zeit *dazurechnen oder abziehen?* In der Aufregung kann man nicht klar denken.

Christy ging in ein Zimmer, und ich ging in ein anderes, damit wir Ruhe hatten, so daß wir es durchdenken konnten: Dies bewegt sich in *diese* Richtung, und das bewegt sich in *jene* Richtung – es war eigentlich nicht schwer; es war bloß aufregend.

Christy kam heraus und ich kam heraus, und wir stimmten beide überein: es sind 2 Prozent, was durchaus innerhalb der Fehlerquote bei Experimenten liegt. Wenn sie die Konstante gerade um 7 Prozent verändert hatten, konnten die 2 Prozent schließlich auch ein Fehler gewesen sein. Ich rief meine Schwester zurück: »Zwei Prozent.« Die Theorie stimmte.

(Tatsächlich war sie falsch: Die Unsicherheit lag in Wirklichkeit bei 1 Prozent, und zwar aus einem Grund, den wir nicht berücksichtigt hatten und der erst später von Nicola Cabibbo verstanden wurde. Die 2 Prozent gingen also nicht auf das Experiment zurück.)

Murray Gell-Mann und ich verglichen und kombinierten unsere Ideen und schrieben einen Aufsatz über die Theorie. Die Theorie war recht gelungen; sie war relativ einfach und paßte zu einer Menge Sachen. Aber wie ich schon sagte, gab es furchtbar viele chaotische Daten. Und in einigen Fällen gingen wir sogar so weit zu behaupten, daß die Experimente fehlerhaft seien.

Ein gutes Beispiel dafür war ein Experiment von Valentine Telegdi, bei dem er die Anzahl der Elektronen maß, die in alle Richtungen ausgestrahlt werden, wenn ein Neutron zerfällt. Unsere Theorie hatte vorausgesagt, daß die Anzahl in allen Richtungen gleich sein müsse, wohingegen Telegdi fand, daß in einer Richtung 11 Prozent mehr herauskamen als in den anderen. Telegdi war ein hervorragender Experimentalphysiker und sehr gewissenhaft. Und als er einmal irgendwo einen Vortrag hielt, bezog er sich auf unsere Theorie und sagte: »Das Ärgerliche bei den Theoretikern ist, daß sie nie die Experimente beachten.«

Telegdi schrieb uns auch einen Brief, der zwar nicht gerade vernichtend war, aber nichtsdestoweniger zeigte, daß er überzeugt davon war, daß unsere Theorie falsch sei. Am Ende schrieb er: »Die F-G-(Feynman-Gell-Mann-)Theorie des Beta-Zerfalls ist nicht F-G.«

Murray fragte: »Was sollen wir machen? Du weißt ja, Telegdi ist ziemlich gut.«

Ich sagte: »Wir warten einfach ab.«

Zwei Tage später kam ein weiterer Brief von Telegdi. Er war völlig bekehrt. Er hatte aufgrund unserer Theorie festgestellt, daß er die Möglichkeit außer acht gelassen hatte, daß die Abstoßung des Protons vom Neutron nicht in allen Richtungen gleich ist. Er hatte angenommen, daß sie gleich sei. Indem er statt der Korrekturen, die *er* benutzt hatte, die von unserer Theorie vorausgesagten einsetzte, glichen sich die Resultate aus, und wir stimmten vollkommen überein.

Ich wußte, daß Telegdi hervorragend war und daß es schwierig sein würde, gegen ihn anzutreten. Aber zu dem Zeitpunkt war ich überzeugt davon, daß irgend etwas mit seinem Experiment nicht stimmte und daß *er* es herausfinden würde – er ist darin viel besser, als wir es sein können. Deshalb meinte ich, wir sollten nicht versuchen, es herauszukriegen, sondern einfach abwarten.

Ich ging zu Professor Bacher und erzählte ihm von unserem Erfolg, und er sagte: »Ja, Sie kommen an und sagen, daß die Protonen-Neutronen-Kopplung V statt T ist. Alle haben gedacht, sie sei T. Wo ist das grundlegende Experiment, das besagt, daß sie T ist? Warum schauen Sie sich nicht die frühen Experimente an und finden heraus, was damit nicht stimmt?«

Ich ging los und fand den ursprünglichen Artikel über das Experiment, der besagte, daß die Neutronen-Protonen-Kopplung T ist, und ich war *schockiert.* Mir fiel ein, daß ich diesen Artikel schon einmal gelesen hatte (ganz früher, als ich noch jeden Artikel in der *Physical Review* las – sie war ja schmal genug). Und als ich diesen Artikel wieder vor Augen hatte, *erinnerte* ich mich, daß ich mir die Kurve angesehen und dabei gedacht hatte: »Das beweist *überhaupt nichts!*«

Es war nämlich so, daß es von ein oder zwei Punkten ganz am Rande des Datenbereiches abhing, und es gibt ein Prinzip, wonach ein Punkt am Rande eines Datenbereiches – der letzte Punkt – nicht besonders beweiskräftig ist, denn wenn er das wäre, hätte man etwas weiter weg einen weiteren Punkt angeführt. Und mir war klar gewesen, daß der ganze Gedanke, daß die Neutronen-Protonen-Kopplung T sei, auf dem letzten Punkt beruhte, der nicht besonders beweiskräftig war, und daß es sich deshalb eben nicht um einen Beweis handelte. Ich erinnere mich, daß mir das *auffiel!*

Und als ich mich direkt für den Beta-Zerfall interessierte, las ich diese ganzen Berichte von den »Experten für Beta-Zerfall«, die besagten, daß die Kopplung T sei. Die ursprünglichen Daten schaute ich mir nicht mehr an; ich las bloß diese Berichte, wie ein Trottel. Wäre ich ein *guter* Physiker gewesen, als mir damals bei der Konferenz in Rochester zum erstenmal die Idee kam, dann hätte ich sofort nachgeschaut, »wie genau wissen wir, daß es T ist?« – das wäre sinnvoll gewesen. Ich hätte sofort bemerkt, daß mir bereits *aufgefallen* war, daß es nicht hinreichend bewiesen war.

Seitdem beachte ich nicht mehr, was von »Experten« kommt. Ich berechne alles selbst. Als es hieß, die Quark-Theorie sei ziemlich gut, holte ich mir zwei Mitarbeiter, Finn Ravndal und Mark Kislinger, damit sie das *ganze Drum und Dran* mit mir durchgingen, so daß ich überprüfen konnte, ob die Sache wirklich gute Resultate ergab, die einigermaßen paßten, und ob es eine im wesentlichen stimmige Theorie war. Den Fehler, die Meinungen von Experten zu lesen, werde ich nie wieder machen. Aber man hat natürlich nur ein Leben, und man macht alle möglichen Fehler und lernt, was man nicht tun soll, und damit hat sich's.

Dreizehnmal

Einmal kam ein Lehrer zu mir, der am örtlichen City College Naturwissenschaften unterrichtete, und fragte mich, ob ich dort einen Vortrag halten würde. Er bot mir fünfzig Dollar an, aber ich sagte ihm, wegen des Geldes würde ich mir keine Gedanken machen. »Es geht um das *städtische* College, nicht?«

»Ja.«

Ich dachte daran, mit wieviel Papierkram ich mich gewöhnlich herumschlagen mußte, und sagte deshalb lachend: »Den Vortrag halte ich gerne. Ich stelle nur eine Bedingung an die ganze Sache« – ich ließ mir irgendeine Zahl einfallen und fuhr fort –, »nämlich, daß ich nicht mehr als dreizehnmal unterschreiben muß, und zwar einschließlich des Schecks!«

Der Bursche lacht ebenfalls. »Dreizehnmal! Kein Problem.«

Und dann geht's los. Als erstes muß ich irgend etwas unterzeichnen, wo drinsteht, daß ich loyal zur Regierung stehe, denn sonst darf ich nicht im städtischen College sprechen. Und das muß ich gleich zweimal unterzeichnen, o. k.? Dann muß ich eine Art Entlastungserklärung für die Stadt unterzeichnen – ich weiß nicht mehr, was es war. Recht bald fangen die Zahlen an zu klettern.

Ich muß unterschreiben, daß ich ordentlich als Professor angestellt bin – offenbar, da es sich um eine städtische Angelegenheit handelt, um sicherzustellen, daß der Partner nicht irgendein über Kerl ist, der seine Frau oder einen Freund kommen läßt und den Vortrag gar nicht selber hält. Alles mögliche muß sichergestellt werden, und es wurden immer mehr Unterschriften.

Nun, der Bursche, der anfangs gelacht hatte, wurde ziemlich nervös, aber wir schafften es gerade. Ich unterschrieb genau zwölfmal. Es war nur noch eine Unterschrift für den Scheck zu leisten, und ich zog los und hielt den Vortrag.

Ein paar Tage später kam der Typ vorbei, um mir den Scheck zu geben, und es stand ihm wirklich der Schweiß auf der Stirn. Denn er konnte mir das Geld nicht geben, ehe ich nicht ein Formular unterschrieb, das bestätigte, daß ich den Vortrag tatsächlich gehalten hatte.

Ich sagte: »Wenn ich das Formular unterschreibe, kann ich den Scheck nicht unterschreiben. Aber *Sie* waren ja da. Sie haben den Vortrag doch gehört; warum unterschreiben *Sie* nicht?«

»Hören Sie mal«, sagte er, »ist das Ganze nicht reichlich albern?«

»Nein. Wir haben das am Anfang so abgemacht. Wir haben nicht gedacht, daß wirklich dreizehn Unterschriften zusammenkommen würden, aber wir haben uns darauf geeinigt, und ich finde, daß wir uns bis zum Schluß daran halten sollten.«

Er sagte: »Ich habe mich wirklich sehr bemüht und überall angerufen. Ich habe *alles* versucht, aber man sagt mir, daß es unmöglich ist. Sie können eben Ihr Geld nicht bekommen, wenn Sie das Formular nicht unterschreiben.«

»Das ist o. k.«, sagte ich. »Ich habe nur zwölfmal unterschrieben, und ich habe den Vortrag gehalten. Ich brauche das Geld nicht.«

»Aber es widerstrebt mir, Ihnen das *anzutun.*«

»Das ist nicht schlimm. Wir hatten eine Abmachung getroffen; machen Sie sich keine Gedanken.«

Am nächsten Tag rief er mich an. »Es ist unmöglich, daß die Ihnen das Geld *nicht* geben! Sie haben es schon für Sie vorgesehen und bereitgestellt, also *müssen* sie es Ihnen jetzt auch geben!«

»O. k., wenn die mir das Geld geben müssen, dann sollen sie's tun.«

»Aber dazu müssen Sie das Formular unterschreiben.«

»Ich unterschreibe das Formular nicht.«

Sie saßen fest. Es gab keinen Topf für »Verschiedenes«, in den das Geld kommt, das jemand verdient hat, für das er aber keine Unterschrift leisten will.

Am Ende ging es doch. Es dauerte lange, und es war sehr kompliziert – aber mit der dreizehnten Unterschrift habe ich meinen Scheck eingelöst.

Das sind böhmische Dörfer für mich!

Ich weiß nicht wieso, aber wenn ich eine Reise mache, kümmere ich mich nie um die Adresse oder um die Telephonnummer der Leute, die mich eingeladen haben. Ich bin halt der Meinung, daß ich abgeholt werde oder daß irgendwer anders schon wissen wird, wo wir hin müssen; irgendwie wird es schon glattgehen.

In den frühen sechziger Jahren fuhr ich einmal zu einer Konferenz über die Schwerkraft, die an der University of North Carolina stattfand. Ich sollte als jemand daran teilnehmen, der auf einem anderen Gebiet Experte ist und sich auch mit der Schwerkraft beschäftigt.

Ich kam einen Tag nach Konferenzbeginn auf dem Flughafen an (ich hatte es nicht geschaft, rechtzeitig da zu sein) und ging hinaus zu den Taxiständen. Ich sagte zu dem Mann, der die Fahrgäste auf die Taxis verteilte: »Ich möchte zur University of North Carolina.«

»Welche meinen Sie«, fragte er, »die State University of North Carolina in Raleigh oder die University of North Carolina in Chapel Hill?«

Natürlich hatte ich nicht die leiseste Ahnung. »Wo sind die denn?« fragte ich, weil ich dachte, die eine müsse in der Nähe der anderen sein.

»Die eine ist nördlich von hier und die andere südlich, zu beiden ist es ungefähr gleich weit.«

Ich hatte nichts bei mir, woraus hervorging, welche die richtige war, und es war niemand da, der wie ich einen Tag zu spät zur Konferenz kam.

Da kam ich auf eine Idee. »Hören Sie mal«, sagte ich zu dem Fahrdienstleiter, »das Haupttreffen hat gestern begonnen, da müssen also gestern eine Menge Leute hier durchgekommen sein, die dahin wollten. Ich beschreibe sie

Ihnen: Das sind so Leute, die irgendwie in den Wolken hängen, und sie reden miteinander und achten gar nicht darauf, wo sie hingehen, und was sie sagen, hört sich an wie ›G-my-ny. G-my-ny‹.«

Da strahlte er. »Ah ja«, sagte er. »Sie meinen Chapel Hill!« Er rief das nächste Taxi in der Reihe. »Bringen Sie diesen Herrn zur Universität in Chapel Hill.«

»Vielen Dank«, sagte ich und fuhr zu der Konferenz.

Ist denn das Kunst?

Einmal spielte ich auf einer Party Bongos und kam dabei ziemlich in Fahrt. Einer der Gäste war ganz besonders begeistert von der Trommelei. Er ging ins Badezimmer, zog sein Hemd aus, malte sich mit Rasiercreme komische Zeichen auf die Brust und kam wild tanzend heraus, die Ohren mit Kirschen behängt. Natürlich wurden diese verrückte Nudel und ich auf der Stelle gute Freunde. Er heißt Jirayr Zorthian und ist Künstler.

Wir hatten öfters lange Diskussionen über Kunst und Wissenschaft. Dabei vertrat ich ungefähr folgenden Standpunkt: »Die Künstler sind am Ende: sie haben überhaupt kein Thema! Früher hatten sie religiöse Themen, aber sie haben ihren religiösen Glauben verloren, und jetzt haben sie nichts mehr. Die technische Welt, in der sie leben, verstehen sie nicht; sie haben keine Ahnung von der Schönheit der *wirklichen* – der wissenschaftlichen – Welt, und deshalb tragen sie nichts in sich, was sie malen könnten.«

Jerry gab gewöhnlich zur Antwort, Künstler bräuchten nichts Greifbares; es gebe viele Emotionen, die man durch Kunst zum Ausdruck bringen könne. Außerdem könne Kunst auch abstrakt sein. Im übrigen würden die Wissenschaftler die Schönheit der Natur zerstören, wenn sie sie auseinandernähmen und in mathematische Gleichungen verwandelten.

Einmal war ich bei Jerry, um seinen Geburtstag zu feiern, und wir hatten wieder so einen dämlichen Streit, der bis 3 Uhr nachts ging. Am nächsten Morgen rief ich ihn an: »Hör mal, Jerry«, sagte ich, »diese Streitereien, die uns nichts bringen, kommen bloß daher, daß du nichts von Wissenschaft verstehst und ich keine Ahnung von Kunst habe. Ich schlage vor, daß wir uns abwechselnd ein bißchen Unterricht geben; den einen Sonntag gebe ich dir eine Lektion in Wissenschaft, und den Sonntag drauf gibst du mir eine über Kunst.«

»O. k.«, sagte er. »Ich bringe dir das Zeichnen bei.«

»*Unmöglich!*« sagte ich. Denn das einzige, was ich zeichnen konnte, als ich auf der High School war, waren Pyramiden in der Wüste – die hauptsächlich aus geraden Linien bestanden –, und von Zeit zu Zeit versuchte ich mich an einer Palme und malte auch die Sonne hin. Ich hatte überhaupt kein Talent. Mein Nebenmann war ebenso geschickt. Wenn er irgend etwas Beliebiges zeichnen durfte, bestand das aus zwei flachen, elliptischen Dingern, die wie aufeinandergestapelte Reifen aussahen und aus denen ein Stiel herauskam, der oben in einem grünen Dreieck endete. Das sollte ein Baum sein. Ich wettete also mit Jerry, daß er mir das Zeichnen nicht beibringen könne.

»Natürlich mußt du etwas dafür tun«, sagte er.

Ich versprach, mir Mühe zu geben, blieb aber bei meiner Wette, daß er mir das Zeichnen nicht beibringen könne. Dabei wollte ich unbedingt zeichnen lernen. Den Grund behielt ich für mich: Ich wollte mitteilen, was ich an der Welt schön finde. Es ist schwierig zu beschreiben, denn es ist eine Empfindung. Es ist so etwas Ähnliches wie ein religiöses Gefühl, das mit einer Gottheit zu tun hat, die im gesamten Universum alles beherrscht: Man spürt etwas Allgemeines, wenn man darüber nachdenkt, wie all die Dinge, die so verschieden zu sein scheinen und sich so unterschiedlich verhalten, »hinter der Bühne« durch die gleiche Ordnung, die gleichen physikalischen Gesetze in Gang gehalten werden. Es ist ein Verständnis für die mathematische Schönheit der Natur, dafür, wie sie im Inneren funktioniert; ein Bewußtsein davon, daß die Erscheinungen, die wir sehen, sich aus der Komplexität der inneren Wechselwirkungen zwischen den Atomen ergeben; ein Gefühl dafür, wie dramatisch und wunderbar das ist. Es ist ein Gefühl der Ehrfurcht – der wissenschaftlichen Ehrfurcht –, das, wie ich fand, jemandem, der diese Empfindung kennt, durch eine Zeichnung mitgeteilt werden könnte. Sie würde ihn vielleicht einen Moment lang an dieses Gefühl angesichts der Herrlichkeiten des Universums erinnern.

Jerry erwies sich als sehr guter Lehrer. Als erstes sagte er mir, ich solle nach Hause gehen und irgend etwas Beliebiges zeichnen. Ich versuchte einen Schuh zu zeichnen, dann eine Blume im Topf. Es ging arg daneben!

Als wir uns das nächste Mal trafen, zeigte ich ihm meine Versuche: »Oh, sieh mal einer an!« sagte er. »Guck, hier hinten herum berührt die Linie des Blumentopfes nicht das Blatt.« (Ich hatte eigentlich vorgehabt, die Linie bis an das Blatt heranzuführen.) »Das ist sehr gut. Auf diese Weise kann man Tiefe zeigen. Das hast du sehr geschickt gemacht. Und daß du nicht alle Linien gleich dick machst (was ich *nicht absichtlich* getan hatte), ist auch gut. Eine Zeichnung, bei der alle Linien gleich dick sind, ist langweilig.«

Und so ging's weiter: Alles, was ich für einen Fehler hielt, lehrte er mich, positiv zu sehen. Er sagte nie, irgend etwas sei falsch; er machte mich nie herunter. Und so versuchte ich es weiter und wurde allmählich ein bißchen besser, war aber nie zufrieden.

Um etwas mehr Übung zu bekommen, schrieb ich mich auch für einen Fernlehrgang bei den International Correspondence Schools ein, und ich muß sagen, die Schulung war gut. Zuerst mußte ich Pyramiden und Zylinder zeichnen, sie schraffieren und so weiter. Es wurden viele Gebiete behandelt: Zeichnen, Pastellmalerei, Wasserfarben und Ölfarben. Gegen Ende des Lehrgangs blieb ich nicht bei der Stange: Ich fertigte zwar ein Ölgemälde an, schickte es aber nicht ein. Sie schrieben mich immer wieder an und forderten mich auf, weiterzumachen. Sie gaben sich große Mühe.

Ich übte mich fortwährend im Zeichnen und fand großes Interesse daran. Wenn ich bei einer Versammlung war, die zu nichts führte – zum Beispiel als Carl Rogers ans Caltech kam, um mit uns die Einrichtung eines Fachbereiches für Psychologie zu erörtern –, vertrieb ich mir die Zeit damit, die anderen zu zeichnen. Ich trug einen kleinen Block mit mir herum, und überall, wo ich hinkam, übte ich Zeichnen. Ich strengte mich also sehr an, wie Jerry es mich lehrte.

Er dagegen lernte nicht viel Physik. Seine Gedanken schweiften zu leicht ab. Ich versuchte ihm etwas über Elektrizität und Magnetismus beizubringen, aber kaum hatte ich die »Elektrizität« erwähnt, da erzählte er mir, er habe einen Motor, der nicht funktionierte, und wollte wissen, wie er ihn reparieren könne. Als ich ihm zeigen wollte, wie ein Elektromagnet funktioniert, indem ich aus Draht eine kleine Spule machte und einen Nagel an einem Stück Schnur aufhängte, und als ich dann Spannung auf den Draht gab und der Nagel in die Spule hineinglitt, sagte Jerry: »Ooh! Das ist ja wie beim Ficken!« Und damit war das erledigt.

Jetzt gab es also etwas Neues, worüber wir uns streiten konnten – ob er ein besserer Lehrer als ich oder ich ein besserer Schüler als er war.

Ich gab den Gedanken auf, einem Künstler das Verständnis für mein Gefühl angesichts der Natur zu vermitteln, damit *er* es darstellen konnte. Nun würde ich mich doppelt anstrengen müssen, Zeichnen zu lernen, damit ich es selbst würde tun können. Es war ein sehr ehrgeiziges Unternehmen, und ich behielt die Idee für mich, denn es war mehr als wahrscheinlich, daß ich es nie schaffen würde.

Ganz zu Anfang, als ich mich gerade daranmachte, Zeichnen zu lernen, bekam eine Dame, die ich kannte, meine Versuche zu Gesicht, und sie meinte: »Gehen Sie doch mal ins Pasadena Art Museum. Die haben dort Zeichenkurse, mit Modellen – nackten Modellen.«

»Nein«, sagte ich; »ich kann nicht gut genug zeichnen: das wäre mir peinlich.«

»Sie sind gut genug; Sie sollten erst mal die anderen sehen!«

Ich brachte genug Mut auf, um hinzugehen. In der ersten Stunde ging es um Skizzenpapier – sehr große Bogen Papier von minderer Qualität, so groß wie eine Zeitung – und die verschiedenen Stifte und Kohlen, die es gibt. Zur zweiten Stunde kam ein Modell, und sie posierte für den Anfang zehn Minuten lang.

Ich fing an, das Modell zu zeichnen, aber als ich ein Bein fertig hatte, waren die zehn Minuten um. Ich schaute herum und sah, daß alle anderen bereits ein vollständiges Bild gezeichnet hatten, mit Schattierungen im Hintergrund – eben das Ganze.

Mir wurde klar, daß ich ziemlich am Schwimmen war. Aber schließlich sollte das Mädchen gegen Ende dreißig Minuten lang Modell sitzen. Ich strengte mich sehr an, und mit großer Mühe brachte ich es fertig, ihren ganzen Umriß zu zeichnen. Diesmal bestand wenigstens geringe Hoffnung. Deshalb deckte ich diesmal meine Zeichnung nicht zu, wie ich es mit allen vorherigen getan hatte.

Wir gingen herum, um uns anzuschauen, was die anderen zustande gebracht hatten, und dabei entdeckte ich, was sie *wirklich* konnten: Sie hatten das Modell mit allen Einzelheiten und Schattierungen gezeichnet, die Handtasche, die auf der Bank lag, auf der sie saß, das Podium, einfach alles! Sie gingen *zip, zip, zip, zip, zip* mit der Holzkohle über das ganze Blatt, und ich fand, bei mir sei es hoffnungslos – völlig hoffnungslos.

Ich gehe zurück, um meine Zeichnung zuzudecken, die aus ein paar, in die obere Ecke des Skizzenpapiers gequetschten Linien besteht – ich hatte bis dahin nur auf DIN A 4-Papier gezeichnet –, aber da stehen ein paar andere aus der Klasse: »Oh, schaut euch mal dies hier an«, sagt einer von ihnen. »Jede Linie zählt!«

Ich wußte nicht genau, was das bedeutete, aber ich fühlte mich doch so ermutigt, daß ich zum nächsten Kurs kommen wollte. In der Zwischenzeit machte Jerry mir immer wieder klar, daß Zeichnungen, auf denen zuviel drauf ist, nichts taugen. Seine Aufgabe bestand darin, mich zu lehren, mir keine Gedanken über die anderen zu machen, weshalb er mir sagte, so stark seien sie gar nicht.

Mir fiel auf, daß der Lehrer den Leuten nicht viel sagte (mir sagte er nur, daß meine Zeichnung auf dem Blatt viel zu klein geraten sei). Statt dessen suchte er uns dazu anzuregen, mit neuen Methoden zu experimentieren. Ich dachte daran, wie wir Physik unterrichten: Wir haben so viele Techniken – so viele mathematische Methoden –, daß wir nie aufhören, den Studenten zu sagen, wie sie vorgehen sollen. Der Zeichenlehrer scheut sich, einem irgend etwas zu sagen. Wenn die Linien, die man gezeichnet hat, sehr dick geraten sind, kann er nicht sagen: »Ihre Linien sind zu stark«, denn bestimmt hat *irgendein* Künstler gerade mit starken Linien großartige Bilder gemalt. Der Lehrer möchte einen nicht in eine bestimmte Richtung drängen. Der Zeichenlehrer hat also die Aufgabe, nicht zu unterweisen, sondern einem ein Gefühl dafür zu vermitteln, wie man zeichnet, während die Aufgabe des Physiklehrers darin besteht, nicht das Prinzip, sondern stets Techniken zu lehren, die man benutzt, um physikalische Probleme zu lösen.

Sie erzählen einem immer, man solle »lockerer« sein, entspannter an das Zeichnen herangehen. Ich fand, das mache nicht mehr Sinn, als wenn man jemandem, der gerade fahren lernt, sagt, er solle sich doch »lockerer« ans Steuer setzen. Das klappt nicht. Erst wenn man weiß, wie es mit angespannter Aufmerksamkeit geht, kann man anfangen, lockerer zu werden. Ich gab also nichts auf dieses dauernde Gerede vom Lockerer-Werden.

Eine der Lockerungsübungen, die sie sich für uns hatten einfallen lassen, bestand darin, zu zeichnen, ohne auf das Blatt zu schauen. Laßt das Modell nicht aus den Augen; schaut nur auf sie und zieht die Linien auf dem Papier, ohne darauf zu achten, was ihr macht.

Einer der Schüler sagt: »Das schaff' ich nicht. Ich muß mogeln. Ich wette, das tun alle!«

»*Ich* mogle nicht«, sage ich.

»Ach Quatsch!« sagen sie.

Ich schließe die Übung ab, und sie kommen zu mir, um zu sehen, was ich gezeichnet habe. Sie fanden, daß ich tatsächlich NICHT gemogelt hatte; gleich zu Anfang war an meinem Stift die Spitze abgebrochen, und auf dem Papier waren nichts als Druckstellen.

Nachdem ich meinen Stift wieder angespitzt hatte, versuchte ich es noch einmal. Ich fand, daß meine Zeichnung eine gewisse Kraft hatte – eine eigenartige, halb an Picasso erinnernde Kraft –, die mir zusagte. Die Zeichnung gefiel mir, weil ich wußte, daß man so unmöglich gut zeichnen kann, so daß sie nicht gut sein mußte – und das genau war es, worum es bei dem Lockerer-Werden ging. Ich hatte gedacht, »Lockerer-Werden«, das heiße, »schludrige Zeichnungen machen«, aber in Wirklichkeit bedeutete es, sich zu entspannen und sich keine Gedanken darüber zu machen, wie die Zeichnung wird.

Ich machte große Fortschritte in dem Kurs und fühlte mich recht wohl. Bis zur letzten Sitzung waren alle Modelle, die wir hatten, ziemlich schwergewichtig und plump; sie zu zeichnen, war recht interessant. Aber im letzten Kurs war das Modell eine flotte Blondine mit einer wohlproportionierten Figur. Erst da stellte ich fest, daß ich immer noch nicht zeichnen konnte: Ich brachte nichts zustande, das im entferntesten diesem hübschen Mädchen *ähnlich sah!* Wenn bei den anderen Modellen etwas ein wenig zu groß oder zu klein geriet, war das nicht weiter schlimm, denn es war ja ohnedies alles etwas formlos. Aber wenn man etwas zu zeichnen versucht, das so gut gebaut ist, kann man nicht pfuschen: Es muß einfach stimmen.

In einer der Pausen hörte ich, wie einer der Schüler, der *wirklich* zeichnen konnte, das Mädchen fragte, ob sie auch privat Modell stehen würde. Sie sagte ja. »Gut. Aber ich habe bis jetzt noch kein Studio, ich muß also erst mal dafür sorgen.«

Ich dachte, ich könnte eine Menge von ihm lernen, und wenn ich nicht irgend etwas unternähme, würde ich nie wieder Gelegenheit haben, dieses flotte Modell zu zeichnen. »Entschuldigen Sie«, sagte ich. »Ich habe unten in meinem Haus einen Raum, den man als Studio verwenden könnte.«

Sie waren beide einverstanden. Ich nahm ein paar von seinen Zeichnungen mit zu meinem Freund Jerry, aber er war entsetzt: »Gut sind die nicht gerade«, meinte er. Er versuchte mir zu erklären, warum, aber ich habe es nie richtig verstanden.

Bevor ich Zeichnen lernte, war ich nie sonderlich daran interessiert, mir Kunstwerke anzusehen. Ich hatte sehr wenig Verständnis für künstlerische Dinge, und nur sehr selten sagten sie mir etwas, wie zum Beispiel einmal, als ich in Japan in einem Museum war. Dort sah ich ein Gemälde auf braunem Bambuspapier, und was ich daran schön fand, war, daß zwischen den paar Pinselstrichen und dem Bambus ein vollkommenes Gleichgewicht bestand – ich konnte es so oder so sehen.

In dem Sommer nach dem Zeichenkurs war ich in Italien, um dort an einer wissenschaftlichen Konferenz teilzunehmen, und ich wollte mir gern die Sixtinische Kapelle ansehen. Ich kam sehr früh morgens dorthin, kaufte meine Eintrittskarte, bevor sonst jemand da war, und sobald geöffnet wurde, *rannte* ich die Stufen hinauf. So hatte ich das ungewöhnliche Vergnügen, einen Moment lang in stiller Ehrfurcht die ganze Kapelle betrachten zu können, bevor irgend jemand anders hereinkam.

Bald kamen die Touristen, und Unmassen von Leuten liefen herum, die sich in unterschiedlichen Sprachen verständigten und hierhin und dorthin zeigten. Ich wanderte umher und sah mir eine Weile die Decke an. Dann glitt mein Blick ein wenig hinunter, und ich sah ein paar riesige gerahmte Bilder und dachte: »Mensch! Von denen habe ich ja überhaupt nichts gewußt!«

Leider hatte ich meinen Reiseführer im Hotel gelassen, aber ich dachte mir: »Ich weiß, warum diese Fresken nicht so berühmt sind; sie taugen nichts.« Aber dann schaute ich mir ein anderes an und sagte: »Wow! Das ist *echt gut.*« Dann sah ich mir die anderen an. »Das ist auch gut, das auch, aber das ist miserabel.« Ich hatte noch nie von diesen Fresken gehört, aber ich entschied, bis auf zwei seien alle gut.

Dann ging ich in die sogenannte Sala de Raffael – den Raffael-Saal –, und da fiel mir dasselbe auf. Ich dachte bei mir: »Raffael ist nicht immer gleich gut. Es gelingt ihm nicht immer. Manchmal ist er sehr gut. Manchmal ist es schlicht Schund.«

Als ich ins Hotel zurückkam, sah ich im Reiseführer nach. In dem Teil über die Sixtinische Kapelle stand: »Unter den Gemälden von Michelangelo vierzehn Fresken von Botticelli, Perugino« – all diese Namen großer Künstler – »und zwei von Soundso, die ohne Bedeutung sind.« Das war ungeheuer aufregend für mich, daß auch ich den Unterschied zwischen einem großartigen Kunstwerk und einem bloßen Machwerk feststellen konnte, ohne daß ich in der Lage gewesen wäre, ihn zu definieren. Als Wissenschaftler glaubt man stets zu wissen, was man tut, und deshalb mißtraut man gewöhnlich dem Künstler, der sagt: »Das ist großartig«, oder: »Das ist nichts wert«, und einem dann nicht erklären kann, wieso, wie Jerry, als ich ihm diese Zeichnungen brachte. Aber jetzt hatte es mich gepackt: Ich konnte es auch!

Was den Raffael-Saal anging, so lag das Geheimnis darin, daß nur einige Gemälde von dem großen Meister stammten; der Rest war von Schülern. Und mir hatten die von Raffael gefallen. Das steigerte mächtig mein Selbstvertrauen in Sachen Kunstverständnis.

Jedenfalls, der Bursche aus dem Zeichenkurs und das flotte Modell kamen ein paarmal in mein Haus, und ich versuchte, sie zu zeichnen und von ihm zu lernen. Nach vielen Anläufen zeichnete ich schließlich ein Bild – es war ein Porträt von ihr –, das ich wirklich gelungen fand, und ich war ganz begeistert über diesen ersten Erfolg.

Ich hatte jetzt so viel Selbstvertrauen, daß ich einen alten Freund von mir, Steve Demitriades, fragte, ob seine gutaussehende Frau für mich Modell sitzen würde, wofür ich mich mit dem Porträt revanchieren wollte. Er lachte: »Wenn sie ihre Zeit damit verschwenden will, für dich Modell zu sitzen, soll's mir recht sein, ha, ha, ha.«

Ich gab mir große Mühe mit ihrem Porträt, und als er es sah, schlug er sich ganz auf meine Seite: »Es ist *einfach wundervoll!*« rief er. »Kannst du bei einem Photographen Kopien davon machen lassen? Ich möchte meiner Mutter in Griechenland eine schicken!« Seine Mutter hatte das Mädchen, das er geheiratet hatte, nie gesehen. Es war ein sehr aufregender Gedanke für mich, daß ich mich so verbessert hatte, daß jemand eine von meinen Zeichnungen haben wollte.

Etwas Ähnliches passierte bei einer kleinen Kunstausstellung, die jemand am Caltech organisiert hatte und zu der ich zwei Zeichnungen und ein Gemälde beitrug. Er sagte: »Wir sollten die Zeichnungen mit Preisen versehen.«

Ich dachte: »Das ist doch albern! Ich will sie ja nicht verkaufen.«

»Das macht die Ausstellung interessanter. Wenn Sie sich von ihnen trennen können, geben Sie einfach einen Preis an.«

Nach der Ausstellung erzählte er mir, ein Mädchen habe eine meiner Zeichnungen gekauft und wolle mit mir sprechen, um mehr darüber zu erfahren.

Die Zeichnung trug den Titel »Das Magnetfeld der Sonne«. Ich hatte mir dafür extra eines der schönen Bilder von den Sonnenprotuberanzen ausgeliehen, die im Sonnen-Laboratorium in Colorado aufgenommen wurden. Weil ich wußte, wie das Magnetfeld der Sonne die Flammen stützt, und weil ich damals eine Technik entwickelt hatte, um die Linien von Magnetfeldern zu zeichnen (so ähnlich wie die langen Haare eines Mädchens), wollte ich etwas Schönes zeichnen, auf das kein Künstler kommen würde: die ziemlich komplizierten und verschlungenen, hier eng beieinanderliegenden, dort auseinanderstrebenden Linien des Magnetfeldes.

Ich erklärte ihr das alles und zeigte ihr die Aufnahme, die mich auf die Idee gebracht hatte.

Sie erzählte mir folgende Geschichte: Sie und ihr Mann waren in die Ausstellung gegangen, und beiden hatte die Zeichnung sehr gefallen. »Warum kaufen wir sie nicht?« schlug sie vor.

Ihr Mann gehörte zu den Männern, die es nicht fertigbringen, etwas gleich zu tun. »Laß es uns ein Weilchen überlegen«, sagte er.

Ihr fiel ein, daß er bald Geburtstag hatte, und so ging sie am gleichen Tag noch einmal hin und kaufte die Zeichnung selbst.

Als er am selben Abend von der Arbeit nach Hause kam, war er niedergeschlagen. Schließlich bekam sie es aus ihm heraus: Er hatte gedacht, es wäre schön, wenn er ihr das Bild kaufen würde, aber als er in die Ausstellung zurückkam, sagte man ihm, es sei bereits verkauft. So konnte sie ihn damit an seinem Geburtstag überraschen.

Was *ich* aus der Geschichte erfuhr, war immer noch etwas sehr Neues für mich: Ich verstand endlich, wofür die Kunst eigentlich da ist, jedenfalls in gewisser Beziehung. Sie bereitet einem einzelnen Menschen Freude. Man kann etwas machen, das jemandem *so sehr* gefällt, daß er, bloß wegen dieses Dinges, das man gemacht hat, niedergeschlagen oder glücklich ist! In der Wissenschaft ist alles irgendwie allgemein und hat mit dem Ganzen zu tun: Die einzelnen Menschen, die etwas unmittelbar zu würdigen wissen, kennt man nicht.

Ich begriff, daß eine Zeichnung zu verkaufen, nicht bedeutet, Geld zu verdienen, sondern sicher zu sein, daß sie zu Hause bei jemandem aufgehängt wird, der sie wirklich haben möchte; jemand, der unglücklich wäre, wenn er sie nicht hätte. Das war interessant.

So beschloß ich, meine Zeichnungen zu verkaufen. Ich wollte jedoch nicht, daß die Leute meine Zeichnungen nur deshalb kauften, weil ein zeichnender Physikprofessor etwas ganz Besonderes ist, und deshalb überlegte ich mir ein Pseudonym. Mein Freund Dudley Wright schlug »Au Fait« vor, was im Französischen soviel bedeutet wie »Es ist getan«. Ich setzte dafür die Buchstaben O-f-e-y ein, wobei sich herausstellte, daß die Schwarzen so die »Weißhäute« nannten. Aber schließlich war ich ja ein Weißer, also konnte der Name so bleiben.

Eines meiner Modelle wollte, daß ich eine Zeichnung für sie machte, aber sie hatte kein Geld. (Modelle haben kein Geld; wenn sie welches hätten, würden sie nicht Modell stehen.) Sie bot an, sie würde dreimal umsonst Modell stehen, wenn ich ihr eine Zeichnung gäbe.

»Im Gegenteil«, sagte ich. »Ich gebe Ihnen drei Zeichnungen, wenn sie einmal umsonst Modell stehen.«

Sie hängte eine der Zeichnungen, die ich ihr gab, in ihrem Zimmerchen auf, und bald wurde ihr Freund darauf aufmerksam. Sie gefiel ihm so gut, daß er ein Porträt von ihr in Auftrag geben wollte. Er wollte mir sechzig Dollar zahlen. (Es kam jetzt eine Menge Geld herein.)

Dann kam sie auf den Gedanken, meine Agentin zu spielen. Sie konnte sich ein bißchen Geld nebenbei verdienen, indem sie herumging und erzählte: »Es gibt da einen neuen Künstler in Pasadena...«, und meine Zeichnungen verkaufte. Es machte *Spaß*, eine andere Welt kennenzulernen. Sie arrangierte, daß ein paar von meinen Zeichnungen bei Bullock's, dem eleganten Kaufhaus in Pasadena, gezeigt wurden. Sie und die Dame von der Kunstabteilung suchten einige Zeichnungen aus – Zeichnungen von Pflanzen, die ich am Anfang gemacht hatte (und die mir nicht gefielen) – und ließen sie rahmen. Dann erhielt ich einen unterzeichneten Beleg von Bullock's dafür, daß sie die und die Zeichnung in Kommission hatten. Natürlich hat niemand *auch nur eine* gekauft, aber ansonsten kam ich groß heraus: Meine Zeichnungen standen bei Bullock's zum Verkauf! Es machte Spaß, sie dort zu haben, einfach weil ich dann eines Tages sagen konnte, ich hätte den Gipfel des Erfolges in der Kunstwelt erreicht.

Die meisten meiner Modelle bekam ich durch Jerry, aber ich versuchte auch selbst, an welche heranzukommen. Wann immer ich eine junge Frau kennenlernte, die aussah, als wäre es interessant, sie zu zeichnen, bat ich sie, für mich Modell zu stehen. Es endete immer damit, daß ich ihr Gesicht zeichnete, denn ich wußte nicht so recht, wie ich das Thema anschneiden sollte, ob sie auch für einen Akt posieren würde.

Als ich einmal bei Jerry zu Besuch war, sagte ich zu seiner Frau Dabney: »Ich kriege die Mädchen einfach nicht dazu, nackt Modell zu stehen: Ich möchte bloß wissen, wie Jerry das anstellt!«

»Ja, hast du sie denn *gefragt?*«

»Oh! Daran habe ich überhaupt nicht gedacht!«

Das nächste Mädchen, das ich kennenlernte und das ich bat, für mich zu posieren, war eine Studentin vom Caltech. Ich fragte sie, ob sie nackt Modell stehen würde. »Aber sicher«, sagte sie, und das war's. Es war ganz einfach. Ich schätze, ich hatte so viele Hintergedanken, daß ich glaubte, es sei irgendwie verkehrt zu fragen.

Ich habe mittlerweile viel gezeichnet, und es hat sich so entwickelt, daß ich am liebsten Akte zeichne. Soweit ich sehe, ist es nicht eigentlich Kunst; es ist eine Mischung. Wer kann schon sagen, wieviel davon Kunst ist?

Ein Modell, das ich durch Jerry kennenlernte, war Playmate im *Playboy* gewesen. Sie war groß und sah phantastisch aus. Jedes Mädchen hätte sie um ihr Aussehen beneidet. Trotzdem glaubte sie, sie sei *zu* groß. Wenn sie ins Zimmer kam, zog sie immer ihren Kopf ein. Ich versuchte ihr beizubringen, *gerade zu stehen,* wenn sie posierte, denn sie war anmutig und sah so auffallend gut aus. Schließlich gelang es mir, sie dazu zu bringen.

Dann gab es etwas anderes, worüber sie sich Sorgen machte: Sie hatte »Grübchen« in der Leistengegend. Ich mußte ein Anatomiebuch hervorholen, um ihr zu zeigen, daß das mit der Aufhängung der Muskeln am Darmbein zu tun hat, und ihr erklären, daß diese Grübchen nicht bei jedem sichtbar sind; damit man sie sieht, muß einfach alles stimmen, vollkommen proportioniert sein, wie bei ihr. Ich lernte von ihr, daß sich jede Frau Gedanken über ihr Aussehen macht, ganz gleich, wie gut sie aussieht.

Von diesem Modell wollte ich ein Bild in Farbe malen, mit Pastellfarben, nur so als Experiment. Ich hatte vor, zunächst eine Kohleskizze zu machen, die dann später mit den Pastellfarben übermalt werden sollte. Als ich die Kohlezeichnung fertig hatte, bei der ich gar nicht darauf achtete, wie sie aussehen würde, stellte ich fest, daß es eine der besten Zeichnungen war, die ich bis dahin gemacht hatte. Ich beschloß, sie so zu lassen und diesmal keinen Versuch mit den Pastellfarben zu machen.

Meine »Agentin« sah sich die Zeichnung an und wollte sie mitnehmen.

»Sie können sie aber nicht verkaufen«, sagte ich, »sie ist auf Skizzenpapier.«

»Och, das macht nichts«, meinte sie.

Ein paar Wochen später kam sie an und hatte das Bild in einem schönen Holzrahmen mit rotem Streifen und goldenem Rand. Es ist komisch, und eigentlich müßten die Künstler darüber unglücklich sein – um wieviel besser eine Zeichnung zur Geltung kommt, wenn man sie rahmt. Meine Agentin erzählte mir, eine Dame sei von der Zeichnung ganz begeistert gewesen, und sie hätten sie zu einem Rahmenmacher gebracht. Er sagte ihnen, es gebe spezielle Techniken, um Zeichnungen auf Skizzenpapier aufzuziehen: Man imprägniert das Papier mit Kunststoff, macht dies und das. Diese Dame scheute also keine Mühen mit der

Zeichnung, die ich gemacht hatte, und dann mußte meine Agentin sie mir zurückbringen. »Ich glaube, der Künstler würde gerne sehen, wie hübsch sie mit Rahmen ist«, hatte sie gesagt.

Und so war es auch. Es war ein weiteres Beispiel dafür, daß jemand unmittelbar Freude an einem meiner Bilder hatte. Deshalb machte es richtig Spaß, die Zeichnungen zu verkaufen.

Eine Zeitlang gab es Oben-ohne-Restaurants in der Stadt: Man konnte da zum Mittagessen oder zum Abendessen hingehen, und die Mädchen tanzten ohne Oberteil und nach einer Weile dann ohne alles. Eines dieser Restaurants war bloß anderthalb Meilen von meinem Haus entfernt, so daß ich oft dort hinging. Ich saß gewöhnlich in einer der Nischen und trieb ein bißchen Physik auf den Papiertischdecken mit den verzierten Rändern, und manchmal zeichnete ich eines der tanzenden Mädchen oder einen Gast, nur so zur Übung.

Meine Frau Gweneth, die Engländerin ist, hatte nichts dagegen, daß ich in dieses Restaurant ging. Sie sagte: »Die Engländer haben halt Clubs, wo sie hingehen.« Es war also so etwas wie mein Club.

An den Wänden des Restaurants hingen Bilder, aber sie gefielen mir nicht besonders. Es waren solche Bilder mit Leuchtfarben auf schwarzem Samt – ziemlich scheußlich –, ein Mädchen, das seinen Pullover auszieht, oder so ähnlich. Nun, ich hatte eine recht gelungene Zeichnung von meinem Modell Kathy, ich gab sie dem Besitzer des Restaurants, damit er sie aufhängte, und er freute sich sehr darüber.

Daß ich ihm die Zeichnung gab, hatte angenehme Folgen. Der Besitzer freundete sich mit mir an und gab mir die Getränke umsonst. Wenn ich jetzt in das Restaurant kam, brachte mir die Kellnerin stets mein kostenloses 7-Up. Ich sah den Mädchen beim Tanzen zu, trieb ein wenig Physik, bereitete eine Vorlesung vor oder zeichnete ein bißchen.

Wenn ich müde wurde, schaute ich mir eine Weile die Vorstellung an und arbeitete danach noch ein wenig weiter. Der Besitzer wußte, daß ich nicht gestört werden wollte. Wenn mich ein Betrunkener ansprechen wollte, kam sofort eine Kellnerin und brachte ihn weg. Kam ein Mächen zu mir, unternahm er nichts. Wir hatte ein sehr gutes Verhältnis zueinander. Er hieß Gianonni.

Die andere Wirkung, die es hatte, daß meine Zeichnung dort hing, war, daß die Leute ihn danach fragten. Eines Tages kam jemand zu mir und sagte: »Ich höre von Gianonni, daß Sie dieses Bild gemalt haben.«

»Jaah.«

»Gut. Ich möchte eine Zeichnung in Auftrag geben.«

»Na schön; was soll es denn sein?«

»Ich hätte gern ein Bild von einem nackten Torero-Mädchen, das von einem Stier mit Männerkopf aufs Horn genommen wird.«

»Also, hm, es würde mir ein bißchen helfen, wenn ich wüßte, wofür die Zeichnung bestimmt ist.«

»Ich möchte sie für mein Geschäft haben.«

»Was für ein Geschäft?«

»Sie ist für einen Massagesalon; Sie wissen schon, Séparées, Masseusen – kapiert?«

»Jaah, ich habe kapiert.« Ich hatte keine Lust, ein nacktes Torero-Mädchen zu zeichnen, das von einem Stier mit Männerkopf aufs Horn genommen wird, und ich versuchte, ihn davon abzubringen. »Was glauben Sie, wie das auf die Kunden wirkt und wie sich die Mädchen dabei vorkommen? Da kommen Männer rein, und Sie bringen sie mit diesem Bild in Fahrt. Wollen Sie, daß sie die Mädchen so behandeln?«

Das überzeugt ihn nicht.

»Stellen Sie sich vor, die Polypen kommen rein und sehen dieses Bild, und Sie behaupten, das sei ein Massagesalon.«

»O. k., o. k.«, sagt er. »Sie haben recht. Es muß was anderes her. Was ich brauche, ist ein Bild, das für einen Massagesalon völlig o. k. ist, wenn's die Polypen sehen. Aber wenn es ein Kunde sieht, soll's ihn auf gewisse Gedanken bringen.«

»O. k.«, sagte ich. Wir machten einen Preis von sechzig Dollar aus, und ich fing an, an der Zeichnung zu arbeiten. Zunächst mußte ich mir überlegen, wie ich es machen wollte. Ich überlegte hin und her, und oft hatte ich das Gefühl, ich wäre besser drangewesen, wenn ich gleich das nackte Torero-Mädchen gezeichnet hätte.

Schließlich hatte ich raus, wie ich's machen wollte: Ich wollte eine Sklavin in einer imaginären römischen Umgebung zeichnen, die irgendeinen bedeutenden Römer – einen Senator vielleicht – massiert. Da sie eine Sklavin ist, hat sie einen bestimmten Gesichtsausdruck. Sie weiß, was als nächstes passieren wird, und sie hat sich irgendwie damit abgefunden.

Ich gab mir sehr große Mühe mit diesem Bild. Kathy diente mir als Modell. Später besorgte ich mir für den Mann ein anderes Modell. Ich machte eine Menge Studien, und bald hatte ich bereits achtzig Dollar für die Modelle ausgegeben. Das Geld war mir egal; was mir gefiel, war die Herausforderung, einen Auftrag auszuführen. Am Ende kam ein Bild mit einem muskulösen Mann zustande, der auf einem Tisch liegt und von der Sklavin massiert wird: Sie trägt eine Art Toga, die eine Brust bedeckt – die andere ist nackt –, und den Ausdruck der Resignation auf ihrem Gesicht hatte ich genau hinbekommen.

Ich war gerade soweit, mein Auftrags-Meisterwerk in dem Massagesalon abzuliefern, da erzählte mir Gianonni, der Besitzer sei verhaftet worden und säße im Gefängnis. Ich fragte die Mädchen im Oben-ohne-Restaurant, ob sie irgendwelche guten Massagesalons in der Gegend um Pasadena wüßten, die vielleicht meine Zeichnung in die Eingangshalle hängen würden.

Sie gaben mir Namen und Adressen von Salons in und

um Pasadena und sagten dazu: »Wenn Sie in den Massagesalon Soundso gehen, fragen Sie nach Frank – der ist ganz in Ordnung. Wenn er nicht da ist, gehen Sie nicht rein.« Oder: »Mit Eddie reden Sie besser nicht. Eddie würde den Wert einer Zeichnung nie verstehen.«

Am nächsten Tag rollte ich mein Bild zusammen, legte es hinten in meinen Kombiwagen, und meine Frau Gweneth wünschte mir Glück, als ich mich zu einem Besuch der Bordelle von Pasadena aufmachte, um meine Zeichnung zu verkaufen.

Kurz bevor ich zu der ersten Adresse auf meiner Liste fuhr, überlegte ich: »Also, ehe ich irgendwo anders hinfahre, schaue ich besser erst mal, was mit dem Massagesalon ist, den der Auftraggeber früher hatte. Kann sein, daß er noch geöffnet hat, und vielleicht nimmt der neue Manager meine Zeichnung.« Ich fuhr hin und klopfte an die Tür. Sie öffnete sich einen Spalt breit, und ich sah das Auge eines Mädchens. »Sind Sie hier Stammgast?« fragte sie.

»Nein, bin ich nicht, aber möchten Sie nicht eine Zeichnung haben, die sich gut in Ihrer Eingangshalle machen würde?«

»Tut mir leid«, sagte sie, »aber wir haben schon einen Künstler beauftragt, eine Zeichnung für uns zu machen, und er arbeitet bereits daran.«

»Der Künstler bin ich«, sagte ich, »und Ihre Zeichnung ist fertig!«

Es stellte sich heraus, daß der Besitzer, als er ins Gefängnis mußte, seiner Frau von unserer Abmachung erzählt hatte. Ich ging also hinein und zeigte ihnen die Zeichnung.

Die Frau und die Schwester des Besitzers, die den Salon jetzt führten, waren nicht ganz zufrieden; sie wollten, daß die Mädchen sich die Zeichnung ansahen. Ich hängte sie in der Eingangshalle an die Wand, und alle Mädchen kamen aus den verschiedenen hinteren Räumen und fingen an, ihre Kommentare abzugeben.

Ein Mädchen sagte, ihr gefalle der Ausdruck auf dem Gesicht der Sklavin nicht. »Sie sieht nicht glücklich aus«, meinte sie. »Sie sollte lächeln.«

Ich fragte sie: »Sagen Sie mal – wenn Sie einen Kerl massieren, und er schaut Sie gerade nicht an, lächeln Sie dann?«

»O nein!« sagte sie. »Dann fühl' ich mich genau so, wie sie aussieht. Aber es ist nicht gut, daß man das auf dem Bild sieht.«

Ich ließ ihnen die Zeichnung da, aber nachdem sie eine Woche hin und her überlegt hatten, kamen sie zu dem Schluß, daß sie sie nicht haben wollten. Es stellte sich heraus, daß der eigentliche Grund dafür die nackte Brust war. Ich versuchte zu erklären, daß meine Zeichnung eine Abmilderung der ursprünglichen Vorstellungen des Besitzers sei, aber sie sagten, sie dächten darüber anders als der Besitzer. Es belustigte mich, daß Leute, die ein derartiges Etablissement führten, wegen einer nackten Brust zimperlich waren, und nahm die Zeichnung wieder mit.

Mein Freund Dudley Wright, der Geschäftsmann ist, sah sie, und ich erzählte ihm die Geschichte. Er sagte: »Du solltest den Preis verdreifachen. Bei der Kunst weiß doch keiner, was sie wirklich wert ist, und deshalb meinen die Leute oft: Wenn's mehr kostet, muß es auch wertvoller sein!'«

Ich sagte: »Du spinnst!«, kaufte aber, nur so zum Spaß, einen Zwanzig-Dollar-Rahmen und zog das Bild auf, damit es für den nächsten Kunden bereit war.

Jemand, der mit Wettervorhersagen zu tun hatte, sah die Zeichnung, die ich für Gianonni gemacht hatte, und fragte an, ob ich noch andere hätte. Ich lud ihn und seine Frau in mein »Studio« unten in meinem Haus ein, und sie erkundigten sich nach der neu gerahmten Zeichnung. »Die kostet zweihundert Dollar.« (Ich hatte sechzig mit drei malgenommen und zwanzig Dollar für den Rahmen draufgeschlagen.) Am nächsten Tag kamen sie wieder und kauften sie. So landete die Zeichnung für den Massagesalon schließlich im Büro eines Wetterpropheten.

Eines Tages führte die Polizei bei Gianonni eine Razzia durch, und einige der Tänzerinnen wurden verhaftet. Irgend jemand wollte, daß Gianonni aufhörte, Oben-ohne-Tänze zu zeigen, und Gianonni wollte nicht aufhören. So kam es zu einer großen Gerichtsverhandlung; die ganze Sache ging durch die Lokalzeitungen.

Gianonni ging zu allen Stammgästen und fragte sie, ob sie zu seinen Gunsten aussagen würden. Jeder hatte eine andere Entschuldigung: »Ich leite eine Kindertagesstätte, und wenn die Eltern dahinterkommen, daß ich in so ein Lokal gehe, schicken sie ihre Kinder nicht mehr in meine Tagesstätte...« Oder: »Ich arbeite in dem und dem Geschäft, und wenn das publik wird, daß ich hierherkomme, verlieren wir Kunden.«

Ich überlegte: »Ich bin der einzige freie Mann hier drin. Ich habe keine Entschuldigung! Mir *gefällt* das Lokal, und ich möchte, daß es weiter besteht. Ich kann am Oben-ohne-Tanzen nichts Ungehöriges finden.« Deshalb sagte ich zu Gianonni: »Ja, ich sage gern aus.«

Vor Gericht war die große Frage: Ist das Oben-ohne-Tanzen für die Allgemeinheit annehmbar – lassen die Wertvorstellungen der Allgemeinheit es zu? Der Anwalt des Angeklagten versuchte, mich als Fachmann in Sachen Wertvorstellungen der Allgemeinheit aufzubauen. Er fragte mich, ob ich auch in andere Bars ging.

»Ja.«

»Und wie oft gehen Sie normalerweise pro Woche zu Gianonni?«

»Fünf-, sechsmal in der Woche.« (Das kam in die Zeitung: Physikprofessor vom Caltech sechsmal in der Woche in Oben-ohne-Lokal.)

»Welche Schichten der Gesellschaft waren bei Gianonni vertreten?«

»Nahezu jede Schicht: Leute aus dem Immobiliengeschäft, jemand aus der Stadtverwaltung, Arbeiter von der Tankstelle, Techniker, ein Physikprofessor...«

»Würden Sie demnach sagen, daß Oben-ohne-Darbietungen für die Allgemeinheit annehmbar sind, da ja so viele Leute aus verschiedenen Bevölkerungsschichten sie sich ansehen und Gefallen daran finden?«

»Ich müßte wissen, was sie unter ›für die Allgemeinheit annehmbar‹ verstehen. Es gibt nichts, das von *jedem* akzeptiert wird. Die Frage ist also: Wieviel *Prozent* der Bevölkerung müssen etwas akzeptieren, damit es ›für die Allgemeinheit annehmbar‹ ist?«

Der Anwalt schlägt eine Zahl vor. Der Anklagevertreter widerspricht. Der Richter verkündet eine Verhandlungspause, und sie ziehen sich für eine Viertelstunde zur Beratung zurück, ehe sie beschließen können, »für die Allgemeinheit annehmbar« bedeute »akzeptiert von 50 Prozent der Bevölkerung«.

Obwohl ich sie dazu gebracht hatte, genau zu sein, konnte ich keine genauen Zahlen als Beweis vorlegen. Deshalb sagte ich: »Ich glaube, daß das Oben-ohne-Tanzen von mehr als 50 Prozent der Bevölkerung akzeptiert wird und deshalb für die Allgemeinheit annehmbar ist.«

Gianonni verlor den Prozeß zunächst, und sein oder ein anderer, ganz ähnlicher Fall ging schließlich zum Obersten Gerichtshof. In der Zwischenzeit blieb sein Lokal geöffnet, und ich bekam weiter meine 7-Ups umsonst.

Ungefähr zu dieser Zeit gab es einige Versuche, am Caltech ein Interesse an Kunst zu wecken. Jemand spendete Geld, um in einem alten Gewächshaus Studios einzurichten. Ausstattung und Materialien wurden gekauft und den Studenten zur Verfügung gestellt, und man stellte einen Künstler aus Südafrika an, um die künstlerischen Aktivitäten am Caltech zu koordinieren und zu unterstützen.

Verschiedene Leute kamen, um Lehrveranstaltungen abzuhalten. Ich gewann Jerry Zorthian dafür, einen Zeichenkurs zu geben, und jemand anders kam, um Lithographie zu lehren, was ich zu lernen versuchte.

Eines Tages kam der Künstler aus Südafrika zu mir nach

Hause, um sich meine Zeichnungen anzuschauen. Er meinte, es würde Spaß machen, einen einzelnen Künstler auszustellen. Diesmal mogelte ich wirklich: Wenn ich nicht Professor am Caltech gewesen wäre, wären sie nie auf die Idee gekommen, daß meine Bilder das verdienten.

»Ein paar von meinen besseren Zeichnungen sind verkauft, und es wäre mir unangenehm, wenn ich die Leute anrufen müßte«, sagte ich.

»Sie brauchen sich keine Sorgen zu machen, Mr. Feynman«, beruhigte er mich. »Sie müssen sie nicht anrufen. Wir werden alles arrangieren und die Ausstellung offiziell und korrekt durchführen.«

Ich gab ihm eine Liste mit den Namen der Leute, die meine Zeichnungen gekauft hatten, und bald darauf wurden sie von ihm angerufen: »Unseres Wissens haben Sie einen Ofey.«

»O, ja!«

»Wir planen eine Ausstellung mit Ofeys, und wir hätten gern gewußt, ob Sie bereit wären, uns das Bild zu leihen.«

Natürlich waren die Leute entzückt.

Die Ausstellung fand im Untergeschoß des Athenaeum, des Fakultätsclubs am Caltech, statt. Alles war, wie's sich gehört: Alle Bilder hatten Titel, und bei all jenen, die von ihren Besitzern zur Verfügung gestellt worden waren, war dies gebührend vermerkt: etwa »Leihgabe von Mr. Gianonni«.

Eine Zeichnung war ein Porträt des hübschen blonden Modells aus dem Zeichenkurs, das ursprünglich eine Schattierungsstudie hatte werden sollen: Ich hatte in Höhe ihrer Beine, ein bißchen zur Seite, eine Lampe aufgestellt und den Lichtkegel aufwärts gerichtet. Als sie saß, hatte ich versucht, die Schatten so wiederzugeben, wie sie waren – ihre Nase zum Beispiel warf einen ziemlich unnatürlichen Schatten auf ihr Gesicht –, damit sie nicht so ungünstig wirkten. Ich hatte auch ihren Oberkörper gezeichnet, so daß man ihre Brüste sehen konnte und die Schatten, die sie warfen. Ich gab die Zeichnung mit den anderen in die Ausstellung und nannte sie »Madame Curie bei der Beobachtung der Radiumstrahlen«. Die Botschaft, die ich vermitteln wollte, war, daß sich niemand Madame Curie als Frau vorstellt, als weibliches Wesen mit schönem Haar, nackten Brüsten und so weiter. Man denkt immer nur an die Sache mit dem Radium.

Ein prominenter Industriedesigner namens Henry Dreyfuss lud nach der Ausstellungseröffnung verschiedene Leute zu einem Empfang in sein Haus ein – die Dame, die Geld zur Förderung der Kunst gespendet hat, den Präsidenten des Caltech mit seiner Frau und andere.

Einer von diesen Kunstliebhabern kam zu mir und fing eine Unterhaltung an: »Sagen Sie, Professor Feynman, zeichnen Sie eigentlich nach Photographien oder haben Sie Modelle?«

»Ich zeichne stets direkt nach Modellen.«

»Ja, und wie haben Sie Madame Curie dazu gebracht, für Sie Modell zu sitzen?«

Etwa zu der Zeit hatte das Los Angeles County Museum of Art einen ähnlichen Gedanken wie ich, nämlich daß Künstler von einem Verständnis der Wissenschaft weit entfernt seien. Meine Überlegung war, daß Künstler die grundlegende Allgemeinheit und Schönheit der Natur und ihre Gesetze nicht verstehen (und deshalb in ihrer Kunst auch nicht darstellen können). Die Überlegung des Museums war, daß Künstler mehr über Technologie wissen sollten: Sie sollten eine größere Vertrautheit im Umgang mit Maschinen und anderen Anwendungen der Wissenschaft gewinnen.

Das Kunstmuseum stellte ein Programm auf die Beine, bei dem es darum ging, daß einige der wirklich guten zeitgenössischen Künstler verschiedene Firmen aufsuchten, die Zeit und Geld für das Projekt zur Verfügung stellten. Der Künstler sollte die Firmen besuchen und ein bißchen herumschnuppern, bis sie etwas Interessantes sahen, das sie in ihrer Arbeit verwenden konnten. Das Museum war der Meinung, es könnte hilfreich sein, wenn jemand, der etwas von Technologie verstand, von Zeit zu Zeit als eine Art Mittelsmann zu den Künstlern fungierte, wenn sie die Firmen besuchten. Da sie wußten, daß ich den Leuten manches recht gut erklären konnte und im Hinblick auf Kunst nicht völlig ahnungslos war (ich glaube, sie wußten sogar, daß ich versuchte, zeichnen zu lernen) – jedenfalls, sie baten mich, das zu übernehmen, und ich sagte zu.

Es machte Riesenspaß, zusammen mit den Künstlern die Firmen zu besuchen. Bezeichnenderweise lief das etwa so ab: Jemand zeigte uns eine Röhre, die in wunderschönen blauen, verschlungenen Mustern Funken von sich gab. Die Künstler waren ganz begeistert und fragten mich, wie sie das in einer Ausstellung verwenden könnten. Welches waren die notwendigen Bedingungen dafür, daß es funktionierte?

Die Künstler waren sehr interessante Leute. Ein paar von ihnen waren absolute Schwindler: Sie behaupteten, Künstler zu sein, und alle Welt stimmte darin überein, daß sie es waren, aber wenn man sich hinsetzte und mit ihnen redete, brachten sie nichts Sinnvolles heraus! Besonders ein Bursche, der größte Schwindler von allen, war immer komisch angezogen; er trug eine riesige schwarze Melone. Auf die Fragen, die man ihm stellte, gab er unverständliche Antworten, und wenn man versuchte, mehr über das herauszufinden, was er sagte, indem man ihn nach einigen Worten fragte, die er verwendet hatte, wechselte er ganz schnell das Thema! Das einzige, was er schließlich zu der Ausstellung über Kunst und Technologie beitrug, war ein Selbstporträt.

Andere Künstler, mit denen ich mich unterhielt, sagten Dinge, die zuerst keinen Sinn machten, aber sie gaben sich sehr viel Mühe, mir ihre Gedanken auseinanderzusetzen. Einmal fuhr ich im Rahmen dieses Programms mit Robert Irwin irgendwohin. Die Reise dauerte zwei Tage, und nach vielem Hin und Her verstand ich schließlich, was er mir zu erklären versuchte, und fand es recht interessant und erstaunlich.

Dann gab es Künstler, die absolut keine Ahnung von der wirklichen Welt hatten. Sie hielten Wissenschafter für irgendwelche großen Zauberer, die alles können und Sachen sagen wie: »Ich möchte ein dreidimensionales Bild machen, und die Figur soll im Raum schweben und leuchten und flimmern.« Sie machten sich die Welt so zurecht, wie sie sie haben wollten, und hatten keine Ahnung, was machbar ist und was nicht.

Schließlich fand eine Ausstellung statt, und ich wurde gebeten, in der Jury zu sitzen, die die Kunstwerke begutachten sollte. Obwohl es ein paar gute Sachen gab, zu denen die Künstler durch die Besuche bei den Firmen angeregt worden waren, fand ich, daß die meisten Werke, die etwas taugten, Dinge waren, die in letzter Minute aus Verzweiflung eingereicht wurden und eigentlich nichts mit Technologie zu tun hatten. Die anderen Mitglieder der Jury waren sämtlich anderer Meinung, und ich hatte keinen leichten Stand. Ich bin kein guter Kunstkritiker und hätte im Grunde nicht in der Jury sein dürfen.

Am Landeskunstmuseum gab es jemanden namens Maurice Tuchman, der wirklich wußte, wovon er sprach, wenn es um Kunst ging. Er wußte, daß am Caltech eine Ausstellung stattgefunden hatte, in der nur meine Arbeiten gezeigt worden waren. »Wissen Sie was«, sagte er, »Sie werden nie wieder zeichnen.«

»Wie bitte? Das ist ja lächerlich! Wieso soll ich nie wieder...«

»Weil Sie eine Ausstellung hatten, in der nur Ihre Bilder gezeigt wurden, und Sie sind bloß ein Amateur.«

Obwohl ich auch danach noch gezeichnet habe, habe ich mir nie mehr solche Mühe gegeben, nie mehr mit der gleichen Energie und Intensität gearbeitet wie vorher. Ich habe auch danach nie wieder eine Zeichnung verkauft. Er war ein kluger Bursche, und ich habe eine Menge von ihm gelernt. Ich hätte noch viel mehr lernen können, wenn ich nicht so stur wäre!

Ist Elektrizität Feuer?

In den frühen fünfziger Jahren litt ich vorübergehend unter einer Krankheit, die einen in den mittleren Lebensjahren befällt: Ich pflegte philosophische Vorträge über die Wissenschaft zu halten – daß Wissenschaft die Neugierde befriedigt, daß sie einem eine neue Weltsicht vermittelt, wie sie dem Menschen die Fähigkeit gibt, etwas zu verändern, daß sie ihm Macht verleiht – und daß sich, angesichts der jüngst entwickelten Atombombe, die Frage stellt, ob es gut ist, dem Menschen eine solche Macht zu verleihen. Ich dachte auch über das Verhältnis von Wissenschaft und Religion nach, und ungefähr zu der Zeit wurde ich zu einer Konferenz nach New York eingeladen, auf der »die Ethik der Gleichheit« erörtert werden sollte.

Es hatte bereits, irgendwo auf Long Island, eine Konferenz zu diesem Thema stattgefunden, an der ältere Leute teilgenommen hatten, und diesmal sollten jüngere Leute kommen und die Positionspapiere diskutieren, die man auf der ersten Konferenz ausgearbeitet hatte.

Bevor ich dort hinfuhr, wurde mir ein Rundschreiben, eine Liste mit Büchern zugesandt, »die Sie vielleicht interessieren«, und man bat mich, Bücher einzuschicken, von denen ich meinte, daß andere sie lesen sollten; man würde diese Bücher in die Bibliothek stellen, so daß sie für andere Teilnehmer zugänglich seien.

Da kommt also diese wunderbare Liste mit Büchern. Ich gehe die erste Seite durch: Ich habe nicht eines von den Büchern gelesen, und mir wird unbehaglich zumute – ich gehöre wohl nicht dazu. Ich schaue mir die zweite Seite an: Auch von den Titeln kenne ich nicht einen. Nachdem ich die ganze Liste durchgesehen hatte, stand fest, daß ich *kein einziges* von den Büchern gelesen hatte. Offenbar bin ich ein Idiot, ein Analphabet! Da waren tolle Bücher aufgeführt, zum Beispiel *Von der Freiheit* von Thomas Jefferson oder ähnliche Dinge, und es gab auch ein paar *Autoren*, von denen ich etwas gelesen hatte. Da war ein Buch von Heisenberg, eines von Schrödinger und eines von Einstein, aber das von Einstein hieß *Aus meinen späteren Jahren* und das von Schrödinger *Was ist Leben?* – andere Sachen, als ich gelesen hatte. Ich hatte das Gefühl, daß ich ins Schwimmen geriet und daß ich nicht in diese Konferenz gehörte. Vielleicht konnte ich einfach still dasitzen und zuhören.

Ich gehe zu der ersten großen Eröffnungsveranstaltung, und da steht jemand auf und erklärt, es gebe zwei Probleme, die wir erörtern sollten. Das erste ist ein bißchen nebulös – irgendwas über Ethik und Gleichheit, aber ich verstehe nicht, was *genau* das Problem ist. Und das zweite lautet: »Wir wollen durch unsere Bemühungen beweisen, daß es unter Vertretern unterschiedlicher Fachgebiete zu einem Dialog kommen kann.« Zu den Teilnehmern gehörte ein Anwalt, der auf internationales Recht spezialisiert war, ein Historiker, ein Geistlicher aus dem Jesuitenorden, ein Rabbiner, ein Wissenschaftler (ich) und so weiter.

Nun, sogleich fängt mein logischer Geist zu arbeiten an: Dem zweiten Problem brauche ich überhaupt keine Beachtung zu schenken, denn wenn es läuft, dann läuft's; und wenn es nicht läuft, dann läuft's eben nicht – wenn's keinen Dialog gibt, über den wir sprechen können, brauchen wir auch nicht zu *beweisen* und zu *erörtern*, ob ein Dialog zwischen uns möglich ist! Das Hauptproblem ist also das erste, und das habe ich nicht verstanden.

Ich wollte schon meine Hand heben und sagen: »Würden Sie bitte das Problem genauer definieren!«, aber dann dachte ich: »Nein, der Ignorant bin ja *ich;* ich höre besser erstmal zu. Ich will ja nicht gleich zu Anfang schon Ärger machen.«

Die Untergruppe, in der ich war, sollte die »Ethik der Gleichheit in Bildung und Erziehung« erörtern. Bei den Sitzungen unserer Untergruppe redete der Jesuit dauernd von der »Fragmentierung des Wissens«. Er sagte etwa: »Das eigentliche Problem im Hinblick auf die Ethik der Gleichheit in Bildung und Erziehung ist die Fragmentierung des Wissens.« Dieser Jesuit schaute zurück ins dreizehnte Jahrhundert, als die katholische Kirche die gesamte Bildung und Erziehung beherrschte und die Welt noch einfach war. Da gab es einen Gott, und von Gott kam alles; alles war geordnet. Aber heute ist es nicht mehr so einfach, alles zu verstehen. Deshalb ist das Wissen fragmentarisch geworden. Ich fand, daß die »Fragmentierung des Wissens« nichts »damit« zu tun hatte, aber »es« war überhaupt nicht definiert worden, und deshalb hatte ich keine Möglichkeit, das zu beweisen.

Schließlich fragte ich: »Worin besteht denn das *ethische* Problem, das mit der Fragmentierung des Wissens zusammenhängt?« Er gab mir nur sehr wolkige und nebulöse Antworten, und ich sagte: »Das verstehe ich nicht«, und alle anderen meinten, *sie* verständen es, und dann versuchten *sie* es mir zu erklären, aber sie konnten es auch nicht!

Darauf forderten mich die anderen in der Gruppe auf, niederzuschreiben, warum ich meinte, die Fragmentierung des Wissens sei kein ethisches Problem. Ich ging zurück in mein Zimmer im Wohnheim und führte sorgfältig, so gut ich konnte, aus, was meiner Meinung nach das Thema »Ethik der Gleichheit in Bildung und Erziehung« beinhalten könnte, und ich gab einige Beispiele für die Probleme, über die wir meines Erachtens sprechen sollten. Durch Bildung zum Beispiel vergrößert man die Unterschiede. Wenn jemand etwas gut kann, versucht man seine Fähigkeit zu entwickeln, und das führt zu Unterschieden oder Ungleichheiten. Wenn Bildung also die Ungleichheit verstärkt, ist das dann ethisch gerechtfertigt? Nach einigen anderen Beispielen führte ich dann weiter aus: Obwohl die »Fragmentierung des Wissens« ein Problem darstelle, weil die Komplexität der Welt es schwierig mache, etwas zu lernen, könne ich, im Lichte meiner Abgrenzung des *Themenbereichs*, nicht sehen, daß die Fragmentierung des Wissens auch nur *annähernd* etwas mit dem zu tun habe, was möglicherweise die Ethik der Gleichheit in Bildung und Erziehung ausmache.

Am nächsten Tag brachte ich mein Papier mit in die Sitzung, und der Bursche sagte: »Ja, Mr. Feynman hat da ein paar sehr interessante Fragen aufgeworfen, die wir diskutieren sollten. Wir wollen sie für eine mögliche spätere Diskussion aufheben.« Man verstand das Argument überhaupt nicht. Ich versuchte das Problem zu definieren und dann zu zeigen, daß die »Fragmentierung des Wissens« überhaupt nichts damit zu tun hatte. Und daß niemand bei dieser Konferenz weiterkam, lag daran, daß man das Thema »Ethik der Gleichheit in Bildung und Erziehung« nicht klar definiert hatten, so daß niemand genau wußte, worüber eigentlich gesprochen werden sollte.

Ein Soziologe hatte einen Aufsatz geschrieben, den wir alle lesen sollten – etwas, das er im voraus geschrieben hatte. Ich fing an, das Ding zu lesen und war ganz perplex: Ich wurde daraus nicht schlau! Ich dachte, das müsse daran liegen, daß ich keines von den Büchern auf der Liste gelesen hatte. Ich hatte so ein unangenehmes Gefühl, von wegen: »Das geht über meinen Horizont«, bis ich mir schließlich sagte: »Jetzt ist Schluß! Jetzt werde ich *einen Satz* langsam lesen, damit ich rauskriege, was da eigentlich steht.«

Ich hielt also – aufs Geratewohl – irgendwo in meiner Lektüre inne und las sehr aufmerksam den folgenden Satz. Ich erinnere mich nicht mehr genau, aber er lautete ungefähr so: »Das einzelne Mitglied der sozialen Gemeinschaft empfängt seine Informationen häufig über visuelle symbolische Kanäle.« Ich las den Satz ein paarmal und übersetzte ihn dann. Was er bedeutet? »Die Leute lesen.«

Dann nahm ich mir den nächsten Satz vor und stellte fest, daß ich auch den übersetzen konnte. Danach wurde es zu einer leeren Beschäftigung: »Manchmal lesen die Leute;

manchmal hören die Leute Radio«, und so weiter, aber so verdreht geschrieben, daß ich es zuerst nicht verstand, und wenn ich es dann schließlich entzifferte, war nichts dahinter.

Auf jener Tagung passierte nur eine Sache, die lustig oder amüsant war. Auf der Konferenz wurde *jedes Wort,* das im Plenum gesprochen wurde, so wichtig genommen, daß man jeden Piep von einem Stenotypisten mitschreiben ließ. Am zweiten Tag kam er irgendwann zu mir und fragte mich: »Was für einen Beruf haben Sie? Bestimmt nicht Professor.«

»Ich *bin* Professor«, sagte ich.

»Für welches Fach?«

»Für Physik – Naturwissenschaft.«

»Ach so! Dann ist *das* wohl der Grund«, sagte er.

»Der Grund wofür?«

Er sagte: »Schauen Sie, ich bin Stenotypist, und ich schreibe alles mit, was hier gesagt wird. Na ja, wenn die anderen reden, schreibe ich zwar mit, was sie sagen, aber ich verstehe es nicht. Aber jedesmal, wenn *Sie* aufstehen, um eine Frage zu stellen oder etwas zu sagen, verstehe ich genau, was Sie meinen – worin die Frage besteht und was Sie sagen –, deshalb habe ich gedacht, daß Sie *kein* Professor sein können.«

Zu einem bestimmten Zeitpunkt fand ein besonderes Essen statt, und der Leiter des theologischen Seminars, ein sehr netter, strenggläubiger Jude, hielt eine Rede. Es war eine gute Rede, und er war ein sehr guter Redner, und auch wenn es sich heute verrückt anhört, wenn ich davon erzähle, so schien doch damals seine Hauptidee ganz einleuchtend und richtig zu sein. Er sprach über die großen Unterschiede im Wohlstand verschiedener Länder, die Neid erzeugen, der zu Konflikten führt, und daß jetzt, wo wir Atomwaffen haben, jeder Krieg den Untergang bedeute. Deshalb bestehe der richtige Ausweg darin, nach Frieden zu streben, indem man dafür sorge, daß es zwischen den einzelnen Regionen keine so großen Unterschiede gebe, und da wir in den Vereinigten Staaten so viel hätten, sollten wir fast alles den anderen Ländern geben, so daß am Ende alle gleich seien. Jeder hörte aufmerksam zu, und wir waren alle von Opferbereitschaft erfüllt und dachten, genau das müsse man tun. Aber auf dem Nachhauseweg kam ich wieder zur Besinnung.

Am nächsten Tag sagte jemand in unserer Gruppe: »Ich finde, diese Rede gestern abend war so gut, daß wir sie alle unterzeichnen und als Resümee unserer Konferenz verwenden sollten.«

Ich setzte an zu der Entgegnung, daß die Idee, alles gleich zu verteilen, auf der *Annahme* beruhe, daß es nur eine bestimmte Menge an Gütern in der Welt gebe, daß wir sie den armen Ländern im Grunde irgendwie weggenommen hätten und sie ihnen deshalb zurückgeben sollten. Aber diese Theorie berücksichtigt nicht den *wirklichen* Grund für die Unterschiede zwischen den Ländern – nämlich die Entwicklung von neuen Techniken für den Nahrungsmittelanbau, die Entwicklung von Maschinen für den Anbau von Nahrungsmitteln und für andere Zwecke, und die Tatsache, daß diese ganze Maschinerie die Konzentration von Kapital erfordert. Was wichtig ist, sind nicht die *Lebensmittel,* sondern es ist die Fähigkeit, sie zu *erzeugen.* Heute ist mir klar, daß diese Leute keine Wissenschaft trieben; sie verstanden sie nicht. Sie hatten keine Ahnung von Technologie; sie verstanden die Zeit nicht, in der sie lebten.

Die Konferenz machte mich so nervös, daß eine Bekannte aus New York mich beruhigen mußte. »Guck mal«, sagte sie, »du zitterst ja! Du bist völlig durchgedreht! Nun mach mal halblang und nimm nicht alles so ernst. Gewinn ein bißchen Abstand und sieh dir die Sache in Ruhe an.« Ich dachte über die Konferenz nach und kam zu dem Schluß, sie sei zwar eine verrückte Veranstaltung, aber so schlimm nun auch wieder nicht. Aber wenn mich noch mal jemand auffordern sollte, an so etwas teilzunehmen, würde ich ganz schnell das Weite suchen – soll heißen: Kommt nicht in Frage! Nein! Auf gar keinen Fall! Und dabei bekomme ich noch heute Einladungen zu solchen Veranstaltungen.

Als es soweit war, die Konferenz abschließend zu bewerten, sagten die anderen, wieviel sie davon profitiert hätten, was für ein Erfolg es gewesen sei und so weiter. Als sie mich fragten, sagte ich: »Diese Konferenz war schlimmer als ein Rorschach-Test: Da ist ein sinnloser Tintenklecks, und die anderen fragen einen, was man zu sehen glaubt, aber wenn man es ihnen erzählt, fangen sie an, mit einem zu streiten!«

Und was noch schlimmer war, am Ende der Konferenz sollte ein weiteres Treffen stattfinden, aber diesmal mit Publikum, und da besitzt der Kerl, der für unsere Gruppe verantwortlich war, doch die *Frechheit* zu sagen, da wir so viel erarbeitet hätten, werde keine Zeit für eine öffentliche Diskussion sein, deshalb würden wir der Öffentlichkeit all das, was wir erarbeitet hätten, einfach nur *mitteilen*. Ich bekam Stielaugen: Ich fand nicht, daß wir auch nur das geringste erarbeitet hatten!

Als wir schließlich die Frage erörterten, ob es uns gelungen sei, zu einem Dialog zwischen Leuten aus verschiedenen Disziplinen zu kommen – unser zweites Grund-»Problem« –, sagte ich, mir sei etwas Interessantes aufgefallen. Jeder von uns habe davon gesprochen, was *er,* von seinem Standpunkt aus, unter der »Ethik der Gleichheit« verstehe, ohne dem Standpunkt der anderen die geringste Aufmerksamkeit zu widmen. So habe zum Beispiel der Historiker behauptet, ethische Probleme seien dadurch zu verstehen, daß man ihre Entstehung und Entwicklung historisch betrachte; der Anwalt für internationales Recht habe darauf hingewiesen, man müsse sehen, wie die Menschen in unterschiedlichen Situationen tatsächlich handeln und zu Vereinbarungen kommen; der Jesuit habe sich andauernd auf die »Fragmentierung des Wissens« bezogen; und ich als Wissenschaftler hätte vorgeschlagen, wir sollten das Problem in Analogie zu Galileis experimentellen Techniken isolieren; und so weiter. »Meiner Meinung nach«, sagte ich, »hat zwischen uns überhaupt kein Dialog stattgefunden. Statt dessen gab es zwischen uns nichts als Chaos!«

Natürlich wurde ich von allen Seiten angegriffen: »Glauben Sie nicht, daß aus Chaos Ordnung entstehen kann?«

»Hm, also, als allgemeines Prinzip oder...« Ich wußte nicht, was ich mit einer Frage wie »Kann aus Chaos Ordnung entstehen?« anfangen sollte. Ja, nein, na und?

Es waren eine Menge Dummköpfe auf dieser Konferenz – Wichtigtuer –, und Dummköpfe, die sich wichtig machen, bringen mich auf die Palme. Gewöhnliche Dummköpfe sind ja erträglich; man kann mit ihnen reden und versuchen, ihnen herauszuhelfen. Aber wichtigtuerische Dummköpfe – Leute, die Dummköpfe sind und das vertuschen, die anderen mit diesem ganzen Hokuspokus imponieren wollen – DIE KANN ICH NICHT AUSSTEHEN! Ein gewöhnlicher Dummkopf ist ja kein Schwindler; ein redlicher Dummkopf ist in Ordnung. Aber ein unredlicher Dummkopf ist was Scheußliches! Und genau damit hatte ich's auf der Konferenz zu tun, mit einem Haufen von Wichtigtuern, und darüber regte ich mich fürchterlich auf. Ich habe keine Lust, mich noch mal so zu ärgern, deshalb werde ich nie wieder an interdisziplinären Konferenzen teilnehmen.

Eine Fußnote: Während der Konferenz wohnte ich im Seminar für Jüdische Theologie, an dem junge – ich glaube orthodoxe – Rabbiner studierten. Da ich aus einer jüdischen Familie komme, war mir einiges von dem, was sie mir über den Talmud erzählten, bekannt, aber gesehen hatte ich den Talmud nie. Es war sehr interessant. Er hat große Seiten, und der ursprüngliche Text des Talmud steht in einem kleinen Quadrat in der Ecke der Seite, und um dieses Quadrat herum stehen in einer Art L-förmiger Marginalie die von verschiedenen Leuten verfaßten Kommentare. Der Talmud hat sich weiterentwickelt, und alles ist, sehr behutsam, in einer Art von mittelalterlichem Denken wieder und wieder erörtert worden. Ich glaube, die Kommentare wurden um das dreizehnte, vierzehnte oder fünfzehnte Jahrhundert herum abgeschlossen – moderne Kommentare gibt es nicht. Der Talmud ist ein erstaunliches Buch, ein großartiges, umfassendes Potpourri; triviale Fragen, schwierige Fragen – zum Beispiel Aufgaben der Lehrer und wie man lehren soll – und dann wieder Trivialitäten und so weiter. Die Studenten erzählten mir, der Talmud sei nie übersetzt worden, was ich merkwürdig fand, da das Buch so wertvoll ist.

Eines Tages kamen zwei oder drei von den jungen Rabbinern zu mir und sagten: »Es ist uns klar, daß wir nicht studieren können, um in der modernen Welt Rabbiner zu werden, ohne etwas von der Wissenschaft zu verstehen, deshalb möchten wir Ihnen einige Fragen stellen.«

Natürlich gibt es tausend Orte, an denen man sich über Wissenschaft informieren kann, und ganz in der Nähe war die Columbia University, aber ich wollte wissen, für welche Fragen sie sich interessierten.

Sie sagten: »Also, zum Beispiel, ist Elektrizität Feuer?«

»Nein«, sagte ich, »aber ... was ist das Problem?«

Sie sagten: »Im Talmud steht, daß man am Sabbat kein Feuer machen darf, deshalb möchten wir wissen, ob wir am Sabbat elektrische Geräte benutzen dürfen.«

Ich war entsetzt: Sie interessierten sich nicht im geringsten für Wissenschaft! Die Wissenschaft kam für ihr Leben nur insoweit in Betracht, als sie dadurch vielleicht den Talmud besser interpretieren konnten! Für die Außenwelt, für die Naturerscheinungen interessierten sie sich nicht; sie waren nur daran interessiert, irgendeine Frage zu lösen, die im Talmud aufgeworfen wurde.

Und dann will ich eines Tages – ich glaube, es war ein Samstag – mit dem Fahrstuhl nach oben fahren, und es steht jemand vor der Tür. Der Fahrstuhl kommt, ich gehe hinein, und er geht mit. Ich frage: »Welcher Stock?« und will schon auf einen der Knöpfe drücken.

»Nein, nein«, sagt er, »*ich* muß doch für *Sie* drücken.«

»*Was?*«

»Ja! Die Jungs hier dürfen doch am Sabbat nicht auf die Knöpfe drücken, deshalb muß ich es für sie machen. Sehen Sie, ich bin kein Jude, und deshalb ist nichts dabei, wenn *ich* es tue. Ich stehe im Fahrstuhl, und sie sagen mir, in welches Stockwerk sie wollen, und dann drücke ich für sie auf den Knopf.«

Also, das ärgerte mich wirklich, und deshalb beschloß ich, die Studenten in eine logische Diskussion zu verwikkeln. Ich war in einem jüdischen Haus aufgewachsen, so daß ich die spitzfindige Logik kannte, die ich anwenden mußte, und ich dachte: »Das wird lustig!«

Mein Plan sah ungefähr so aus: Als erstes wollte ich fragen: »Ist der jüdische Standpunkt ein Standpunkt, den *jeder* Mensch einnehmen kann? Denn wenn das nicht der Fall ist, handelt es sich gewiß nicht um etwas, das für die Menschheit wirklich von Wert ist ... und so weiter und so weiter.« Und dann würden sie antworten müssen: »Ja, der jüdische Standpunkt ist für jeden Menschen gut.«

Dann wollte ich sie noch ein bißchen mehr in Verwirrung bringen, indem ich fragte: »Ist es ethisch gerechtfertigt, wenn ein Mensch einen anderen etwas tun läßt, was für ihn selbst ethisch nicht zu rechtfertigen wäre? Würdet ihr beispielsweise einen anderen Menschen für euch stehlen lassen?« Und dann wollte ich sie ganz langsam und ganz vorsichtig in die Enge treiben, bis sie in der Falle saßen!

Und was ist passiert? Das sind Leute, die studieren, um Rabbiner zu werden, nicht? Sie waren zehnmal besser als ich! Sobald sie merkten, daß ich sie in die Zange nehmen konnte, drehten und wanden sie sich – ich weiß auch nicht mehr, wie – und schon waren sie frei! Ich dachte, ich hätte eine tolle Idee gehabt – pfff! Im Talmud war das seit Urzeiten erörtert worden! Sie steckten mich in die Tasche wie nichts – und kamen ungeschoren davon.

Schließlich versuchte ich sie zu beruhigen, daß der elektrische Funke, der sie beschäftigte, wenn sie die Fahrstuhlknöpfe drückten, kein Feuer sei. Ich sagte: »Elektrizität ist *kein* Feuer. Das ist kein chemischer Prozeß wie das Feuer.«

»So?« sagten sie.

»Natürlich gibt es zwischen den *Atomen* in einem Feuer Elektrizität.«

»Aha!« sagten sie.

»Und so auch in jeder *anderen* Erscheinung, die in der Welt vorkommt.« Ich schlug sogar eine praktische Lösung vor, um den Funken zu beseitigen. »Wenn's das ist, was euch stört, könnt ihr einen Kondensator an den Schalter anschließen, so daß der Strom an- und abgeschaltet wird, ohne daß dabei irgendwo ein Funke entsteht.« Aber aus irgendeinem Grund gefiel ihnen diese Vorstellung auch nicht.

Es war wirklich ein Jammer. Junge Leute, die langsam das Leben kennenlernen, und das nur, um besser den Talmud interpretieren zu können. Man muß sich das mal vorstellen! Leute, die in der heutigen Zeit studieren, um dann hinaus in die Gesellschaft zu gehen und etwas zu *tun* – um Rabbiner zu werden –, und die Wissenschaft halten sie nur deshalb für interessant, weil ihre altertümlichen, provinzlerischen, mittelalterlichen Probleme durch ein paar neue Phänomene ein bißchen durcheinandergebracht werden.

Es passierte damals noch etwas anderes, das erwähnenswert ist. Eine der Fragen, die die Rabbiner-Studenten und ich etwas ausführlicher diskutierten, war, warum es in Studienfächern, etwa in der Theoretischen Physik, einen höheren Anteil Juden gibt als in der Bevölkerung ganz allgemein. Die Rabbiner-Studenten meinten, das liege daran, daß in der Geschichte der Juden die Gelehrsamkeit geachtet wurde: Sie achten ihre Rabbiner, die echte Lehrer sind, und sie schätzen Bildung. Die Juden geben diese Tradition in ihren Familien beständig weiter. Und wenn ein Junge ein guter Schüler ist, dann ist das ebenso gut – wenn nicht sogar besser –, wie wenn er ein guter Football-Spieler wäre.

Am gleichen Nachmittag wurde ich daran erinnert, wie

wahr das ist. Ich war bei einem der Studenten zu Hause eingeladen, und er stellte mich seiner Mutter vor, die gerade aus Washington zurückgekommen war. Sie klatschte begeistert in die Hände und sagte: »Oh! Mein Tag ist erfüllt. Ich bin heute einem General und einem Professor begegnet!«

Mir wurde klar, daß es nicht viele Leute gibt, die es für ebenso wichtig und erfreulich halten, einen Professor kennenzulernen wie einen General. Es muß also etwas dran sein an dem, was die Studenten sagten.

Bücher nach ihrem Einband beurteilt

Nach dem Krieg wurden Physiker häufig aufgefordert, nach Washington zu gehen und für verschiedene Regierungsstellen, vor allem aber für das Militär als Berater tätig zu sein. Nachdem die Wissenschaftler diese Bomben gebaut hatten, die so wichtig waren, fand das Militär wohl, sie seien zu irgend etwas zu gebrauchen.

Einmal wurde ich aufgefordert, einem Ausschuß behilflich zu sein, der verschiedene Waffen für die Armee bewerten sollte, und ich schickte ihnen einen Brief, in dem ich erklärte, ich sei nur Fachmann für Theoretische Physik und verstünde nichts von Waffen für die Armee.

Die Armee antwortete, man habe die Erfahrung gemacht, daß Fachleute für Theoretische Physik sehr viel zur Entscheidungsfindung beitragen könnten, und deshalb solle ich es mir noch einmal überlegen.

Ich schrieb zurück, daß ich wirklich nichts davon verstünde und bezweifelte, daß ich ihnen helfen könne.

Schließlich erhielt ich einen Brief von dem für die Armee zuständigen Staatssekretär, der einen Kompromißvorschlag machte: Ich sollte zur ersten Sitzung kommen, zuhören und schauen, ob ich einen Beitrag leisten könne oder nicht. Dann könne ich entscheiden, ob ich weiter teilnehmen wolle.

Ich sagte natürlich zu. Was blieb mir anderes übrig?

Ich fuhr nach Washington, und als erstes ging ich zu einer Cocktailparty, um alle Leute kennenzulernen. Es waren Generäle und andere wichtige Leute von der Armee da, und alles unterhielt sich. Es war recht angenehm.

Ein Mensch in Uniform kam an und erzählte mir, die

Armee sei froh, daß das Militär von Physikern beraten werde, denn es gebe eine Menge Probleme. Eines der Probleme war, daß Panzer den Treibstoff sehr schnell verbrauchen und deshalb nicht sehr weit fahren können. Deshalb stellte sich die Frage, wie man sie unterwegs auftanken könne. Sein Gedanke war nun, ob ich, da Physiker doch Energie aus Uran gewinnen, nicht einen Weg finden könne, Siliziumdioxid – Sand, Dreck – als Treibstoff zu verwenden. Wenn das ginge, dann bräuchte der Panzer nur eine kleine Schaufel auf der Unterseite zu haben und könnte unterwegs den Dreck aufnehmen und als Treibstoff verwenden! Er fand, das sei eine großartige Idee, und ich bräuchte nur die Details auszuarbeiten. Ich nahm an, über solche Probleme würden wir auf der Sitzung am nächsten Tag sprechen.

Ich ging zu der Sitzung und merkte, daß neben mir der Bursche saß, der mich auf der Cocktailparty mit allen Leuten bekannt gemacht hatte. Offenbar war das ein Lakai, der den Auftrag hatte, mir nicht von der Seite zu weichen. Auf der anderen Seite saß irgendein hoher General, von dem ich schon gehört hatte.

Auf der ersten Sitzung ging es um irgendwelche technischen Angelegenheiten, und ich machte ein paar Bemerkungen. Aber später, gegen Ende der Konferenz, fingen sie an, logistische Probleme zu erörtern, von denen ich nichts verstand. Es ging darum, herauszufinden, wieviel Munition man zu verschiedenen Zeiten an verschiedenen Orten bereitstellen solle. Ich versuchte zwar, meine Klappe zu halten, aber wenn man in eine solche Situation kommt, wo man mit all diesen »wichtigen Leuten« an einem Tisch sitzt, die diese »wichtigen Probleme« erörtern, kann man eben seinen Mund *nicht* halten, auch wenn man nichts davon versteht! Und so gab ich auch ein paar Kommentare ab.

In der folgenden Kaffeepause sagte der Typ, der ein Auge auf mich haben sollte: »Was Sie in der Diskussion gesagt haben, hat mich sehr beeindruckt. Das war bestimmt ein wichtiger Beitrag.«

Ich hielt inne und dachte über meinen »Beitrag« zu dem Logistikproblem nach und fand, jemand wie derjenige, der im Kaufhaus Macy's das Zeug für Weihnachten bestellt, sei wohl besser als ich dazu geeignet, herauszufinden, wie man mit solchen Problemen umgeht. So folgerte ich: a) Wenn ich einen wichtigen Beitrag geleistet hatte, dann war das reiner Zufall; b) jeder andere wäre dazu ebenso in der Lage gewesen, aber die *meisten* Leute hätten es *besser* machen können; und c) diese Schmeichelei sollte mir klarmachen, daß ich *nicht* in der Lage war, einen nennenswerten Beitrag zu leisten.

Gleich darauf wurde in der Sitzung beschlossen, es sei besser, über die *Organisation* der wissenschaftlichen Forschung zu diskutieren (beispielsweise darüber, ob die Entwicklung der Wissenschaft unter die Aufsicht des Ingenieurkorps oder der Versorgungsdivision gestellt werden solle) als über spezifische technische Angelegenheiten. Ich wußte, wenn *überhaupt* eine Hoffnung bestand, daß ich einen wirklichen Beitrag leisten konnte, dann nur im Hinblick auf spezifische technische Angelegenheiten und bestimmt nicht im Hinblick auf die Organisation der Forschung in der Armee.

Bis zu diesem Zeitpunkt hatte ich gegenüber dem Vorsitzenden der Zusammenkunft – dem hohen Tier, das mich ja eingeladen hatte – nicht durchblicken lassen, wie ich die Situation empfand. Als wir unsere Sachen zusammenpackten, strahlte er über das ganze Gesicht und sagte: »Sie sind also beim nächsten Treffen dabei...«

»Nein, ich werde nicht dabei sein.« Ich merkte, wie sich sein Gesichtsausdruck plötzlich veränderte. Er war *sehr* überrascht, daß ich nein sagte, nachdem ich diese »Beiträge« geleistet hatte.

In den frühen sechziger Jahren waren viele von meinen Freunden immer noch als Berater für die Regierung tätig. Ich hatte inzwischen jedes Gefühl von sozialer Verantwortung verloren und wehrte mich so gut wie möglich gegen

Angebote, nach Washington zu gehen, was damals einen gewissen Mut erforderte.

Ich hielt zu der Zeit eine Reihe von Physikvorlesungen für Erstsemester, und nach einer Vorlesung sagte Tom Harvey, der mir beim Aufbauen der Versuche half: »Sie müßten mal sehen, was in den Schulbüchern mit der Mathematik passiert! Meine Tochter bringt eine Menge verrücktes Zeug mit nach Hause!«

Ich achtete nicht besonders auf das, was er sagte.

Aber am nächsten Tag erhielt ich einen Anruf von einem recht bekannten Anwalt hier in Pasadena, Mr. Norris, der zu der Zeit im Staatlichen Bildungsbeirat war. Er fragte mich, ob ich in der Staatlichen Lehrplankommission arbeiten wollte, die die neuen Schulbücher für den Bundesstaat Kalifornien auszuwählen hatte. Es gab nämlich ein Gesetz in dem Bundesstaat, wonach alle Schulbücher, die von Kindern in staatlichen Schulen benutzt wurden, vom Staatlichen Bildungsbeirat ausgewählt sein mußten. Deshalb war eine Kommission eingerichtet worden, die sich die Bücher ansehen und den Beirat bei der Auswahl beraten sollte.

Es ergab sich, daß viele von den Büchern eine neue Methode des Arithmetikunterrichts zugrunde legten, die als »Neue Mathematik« bezeichnet wurde; und da gewöhnlich die einzigen, die sich die Bücher ansahen, Lehrer oder Leute von der Schulbehörde waren, hielt man es für eine gute Idee, daß jemand, der die Mathematik wissenschaftlich *anwendet*, der weiß, was am Ende dabei herauskommt und zu welchem Zweck sie unterrichtet wird, bei der Bewertung der Schulbücher behilflich war.

Ich muß damals Schuldgefühle gehabt haben, weil ich nicht mit der Regierung zusammenarbeitete, denn ich willigte ein, in diese Kommission zu gehen.

Sofort bekam ich Briefe und Telephonanrufe von Verlagen. Da hieß es etwa: »Wir freuen uns, davon Kenntnis zu erhalten, daß Sie in der Kommission sind, denn es war immer schon unser Anliegen, daß ein Wissenschaftler...«, und: »Es ist ausgezeichnet, daß ein Wissenschaftler in der Kommission sitzt, denn unsere Bücher sind wissenschaftlich orientiert...« Aber sie äußerten auch Dinge wie: »Wir möchten Ihnen erläutern, worum es in unserem Buch geht...«, und: »Wir sind Ihnen gerne in jeder Weise behilflich, unsere Bücher zu beurteilen...« Das kam mir irgendwie verrückt vor. Ich bin ein objektiver Wissenschaftler, und da die Schulkinder nur die Bücher bekommen (und die Lehrer das Lehrerhandbuch, das ich ebenfalls erhielt), schien mir jede *zusätzliche* Erklärung von seiten der Firma eine Verzerrung zu sein. Deshalb wollte ich mit keinem der Verlage reden und antwortete stets: »Sie brauchen mir nichts zu erklären; ich bin sicher, daß die Bücher für sich sprechen werden.«

Ich vertrat einen bestimmten Bezirk, der den größten Teil der Region von Los Angeles umfaßte, nicht aber die Stadt selbst; diese wurde von einer sehr netten Dame aus der Schulverwaltung namens Mrs. Whitehouse vertreten. Mr. Norris schlug vor, ich solle sie treffen und mir von ihr erklären lassen, was die Kommission tat und wie sie funktionierte.

Mrs. Whitehouse berichtete mir zunächst, was in der nächsten Sitzung besprochen werden sollte (es hatte bereits ein Treffen stattgefunden; ich war zu spät bestellt worden). »Es wird um die Zählzahlen gehen.« Ich wußte nicht, was das war, aber es stellte sich heraus, daß es sich um das handelte, was ich für gewöhnlich als ganze Zahlen bezeichnete. Es gab für alles andere Namen, so daß ich von Anfang an eine Menge Schwierigkeiten hatte.

Sie erzählte mir, wie die Mitglieder der Kommission normalerweise zu einer Einschätzung der neuen Schulbücher kamen. Sie erhielten von jedem Buch relativ viele Exemplare und gaben sie an Lehrer und an Beamte der Schulbehörde in ihrem Bezirk weiter. Dann bekamen sie Berichte zurück, in denen stand, was diese Leute von den Büchern hielten. Da ich nicht viele Lehrer oder Beamte der Behörde kannte und weil ich fand, ich könne mir durch Lektüre eine *eigene* Meinung bilden, entschloß ich mich, alle Bücher selbst zu lesen. (Es gab einige Leute in meinem Bezirk, die erwartet hatten, sich die Bücher ansehen zu können, und die Möglichkeit haben wollten, ihre Meinung zu äußern. Mrs. Whitehouse bot an, deren Berichte zusammen mit ihren eigenen einzureichen, so daß die Leute sich nicht vor den Kopf gestoßen fühlten und ich mir keine Sorgen über etwaige Beschwerden machen mußte. Sie waren zufrieden, und ich bekam kaum Ärger.)

Ein paar Tage später rief mich jemand aus dem Buchlager an und sagte: »Wir können Ihnen jetzt die Bücher schicken, Mr. Feynman; es sind an die dreihundert Pfund.«

Ich kriegte einen Schreck.

»Das geht in Ordnung, Mr. Feynman; wir besorgen jemanden, der Ihnen beim Lesen hilft.«

Ich konnte mir nicht vorstellen, wie das *gehen* sollte: entweder liest man sie, oder man liest sie nicht. Ich ließ unten in mein Arbeitszimmer ein zusätzliches Bücherbord einbauen (es waren über fünf Meter Bücher) und fing an, alle Bücher zu lesen, über die in der nächsten Sitzung diskutiert werden sollte. Wir wollten mit den Büchern für die Grundschule beginnen.

Es war eine ziemliche Plackerei, und ich saß dauernd unten im Keller und arbeitete. Meine Frau sagt, sie habe in dieser Zeit wie auf einem Vulkan gelebt. Eine Weile war es still, aber dann gab es plötzlich, »KKKKKKRRRRRR-CHCHCHCHCHCH!!!!« – eine Riesenexplosion von dem »Vulkan« unten im Keller.

Das kam daher, daß die Bücher so miserabel waren. Sie waren fehlerhaft. Sie waren eilig zusammengestoppelt. Sie *wollten* genau sein, doch sie verwendeten Beispiele (so etwa Autos auf der Straße für »Mengen«), die *beinah* o. k. waren, an denen aber immer irgend etwas nicht stimmte. Die Definitionen waren nicht sorgfältig. Alles war etwas unklar – die Leute, die das geschrieben hatten, waren nicht *helle* genug, um zu verstehen, was Genauigkeit heißt. Sie täuschten es nur vor. Sie lehrten etwas, was sie selbst nicht verstanden und was eigentlich für Kinder dieses Alters *nutzlos* war.

Ich begriff, worum es ihnen ging. Viele Leute dachten, nach dem Sputnik seien wir hinter den Russen zurück, und einige Mathematiker wurden um Rat gefragt, wie man unter Verwendung der recht interessanten modernen mathematischen Begriffe Mathematik unterrichten könne. Die Kinder fanden Mathematik langweilig, und es ging darum, sie ihnen interessanter zu machen.

Dazu ein Beispiel: Es war etwa von verschiedenen Zahlenbasen die Rede – Fünf, Sechs und so weiter –, um die Möglichkeiten aufzuzeigen. Für ein Kind, das Basis Zehn verstünde, wäre das interessant – etwas, das seinen Geist anregt. Aber was sie in diesen Büchern daraus gemacht hatten, war, daß *jedes* Kind eine andere Basis lernen mußte! Und dann kam der übliche Horror: »Überführe diese Zahlen, die als Funktionen von Basis Sieben dargestellt sind, in Funktionen von Basis Fünf.« Überführungen von einer Basis in eine andere sind etwas *völlig Nutzloses.* Wenn man's kann, ist es vielleicht unterhaltend; kann man es *nicht,* mag man's getrost vergessen. Es hat *überhaupt* keinen Sinn.

Jedenfalls schaue ich mir diese Bücher an, alle diese Bücher, und in keinem steht irgend etwas darüber, wie die Arithmetik in der Wissenschaft verwendet wird. Wenn überhaupt Beispiele für die Verwendung der Arithmetik gegeben werden (am häufigsten steht da dieser abstrakte neumodische Unsinn), drehen sie sich um Dinge wie den Kauf von Briefmarken.

Schließlich komme ich zu einem Buch, in dem es heißt: »In der Wissenschaft wird in vielfältiger Weise von der Mathematik Gebrauch gemacht. Wir geben dir ein Beispiel dafür aus der Astronomie, der Wissenschaft von den Sternen.« Ich blättere um, und da steht: »Rote Sterne haben eine Temperatur von viertausend Grad, gelbe Sterne haben eine

Temperatur von fünftausend Grad...« – so weit, so gut. Dann geht es weiter: »Grüne Sterne haben eine Temperatur von siebentausend Grad, blaue Sterne haben eine Temperatur von zehntausend Grad und violette Sterne eine Temperatur von... (und es folgen irgendwelche hohen Zahlen).« Es gibt keine grünen oder violetten Sterne, aber die Zahlen für die anderen sind einigermaßen korrekt. Es stimmt *ungefähr* – aber damit fängt der Ärger schon an! Und so war es mit allem: Alles war von jemandem geschrieben worden, der keine Ahnung hatte, wovon er sprach, und darum war es ein klein bißchen falsch, und zwar immer! Und wie wir einen guten Unterricht halten sollen, wenn wir Bücher von Leuten benutzen, die nicht *ganz* begreifen, worüber sie reden, entzieht sich meinem Verständnis. Ich weiß nicht, warum, aber die Bücher sind miserabel; DURCHWEGS MISERABEL!

Trotzdem, ich bin *froh* über dieses Buch, denn es ist das erste Beispiel für die Anwendung der Arithmetik in der Wissenschaft. Ich bin ein *bißchen* traurig, als ich das über die Sterntemperaturen lese, aber nicht *sehr*, denn mehr oder weniger stimmt es ja – es steckt bloß ein kleiner Fehler darin. Dann kommt die Liste mit Aufgaben. Da heißt es: »John und sein Vater gehen nach draußen, um die Sterne zu betrachten. John sieht zwei blaue Sterne und einen roten Stern. Sein Vater sieht einen grünen Stern, einen violetten Stern und zwei gelbe Sterne. Wie hoch ist die Gesamttemperatur der Sterne, die John und sein Vater sehen?« – und ich explodierte vor Ärger.

Meine Frau sprach von dem Vulkan unten im Keller. Aber es waren keine vereinzelten Ausbrüche meinerseits: es war *andauernd* so. Eine Absurdität nach der anderen! Es hat überhaupt keinen Sinn, die Temperaturen von zwei Sternen zu addieren. *Niemand* tut das je, es sei denn vielleicht, um die *Durchschnitts*temperatur aller Sterne zu ermitteln, aber *nicht*, um ihre *Gesamt*temperatur herauszufinden! Es war schlimm! Das Ganze war nur ein Spiel, um einen etwas addieren zu lassen, und sie verstanden nicht, worüber sie sprachen. Es war, wie wenn man Sätze mit ein paar Satzfehlern liest, und mit einem Mal ist ein ganzer Satz verkehrtherum gedruckt. So ähnlich verhielt es sich hier mit der Mathematik. Einfach hoffnungslos!

Dann nahm ich zum erstenmal an einer Sitzung der Kommission teil. Die anderen Mitglieder hatten für einige der Bücher Bewertungen abgegeben und fragten mich nach *meiner* Einschätzung. Meine Bewertungen unterschieden sich häufig von ihren, und sie fragten: »Warum haben Sie das Buch so niedrig bewertet?«

Ich antwortete, bei dem Buch gebe es auf Seite soundsoviel das und das Problem – ich hatte mir Notizen gemacht.

Sie stellten fest, daß ich eine wahre Goldmine war: Ich sagte ihnen in allen Einzelheiten, was an den Büchern gut und schlecht war; ich konnte meine Bewertungen begründen.

Wenn ich sie fragte, warum sie irgendein Buch so hoch eingestuft hatten, fragten sie zurück: »Sagen Sie uns doch mal, wie Sie das Buch fanden.« Ich bekam nie heraus, warum sie irgend etwas so bewerteten, wie sie es taten. Statt dessen fragten sie mich immer wieder nach *meiner* Meinung.

Wir kamen zu einem bestimmten Buch, das zu einer Reihe von drei sich ergänzenden Büchern gehörte, die alle aus demselben Verlag kamen, und sie wollten wissen, was ich davon hielt.

Ich sagte: »Das Buchlager hat mir dieses Buch nicht geschickt, aber die anderen beiden waren ganz gut.«

Jemand versuchte die Frage zu wiederholen: »Wie finden Sie's denn?«

»Ich sagte, man hat es mir nicht geschickt, deshalb kann ich darüber kein Urteil abgeben.«

Der Mann aus dem Buchlager war da, und er sagte: »Entschuldigung; ich kann das erklären. Ich habe Ihnen das Buch nicht geschickt, weil es noch nicht fertig war. Jede

Einreichung muß zu einem bestimmten Zeitpunkt hier eingegangen sein, und der Verlag hatte sich damit um ein paar Tage verspätet. Deshalb sind uns nur die Umschläge mit Blindbänden zugegangen. Die Firma hat eine Mitteilung geschickt, sich entschuldigt und ihre Hoffnung ausgedrückt, daß ihre aus drei Büchern bestehende Reihe berücksichtigt werden könne, auch wenn das dritte später eintreffe.«

Es stellte sich heraus, daß das Buch mit den leeren Seiten von einigen anderen Mitgliedern bewertet worden war! Sie wollten nicht glauben, daß es sich um einen Blindband handelte, weil ihnen doch Bewertungen vorlagen. Tatsächlich lag die Bewertung bei dem fehlenden Buch sogar noch ein bißchen höher als bei den beiden anderen. Die Tatsache, daß in dem Buch nichts stand, hatte nichts mit der Bewertung zu tun.

Ich glaube, der Grund für all das ist, daß das System folgendermaßen arbeitet: Man verteilt an alle möglichen Leute Bücher; aber die Leute haben zu tun; sie kümmern sich nicht darum und denken: »Na ja, das Buch wird ja von vielen Leuten gelesen, es macht also nichts.« Und sie schreiben irgendeine Zahl hin – zumindest *einige* von ihnen; nicht alle, aber *einige.* Wenn man dann seine Berichte bekommt, weiß man nicht, *warum* für ein bestimmtes Buch weniger Berichte vorliegen als für die anderen – das heißt, bei einem Buch haben vielleicht zehn, bei diesem aber nur sechs Leute einen Bericht geschrieben –, und deshalb ermittelt man bei denen, die einen Bericht geschrieben haben, den Durchschnittswert; bei denen, die keinen Bericht geschrieben haben, ermittelt man den Durchschnitt aber nicht, und auf diese Weise erhält man eine annehmbare Zahl. Bei dem dauernden Durchschnittnehmen geht völlig unter, daß überhaupt nichts zwischen den Buchdeckeln ist!

Ich legte mir diese Theorie zurecht, weil ich sah, was in der Lehrplankommission vorging: Bei dem Blindband legten nur sechs von den zehn Mitgliedern Berichte vor, während bei den anderen Büchern acht oder neun Leute Angaben machten. Und wenn sie bei den sechs Leuten den Durchschnitt bildeten, bekamen sie einen ebenso guten Durchschnitt, als wenn sie ihn bei acht oder neun Leuten ermittelt hätten. Es war ihnen sehr peinlich, als sie entdeckten, daß sie für dieses Buch Bewertungen abgegeben hatten, und mir gab das etwas mehr Selbstsicherheit. Wie sich herausstellte, hatten sich die anderen Mitglieder der Kommission eine Menge Arbeit damit gemacht, die Bücher zu verteilen und die Berichte einzusammeln, und sie waren zu Veranstaltungen gegangen, bei denen die Verlage die Bücher *erklärten*, ehe sie gelesen wurden; ich war der einzige in der Kommission, der alle Bücher las und keinerlei Informationen von den Verlagen bekam, ausgenommen das, was in den Büchern selbst stand, also die Dinge, die schließlich in die Schulen gelangen würden.

Die Frage, ob man den Wert eine Buches dadurch herausfindet, daß man es sich selbst sorgfältig ansieht, oder dadurch, daß man die Berichte von vielen Leuten nimmt, die es sich oberflächlich angeguckt haben, erinnert mich an jenes berühmte alte Problem: Niemandem war es gestattet, den Kaiser von China zu sehen. Es stellte sich aber die Frage: Wie lang ist die Nase des Kaisers von China? Um das herauszufinden, geht man durchs ganze Land und fragt die Leute, wie lang ihrer Meinung nach die Nase des Kaisers von China ist, und aus den Antworten bildet man den Durchschnitt. Und das Resultat wäre sehr »genau«, weil man ja die Antworten von so vielen Leuten berücksichtigt hat. Natürlich kann man auf diese Weise überhaupt nichts herausfinden; wenn sehr viele Leute Antworten geben, ohne sich die Sache sorgfältig anzusehen, verbessert man sein Wissen von der Situation nicht dadurch, daß man den Durchschnitt ermittelt.

Anfangs sollten wir nicht über die Kosten der Bücher sprechen. Es wurde uns gesagt, wie viele Bücher wir auswählen konnten, und wir entwarfen ein Programm, bei dem viele sich ergänzende Bücher verwendet wurden, denn alle neuen Lehrbücher hatten irgendwelche Mängel. Die schlimmsten Mängel wiesen die Bücher über die »Neue Mathematik« auf: In ihnen gab es keine Anwendungsbeispiele und nicht genug Textaufgaben. Das Verkaufen von Briefmarken kam nicht vor; dafür war zuviel von Kommutation und abstrakten Dingen die Rede, und es gab zu wenig Übertragungen auf Situationen des täglichen Lebens. Was muß man in einer bestimmten Situation machen: addieren, subtrahieren, multiplizieren oder dividieren? Deshalb schlugen wir zusätzlich zu einem Lehrbuch für jeden Schüler ein paar Bücher vor – ein oder zwei für jede Klasse –, in denen solche Dinge behandelt wurden. Wir hatten es nach vielen Diskussionen geschafft, Vor- und Nachteile auszugleichen.

Als wir unsere Empfehlungen beim Bildungsbeirat einreichten, hieß es, es stehe nicht so viel Geld zur Verfügung wie ursprünglich angenommen, so daß wir die ganze Sache noch einmal durchgehen und hier und da Kürzungen vornehmen mußten, wobei wir nun die *Kosten* berücksichtigten und das einigermaßen ausgewogene Programm, bei dem für die Lehrer zumindest die *Chance* bestand, die benötigten Beispiele zu finden, zunichte machten.

Nachdem man nun die Vorschriften über die Anzahl der Bücher, die wir empfehlen konnten, geändert hatte und für uns keine Möglichkeit mehr bestand, etwas auszugleichen, war es ein ziemlich mieses Programm. Als der Haushaltsausschuß des Senats sich damit beschäftigte, wurde es noch mehr zusammengestrichen. Jetzt war es *wirklich* miserabel! Als der Posten erörtert wurde, wurde ich gebeten, vor dem Senat des Bundesstaates zu erscheinen, aber ich lehnte ab. Nachdem ich mich so sehr mit diesem Zeug auseinandergesetzt hatte, war ich es leid. Wir hatten unsere Empfehlungen für den Bildungsbeirat ausgearbeitet, und ich fand, jetzt sei es *seine* Aufgabe, sie beim Senat zu vertreten – was *rechtlich* gesehen wohl einwandfrei, politisch aber unklug war. Ich hätte nicht so schnell aufgeben sollen, aber sich solche Mühe zu geben und so viel über all diese Bücher zu diskutieren, um ein einigermaßen ausgewogenes Programm zustande zu bringen, und dann zu erleben, daß die ganze Sache am Ende fallengelassen wird – das war entmutigend! Das Ganze war eine unnötige Arbeit, die man anders hätte angehen und umgekehrt hätte durchführen können: indem man von den Kosten der Bücher *ausging* und das anschaffte, was man sich leisten konnte.

Was schließlich den Ausschlag gab und letztlich zu meinem Rücktritt führte, war, daß wir im Jahr darauf naturwissenschaftliche Lehrbücher zu behandeln hatten. Ich dachte, vielleicht sei es bei den Naturwissenschaften anders, und sah mir einige der Bücher an.

Doch es passierte genau dasselbe: Anfangs machte manches einen guten Eindruck, erwies sich aber dann als erschreckend. Ein Buch zu Beispiel fing mit vier Bildern an: auf dem ersten war ein Spielzeug zum Aufziehen, auf dem zweiten ein Auto, auf dem dritten ein Junge auf einem Fahrrad und auf dem vierten irgend etwas anderes. Und unter jedem Bild stand die Frage: »Wodurch kommt die Bewegung zustande?«

Ich dachte: »Ich weiß, was jetzt kommt. Es wird von der Mechanik die Rede sein, davon, wie die Federn in dem Spielzeug funktionieren, von der Chemie, das heißt von der Arbeitsweise des Automotors; und von der Biologie, vom Funktionieren der Muskeln.«

Mein Vater hatte mit Vorliebe über solche Dinge gesprochen: »Wodurch es sich bewegt? Alles bewegt sich, weil die Sonne scheint.« Und dann hatten wir unseren Spaß, darüber zu diskutieren:

»Nein«, sagte ich, »das Spielzeug bewegt sich, weil die Feder aufgezogen ist.«

»Ja, und wie ist die Feder aufgezogen worden?« fragte er.

»Ich habe sie aufgezogen.«

»Und wie kommt's, daß du dich bewegst?«

»Weil ich gegessen habe.«

»Und die Nahrung wächst nur, weil die Sonne scheint.

Also bewegen sich all diese Dinge dadurch, daß die Sonne scheint.« Auf diese Weise wurde die Vorstellung verständlich, daß Bewegung einfach die *Umwandlung* der Kraft der Sonne ist.

Ich blätterte um. Für das Aufziehspielzeug lautete die Antwort: »Die Bewegung kommt durch Energie zustande.« Und für den Jungen auf dem Fahrrad: »Die Bewegung kommt durch Energie zustande.« Für alles: »Durch *Energie.*«

Das *bedeutet* aber überhaupt nichts. Angenommen, da stünde »Wakalixität«. Das ist das Grundprinzip: »Alles bewegt sich durch Wakalixität.« Dabei entsteht kein Wissen. Das Kind lernt nichts; es ist bloß ein *Wort!*

Die Kinder hätten sich das Aufziehspielzeug anschauen sollen, sehen sollen, daß es darin Federn gibt, lernen, was es mit Federn und Rädchen auf sich hat, und um die »Energie« hätten sie sich überhaupt nicht kümmern sollen. Wenn Sie dann wissen, wie das Spielzeug eigentlich funktioniert, können die allgemeineren Prinzipien der Energie erörtert werden.

Außerdem stimmt es nicht einmal, daß »es sich durch Energie bewegt«, denn wenn es stehenbleibt, könnte man ebensogut sagen, »die Energie bewirkt, daß es stehenbleibt«. Worum es hier geht, ist die Umwandlung von konzentrierter Energie in schwächere Formen, und das ist ein sehr spezifischer Aspekt. In diesen Beispielen nimmt die Energie weder zu noch ab; sie ändert einfach ihre Form. Und wenn etwas stehenbleibt, verwandelt sich die Energie in Wärme, in allgemeine Unordnung.

Aber so waren eben alle diese Bücher: Was drinstand, war nutzlos, ging durcheinander, war mehrdeutig, verwirrend und teilweise unrichtig. Wie irgend jemand aus solchen Büchern etwas Wissenschaftliches lernen soll, weiß ich nicht, denn das ist keine Wissenschaft.

Als ich all diese entsetzlichen Bücher sah, mit denen es den gleichen Ärger gab wie mit den Mathematikbüchern, fürchtete ich, meine Vulkanausbrüche würden wieder losgehen. Da mich die Lektüre der ganzen Mathematikbücher erschöpft hatte und ich entmutigt war, weil alle Bemühungen umsonst gewesen waren, konnte ich kein weiteres Jahr auf mich nehmen und mußte zurücktreten.

Als ich etwas später hörte, daß das Buch, das alle Bewegung auf Energie zurückführte, dem Bildungsbeirat von der Lehrplankommission empfohlen werden sollte, unternahm ich einen letzten Versuch. Bei den Sitzungen der Kommission war die Öffentlichkeit zugelassen, und es konnten Stellungnahmen abgegeben werden. Ich stand also auf und sagte, warum ich das Buch für schlecht hielt.

Der Mann, der meinen Platz in der Kommission eingenommen hatte, sagte: »Das Buch wurde von fünfundsechzig Technikern der Flugzeugfirma Soundso gutgeheißen!«

Ich zweifelte nicht, daß die Firma über einige recht gute Techniker verfügte, aber wenn man die Meinung von fünfundsechzig Technikern einholt, berücksichtigt man ein breites Spektrum von Fähigkeiten – und damit zwangsläufig auch ein paar Leute, die fachlich ziemlich schlecht sind! Es war das gleiche wie bei dem Versuch, die Länge der Nase des Kaisers durch Ermittlung des *Durchschnitts* zu bestimmen, oder wie bei der Bewertung eines Buchs, bei dem nichts zwischen den Buchdeckeln ist. Es wäre viel besser gewesen, wenn man die Firma aufgefordert hätte, die besseren von ihren Technikern zu benennen, und *diese* dann gebeten hätte, sich das Buch anzusehen. Ich konnte nicht beanspruchen, es besser zu wissen als fünfundsechzig andere Leute – aber besser als der *Durchschnitt* von fünfundsechzig anderen Leuten, das ganz gewiß!

Ich schaffte es nicht, den Beirat umzustimmen, und das Buch wurde genehmigt.

Als ich noch in der Kommission war, mußte ich für ein paar Sitzungen nach San Francisco, und als ich von der ersten Reise nach Los Angeles zurückkehrte, schaute ich wegen der Rückerstattung meiner Auslagen im Büro der Kommission vorbei.

»Was hat es denn gekostet, Mr. Feynman?«

»Nun, ich bin nach San Francisco geflogen, es handelt sich also um den Flugpreis und um die Parkgebühren am Flughafen, während ich fort war.«

»Haben Sie Ihr Ticket dabei?«

Zufällig hatte ich das Ticket dabei.

»Haben Sie einen Beleg für die Parkgebühren?«

»Nein, aber das Parken hat 2,35 $ gekostet.«

»Aber wir brauchen einen Beleg.«

»Ich habe Ihnen doch *gesagt*, was es gekostet hat. Wenn Sie mir nicht vertrauen, wieso lassen Sie mich Ihnen dann sagen, was ich an den Schulbüchern für gut oder für schlecht halte?«

Es gab große Aufregung deswegen. Leider war ich nur daran gewöhnt, für Firmen, für Universitäten und für gewöhnliche Leute Vorträge zu halten, nicht aber für die Regierung. Ich war es gewohnt, daß man mich fragte: »Was waren Ihre Auslagen?« – »Soundsoviel.« – »Hier haben Sie Ihr Geld, Mr. Feynman.«

Daraufhin beschloß ich, ihnen für *nichts* mehr Belege zu geben.

Nach der zweiten Reise nach San Francisco fragten sie mich wieder nach meiner Flugkarte und meinen Belegen.

»Ich *habe* keine.«

»Das kann nicht so weitergehen, Mr. Feynman.«

»Als ich eingewilligt habe, in der Kommission zu arbeiten, wurde mir gesagt, Sie würden mir meine Ausgaben ersetzen.«

»Aber wir sind davon ausgegangen, daß wir Belege bekommen, um die Ausgaben zu *beweisen*.«

»Ich habe nichts, um sie zu *beweisen*, aber Sie *wissen* doch, daß ich in Los Angeles wohne und daß ich in die anderen Städte reise; was glauben Sie wohl, wie ich *dahinkomme*?«

Sie gaben nicht nach, und ich auch nicht. Ich finde, wenn man in einer solchen Lage ist, in der man sich entscheidet, nicht vor dem System zu buckeln, muß man die Konsequenzen tragen, wenn es nicht klappt. Deshalb bin ich durchaus zufrieden, auch wenn mir die Unkosten für die Reisen nie ersetzt worden sind.

Das ist eins von meinen Spielchen. Die wollen einen Beleg? Von mir kriegen sie keinen. Dann bekommen Sie aber auch kein Geld. O. k., dann sollen sie ihr Geld behalten. Die vertrauen mir nicht? Was soll's; dann bezahlen sie mich eben nicht. Natürlich ist das absurd! Ich weiß ja, wie die Regierung funktioniert; na ja, *zum Teufel* mit der Regierung! Ich finde, Menschen sollten einander wie Menschen behandeln. Und wenn ich nicht wie ein Mensch behandelt werde, will ich nichts mit ihnen zu tun haben! Das gefällt ihnen nicht? Dann gefällt's ihnen eben nicht. Mir gefällt das auch nicht. Dann lassen wir's halt. Ich weiß, sie »schützen den Steuerzahler«, aber man urteile doch selbst, wie gut der Steuerzahler in der folgenden Situation geschützt worden ist.

Bei zwei Büchern konnten wir trotz langer Diskussionen zu keiner Entscheidung kommen; sie lagen in der Bewertung nah beieinander. So überließen wir die Entscheidung dem Bildungsbeirat. Da der Beirat jetzt die Kosten berücksichtigte und da beide Bücher so gleichmäßig abgeschnitten hatten, wurde beschlossen, Angebote einzuholen und das preisgünstigere anzunehmen.

Dann wurde die Frage angeschnitten: »Werden die Schulen die Bücher zum üblichen Zeitpunkt erhalten, oder ist es vielleicht möglich, sie etwas früher zu bekommen, nämlich rechtzeitig zum nächsten Schuljahr?«

Der Repräsentant des einen Verlages stand auf und sagte: »Wir freuen uns, daß Sie unser Angebot angenommen haben; wir können das Buch rechtzeitig zum nächsten Schuljahr herausbringen.«

Von dem Verlag, der den kürzeren gezogen hatte, war ebenfalls ein Vertreter da, und er stand auf und sagte: »Da unsere Angebote auf der Grundlage des späteren Termins eingereicht worden sind, finde ich, wir sollten die Möglichkeit haben, für den früheren Temin neue Angebote zu unterbreiten, denn auch wir können diesen Termin einhalten.«

Mr. Norris, der Anwalt aus Pasadena, der im Beirat saß, fragte den Vertreter des anderen Verlags: »Und was würde es uns *kosten*, Ihre Bücher zu dem früheren Termin zu bekommen?«

Er gab eine Zahl an: Und sie lag *niedriger!*

Nun stand der Vertreter des ersten Verlags auf: »Wenn er ein anderes Angebot macht, habe auch ich das Recht, ein anderes Angebot zu machen!« – und sein Angebot lag *noch* niedriger!

Norris fragte: »Wie *kommt* das – wir erhalten die Bücher früher, und es ist trotzdem *billiger?*«

»Ja«, sagte der eine. »Wir können ein spezielles Offsetverfahren verwenden, mit dem wir normalerweise nicht arbeiten...« – eine tolle Ausrede dafür, daß das Angebot niedriger ausfiel.

Der andere stimmte zu: »Wenn man es schneller macht, kostet es weniger!«

Das war wirklich ein Schock. Am Ende war es *zwei Millionen Dollar* billiger. Norris war über diesen plötzlichen Wandel äußerst wütend.

Natürlich hatte die Ungewißheit im Hinblick auf den Termin die Möglichkeit eröffnet, daß die beiden Verlagsleute gegeneinander bieten konnten. Normalerweise gab es, wenn Bücher ohne Berücksichtigung der Kosten ausgewählt werden sollten, keinen Grund, den Preis zu senken; die Verlage konnten die Preise festsetzen, wie es ihnen paßte. Es brachte nichts, sich gegenseitig durch Preissenkungen Konkurrenz zu machen; man konkurrierte miteinander, indem man die Mitglieder der Lehrplankommission beeindruckte.

Übrigens kam es bei allen Sitzungen unserer Kommission vor, daß Verlagsleute Mitglieder der Kommission zum

Essen einluden, um mit ihnen über ihre Bücher zu sprechen. Ich bin nie mitgegangen.

Heute scheint es klar zu sein, aber damals wußte ich nicht, was los war, als ich von der Postgesellschaft Western Union ein Päckchen mit Trockenfrüchten und anderem Kram geliefert bekam, dem eine Mitteilung beilag: »Ihnen und Ihrer Familie zum Erntedankfest – von Ihren Pamilios.«

Es war von einer Familie aus Long Beach, von der ich noch nie gehört hatte – offenbar von jemandem, der das einer befreundeten Familie schicken wollte und sich im Namen und in der Adresse vertan hatte. Ich dachte, es sei besser, den Irrtum aufzuklären, fragte bei Western Union nach, bekam die Telephonnummer des Absenders und rief dort an.

»Hallo, mein Name ist Feynman. Ich habe da von Ihnen ein Päckchen bekommen ...«

»Oh, hallo, Mr. Feynman, hier ist Pete Pamillo« – und er sagt das so freundlich, daß ich denke, eigentlich müßte ich ihn kennen! Bei mir dauert es immer so lange, bis der Groschen fällt, daß ich mich an manche Leute nicht erinnern kann.

Deshalb sagte ich: »Es tut mir leid, Mr. Pamillo, aber ich kann mich nicht recht erinnern, Ihre Bekanntschaft ...«

Wie sich herausstellte, vertrat er einen der Verlage, dessen Bücher ich in der Lehrplankommission zu beurteilen hatte.

»Ich verstehe. Aber das könnte mißverstanden werden.«

»Es ist bloß eine Sache unter Familien.«

»Schon, aber ich muß ein Buch beurteilen, das Sie verlegen, und da könnte es doch sein, daß jemand Ihre Freundlichkeit falsch auslegt!« Ich wußte, was vorging, aber ich tat so, als sei ich ein völliger Idiot.

Etwas Ähnliches passierte, als mir einer der Verlage eine lederne Aktentasche schickte, auf der in hübschen Goldbuchstaben mein Name stand. Ich erzählte ihnen dasselbe: »Ich kann das nicht annehmen; ich beurteile einige der Bücher, die Sie verlegen. Mir scheint, Sie verstehen das nicht!«

Ein Mitglied der Kommission, das ihr schon sehr lange angehörte, sagte: »Ich nehme das Zeug nie an; es ärgert mich ungemein. Aber es geht einfach so weiter.«

Aber eine Gelegenheit habe ich *wirklich* verpaßt. Hätte ich bloß schnell genug geschaltet, dann hätte ich eine *sehr* angenehme Zeit in dieser Kommission verbringen können. Ich kam abends in San Francisco im Hotel an, um am nächsten Tag an meiner allerersten Sitzung teilzunehmen, und beschloß, noch ein wenig in der Stadt herumzulaufen und etwas zu essen. Ich kam aus dem Fahrstuhl, und auf einer Bank in der Vorhalle des Hotels saßen zwei Typen, die aufsprangen und sagten: »Guten Abend, Mr. Feynman. Wo gehen Sie hin? Gibt es etwas in San Francisco, das wir Ihnen zeigen können?« Sie waren von einem Verlag, und ich wollte nichts mit ihnen zu tun haben.

»Ich gehe essen.«

»Wir können Sie zum Essen einladen.«

»Nein, ich möchte allein sein.«

»Nun, ganz gleich, was Sie möchten, wir können Ihnen behilflich sein.«

Ich konnte es nicht lassen und sagte: »Also, ich gehe aus, um mich in die Nesseln zu setzen.«

»Auch *dabei* können wir Ihnen wohl behilflich sein.«

»Nein, ich glaube, darum kümmere ich mich schon selbst.« Und dann dachte ich: »Was für ein Fehler! Ich hätte *all* dem seinen Lauf lassen und ein Tagebuch führen sollen, dann hätten die Staatsbeamten von Kalifornien feststellen können, wie weit die Verlage gehen!« Und als ich die Sache mit dem Preisunterschied von zwei Millionen Dollar erfuhr, wurde ja klar, was die für einen Druck machen!

Der andere Fehler von Alfred Nobel

In Kanada gibt es eine große Vereinigung von Physik-Studenten. Sie veranstalten Tagungen; es werden Referate gehalten und so weiter. Einmal wollte die Ortsgruppe von Vancouver, daß ich hinkäme und zu ihnen spräche. Das Mädchen, das dafür zuständig war, vereinbarte einen Termin mit meiner Sekretärin und flog die weite Strecke bis Los Angeles, ohne daß ich etwas davon erfuhr. Sie kam einfach in mein Büro spaziert. Sie war wirklich reizend, eine hübsche Blondine. (Das half; das hätte es eigentlich nicht tun sollen, aber so war es.) Und ich war beeindruckt, daß die Studenten in Vancouver die ganze Sache finanziert hatten. Sie behandelten mich dort so freundlich, daß ich jetzt weiß, wie man es machen muß, damit man gastlich aufgenommen wird und Vorträge halten kann: Man wartet einfach ab, bis die Studenten einen darum bitten.

Ein andermal, ein paar Jahre später, nachdem ich den Nobelpreis bekommen hatte, kamen ein paar Studenten vom Physik-Club in Irvine an und wollten, daß ich einen Vortrag hielt. Ich sagte: »Ich mache es gern. Aber wenn, dann möchte ich nur vor dem Physik-Club sprechen. Allerdings – ich möchte nicht unbescheiden sein – weiß ich aus Erfahrung, daß es Ärger geben wird.«

Ich erzählte ihnen, daß ich früher jedes Jahr an einer High School am Ort vor dem Physik-Club über die Relativität oder nach Wunsch über irgendein anderes Thema gesprochen hatte. Nachdem ich dann den Preis bekommen hatte, war ich wieder hingegangen, wie gewöhnlich, ohne mich vorzubereiten, und sie hatten mich vor eine Versammlung von dreihundert Schülern gestellt. Das war vielleicht ein Mist!

So etwas ist mir drei- oder viermal passiert, weil ich so

blöde war, nicht gleich zu kapieren, was los war. Als ich nach Berkeley eingeladen wurde, um einen Vortrag über irgend etwas Physikalisches zu halten, bereitete ich etwas ziemlich Fachspezifisches vor, weil ich annahm, daß ich vor der üblichen Gruppe aus dem Physik-Fachbereich sprechen würde. Aber als ich hinkam, war der *riesige* Vortragssaal *voller* Leute! Und ich *wußte,* daß es in Berkeley nicht so viele Leute gab, die mit dem Niveau vertraut waren, auf dem sich mein Vortrag bewegen sollte. Mein Problem ist, daß ich die Leute, die kommen, um mich zu hören, zufriedenstellen möchte, und das geht nicht, wenn alle Welt kommt: Ich kenne dann mein Publikum nicht.

Nachdem die Studenten verstanden hatten, daß ich nicht einfach irgendwo hingehen und einen Vortrag vor dem Physik-Club halten konnte, sagte ich: »Denken wir uns einen langweiligen Titel und einen langweilig klingenden Professorennamen aus, und dann werden sich nur die Leute, die wirklich an Physik interessiert sind, die Mühe machen zu kommen, und das sind ja die, die wir haben wollen, o. k.? Ihr braucht schließlich nichts zu verkaufen.«

Auf dem Campus von Irvine wurden einige Plakate angeschlagen: Professor Henry Warren von der Universität Washington spricht am 17. Mai um 15 Uhr in Raum D 102 über die Struktur des Protons.

Dann erschien ich und sagte: »Professor Warren ist aus privaten Gründen verhindert, heute zu Ihnen zu sprechen. Er hat mich angerufen und mich gebeten, den Vortrag zu übernehmen, da ich auf diesem Gebiet gearbeitet habe. Und jetzt bin ich hier.« Es klappte großartig.

Aber irgendwie bekam der Studienberater des Clubs Wind von der Sache und war sehr verärgert. Er sagte: »Wenn bekannt gewesen wäre, daß Professor Feynman hierherkommt, hätten ihn bestimmt eine Menge Leute hören wollen.«

Die Studenten erklärten: »Das *ist* es ja gerade.« Aber er war sauer, weil er in den Spaß nicht eingeweiht worden war.

Als ich hörte, daß die Studenten echte Schwierigkeiten hatten, entschloß ich mich, dem Studienberater einen Brief zu schreiben, und erklärte, daß alles meine Schuld sei, daß ich den Vortrag nicht gehalten hätte, wenn diese Vereinbarung nicht getroffen worden wäre; daß ich den Studenten eingeschärft hätte, es keinem zu sagen; es tue mir sehr leid; er möge bitte entschuldigen, blah, blah, blah ... Sowas muß ich mitmachen wegen dieses verdammten Preises!

Erst letztes Jahr bin ich von den Studenten der University of Alaska in Fairbanks zu einem Vortrag eingeladen worden, und es war ganz wunderbar, abgesehen von den Interviews im Fernsehen dort. Ich brauche keine Interviews; das bringt nichts. Ich bin da hingekommen, um zu den Physik-Studenten zu sprechen, und das ist alles. Wenn jeder in der Stadt das wissen muß, kann es ja in der Universitätszeitung stehen. Es ist doch nur wegen des Nobelpreises, daß man mich interviewen will – weil ich eine große Nummer bin, oder?

Ein Freund von mir, der sehr reich ist – er hat irgendeinen simplen Digitalschalter erfunden –, sagt über die Leute, die Geld für Preise stiften oder Vorträge finanzieren: »Man muß sich die immer genau angucken, um herauszukriegen, von welcher krummen Sache sie ihr Gewissen befreien wollen.«

Mein Freund Matt Sands wollte einmal ein Buch schreiben, das *Der andere Fehler von Alfred Nobel* heißen sollte.

Viele Jahre lang war ich, wenn die Zeit der Preisverteilung näherrückte, gespannt, wer ihn bekommen würde. Aber nach einer Weile war mir nicht einmal mehr bewußt, wann es »soweit« war. Deshalb hatte ich keine Ahnung, was der Grund dafür sein mochte, daß mich jemand um halb vier oder vier Uhr morgens anrief.

»Professor Feynman?«

»He! Was fällt Ihnen ein, mich zu dieser nachtschlafenden Zeit zu stören?«

»Ich dachte, es würde Sie interessieren, daß Sie den Nobelpreis bekommen haben.«

»Jaah, aber ich *schlafe* noch! Es wäre besser, wenn Sie am Morgen angerufen hätten« – und ich legte auf.

Meine Frau fragte: »Wer war das?«

»Sie haben gesagt, ich hätte den Nobelpreis bekommen.«

»Oh, Richard, wer *war* das?« Ich mache oft solche Späße, und sie ist so helle, daß sie sich nicht anführen läßt, aber diesmal legte ich sie rein.

Das Telephon klingelt wieder: »Professor Feynman, haben Sie gehört...«

(Enttäuscht:) »Jaaah.«

Dann fing ich an zu überlegen: »Wie kann ich das alles abstellen? Ich will nichts damit zu tun haben!« Das Nächstliegende war, den Hörer abzunehmen und neben den Apparat zu legen, denn es kam ein Anruf nach dem anderen. Ich versuchte wieder einzuschlafen, aber es war unmöglich.

Ich ging ins Arbeitszimmer, um nachzudenken: Was soll ich tun? Vielleicht sollte ich den Preis nicht *annehmen*. Aber was wäre dann? Wahrscheinlich ist das unmöglich.

Ich legte den Hörer wieder auf die Gabel, und sofort klingelte das Telephon. Es war jemand vom Nachrichtenmagazin *Time*. Ich sagte zu ihm: »Hören Sie mal, ich habe da ein Problem, das muß aber unter uns bleiben. Ich weiß nicht, wie ich um diese Sache herumkomme. Gibt es irgendeine Möglichkeit, den Preis nicht anzunehmen?«

Er sagte: »Ich fürchte, das geht nicht, ohne daß es mehr Wirbel gibt, als wenn Sie der Sache ihren Lauf lassen.« Es lag auf der Hand. Wir hatten ein ziemlich langes Gespräch, an die fünfzehn oder zwanzig Minuten, und der Mensch von *Time* hat nie etwas darüber veröffentlicht.

Ich bedankte mich bei ihm und legte auf. Es läutete gleich wieder: die Zeitung.

»Ja, Sie können zum Haus kommen. Ja, ist in Ordnung. Ja, ja, ja...«

Einer der Anrufe kam von jemandem aus dem schwedischen Konsulat. Es sollte ein Empfang in Los Angeles stattfinden.

Ich dachte, da ich mich entschieden hatte, den Preis anzunehmen, müsse ich nun auch diesen ganzen Kram mitmachen.

Der Konsul sagte: »Stellen Sie eine Liste mit den Leuten zusammen, die Sie einladen möchten, und wir stellen auch eine Liste der Leute zusammen, die wir einladen. Dann komme ich in Ihr Büro und wir vergleichen die Listen, um zu sehen, ob irgend jemand zweimal draufsteht, und dann schicken wir die Einladungen raus...«

Ich stellte also meine Liste zusammen. Es standen ungefähr acht Leute drauf – mein Nachbar von gegenüber, mein Freund Zorthian, der Künstler, und so weiter.

Der Konsul kam in mein Büro und brachte *seine* Liste mit: der Gouverneur von Kalifornien, der Dies, der Das; Getty, der Ölmensch; irgendeine Schauspielerin – insgesamt dreihundert Leute! Versteht sich, daß *niemand* doppelt vorkam!

Nun fing ich an, ein bißchen nervös zu werden. Die Vorstellung, mit all diesen Würdenträgern zusammenzutreffen, jagte mir einen Schreck ein.

Der Konsul sah, daß ich beunruhigt war. »Oh, keine Sorge«, sagte er. »Die meisten von ihnen kommen gar nicht.«

Nun ja, ich hatte noch nie eine Party arrangiert, zu der ich Leute einlud, von denen ich erwartete, daß sie *nicht* kommen würden! Ich brauche vor niemandem einen Kotau zu machen und ihm das Vergnügen zu bereiten, mit einer Einladung geehrt zu werden, die er ablehnen kann; das ist stupide!

Als ich nach Hause kam, war ich wirklich verärgert über die ganze Sache. Ich rief den Konsul an und sagte: »Ich habe es mir überlegt, und mir ist klargeworden, daß ich den Empfang einfach nicht mitmachen kann.«

Er war erfreut. Er sagte: »Sie haben völlig recht.« Ich glaube, es ging ihm genau wie mir – es ging ihm einfach gegen den Strich, daß er für diesen Trottel eine Party veranstalten sollte. Am Ende stellte sich heraus, daß alle zufrieden waren. Niemand wollte kommen, der Ehrengast eingeschlossen! Und auch der Gastgeber war so besser dran!

Ich hatte in dieser ganzen Zeit mit einem bestimmten psychologischen Problem zu kämpfen. Ich bin nämlich von meinem Vater so erzogen worden, daß ich Monarchie und Pomp ablehne (er verkaufte Uniformen und kannte also den Unterschied zwischen einem Menschen mit und ohne Uniform – es ist ein und derselbe Mensch). Ich hatte sogar gelernt, dieses Zeug mein Leben lang lächerlich zu machen, und das war mir so in Fleisch und Blut übergegangen, daß es mich einige Mühe kostete, zu einem König hinzugehen. Ich weiß, das war kindisch, aber ich bin eben so erzogen, und deshalb war's ein Problem.

Man erzählte mir, in Schweden gebe es die Regel, daß man nach der Entgegennahme des Preises von dem König zurücktreten müsse, ohne sich umzudrehen. Man geht ein paar Stufen hinab, nimmt den Preis entgegen und geht dann rückwärts die Stufen wieder hinauf. Also sagte ich mir: »Na schön, denen werd ich's zeigen!« – und übte, rückwärts Stufen *hinaufzuhüpfen*, um zu zeigen, wie lächerlich dieser Brauch war. Ich war in einer üblen Stimmung! Das war natürlich dumm und albern!

Ich fand heraus, daß es diese Regel nicht mehr gab; man konnte sich umdrehen, wenn man von dem König wegging, und wie ein normaler Mensch mit der Nase nach vorne dahin gehen, wo man hinwollte.

Ich war froh festzustellen, daß in Schweden nicht alle Leute die königlichen Zeremonien so ernst nehmen, wie man annehmen könnte. Wenn man da hinkommt, entdeckt man, daß sie auf der gleichen Seite stehen wie man selbst.

Die Studenten beispielsweise hatten eine besondere Zeremonie, bei der sie jedem Nobelpreisträger den eigens dafür gestifteten »Froschorden« verliehen. Wenn man diesen kleinen Frosch bekommt, muß man wie ein Frosch quaken.

Als ich jünger war, hatte ich etwas gegen Kultur, aber mein Vater besaß ein paar gute Bücher. Eines davon war ein Buch mit dem alten griechischen Stück *Die Frösche,* und irgendwann schaute ich mir das einmal an und sah, daß darin ein Frosch spricht. Das war umschrieben als »*brek, kek, kek*«. Ich dachte: »So hört sich doch kein Frosch an; verrückt, das so zu beschreiben!« Und dann probierte ich es, und nachdem ich ein Weilchen geübt hatte, merkte ich, daß es genau das ist, was ein Frosch sagt.

So erwies es sich später als nützlich, daß ich zufällig mal einen Blick in ein Buch von Aristophanes geworfen hatte: Bei der studentischen Zeremonie für die Nobelpreisträger brachte ich ein gutes Froschgeräusch zustande. Und das Rückwärtshüpfen paßte auch dazu. Der Teil der Angelegenheit *gefiel* mir; diese Zeremonie lief glatt ab.

Obwohl ich eine Menge Spaß hatte, mußte ich trotzdem die ganze Zeit weiter mit diesen psychologischen Schwierigkeiten kämpfen. Mein größtes Problem war das Dankeswort, das man beim Königlichen Diner spricht. Wenn einem der Preis überreicht wird, bekommt man auch einige schön eingebundene Bücher über die Jahre vorher, und dort stehen alle Dankesworte drin, als wenn das wer weiß was wäre. Da fängt man an zu überlegen, es sei doch irgendwie wichtig, was man in diesem Dankeswort sagt, denn es wird ja veröffentlicht. Woran ich nicht dachte, war, daß kaum jemand hinhören und niemand das lesen würde! Ich hatte mein Gefühl für Proportionen verloren: Ich konnte nicht einfach vielen Dank, blah-blah-blah-blah-blah sagen; das wäre so einfach gewesen, aber nein, ich mußte es anständig machen. Und dabei wollte ich diesen Preis eigentlich gar nicht haben. Wie sage ich also danke, wenn ich ihn gar nicht haben möchte?

Meine Frau sagt, ich sei mit den Nerven völlig fertig gewesen, weil ich mir den Kopf darüber zerbrach, was ich sagen sollte, aber schließlich fand ich eine Möglichkeit, eine durchaus passende Ansprache zu halten, die trotzdem vollkommen ehrlich war. Ich bin sicher, daß diejenigen, die sie hörten, keine Ahnung hatten, was dieser Bursche da durchgemacht hatte, als er sie vorbereitete.

Ich fing damit an, daß ich sagte, mit der Freude über meine Entdeckung und darüber, daß andere meine Arbeit nutzten und so weiter, hätte ich meinen Preis bereits bekommen. Ich versuchte zu erklären, daß ich schon alles bekommen hätte, was ich erhofft hatte, und im Vergleich dazu bedeute der Rest wenig. Ich hätte meinen Preis bereits bekommen.

Aber dann sagte ich, ich hätte auf einmal einen ganzen Haufen Briefe bekommen – in der Rede habe ich das viel besser ausgedrückt –, die mich an all die Leute erinnert hätten, die ich kannte: Briefe von Freunden aus der Kindheit, die aufsprangen, als sie die Morgenzeitung lasen, und riefen: »Den kenne ich doch! Mit dem haben wir als Kinder immer gespielt!« und so weiter; Briefe, die mir ein starkes Gefühl der Bestätigung gegeben hätten und die etwas ausdrückten, was ich als eine Art von Liebe verstünde. *Dafür* dankte ich ihnen.

Bei der Ansprache ging alles gut, aber bei den Angehörigen des Königshauses geriet ich dauernd in leichte Bedrängnis. Während des Königlichen Diners saß ich neben einer Prinzessin, die in den Vereinigten Staaten aufs College gegangen war. Fälschlicherweise nahm ich an, sie habe die gleiche Einstellung wie ich. Ich dachte, sie sei einfach ein Mädchen wie jedes andere. Ich machte eine Bemerkung darüber, daß der König und die Mitglieder der Königlichen Familie so lange stehen mußten, um bei dem Empfang vor dem Diner allen Gästen die Hand zu geben. »In Amerika«, sagte ich, »würden wir das viel effizienter gestalten. Wir würden eine *Maschine* zum Händeschütteln konstruieren.«

»Ja, aber der Markt dafür wäre hier nicht sehr groß«, sagte sie pikiert. »So viele königliche Personen gibt es nicht.«

»Im Gegenteil, es gäbe einen sehr großen Markt. Zuerst würde nur der König eine Maschine haben, und ihm könnten wir sie umsonst geben. Und dann würden andere Leute natürlich auch so eine Maschine haben wollen. Jetzt stellt sich die Frage: Wem wird *gestattet*, eine Maschine zu haben? Der Premierminister darf eine kaufen; auch der Senatspräsident darf eine kaufen, und dann die wichtigsten älteren Abgeordneten. Es gibt also einen großen, expandierenden Markt, und sehr bald bräuchte man bei einem Empfang nicht mehr die Reihe abzuschreiten, um den Maschinen die Hand zu geben; man würde nämlich seine *eigene* Maschine schicken!«

Auf der anderen Seite saß eine Dame, die für den Ablauf des Diners verantwortlich war. Eine Serviererin kam, um mein Weinglas zu füllen, und ich sagte: »Nein, danke. Ich trinke keinen Wein.«

Die Dame sagte: »Nein, nein. Lassen Sie sie nur einschenken.«

»Aber ich *trinke* keinen Wein.«

Sie sagte: »Das hat schon seine Richtigkeit. Schauen Sie doch mal. Wie Sie sehen, hat sie zwei Flaschen. Wir wissen, daß Nummer achtundachtzig keinen Wein trinkt.« (Achtundachtzig war die Nummer meines Stuhls.) »Sie sehen genau gleich aus, aber in der einen ist kein Alkohol.«

»Aber woher wissen Sie das?« rief ich aus.

Sie lächelte. »Nun achten Sie mal auf den König«, sagte sie. »Er trinkt auch keinen Wein.«

Sie erzählte mir von den Problemen, die sie gerade in dem Jahr gehabt hatten. Eines davon war: Wo sollte der russische Botschafter sitzen? Bei solchen Diners stellt sich immer das Problem, wer am nächsten zum König sitzt. Normalerweise sitzen die Preisträger näher beim König als die Mitglieder des Diplomatischen Corps. Und die Ordnung, in welcher die Diplomaten sitzen, richtet sich nach der Länge ihres Aufenthalts in Schweden. Damals nun war der Botschafter der Vereinigten Staaten länger in Schweden als der russische Botschafter. Aber der Nobelpreisträger für Literatur war in dem Jahr der Russe Michail Scholochow, und der russische Botschafter wollte als Mr. Scholochows Dolmetscher fungieren – und deshalb neben ihm sitzen. Das Problem war also, wie man den russischen Botschafter näher beim König sitzen lassen konnte, ohne dadurch den Botschafter der Vereinigten Staaten und den Rest des Diplomatischen Corps zu beleidigen.

Sie sagte: »Sie hätten mal sehen sollen, was es für einen Wirbel gab – Briefe hin und her, Telephongespräche –, bis ich überhaupt die *Genehmigung* bekam, den Botschafter neben Mr. Scholochow zu setzen. Man verständigte sich schließlich darauf, daß der Botschafter an diesem Abend nicht offiziell die Botschaft der Sowjetunion vertreten würde; er sollte nur der Dolmetscher für Mr. Scholochow sein.«

Nach dem Diner begaben wir uns in einen anderen Raum, in dem andere Gespräche im Gange waren. An einem Tisch saß, von einer Menge Leute umringt, eine Prinzessin Soundso von Dänemark, und ich sah dort einen leeren Stuhl und setzte mich dazu.

Sie wandte sich zu mir und sagte: »Oh! Sie sind einer der Nobelpreisträger. Auf welchem Gebiet arbeiten Sie?«

»Auf dem Gebiet der Physik«, sagte ich.

»Oh. Nun, davon versteht niemand etwas, so daß wir uns wohl nicht darüber unterhalten können.«

»Im Gegenteil«, antwortete ich. »Wir können uns deshalb nicht über Physik unterhalten, *weil* jemand etwas davon versteht. Es sind die Dinge, von denen *niemand* etwas versteht, über die wir diskutieren können. Wir können über das Wetter reden; wir können über soziale Probleme reden; wir können über Psychologie reden; wir können über das internationale Geldwesen reden – über den Goldtransfer können wir *nicht* reden, denn den hat man verstanden – es sind also Themen, über die niemand etwas weiß, über die wir uns alle unterhalten können!«

Ich weiß nicht, wie sie's machen. Irgendwie können sie auf ihrem Gesicht *Eis* entstehen lassen, und das *tat* sie! Sie wandte sich ab, um mit jemand anderem zu sprechen.

Nach einer Weile spürte ich, daß ich völlig von dem Gespräch abgeschnitten war, und so stand ich auf und wollte weggehen. Der japanische Botschafter, der auch an dem Tisch saß, sprang auf und ging mir nach. »Professor Feynman«, sagte er, »es gibt etwas im Zusammenhang mit Diplomatie, das ich Ihnen gerne erzählen möchte.«

Er erzählte eine lange Geschichte über einen jungen Mann in Japan, der an die Universität geht und Außenpolitik studiert, weil er glaubt, auf diese Weise etwas für sein Land tun zu können. Im zweiten Jahr plagen ihn leichte Zweifel an dem, was er lernt. Nach dem Studium tritt er seinen ersten Posten in einer Botschaft an und hat noch größere Zweifel, ob er überhaupt etwas von Diplomatie versteht, bis ihm schließlich klar wird, daß *niemand* etwas von Außenpolitik versteht. Damit hat er den Punkt erreicht, an dem er Botschafter werden kann! »Also, Professor Feynman«, sagte er, »wenn Sie das nächste Mal Beispiele für Dinge geben, über die jeder redet und von denen keiner was versteht, erwähnen Sie bitte auch die Außenpolitik!«

Er war ein sehr interessanter Mann, und wir kamen ins Gespräch. Ich hatte mich immer dafür interessiert, woran es liegt, daß sich die verschiedenen Länder und Völker unterschiedlich entwickeln. Ich sagte zu dem Botschafter, es gebe etwas, das mir stets als bemerkenswertes Phänomen erschienen sei: wie Japan sich so rasch zu einem so modernen und bedeutenden Land habe entwickeln können. »Was ist das für eine besondere Eigenschaft des japanischen Volkes, die den Japanern das ermöglicht hat?« fragte ich.

Der Botschafter antwortete in einer Weise, die mir gefiel: »Ich weiß es nicht«, sagte er. »Ich habe wohl eine Vermutung, aber ich weiß nicht, ob sie zutrifft. Die Leute in Japan glaubten, es gebe nur eine Möglichkeit weiterzukommen: nämlich dafür zu sorgen, daß ihre Kinder eine bessere Ausbildung erhielten als sie selbst; daß es für sie sehr wichtig sei, ihre bäuerliche Umgebung zu verlassen, um sich Bildung zu erwerben. Man verwendete also in den Familien große Energie darauf, die Kinder zu ermutigen, sich in der Schule Mühe zu geben und vorwärts zu kommen. Wegen dieser Neigung, beständig zu lernen, konnten sich neue Ideen von außen durch das Bildungssystem sehr leicht ausbreiten. Das ist vielleicht einer der Gründe, warum Japan so rasch vorangekommen ist.«

Alles in allem habe ich den Besuch in Schweden schließlich doch noch genossen. Statt sofort nach Hause zurückzukehren, fuhr ich zum CERN, zum europäischen Zentrum für Teilchen-Forschung, um dort einen Vortrag zu halten. Ich erschien vor meinen Kollegen in dem Anzug, den ich beim Königlichen Diner getragen hatte – ich hatte noch nie zuvor einen Vortrag im Anzug gehalten –, und begann mit den Worten: »Wissen Sie, es ist merkwürdig; in Schweden haben wir zusammengesessen und uns darüber unterhalten, ob sich dadurch, daß wir den Nobelpreis gewonnen haben, irgend etwas verändern würde, und tatsächlich, ich glaube, eine Veränderung sehe ich bereits: Dieser Anzug gefällt mir recht gut.«

Alle rufen »Buuuuuh!«, und Weisskopf springt auf, reißt sich die Jacke vom Leib und sagt: »Wir werden bei Vorträgen keine Anzüge tragen!«

Ich zog meine Jacke aus, lockerte die Krawatte und sagte: »Als ich Schweden hinter mich gebracht hatte, fing ich an, an diesem Kram *Gefallen zu finden,* aber da ich jetzt wieder in den Alltag zurückgekehrt bin, ist alles wieder im Lot. Danke, daß Ihr mir das beigebogen habt!« Sie wollten nicht, daß ich mich veränderte. Es ging also sehr schnell: am CERN wurde alles rückgängig gemacht, was man in Schweden mit mir angestellt hatte.

Es ist ganz schön, daß ich Geld bekam – ich konnte mir ein Haus am Meer kaufen –, aber ich glaube, alles in allem wäre es viel besser gewesen, wenn ich den Preis nicht bekommen hätte, denn man kann nicht erwarten, in der Öffentlichkeit je wieder unvoreingenommen behandelt zu werden.

In gewisser Weise war der Nobelpreis schon eine unangenehme Sache, obwohl ich wenigstens einmal durch ihn etwas Spaß hatte. Kurz nachdem mir der Preis verliehen worden war, bekamen Gweneth und ich eine Einladung von der brasilianischen Regierung, als Ehrengäste an den Karnevalsfeiern in Rio teilzunehmen. Wir nahmen gerne an und verbrachten eine herrliche Zeit. Wir gingen von einem Tanz zum anderen und sahen uns den großen Umzug an, bei dem die berühmten Sambabands mitgingen und ihre wunderbare rhythmische Musik spielten. Photographen von Zeitungen und Illustrierten machten in einem fort Aufnahmen – »Der Professor aus Amerika tanzt mit Miss Brasilien.«

Es machte Spaß, eine »Berühmtheit« zu sein, aber wir waren offenbar die falschen Berühmtheiten. Niemand war in jenem Jahr von den Ehrengästen besonders begeistert. Später fand ich heraus, wie unsere Einladung zustande gekommen war. Eigentlich hatte Gina Lollobrigida der Ehrengast sein sollen, aber kurz vor dem Karneval sagte sie ab. Der Minister für Fremdenverkehr, der für den Ablauf des Karnevals verantwortlich war, hatte einige Freunde im Physikalischen Forschungszentrum, die wußten, daß ich in einer Sambaband gespielt hatte, und da ich gerade den Nobelpreis bekommen hatte, war ich kurz in den Nachrichten erwähnt worden. In einem Augenblick der Panik verfielen der Minister und seine Freunde auf die verrückte Idee, Gina Lollobrigida durch den Physikprofessor zu ersetzen!

Es versteht sich von selbst, daß der Minister bei diesem Karneval seine Aufgabe so schlecht erfüllte, daß er seinen Posten in der Regierung verlor.

Den Physikern Kultur nahebringen

Nina Byers, eine Professorin an der University of California in Los Angeles, übernahm irgendwann Anfang der siebziger Jahre die Leitung des Physik-Kolloquiums. Normalerweise kommen zu den Kolloquien Physiker von anderen Universitäten, um über rein fachliche Themen zu sprechen. Doch sie kam, zum Teil infolge der damals herrschenden Stimmung, auf die Idee, die Physiker hätten mehr Kultur nötig, und sie meinte, sie solle etwas in dieser Richtung arrangieren: Da Los Angeles in der Nähe von Mexiko liegt, wollte sie ein Kolloquium über die Mathematik und Astronomie der Mayas – des alten mexikanischen Kulturvolkes – veranstalten.

(Man erinnere sich an meine Einstellung zur Kultur: So etwas hätte mich *wahnsinnig* gemacht, wenn es an meiner Universität stattgefunden hätte!)

Sie hielt nach einem Professor Ausschau, der über das Thema einen Vortrag halten sollte, und konnte an der UCLA niemand finden, der ein wirklicher Experte war. Sie rief verschiedene andere Universitäten an, fand aber immer noch niemand.

Dann fiel ihr Professor Otto Neugebauer von der Brown University ein, der bedeutende Fachmann auf dem Gebiet der babylonischen Mathematik.* Sie rief ihn auf Rhode

---

* In den Jahren, in denen ich als junger Professor in Cornell war, war Professor Neugebauer einmal dort hingekommen, um eine Reihe von Vorlesungen, die sogenannten Messenger Lectures, über babylonische Mathematik zu halten. Sie waren großartig. Im Jahr darauf las Oppenheimer. Ich erinnere mich, daß ich dachte: »Es wäre schön, wenn ich eines Tages herkommen und auch solche Vorlesungen halten könnte!« Als ich einige Jahre später Einladungen von verschiedenen Universitäten ablehnte, wurde ich auch eingeladen, die Messenger Lectures in Cornell zu halten. Da ich mir das in den Kopf gesetzt hatte, konnte ich natürlich nicht ablehnen und nahm die Einladung an, ein Wochenende

Island an und fragte ihn, ob er jemanden an der Westküste kenne, der über die Mathematik und Astronomie der Mayas einen Vortrag halten könne.

»Ja«, sagte er. »Ich kenne jemanden. Er ist zwar nicht Anthropologe oder Historiker von Beruf, sondern ein Amateur. Aber er kennt sich bestimmt gut darin aus. Sein Name ist Richard Feynman.«

Das haute sie beinahe um! Da versucht sie den Physikern ein bißchen Kultur nahezubringen, und dann stellt sich heraus, daß sie dazu einen Physiker braucht!

Ich wußte nur deshalb etwas über die Mathematik der Mayas, weil die Flitterwochen, die ich mit meiner zweiten Frau, Mary Lou, in Mexiko verbrachte, eine so große Strapaze für mich waren. Sie interessierte sich sehr für Kunstgeschichte, vor allem für die von Mexiko. So fuhren wir also in den Flitterwochen nach Mexiko und kletterten Pyramiden rauf und Pyramiden runter; ich mußte sie überallhin begleiten. Sie zeigte mir viele interessante Dinge, zum Beispiel gewisse Beziehungen in der Formgebung verschiedener Figuren, aber nach ein paar Tagen (und Nächten) des Hinauf- und Hinabsteigens in feuchtheißen Regenwäldern war ich erschöpft.

In einer kleinen guatemaltekischen Stadt am Ende der Welt gingen wir in ein Museum, in dem in einem Schaukasten ein Manuskript mit seltsamen Symbolen, Bildern, Strichen und Punkten ausgestellt war. Es war eine (von jemand namens Villacorta hergestellte) Kopie des Codex Dresden, eines alten Maya-Buches, das in einem Museum in Dresden aufgetaucht war. Ich wußte, daß die Striche und Punkte Zahlen bedeuteten. Mein Vater hatte mich als Kind auf die New Yorker Weltausstellung mitgenommen, und dort war die Rekonstruktion eines Maya-Tempels zu sehen gewesen. Ich erinnerte mich, daß er mir erzählt hatte, daß die Mayas

in Bob Wilsons Haus zu verbringen, wo wir verschiedene Themen besprachen. Das Resultat war die Vorlesungsreihe »Das Wesen des physikalischen Gesetzes«.

die Null erfunden und viele interessante Dinge getan hätten.

In dem Museum konnte man Kopien des Codex kaufen, und ich nahm eine mit. Auf jeder Seite war links eine Codexseite abgebildet, und rechts gab es eine Beschreibung und eine Teilübersetzung ins Spanische.

Ich liebe Puzzles und Codes, und als ich die Striche und Punkte sah, dachte ich: »Das wird Spaß machen!« Ich deckte den spanischen Kommentar mit einem Stück gelbem Papier zu und begann mit dem Spiel, die Striche und Punkte der Mayas zu entziffern, und dabei saß ich im Hotelzimmer, während meine Frau den ganzen Tag die Pyramiden hinauf- und hinunterkletterte.

Ich fand rasch heraus, daß ein Strich fünf Punkten entsprach, was das Symbol für Null war und so weiter. Ein bißchen länger brauchte ich, um herauszufinden, daß die Striche und Punkte stets das erste Mal bei zwanzig, das zweite Mal aber bei achtzehn einen Übertrag bildeten (wodurch sich 360er-Zyklen ergaben). Ich brachte auch allerlei über verschiedene Gesichter heraus: sie hatten sicherlich bestimmte Tage und Wochen bedeutet.

Als wir wieder zu Hause waren, arbeitete ich weiter daran. Alles in allem macht es viel Spaß, so etwas zu entziffern, denn anfangs weiß man überhaupt nichts – man hat keinen Anhaltspunkt, nach dem man sich richten könnte. Aber dann fallen einem bestimmte Zahlen auf, die häufiger auftauchen und aus denen sich andere Zahlen ergeben und so weiter.

Es gab eine Stelle in dem Codex, an der besonders die Zahl 584 auffiel. Diese 584 war in Perioden von 236, 90, 250 und 8 geteilt. Eine andere auffällige Zahl war 2920 oder 584 × 5 (und auch 365 × 8). Es gab eine Tabelle mit Vielfachen von 2920, die bis 13 × 2920 reichte, dann folgten eine Weile lang Vielfache von 13 × 2920 und dann – *komische Zahlen!* Soweit ich sah, waren es Fehler. Erst viele Jahre später fand ich heraus, worum es sich dabei handelte.

Da mit dieser so merkwürdig geteilten 584 Ziffern in Verbindung gebracht wurden, die Tage bezeichneten, überlegte ich, ob es sich nicht um irgendeine mythische Periode handelte, möglicherweise um etwas Astronomisches. Schließlich ging ich in die Astronomie-Bibliothek, um nachzuschlagen, und fand, daß die Venusperiode, wie sie von der Erde aus erscheint, 583,923 Tage lang ist. Dadurch wurden die Zahlen 236, 90, 250 und 8 klar: das mußten die Phasen sein, die die Venus durchläuft. Zuerst ist sie Morgenstern, dann ist sie nicht sichtbar (weil sie auf der anderen Seite der Sonne ist); dann ist sie Abendstern, und schließlich verschwindet sie wieder (wenn sie zwischen Erde und Sonne ist). Der Unterschied zwischen 90 und 8 rührt daher, daß sich die Venus, wenn sie sich auf der anderen Sonnenseite befindet, langsamer über den Himmel bewegt, als wenn sie zwischen Erde und Sonne durchläuft. Der Unterschied zwischen 236 und 250 könnte auf eine Verschiedenheit des östlichen und des westlichen Horizontes im Land der Mayas hindeuten.

Daneben entdeckte ich eine andere Tabelle, die Perioden von 11 959 Tagen verzeichnete. Diese erwies sich als Tabelle zur Vorhersage von Mondfinsternissen. Eine weitere Tabelle enthielt Vielfache von 91 in absteigender Ordnung. Ich bin nie dahintergekommen, was das bedeutete (und auch sonst ist niemand daraus schlau geworden).

Als ich so viel herausgefunden hatte, wie ich konnte, schaute ich mir schließlich den spanischen Kommentar an, um zu sehen, was ich alles herausbekommen hatte. Es war völliger Unsinn. Dieses Symbol sollte für den Saturn stehen, jenes für einen Gott – es ergab überhaupt keinen Sinn. Ich hätte den Kommentar also gar nicht zuzudecken brauchen; denn ich hätte daraus ohnehin nichts entnehmen können.

Danach fing ich an, eine Menge über die Mayas zu lesen, und stellte fest, daß der bedeutendste Mann auf diesem Gebiet Eric Thompson ist, von dem ich jetzt auch einige Bücher habe.

Als Nina Byers mich anrief, stellte ich fest, daß mein Exemplar des Codex Dresden verlorengegangen war. (Ich hatte es Mrs. H. P. Robertson geliehen, die bei einem Antiquitätenhändler in Paris in einem alten Koffer einen Maya-Codex gefunden hatte. Sie hatte ihn mit nach Pasadena gebracht, damit ich ihn mir ansehen konnte – ich weiß noch, wie ich damit nach Hause fuhr, ihn auf dem Vordersitz liegen hatte und dachte: »Ich muß vorsichtig fahren: ich habe einen neuen Codex« –, aber als ich ihn mir sorgfältig anschaute, konnte ich sofort sehen, daß es sich um eine totale Fälschung handelte. Mit ein bißchen Mühe war ich in der Lage, herauszufinden, von welchen Stellen im Codex Dresden die Bilder in dem neuen Codex stammten. Um ihr das zu zeigen, lieh ich ihr mein Buch und vergaß schließlich, daß sie es hatte.) So hatten die Bibliothekare an der UCLA alle Hände voll zu tun, bis sie ein anderes Exemplar von Villacortas Ausgabe des Codex Dresden auftrieben und mir ausliehen.

Ich stellte die Berechnungen noch einmal an und kam diesmal sogar noch ein bißchen weiter: Wie ich herausfand, waren jene »komischen Zahlen«, die ich früher für Fehler gehalten hatte, in Wirklichkeit ganzzahlige Vielfache von etwas, das der korrekten Periode (583,923) näher kam – die Mayas hatten gemerkt, daß 584 nicht ganz stimmte!*

Nach dem Kolloquium an der UCLA überreichte mir Professor Byers einige schöne Farbreproduktionen des Codex Dresden. Ein paar Monate später bat mich das Caltech, den gleichen Vortrag auch in Pasadena zu halten. Robert Rowan, ein Immobilienmakler, lieh mir für den Vortrag am Caltech einige sehr wertvolle Keramikfiguren und Steinskulpturen von Maya-Göttern. Vermutlich war es im höchsten Maße illegal, so etwas aus Mexiko auszuführen, und die Plastiken waren so wertvoll, daß wir sie durch Sicherheitsleute bewachen ließen.

Ein paar Tage vor dem Vortrag am Caltech berichtete die *New York Times* mit Riesenschlagzeilen über die Entdekkung eines neuen Codex. Zu der Zeit war nur die Existenz von drei Codices bekannt (von denen zwei kaum aufschlußreich sind) – Hunderttausende waren von spanischen Priestern als »Werke des Teufels« verbrannt worden. Meine Cousine arbeitete bei der Nachrichtenagentur AP, sie besorgte mir einen Hochglanzabzug von dem Photo, das die *New York Times* veröffentlicht hatte, und ich machte ein Dia davon, um es bei meinem Vortrag zu verwenden.

Dieser neue Codex war eine Fälschung. In meinem Vortrag wies ich darauf hin, daß die Zahlen zwar von der Art waren, wie man sie im Codex Madrix findet, aber daß es sich um die Zahlen 236, 90, 250 und 8 handelte – welch ein Zufall! Da finden wir von den hunderttausend ursprünglich entstandenen Büchern ein weiteres Fragment, und es steht dasselbe drin wie in den anderen Fragmenten! Es war offenkundig wieder eine von diesen zusammengestückelten Sachen, an denen nichts echt ist.

Die Leute, die solche Kopien herstellen, haben nie den Mut, etwas wirklich anderes zu machen. Wenn man etwas wirklich Neues findet, *muß* da etwas anderes drinstehen. Ein wirklicher Streich wäre, etwas wie die Marsperiode herzunehmen und eine Mythologie mit Zahlen, die zum Mars passen, dazu zu erfinden – nicht zu offensichtlich, sondern

* (zu S. 418) Als ich diese Tabelle mit Korrekturen für die Venusperiode studierte, entdeckte ich eine der seltenen Übertreibungen von Mr. Thompson. Er antwortete mir auf meinen Brief, wenn man sich die Tabelle anschaue, könne man erschließen, wie die Mayas die korrekte Venusperiode errechnet hätten – man müsse diese Zahl mal vier nehmen und einmal soundsoviel abziehen, und dann bekomme man eine Genauigkeit von bis auf einen Tag in einem Zeitraum von 4000 Jahren, was wirklich äußerst bemerkenswert sei, vor allem da die Mayas nur einige hundert Jahre Beobachtungen durchgeführt hätten.

Thompson hatte zufällig eine Reihe von Rechenschritten gewählt, die zu dem führte, was er als die richtige Venusperiode ansah, nämlich 583,92. Doch wenn man eine genauere Zahl einsetzt, etwa 583,923, stellt man fest, daß die Mayas mehr danebenlagen. Natürlich kann man mit einer anderen Reihe von Rechenschritten auch dafür sorgen, daß die Zahlen in der Tabelle mit der gleichen bemerkenswerten Genauigkeit 583,923 ergeben!

in Form von Tabellen mit Vielfachen der Periode, mit ein paar mysteriösen »Fehlern« und so weiter. Die Zahlen müßten schon ein bißchen überlegt sein. Dann würden die Leute sagen: »Mensch! Das hat ja was mit dem Mars zu tun!« Außerdem müßten ein paar Sachen drinstehen, die nicht verständlich sind und die nicht genau wie das sind, was man schon kennt. Das wäre eine *gute* Fälschung.

Es machte mir einen Riesenspaß, den Vortrag über die »Entzifferung von Maya-Hieroglyphen« zu halten. Da stand ich wieder einmal und war etwas, was ich nicht bin. Die Leute schlängelten sich an den Schaukästen vorbei in den Hörsaal und bewunderten die Farbreproduktionen des Codex Dresden und die echten Maya-Kunstwerke, die von einem bewaffneten Mann in Uniform bewacht wurden; sie hörten einen zweistündigen Vortrag über die Mathematik und Astronomie der Mayas von einem Amateur-Experten auf diesem Gebiet (der ihnen sogar erzählte, woran man einen gefälschten Codex erkennt), und dann gingen sie hinaus und bewunderten noch einmal die Schaukästen. In den darauffolgenden Wochen konterte Murray Gell-Mann mit einer schönen Reihe von sechs Vorträgen über die linguistischen Beziehungen aller Sprachen der Welt.

In Paris entlarvt

Ich habe eine Vorlesungsreihe über Physik gehalten, die bei dem Verlag Addison-Wesley als Buch herauskam. Eines Tages saßen wir beim Mittagessen und diskutierten darüber, wie der Umschlag des Buches aussehen sollte. Ich dachte, da die Vorlesungen eine Verbindung zwischen der realen Welt und der Mathematik herstellten, wäre es eine gute Idee, die Abbildung einer Trommel zu nehmen und ein paar mathematische Diagramme darüberzulegen – Kreise und Linien, die die Schwingungsknoten der Trommelfelle darstellten, die in dem Buch behandelt wurden.

Das Buch kam mit einem schlichten roten Umschlag heraus, aber aus irgendeinem Grund gibt es im Vorwort ein Photo von mir, auf dem ich die Trommel schlage. Ich glaube, sie haben es aufgenommen, um ihrer Vorstellung Genüge zu tun, daß »der Autor irgendwo eine Trommel haben möchte«. Jedenfalls wundert sich alle Welt, wieso im Vorwort zu den Feynman-Lectures dieses Photo ist, auf dem ich die Trommel schlage, denn es sind ja keine Diagramme oder dergleichen darauf, die es erklären würden. (Es stimmt schon, daß ich gern trommele, aber das ist eine andere Geschichte.)

In Los Alamos war man durch die Arbeit immer ziemlich angespannt, und es gab keine Möglichkeit, sich zu zerstreuen: Kinos oder so etwas gab es nicht. Aber ich fand ein paar Trommeln, die die Jungenschule, die vorher dort gewesen war, gesammelt hatte: Los Alamos liegt mitten in New Mexico, wo es viele Indianerdörfer gibt. Und so vertrieb ich mir die Zeit damit – manchmal allein, manchmal mit jemand zusammen –, einfach Krach zu machen und auf diese Trommeln zu schlagen. Ich konnte keine bestimmten Rhythmen spielen, aber die Rhythmen der Indianer waren recht einfach, die Trommeln waren gut, und mir machte es Spaß.

Manchmal nahm ich die Trommeln und ging ein Stück in den Wald, um niemanden zu stören, und dann bearbeitete ich sie mit einem Stock und sang dazu. Ich weiß noch, daß ich eines Nachts um einen Baum herumging, den Mond anschaute, trommelte und so tat, als sei ich ein Indianer.

Eines Tages kam jemand zu mir und fragte: »Um den Thanksgiving Day herum haben Sie im Wald getrommelt, nicht wahr?«

»Ja, stimmt«, sagte ich.

»Aha! Dann hat meine Frau doch recht gehabt!« Er erzählte mir folgende Geschichte:

Eines Nachts hörte er in der Ferne Getrommel, und er ging in dem Doppelhaus, das er mit jemand anderem bewohnte, nach oben zu dem Mitbewohner, und der andere hörte es auch. Man muß bedenken, daß alle diese Leute aus dem Osten kamen. Sie wußten nichts über Indianer, und es interessierte sie sehr: Bei den Indianern mußte eine Zeremonie oder irgend etwas Aufregendes im Gange sein, und die beiden Männer beschlossen, hinauszugehen und sich das anzusehen.

Je näher sie kamen, um so lauter wurde die Musik, und sie fingen an, nervös zu werden. Ihnen fiel ein, daß die Indianer wahrscheinlich Wachposten aufgestellt hatten, damit niemand ihre Zeremonie störte. Deshalb legten sie sich auf den Bauch und krochen weiter, bis es sich so anhörte, als kämen die Töne direkt von jenseits des nächsten Hügels. Sie krochen über den Hügel und entdeckten zu ihrer Überraschung, daß es nur ein Indianer war, der die Zeremonie ganz allein vollzog – er tanzte um einen Baum herum, schlug die Trommel mit einem Stock und sang. Die beiden zogen sich langsam zurück, denn sie wollten ihn nicht stören: Wahrscheinlich trieb er gerade irgendeinen Zauber oder etwas Ähnliches.

Sie erzählten ihren Frauen, was sie gesehen hatten, und

diese meinten: »Ach, das ist sicher Feynman gewesen – der trommelt doch so gerne.«

»Redet keinen Unsinn!« sagten die Männer. »*So* verrückt wär' nicht mal *Feynman!*«

In der Woche darauf wollten sie ausfindig machen, wer der Indianer gewesen war. In Los Alamos arbeiteten Indianer aus dem naheliegenden Reservat, und sie fragten einen von ihnen, der im technischen Bereich tätig war, wer es sein könnte. Der Indianer erkundigte sich, aber keiner von ihnen wußte, um wen es sich handeln könnte, abgesehen von dem einen Indianer, mit dem niemand reden konnte. *Er* war jemand, der etwas auf seine Rasse hielt: Er hatte zwei lange Zöpfe auf dem Rücken und hielt sich kerzengerade; wo immer er hinging, ging er mit Würde, allein; und niemand konnte mit ihm sprechen. Man hätte sich *gefürchtet*, zu ihm hinzugehen und ihn etwas zu fragen; er hatte zuviel Würde. Er arbeitete als Heizer. Es hatte also niemand den Mut, *diesen* Indianer zu fragen, und sie entschieden, *er* müsse es gewesen sein. (Es freute mich zu hören, daß sie einen so typischen, einen so wunderbaren Indianer entdeckt hatten, der ich hätte gewesen sein können. Es war wirklich eine Ehre, für diesen Mann gehalten zu werden.)

Der Bursche, der mit mir gesprochen hatte, wollte also im letzten Moment sichergehen – die Ehemänner wollen ja immer beweisen, daß ihre Frauen unrecht haben –, und wie es Ehemännern häufig ergeht, mußte er feststellen, daß seine Frau ganz recht hatte.

Ich lernte ziemlich gut trommeln und spielte auf unseren Partys. Ich wußte nicht, was ich tat; ich spielte einfach Rhythmen – und ich wurde bekannt deswegen: In Los Alamos wußte jeder, daß ich gern trommelte.

Als der Krieg vorüber war und wir in die »Zivilisation« zurückkehrten, neckten mich die Leute in Los Alamos, jetzt sei es wohl mit der Trommelei vorbei, weil das zuviel Lärm mache. Und da ich in Ithaca versuchte, ein würdevoller Professor zu werden, verkaufte ich die Trommel, die ich irgendwann während meines Aufenthalts in Los Alamos gekauft hatte.

Im folgenden Sommer ging ich nach New Mexico zurück, um an einem Bericht zu arbeiten, und als ich wieder die Trommeln sah, hielt ich es nicht aus. Ich kaufte mir wieder eine und dachte: »Ich nehme sie einfach nur mit, damit ich sie *anschauen* kann.«

In dem Jahr hatte ich in Cornell in einem Haus ein kleines Appartement. Ich hatte die Trommel da, nur um sie anzuschauen, aber eines Tages konnte ich nicht widerstehen. Ich dachte: »Ich werde auch ganz leise sein...«

Ich setzte mich auf einen Stuhl, klemmte mir die Trommel zwischen die Schenkel und spielte ein klein bißchen mit den Fingern: *bap, bap, bap, baddel bap*. Dann ein bißchen lauter – es reizte mich doch! Ich wurde noch lauter, und BUMS! – klingelte das Telephon.

»Hallo?«

»Hier ist Ihre Hauswirtin. Spielen Sie da unten Schlagzeug?«

»Ja; es tut mir l...«

»Es hört sich ganz toll an. Ich wollte fragen, ob ich mal runterkommen kann, um mir das aus der Nähe anzuhören?«

Von diesem Zeitpunkt an kam die Hauswirtin regelmäßig herunter, wenn ich anfing zu trommeln. Das war nun wirklich Freiheit. Seitdem hatte ich großen Spaß beim Trommeln.

Ungefähr zu der Zeit lernte ich eine Dame aus Belgisch-Kongo kennen, die mir einige ethnologische Schallplatten gab. Damals waren solche Platten mit Trommelmusik von den Watussi oder anderen afrikanischen Stämmen selten. Die Watussi-Trommler bewunderte ich wirklich sehr, und ich versuchte sie nachzuahmen – nicht ganz genau, sondern nur, um ungefähr so zu klingen wie sie –, und infolgedessen entwickelte ich eine ganze Menge Rhythmen.

Einmal war ich spät abends, als nicht viele Leute da

waren, im Freizeitraum, und ich nahm einen Papierkorb und fing an, auf dem Boden herumzuklopfen. Da kam jemand, der sich irgendwo im Untergeschoß aufgehalten hatte, angelaufen und sagte: »He! Sie spielen ja Schlagzeug!« Es stellte sich heraus, daß er *wirklich* Schlagzeug spielen konnte, und er brachte mir bei, Bongos zu spielen.

Im Fachbereich Musik gab es jemanden, der afrikanische Musik sammelte, und ich ging zu ihm nach Hause und trommelte. Er nahm mich auf Band auf, und auf seinen Partys veranstaltete er dann ein Ratespiel, das er »Afrika oder Ithaca?« nannte, bei dem er Aufnahmen mit Trommelmusik spielte, und es ging darum zu erraten, ob das, was man hörte, in Afrika oder am Ort entstanden war. Ich muß also damals die afrikanische Musik recht gut nachgeahmt haben.

Als ich ans Caltech kam, fuhr ich oft runter auf den Sunset Strip. Eines Tages spielte in einem der Nachtclubs eine Gruppe, die von einem großen Burschen aus Nigeria namens Ukonu geleitet wurde, diese wunderbare Trommelmusik – nur Schlaginstrumente. Sein Stellvertreter, der besonders nett zu mir war, lud mich ein, zu ihnen auf die Bühne zu kommen und ein bißchen zu spielen. Ich stieg zu den anderen auf die Bühne und trommelte ein Weilchen mit ihnen.

Ich fragte den zweiten Mann, ob Ukonu Stunden gebe, und er sagte ja. So ging ich dann zu Ukonu, der in der Nähe des Century Boulevard wohnte (wo es später zu den Unruhen kam), und nahm Unterricht im Schlagzeugspielen. Die Stunden brachten nicht viel: Er schindete Zeit, unterhielt sich mit anderen Leuten und ließ sich von allen möglichen Dingen ablenken. Aber wenn es klappte, war es sehr aufregend, und ich lernte eine Menge von ihm.

Zu den Tanzveranstaltungen, die nicht weit von Ukonus Wohnung stattfanden, kamen nicht viele Weiße, aber es war viel lockerer als heute. Einmal veranstalteten sie einen Trommelwettbewerb, und ich schnitt nicht sehr gut ab: Sie meinten, meine Trommel sei »zu kopflastig«; ihre sei viel pulsierender.

Als ich am Caltech war, erhielt ich eines Tages einen ganz ernst gemeinten Telephonanruf.

»Hallo?«

»Hier spricht Mr. Trowbridge, ich leite das Polytechnikum.« Das Polytechnikum war eine kleine private Fachschule, die auf der anderen Straßenseite schräg gegenüber vom Caltech lag. Mr. Trowbridge fuhr sehr förmlich fort: »Hier ist ein Bekannter von Ihnen, der Sie gern sprechen würde.«

»O. k.«

»Hallo, Dick!« Es war Ukonu! Es stellte sich heraus, daß der Leiter des Polytechnikums nicht so förmlich war, wie er tat, und viel Sinn für Humor besaß. Ukonu hielt sich in der Schule auf, um für die Schüler zu spielen, und er lud mich ein, herüberzukommen, mit ihm auf die Bühne zu gehen und Bongos zu spielen. So kam es, daß wir zusammen für die Schüler spielten: Ich spielte auf den Bongos (die ich in meinem Büro hatte) gegen seine große Tumbatrommel an.

Ukonu ging einer geregelten Arbeit nach: Er hielt an verschiedenen Schulen Vorträge über die afrikanischen Trommeln und ihre Bedeutung und sprach über die Musik. Er hatte eine ungemeine Ausstrahlung und ein großartiges Lächeln; er war ein sehr, sehr netter Mann. Am Schlagzeug war er einfach sensationell – er hatte Schallplatten veröffentlicht –, und er war hier, um Medizin zu studieren. Als in Nigeria der Krieg ausbrach – oder vor dem Krieg – kehrte er zurück, und ich weiß nicht, was aus ihm geworden ist.

Nachdem Ukonu fort war, trommelte ich nicht mehr sehr viel, höchstens hier und da mal auf Partys, ein bißchen zur Unterhaltung. Einmal war ich auf einer Abendgesellschaft bei den Leightons, und Bobs Sohn Ralph und ein Freund fragten mich, ob ich nicht Lust hätte, zu trommeln. Da ich annahm, sie bäten um ein Solo, sagte ich nein. Aber dann fingen sie an, auf ein paar Holztischen herumzutrommeln, und da konnte ich nicht widerstehen: Ich schnappte mir auch einen Tisch, und dann spielten wir drei auf diesen kleinen Holztischen, die eine Menge interessanter Töne machten.

Ralph und sein Freund Tom Rutishauser hatten etwas übrig fürs Schlagzeugspiel, und wir begannen uns jede Woche zu treffen, um zu improvisieren, Rhythmen zu entwickeln und verschiedenes auszuprobieren. Die beiden waren richtige Musiker: Ralph spielte Klavier und Tom Cello. Alles, was ich kannte, waren Rhythmen, und ich hatte keine Ahnung von Musik, die für mich nichts anderes als Trommelei mit Tönen war. Aber wir erarbeiteten uns eine Menge guter Rhythmen und traten ein paarmal an einigen Schulen zur Unterhaltung der Schüler auf. Wir spielten auch Rhythmen für einen Tanzkurs an einem College am Ort – was Spaß macht, wie ich erfuhr, als ich einige Zeit in Brookhaven arbeitete – und nannten uns The Three Quarks, so daß man sich denken kann, *wann* das war.

Einmal fuhr ich nach Vancouver, um vor den Studenten dort einen Vortrag zu halten, und sie veranstalteten eine Party mit einer wirklich heißen Rockgruppe, die unten im Keller spielte. Die Leute aus der Band waren sehr nett: sie hatten noch eine Kuhglocke herumliegen und ermutigten mich, darauf zu spielen. Zuerst spielte ich nur ein bißchen mit, aber da ihre Musik sehr rhythmisch war (und die Kuhglocke nur ein Begleitinstrument ist – so daß man nichts falsch machen kann), kam ich richtig in Fahrt.

Nach der Party erzählte mir der, der sie organisiert hatte, der Bandleader hätte gesagt: »Mensch! Wer war denn der Typ, der runterkam und auf der Kuhglocke spielte? Der klopft ja 'n mächtigen Rhythmus auf dem Ding! Ach, übrigens, das große Tier, für das die Party eigentlich *gedacht* war – weißt du, der ist gar nicht runtergekommen; ich hab den *überhaupt* nicht zu Gesicht gekriegt!«

Nun ja, am Caltech gibt es eine Gruppe, die Theaterstücke aufführt. Einige von den Schauspielern sind Studenten vom Caltech; die anderen kommen von außerhalb. Wenn sie eine kleine Rolle haben, beispielsweise einen Polizisten, der jemand verhaften soll, muß einer der Professoren sie übernehmen. Das ist immer ein großer Jux – der Professor tritt auf, verhaftet jemand und geht dann wieder von der Bühne.

Vor ein paar Jahren führte die Gruppe *Guys and Dolls* auf, und darin gibt es eine Szene, in der der Held das Mädchen mit nach Havanna nimmt, und da gehen sie in einen Nachtclub. Die Regisseurin meinte, es wäre eine gute Idee, wenn ich die Rolle des Bongospielers auf der Bühne des Nachtclubs übernehmen würde.

Ich ging zu der ersten Probe, und die Dame, die bei der Show Regie führte, wies auf den Orchesterleiter und sagte: »Jack wird Ihnen die Musik zeigen.«

Ja, also, ich war starr vor Schreck. Ich kann nämlich keine Noten lesen; ich hatte gedacht, ich bräuchte nur auf die Bühne zu gehen und ein bißchen Lärm zu machen.

Jack saß am Klavier, und er zeigte auf die Noten und sagte: »O. k., sehen Sie, Sie fangen hier an und dann spielen Sie das. Dann spiele ich *plonk, plonk, plonk*« – und er schlug ein paar Töne auf dem Klavier an. Dann blätterte er um. »Nun spielen Sie das hier, und dann machen wir beide eine Pause, weil da gesprochen wird, sehen Sie, hier« – und er blätterte ein paar Seiten weiter und sagte: »Und zum Schluß spielen Sie das.«

Er zeigte mir die »Musik«, die in irgendeinem verrückten Muster aus kleinen x zwischen die Taktstriche und Notenlinien geschrieben war. Er fuhr fort, mir dieses ganze Zeug zu erzählen, weil er annahm, ich sei Musiker, und für mich war es völlig unmöglich, mir irgend etwas davon zu merken.

Glücklicherweise wurde ich am Tag darauf krank und konnte nicht zur nächsten Probe gehen. Ich bat meinen Freund Ralph, für mich einzuspringen, und da er Musiker ist, nahm ich an, er werde schon Bescheid wissen. Er kam zurück und sagte: »Es ist halb so schlimm. Zuerst, ganz am Anfang, mußt du genau den Takt halten, weil du den Rhythmus für den Rest des Orchesters angibst, das sich danach richten wird. Aber nach dem Einsatz des Orchesters ist es eine Sache der Improvisation, und manchmal müssen wir auch pausieren, weil dann gesprochen wird, aber ich glaube, das werden wir schon an den Zeichen merken, die der Dirigent gibt.«

Inzwischen hatte ich die Regisseurin soweit, daß Ralph auch mitmachen durfte, so daß wir beide auf der Bühne sein würden. Er würde die Tumba und ich die Bongos spielen – und das bedeutete eine wahnsinnige Erleichterung für mich.

Ralph zeigte mir also, wie der Rhythmus ging. Es können nur ungefähr zwanzig oder dreißig Takte gewesen sein, aber die mußten sitzen. Ich hatte noch nie etwas gespielt, das so genau sitzen mußte, und es war sehr schwer für mich, es hinzukriegen. Ralph erklärte geduldig: »Linke Hand, dann rechte Hand, und zweimal die Linke, und wieder die Rechte...« Ich gab mir große Mühe, und schließlich, ganz allmählich, bekam ich den Rhythmus ungefähr hin. Ich habe verdammt viel Zeit gebraucht – viele Tage –, bis ich es schaffte.

Eine Woche später gingen wir zur Probe und stellten fest, daß ein neuer Schlagzeuger da war – der Schlagzeuger, der sonst mitgespielt hatte, hatte die Band verlassen, um etwas anderes zu machen –, und wir stellten uns vor:

»Hallo. Wir sind die beiden, die in der Havanna-Szene auf der Bühne sind.«

»Oh, hallo. Woll'n mal sehen, wo die Szene ist...«, und er blätterte bis zu der Stelle, wo unser Auftritt kam, nahm seinen Trommelstock und sagte: »Ah ja, ihr fangt die Szene so an...«, und dann, *bing, bong, bang-a-bang, bing-a-bing, bang, bang,* schlug er mit dem Stock auf dem Trommelrand unheimlich schnell den Rhythmus, und das, während er in die Noten schaute! Das war vielleicht ein Schock für mich. Ich hatte *vier* Tage gebraucht, um diesen verflixten Rhythmus hinzubekommen, und er konnte ihn einfach so runterklopfen!

Jedenfalls, nach viel Überei saß die Sache schließlich, und ich spielte sie in der Show. Es war ein ziemlicher Erfolg: Alle Leute amüsierten sich, den Profesor auf der Bühne Bongos spielen zu sehen, und die Musik war gar nicht so übel; das Stück, wo ich improvisieren konnte, war bei jeder Vorstellung anders und fiel mir leicht, aber dieses Stück am Anfang, das immer gleich sein mußte, das war schwer.

In der Szene in dem Nachtclub in Havanna sollten ein paar Studenten einige Figuren tanzen, die choreographiert werden mußten. Daher hatte die Regisseurin die Frau eines Mitarbeiters am Caltech, eine Choreographin, die damals gerade in den Universal Studios zu tun hatte, engagiert, um den Jungs das Tanzen beizubringen. Der gefiel unsere Trommelei, und nachdem das Stück ausgelaufen war, fragte sie uns, ob wir Lust hätten, in San Francisco für ein Ballett zu trommeln.

»WAS?«

Ja. Sie ging nach San Francisco und würde dort für eine kleine Ballettschule choreographieren. Sie hatte die Idee zu einem Ballett, bei dem die Musik nur von Schlaginstrumenten kommen sollte. Bevor sie umzog, sollten Ralph und ich zu ihr nach Hause kommen und ihr die verschiedenen Rhythmen, die wir kannten, vorspielen, und ausgehend davon wollte sie sich dann eine Geschichte ausdenken, die zu den Rhythmen paßte.

Ralph hatte einige Bedenken, aber ich ermutigte ihn, bei diesem Abenteuer mitzumachen. Ich bestand jedoch darauf, daß sie niemandem erzählte, daß ich Physikprofessor war, Nobelpreisträger, oder irgendeinen anderen Quatsch. Wenn ich trommelte, dann wollte ich es nicht deshalb tun, weil – nun, wie Samuel Johnson sagt: Das Erstaunliche daran, daß ein Hund auf den Hinterbeinen läuft, ist weniger, daß er's gut macht, sondern daß er's überhaupt macht. Ich wollte es nicht machen als der Physikprofessor, der Aufsehen erregt, weil er's überhaupt macht; wir waren einfach Musiker, die sie in Los Angeles aufgetan hatte und die kommen würden, um die Trommelmusik zu spielen, die sie komponiert hatten.

Wir gingen also zu ihr nach Hause und spielten eine Reihe von Rhythmen, die wir uns ausgedacht hatten. Sie machte ein paar Notizen, und bald darauf, noch am gleichen Abend, hatte sie sich eine Geschichte zusammengebastelt und sagte: »Also, ich brauche zweiundfünfzigmal das hier; vierzig Takte hiervon; irgendwas von dem, von dem und von dem...«

Wir gingen nach Hause, und am nächsten Abend bespielten wir in Ralphs Wohnung ein Band. Wir spielten alle Rhythmen ein paar Minuten lang, und dann schnitt Ralph die Aufnahmen so zusammen, daß die verschiedenen Längen stimmten. Als sie umzog, nahm sie eine Kopie des Bandes mit und fing an, die Tänzer in San Francisco danach zu trainieren.

In der Zwischenzeit mußten wir einüben, was auf dem Band war: zweiundfünfzig Zyklen von dem, vierzig Zyklen von dem und so weiter. Was wir zuvor spontan gemacht (und zusammengeschnitten) hatten, mußten wir nun genau lernen. Wir mußten unser eigenes Band nachspielen.

Das große Problem war die Zählerei. Ich dachte, Ralph wüßte, wie man das macht, weil er doch Musiker ist, aber wir entdeckten etwas Komisches. Die »Spiel-Abteilung« in unseren Köpfen war auch die fürs Zählen zuständige »Sprech-Abteilung« – wir konnten nicht gleichzeitig spielen und zählen!

Als wir zu unserer ersten Probe nach San Francisco kamen, stellten wir fest, daß wir nicht zu zählen brauchten, wenn wir auf die Tänzer achteten, denn diese machten bestimmte Bewegungen.

Da wir Berufsmusiker sein sollten und ich keiner war,

passierte uns allerlei. In einer der Szenen ging es beispielsweise um eine Bettlerin, die an einem Strand in der Karibik, wo sich vorher die Damen der besseren Gesellschaft aufgehalten haben, die am Anfang des Balletts auf die Bühne kommen, im Sand nach Abfällen sucht. Die Musik, die die Choreographin für diese Szene verwendet hatte, wurde auf einer besonderen Trommel gespielt, die Ralph und sein Vater ein paar Jahre vorher ziemlich unfachmännisch gebaut hatten und aus der einen guten Ton herauszuholen uns nie glücken wollte. Wir kamen jedoch dahinter, daß, wenn wir uns gegenübersaßen, diese »komische Trommel« zwischen uns auf die Knie nahmen und der eine fortwährend mit zwei Fingern, *bidda-bidda-bidda-bidda-bidda*, rasch den Rhythmus klopfte, der andere mit beiden Händen auf verschiedene Stellen des Trommelfells drücken und dadurch die Tonhöhe verändern konnte. Jetzt hörte sich das ganz anders an, nämlich wie *buuda-buuda-buuda-bidda-biida-biida-biida-bidda-buuda-buuda-buuda-badda-bidda-bidda-bidda-badda*, und es entstanden eine Menge interessanter Klänge.

Nun wollte die Tänzerin, die die Bettlerin spielte, daß der Anstieg und Abfall der Tonhöhe jeweils mit ihrem Tanz übereinstimmte (bei dem Band, das für diese Szene verwendet worden war, unterlagen diese Veränderungen dem Zufall), und sie setzte dazu an, uns zu erklären, was sie tun werde: »Zuerst mache ich viermal diese Bewegung, und zwar so; dann beuge ich mich hinunter, so, und suche acht Takte lang im Sand herum; dann stehe ich auf und drehe mich in diese Richtung.« Ich wußte nur zu gut, daß ich mir das nicht merken konnte, und unterbrach sie:

»Legen Sie einfach los und tanzen Sie, ich werde dann schon dazu spielen.«

»Ja, wollen Sie denn gar nicht wissen, wie der Tanz weitergeht? Es ist nämlich so, daß ich, nachdem ich zum zweiten Mal im Sand herumgesucht habe, für acht Takte hier herübergehe.« Es hatte keinen Zweck, ich konnte das nicht behalten und wollte sie wieder unterbrechen, aber da war ja dieses Problem: Es hätte so ausgesehen, als ob ich kein richtiger Musiker wäre!

Nun, Ralph sprang sehr behutsam in die Bresche, indem er erklärte: »Mr. Feynman hat eine besondere Technik für solche Situationen: Er entwickelt die Dynamik lieber direkt und intuitiv, während er Sie tanzen sieht. Lassen Sie uns das einmal probieren, und wenn Sie nicht zufrieden sind, können wir es anders machen.«

Na ja, sie war eine erstklassige Tänzerin, und man konnte voraussehen, was sie als nächstes tun würde. Wenn sie sich anschickte, im Sand herumzuwühlen, *bereitete* sie sich darauf *vor*, sich hinzuhocken: jede Bewegung war flüssig und geplant, so daß es recht leicht war, ganz passend zu dem, was sie tat, mit meinen Händen die *bzzzs* und *bschschs* und *buudas* und *biddas* zu machen, und sie war sehr zufrieden damit. Auf diese Weise überstanden wir den Moment, in dem wir beinahe enttarnt worden wären.

Das Ballett war ein ziemlicher Erfolg. Das Publikum war zwar nicht sehr groß, aber den Leuten, die sich die Vorstellung ansahen, gefiel es sehr.

Bevor wir zu den Proben und zu den Vorstellungen nach San Francisco fuhren, waren wir uns der ganzen Sache nicht sicher gewesen. Soll heißen, wir dachten, die Choreographin sei nicht ganz richtig im Kopf: denn, erstens, sollte es in dem Ballett nur Musik von Schlaginstrumenten geben; und daß wir, zweitens, gut genug waren, um Musik für ein Ballett zu machen und dafür auch noch *bezahlt* werden sollten, war nun *wirklich* verrückt! Daß ich, der ich nie irgendwelche »Kultur« besessen hatte, schließlich als Berufsmusiker für ein Ballett arbeiten sollte, war für mich gleichsam das höchste der Gefühle.

Wir glaubten nicht, daß es ihr gelingen würde, Ballettänzer zu finden, die bereit sein würden, zu unserer Trommelmusik zu *tanzen*. (Tatsächlich fand eine Primaballerina aus Brasilien, die mit einem portugiesischen Konsul verheiratet war, daß es unter ihrer *Würde* sei.) Aber den anderen Tänzern schien die Musik sehr zu gefallen, und mir wurde ganz warm ums Herz, als wir bei der Probe zum erstenmal für sie spielten. Die Freude, die sie empfanden, als sie hörten, wie unsere Rhythmen *wirklich* klangen (bis dahin hatten sie nur unser Band verwendet, das auf einem kleinen Cassettenrecorder abgespielt wurde), war echt, und ich war sehr viel zuversichtlicher, als ich sah, wie sie auf unser tatsächliches Spiel reagierten. Und an den Kommentaren der Leute, die zu den Vorstellungen kamen, konnten wir ablesen, daß es ein Erfolg war.

Die Choreographin wollte im darauffolgenden Frühjahr ein weiteres Ballett zu unserer Trommelei inszenieren, und so machten wir es genau wie beim erstenmal. Wir nahmen noch ein paar Rhythmen auf Band auf, und sie ließ sich eine andere Geschichte einfallen, die diesmal in Afrika spielte. Ich sprach mit Professor Munger vom Caltech und ließ mir ein paar Sätze aus einer afrikanischen Sprache sagen, die am Anfang gesungen werden sollten (GAwa baNY-Uma GAwa WO oder etwas in der Art) und die ich so lange übte, bis sie saßen.

Später fuhren wir zu ein paar Proben nach San Francisco. Als wir dort hinkamen, stellten wir fest, daß sie ein Problem hatten. Sie wußten nicht, wie sie Elephantenstoßzähne machen sollten, die auf der Bühne gut aussahen. Die, die sie aus Pappmaché hergestellt hatten, waren so schlecht, daß es einigen Tänzern peinlich war, davor zu tanzen.

Wir hatten auch keine Lösung anzubieten und warteten ab, was sich bis zu den Vorstellungen am folgenden Wochenende ergeben würde. In der Zwischenzeit besuchte ich Werner Erhard, den ich kannte, weil ich an einigen von ihm organisierten Konferenzen teilgenommen hatte. Ich saß in seinem schönen Haus und hörte mir gerade irgendeine Philosophie oder Idee an, die er mir zu erklären versuchte, als ich mit einem Mal wie hypnotisiert war.

»Was ist denn los?« fragte er.

Mir fielen fast die Augen aus dem Kopf, und ich rief: »*Stoßzähne!*« Hinter ihm auf dem Boden standen solche *riesigen, massiven, wunderschönen* Stoßzähne aus Elfenbein!

Er lieh sie uns. Auf der Bühne kamen sie (zur großen Erleichterung der Tänzer) sehr gut zur Geltung: *echte* Stoßzähne, *super*groß, freundlicherweise zur Verfügung gestellt von Werner Erhard.

Die Choreographin zog dann an die Ostküste und führte ihr karibisches Ballett dort auf. Wir hörten später, daß sie mit diesem Ballett an einem Wettbewerb für Choreographen aus den ganzen Vereinigten Staaten teilgenommen und den ersten oder zweiten Platz belegt hatte. Durch diesen Erfolg ermutigt, nahm sie an einem weiteren Wettbewerb teil, diesmal in Paris und für Choreographen aus der ganzen Welt. Sie nahm ein Band in Studioqualität mit, das wir in San Francisco eingespielt hatten, und trainierte einige Tänzer in Frankreich, um einen kleinen Ausschnitt aus dem Ballett aufzuführen – damit nahm sie an dem Wettbewerb teil.

Sie schnitt sehr gut ab. Sie kam in die Finalrunde, an der nur noch zwei teilnahmen: eine lettische Gruppe, die mit regulären Tänzern ein traditionelles Ballett zu schöner klassischer Musik aufführte, und eine Außenseiterin aus Amerika mit den zwei Tänzern, die sie in Frankreich trainiert hatte, und einem Ballett, in dem es nur unsere Trommelmusik gab.

Sie war der Liebling des Publikums, aber es war kein Popularitätswettbewerb, und die Juroren entschieden, daß die Letten gewonnen hatten. Sie ging danach zur Jury, um zu erfahren, was die Schwächen in ihrem Ballett gewesen seien.

»Nun, Madame, die Musik war nicht zufriedenstellend. Sie war nicht subtil genug. Es fehlten kontrollierte Crescendos ...«

So hatte man uns zuletzt doch noch entlarvt: Bei den Leuten in Paris, die wirklich Kultur haben und Musik von Trommelei unterscheiden können, fielen wir durch.

Andere Bewußtseinszustände

Früher hielt ich jeden Mittwoch in der Flugzeugfirma Hughes Vorlesung, und eines Tages kam ich ein bißchen zu früh dort an und flirtete wie gewöhnlich mit der Empfangsdame herum, als ungefähr ein halbes Dutzend Leute hereinkamen – ein Mann, eine Frau und ein paar andere. Ich hatte sie noch nie gesehen. Der Mann fragte: »Sind wir hier richtig zu den Vorlesungen von Professor Feynman?«

»Ja, da sind Sie hier richtig«, antwortete die Empfangsdame.

Der Mann will wissen, ob seine Gruppe an den Vorlesungen teilnehmen kann.

»Ich glaube, da werden Sie keinen Spaß dran haben«, sage ich. »Die sind recht fachbezogen.«

Die Frau, die ziemlich clever war, hatte es bald raus: »Sie sind bestimmt Professor Feynman!«

Es stellte sich heraus, daß der Mann John Lilly war, der früher mit Delphinen gearbeitet hatte. Er und seine Frau erforschten jetzt die sensorische Deprivation und hatten zu diesem Zweck verschiedene Tanks gebaut.

»Ist es nicht so, daß man unter diesen Bedingungen Halluzinationen bekommen soll?« fragte ich aufgeregt.

»Ja, das ist tatsächlich so.«

Traumbilder und andere Bilder, die zu Bewußtsein kommen, ohne eine direkte sensorische Quelle zu haben, und wie das im Kopf abläuft, das hatte mich immer schon fasziniert, und ich wollte gern einmal Halluzinationen erleben. Ich hatte auch schon überlegt, Drogen zu nehmen, mich dann aber irgendwie doch nicht getraut: Ich denke eben gern und möchte die Maschine nicht kaputtmachen. Aber mir schien, einfach in einem Tank zu liegen, durch den einem Sinnesreize entzogen werden, berge keine körperliche Gefahr in sich, so daß ich darauf brannte, es zu probieren.

Ich nahm die freundliche Einladung der Lillys, es einmal mit den Tanks zu versuchen, rasch an, und sie hörten sich mit ihrer Gruppe die Vorlesung an.

In der darauffolgenden Woche ging ich dann hin, um die Tanks auszuprobieren. Mr. Lilly bereitete mich darauf vor, wie er es wohl auch bei anderen Leuten machte. Es gab da eine Menge Glühbirnen, die wie Neonröhren mit verschiedenen Gasen gefüllt waren. Er zeigte mir das Periodensystem und erzählte allerlei mysteriöses Zeug über verschiedene Arten von Licht, die unterschiedliche Wirkungen hätten. Er sagte, bevor man in den Tank steige, müsse man in einen Spiegel blicken und dabei die Nase dagegen drücken – alles reichlich verquast und unausgegoren. Ich gab nichts auf das unausgegorene Zeug, *folgte* aber allen Anweisungen, weil ich in die Tanks steigen wollte und außerdem dachte, es *könne* ja sein, daß man durch diese Vorbereitungen leichter Halluzinationen bekomme. Ich machte also alles genauso, wie er es sagte. Das einzige, was sich als schwierig erwies, war, zu entscheiden, welches farbige Licht ich haben wollte, zumal der Tank ja innen dunkel sein sollte.

Ein Tank für sensorische Deprivation ist wie eine große, überdachte Badewanne. Innen ist es vollkommen dunkel und wegen der Dicke der Wände auch völlig still. Eine kleine Pumpe sorgt für Frischluft, aber es zeigt sich, daß man sich darüber keine Gedanken zu machen braucht, denn der Luftvorrat ist ziemlich groß, und man ist ja nur zwei oder drei Stunden drin, so daß man wirklich nicht viel Luft verbraucht, wenn man normal atmet. Mr. Lilly meinte, die Pumpen seien dazu da, um die Leute zu beruhigen, weshalb ich annahm, sie erfüllten wohl nur eine psychologische Funktion, und ihn bat, die Pumpe abzuschalten, denn sie erzeugte ein kleines Geräusch.

Dem Wasser im Tank sind Bittersalze zugesetzt, damit es

dichter als gewöhnliches Wasser ist und einen leicht trägt. Die Temperatur wird auf Körpertemperatur gehalten oder auf ungefähr 34 Grad – er hatte an alles gedacht. Es sollte kein Licht, kein Geräusch, keine Temperaturempfindung geben, einfach nichts! Hin und wieder kam es vor, daß man zur Seite trieb und ein wenig anstieß, oder es fiel ein Wassertropfen herab, der sich durch die Kondensation an der Decke des Tanks gebildet hatte, aber diese geringfügigen Störungen waren sehr selten.

Ich muß das wohl ein dutzendmal gemacht und jedesmal an die zweieinhalb Stunden im Tank verbracht haben. Beim erstenmal bekam ich keine Halluzinationen, aber nachdem ich im Tank gewesen war, machten mich die Lillys mit einem Herrn bekannt, der mir als Arzt vorgestellt wurde und der mir von einer Droge namens Ketamin erzählte, die als Betäubungsmittel verwendet werde. Ich hatte mich immer dafür interessiert, was geschieht, wenn man einschläft oder wenn man umkippt, und deshalb zeigten sie mir die Informationen, die dem Medikament beigegeben waren und gaben mir ein Zehntel der normalen Dosis.

Ich hatte eine seltsame Empfindung, aus der ich nie schlau wurde oder deren Wirkung ich nie *genau* charakterisieren konnte, sooft ich es auch versuchte. Die Droge hatte beispielsweise eine recht starke Wirkung auf mein Sehvermögen; ich hatte das Gefühl, nicht deutlich sehen zu können. Aber wenn ich mir etwas *genau* ansah, war es o. k. Es war irgendwie so, als *achte* man nicht auf das, was man sieht; man ist nachlässig, tut dies und das, fühlt sich irgendwie benommen, aber sobald man hinsieht und sich konzentriert, ist alles, zumindest für einen Augenblick, in Ordnung. Ich nahm mir ein Buch über organische Chemie, das sie hatten, und sah mir eine Tabelle mit allen möglichen komplizierten Substanzen an, und zu meiner Überraschung konnte ich sie lesen.

Ich tat allerlei andere Dinge, wie zum Beispiel meine Hände aufeinander zuzubewegen, um zu sehen, ob sich meine Finger berühren würden, und obwohl ich mich völlig desorientiert fühlte und den Eindruck hatte, praktisch zu nichts in der Lage zu sein, fand ich nie etwas Bestimmtes, das ich nicht tun konnte.

Als ich das erste Mal im Tank war, bekam ich, wie gesagt, keine Halluzinationen, und beim zweiten Mal auch nicht. Aber die Lillys waren sehr interessante Leute; ich war sehr, sehr gern mit ihnen zusammen. Sie luden mich oft zum Essen ein und so weiter, und nach einer Weile diskutierten wir über Dinge, die auf einem anderen Niveau lagen als die Sachen mit den Lichtern, die er mir anfangs erzählt hatte. Mir wurde klar, daß andere Leute den Deprivationstank ein wenig furchterregend gefunden hatten, aber für mich war er eine recht interessante Erfindung. Ich hatte keine Angst, denn ich wußte ja, was es war: ein Tank mit Wasser, dem Bittersalz zugesetzt war.

Beim dritten Mal war ein Mann zu Besuch – ich habe dort viele interessante Leute kennengelernt –, der sich Baba Ram Das nannte. Er kam aus Harvard, war in Indien gewesen und hatte ein populäres Buch mit dem Titel *Be Here Now* geschrieben. Er berichtete, wie sein Guru in Indien ihm beigebracht hatte, eine »außerkörperliche Erfahrung« zu machen (ich hatte diesen Begriff oft am Schwarzen Brett gesehen): Man konzentriert sich auf seinen Atem, darauf, wie er durch die Nase ein- und austritt.

Ich dachte, ich müsse alles ausprobieren, um eine Halluzination zu bekommen, und stieg in den Tank. Irgendwann im Laufe der Übung merkte ich plötzlich – es ist schwer zu erklären –, daß ich etwas daneben war. Mit anderen Worten, bezogen darauf, wo mein Atem ein- und ausging, ein und aus, war ich nicht in der Mitte: Mein Ich war ein bißchen seitlich verschoben, um ein paar Zentimeter.

Ich dachte: »Ja, wo *befindet* sich denn nun das Ich? Ich weiß ja, daß alle glauben, der Sitz des Denkens sei das Gehirn, aber woher *wissen* sie das?« Da ich etwas darüber gelesen hatte, wußte ich freilich, daß es früher, ehe man mancherlei psychologische Untersuchungen anstellte, den Leuten durchaus nicht so klar gewesen war. Die Griechen zum Beispiel glaubten, daß der Sitz des Denkens die Leber sei. Ich überlegte: »Kann es sein, daß Kinder die Lokalisierung des Ich dadurch lernen, daß sie sehen, wie Leute sich an den Kopf greifen, wenn sie sagen: ›Laß mich nachdenken‹? Dann müßte die Vorstellung, daß das Ich da oben hinter den Augen lokalisiert ist, eine Konvention sein!« Ich dachte, wenn ich mein Ich ein paar Zentimeter zur Seite bewegen konnte, könnte ich es auch weiter bewegen. So fingen meine Halluzinationen an.

Ich versuchte es, und nach einer Weile schaffte ich es, mein Ich durch den Hals in meine Brust wandern zu lassen. Als mir ein Wassertropfen auf die Schulter fiel, spürte ich es »dort oben«, über der Stelle, wo »ich« war. Jedesmal wenn ein Tropfen herabfiel, bekam ich einen kleinen Schreck, und dann sprang mein Ich durch den Hals zurück an seinen gewöhnlichen Platz. Dann mußte ich mich wieder hinunterarbeiten. Zuerst kostete es große Mühe, jedesmal wieder hinunterzuwandern, aber dann wurde es allmählich leichter. Ich brachte es fertig, mich auf einer Seite bis hinunter zu den Lenden zu bewegen, aber das war für eine ganze Weile das Weiteste, was ich schaffte.

Als ich ein andermal im Tank war, beschloß ich, wenn ich mich bis zu meinen Lenden bewegen konnte, müßte ich es auch schaffen, ganz aus meinem Körper hinauszukommen. Auf dieses Weise brachte ich es fertig, »neben mir zu sitzen«. Es ist schwer zu erklären – ich bewegte meine Hände und planschte im Wasser herum, und obwohl ich sie nicht *sehen* konnte, wußte ich, wo sie waren. Aber anders als im wirklichen Leben, wo die Hände auf *beiden* Seiten sind und ein Stückchen weiter *unten*, waren beide auf *einer* Seite! Das Gefühl in meinen Fingern und alles andere war genau wie sonst, bloß daß mein Ich draußen saß und das alles »beobachtete«.

Von diesem Zeitpunkt an hatte ich fast jedesmal Halluzinationen und konnte mich weiter und weiter aus meinem Körper hinausbewegen. Das ging so weit, daß ich meine Hände, wenn ich sie bewegte, als etwas Mechanisches sah, das rauf und runter ging – sie waren nicht aus Fleisch und Blut; sie waren etwas Mechanisches. Aber ich konnte immer noch alles fühlen. Die Empfindungen stimmten genau mit der Bewegung überein, aber ich hatte gleichzeitig so ein Gefühl wie »das ist er«. »Ich« gelangte schließlich sogar aus dem Raum hinaus, wanderte herum und begab mich weiter fort an Orte, wo Dinge passiert waren, die ich früher, an einem anderen Tag, erlebt hatte.

Die außerkörperlichen Erlebnisse, die ich hatte, waren sehr verschiedenartig. Einmal zum Beispiel konnte ich meinen Hinterkopf »sehen«, der auf meinen Händen lag. Als ich meine Finger bewegte, konnte ich sehen, wie sie sich bewegten, aber zwischen den Fingern und dem Daumen sah ich den blauen Himmel. Das konnte natürlich nicht sein; es war eine Halluzination. Aber die Sache ist so, daß, wenn ich meine Finger bewegte, ihre Bewegung exakt mit der Bewegung übereinstimmte, die ich mir einbildete zu sehen. Die ganze Einbildung taucht auf und stimmt mit dem überein, was man empfindet und tut, ganz so, wie wenn man morgens langsam aufwacht, etwas berührt (aber nicht weiß was), und plötzlich wird einem klar, was es ist. Die ganze Einbildung taucht also plötzlich auf, nur eben, daß sie *ungewohnt* ist, und zwar in dem Sinn, daß man sich das Ich gewöhnlich *vor* dem Hinterkopf vorstellt, es statt dessen aber *dahinter* hat.

Etwas, das mir fortwährend psychologisch zu schaffen machte, wenn ich eine Halluzination hatte, war, daß ich möglicherweise eingeschlafen war und deshalb nur träumte. Mit Träumen hatte ich schon einige Erfahrung, und deshalb wollte ich etwas Neues kennenlernen. Irgendwie war es bekloppt, denn wenn man Halluzinationen und dergleichen hat, ist man nicht gerade sehr scharfsinnig, und dann setzt man sich solche dämlichen Sachen in den Kopf wie zu überprüfen, ob man nicht träumt. Ich überprüfte also *andauernd,* ob ich nicht träumte, indem ich – weil meine Hände oft hinter dem Kopf lagen – meine Daumen aneinander rieb, hin und her, um sie zu fühlen. Natürlich hätte ich das ebenfalls träumen können, aber so war es nicht: Ich wußte, daß das wirklich geschah.

Nachdem ganz zu Anfang die Aufregung darüber, Halluzinationen zu haben, dazu geführt hatte, daß sie »heraussprangen« oder aufhörten, konnte ich mich später entspannen und hatte Halluzinationen, die länger dauerten.

Ein oder zwei Wochen später dachte ich viel darüber nach, wie das Gehirn im Vergleich zu einer Rechenmaschine arbeitet – vor allem darüber, wie die Informationen gespeichert werden. Eines der interessanten Probleme in diesem Bereich ist die Art und Weise, wie im Gehirn Erinnerungen gespeichert sind: Im Vergleich zu einer Maschine kommt man von sehr vielen Richtungen her an sie heran – man braucht sich nicht gleich mit der korrekten Adresse an das Gedächtnis zu wenden. Wenn ich zum Beispiel an das Wort »Miete« heran will, kann ich ein Kreuzworträtsel lösen und nach einem Wort mit fünf Buchstaben suchen, das mit M anfängt und mit E aufhört; ich kann auch an verschiedene Arten von Einkünften denken oder an Tätigkeiten wie Ausborgen und Verleihen; und dies wiederum kann zu allen möglichen anderen damit zusammenhängenden Erinnerungen oder Informationen führen. Ich dachte darüber nach, wie man eine »Nachahmungsmaschine« bauen könnte, die so sprechen lernen würde wie ein Kind: indem man nämlich mit ihr spricht. Aber ich hatte keine Ahnung, wie man die Sachen im Speicher so anordnen konnte, daß die Maschine sie zu ihren eigenen Zwecken würde abrufen können.

Als ich in jener Woche wieder in den Tank stieg und eine Halluzination hatte, versuchte ich, an sehr frühe Erinnerungen zu denken. Ich sagte mir immer wieder: »Noch früher; es muß noch früher sein« – und ich hatte nie das befriedigende Gefühl, daß die Erinnerungen auch weit genug zurücklagen. Wenn mir eine sehr frühe Erinnerung einfiel – sagen wir, an meine Heimatstadt Far Rockaway –, stieg gleich eine ganze Folge von Erinnerungen auf, allesamt Erinnerungen an Far Rockaway. Wenn ich dann an etwas aus einer anderen Stadt dachte – zum Beispiel aus Cedarhurst –, kamen eine ganze Menge Sachen hoch, die mit Cedarhurst in Zusammenhang standen. Und auf diese Weise wurde mir klar, daß Erinnerungen nach den *Orten* gespeichert sind, an denen man die Erlebnisse gehabt hat.

Ich fand diese Entdeckung ziemlich gut, stieg aus dem Tank, duschte, zog mich an und so weiter und fuhr dann los zu der Flugzeugfirma Hughes, um meine wöchentliche Vorlesung zu halten. Deshalb verging eine Dreiviertelstunde, nachdem ich aus dem Tank gestiegen war, bis mir plötzlich zum erstenmal aufging, daß ich ja nicht die geringste Ahnung davon hatte, wie Erinnerungen im Gehirn gespeichert werden; es war alles bloß eine Halluzination! Was ich »entdeckt« hatte, hatte überhaupt nichts damit zu tun, wie Erinnerungen im Gehirn gespeichert werden; es hatte mit der Art und Weise zu tun, wie ich mit mir selbst spielte.

Bei unseren zahlreichen Diskussionen über Halluzinationen während meiner früheren Besuche hatte ich Lilly und den anderen zu erklären versucht, daß die Vorstellung, daß Dinge wirklich sind, nicht die *wahre* Wirklichkeit wiedergibt. Wenn man ein paarmal goldene Kugeln oder irgend so etwas sieht, und während der Halluzination sprechen sie mit einem und erzählen, sie seien eine andere Form von Intelligenz, dann bedeutet das *nicht,* daß sie das auch wirklich sind; es bedeutet nur, daß man gerade diese Halluzination gehabt hat. Da saß ich nun mit diesem tollen Gefühl, entdeckt zu haben, wie Erinnerungen gespeichert werden, und war erstaunt, daß es eine Dreiviertelstunde dauerte, bis ich den Irrtum bemerkte, den ich den anderen zu erklären versucht hatte.

Eine der Fragen, über die ich nachdachte, war, ob Halluzinationen, wie Träume, durch das beeinflußt werden, was man bereits im Kopf hat – durch Erlebnisse, die man während des Tages oder früher hatte, oder durch Dinge, die man sehen möchte. Ich glaube, ich hatte deshalb ein außerkörperliches Erlebnis, weil wir, kurz bevor ich in den Tank stieg, gerade über solche Erlebnisse gesprochen hatten. Und eine Halluzination, die damit zu tun hatte, wie Erinnerungen im Gehirn gespeichert werden, hatte ich wohl deshalb, weil ich die ganze Woche über dieses Problem nachgedacht hatte.

Mit den Leuten, die ich bei den Lillys traf, hatte ich heftige Debatten über die Realität von Erfahrungen. Sie argumentierten, in der experimentellen Wissenschaft gelte dann etwas als real, wenn das Experiment wiederholt werden könne. Wenn also viele Leute immer wieder goldene Kugeln sähen, die zu ihnen sprechen, müßten die Kugeln real sein. Ich vertrat demgegenüber den Standpunkt, wahrscheinlich sei, bevor man in den Tank steige, ein wenig *über* die goldenen Kugeln gesprochen worden, und wenn dann der Betreffende, der sich geistig bereits mit goldenen Kugeln beschäftigte, als er in den Tank stieg, halluziniere und etwas sehe, was den Kugeln ungefähr entspreche – vielleicht blaue Kugeln oder etwas Ähnliches –, glaube er, daß er die Erfahrung wiederhole. Ich fand, ich konnte den Unterschied zwischen der Übereinstimmung von Leuten, die innerlich darauf eingestellt sind, und der Übereinstimmung, die man bei experimenteller Arbeit erreicht, verstehen. Es ist recht amüsant, daß der Unterschied so leicht zu sehen – aber so schwer zu definieren ist!

Ich glaube, daß es bei Halluzinationen *nichts* gibt, was den inneren psychologischen Zustand desjenigen, der die Halluzination hat, von außen beeinflußt. Trotzdem gibt es viele Leute, die eine Menge Erfahrungen gemacht haben und glauben, Halluzinationen enthielten ein Stück Realität. Dieselbe allgemeine Vorstellung mag dafür verantwortlich sein, daß Traumdeuter einen gewissen Erfolg haben. Manche Psychoanalytiker beispielsweise deuten Träume, indem sie von der Bedeutung verschiedener Symbole sprechen. Es ist ja nicht ganz ausgeschlossen, daß diese Symbole daraufhin *tatsächlich* in Träumen auftauchen. Ich glaube also, daß die Deutung von Halluzinationen oder Träumen vermutlich ein Prozeß ist, der sich selbst reproduziert: man wird damit im allgemeinen mehr oder minder Erfolg haben, vor allem wenn man vorher eingehend darüber spricht.

Gewöhnlich brauchte ich ungefähr eine Viertelstunde, um eine Halluzination in Gang zu bringen, aber ein paarmal, als ich vorher etwas Marihuana rauchte, ging es sehr schnell. Doch fünfzehn Minuten waren für mich rasch genug.

Oft passierte es, daß, wenn die Halluzination sich einstellte, etwas kam, was man als »Abfall« bezeichnen könnte: einfach chaotische Bilder – völlig wirres Zeug. Ich versuchte mir einiges davon einzuprägen, um es später besser beschreiben zu können, aber es war besonders schwierig, das zu behalten. Ich glaube, ich kam in die Nähe dessen, was während des Einschlafens vor sich geht: Es gibt offenbar logische Verbindungen, aber wenn man versucht, sich daran zu erinnern, was einen auf das gebracht hat, woran man gerade denkt, kann man es nicht. Tatsächlich vergißt man bald, was es *ist*, an das man sich zu erinnern versucht. Ich kann mich nur an solche Dinge erinnern wie ein weißes Schild mit einem Pickel drauf, in Chicago, und dann verschwindet es. Immer nur solches Zeug.

Mr. Lilly hatte mehrere verschiedene Tanks, und wir machten eine Reihe unterschiedlicher Experimente. An den Halluzinationen änderte das wenig, und ich gewann die Überzeugung, daß der Tank überflüssig sei. Da ich nun wußte, wie es ging, wurde mir klar, daß man sich nur ruhig hinsetzen muß – wozu brauchte man dieses ganze Drum und Dran?

Und als ich dann nach Hause kam, machte ich das Licht

aus, setzte mich im Wohnzimmer in einen bequemen Sessel und versuchte und versuchte es – und schaffte es nicht. Es ist mir nie gelungen, außerhalb der Tanks eine Halluzination zu bekommen. Natürlich hätte es mir *gefallen,* wenn ich es zu Hause fertiggebracht hätte, und ich zweifle nicht, daß man meditieren und es *schaffen* könnte, wenn man üben würde, aber ich habe nicht geübt.

Cargo-Kult-Wissenschaft*

Im Mittelalter gab es alle möglichen verqueren Ideen, zum Beispiel die, daß ein Stück vom Horn des Rhinozeros die Potenz steigere. Dann wurde eine Methode zur Aussonderung von Ideen entdeckt – die darin bestand, eine Idee auszuprobieren, um zu sehen, ob sie funktionierte, und sie, wenn das nicht der Fall war, zu eliminieren. Diese Methode wurde natürlich zur Wissenschaft ausgebaut. Und sie hat sich so gut entwickelt, daß wir jetzt im wissenschaftlichen Zeitalter leben. Dieses Zeitalter ist in der Tat so von der Wissenschaft geprägt, daß es uns schwerfällt zu verstehen, daß es *je* Wunderheiler geben konnte, wo doch nichts – oder nur sehr wenig – von dem, was sie vorschlugen, je wirklich funktionierte.

Aber selbst heute begegne ich vielen Leuten, die mich früher oder später in ein Gespräch über UFOs, über Astrologie oder irgendeine Form von Mystizismus, über Bewußtseinserweiterung, neue Arten des Bewußtseins, außersinnliche Wahrnehmung und so weiter verwickeln. Und daraus habe ich den Schluß gezogen, daß wir *mitnichten* in einer wissenschaftlichen Welt leben.

Manche Leute glauben so viele aberwitzige Dinge, daß ich beschloß, einmal zu untersuchen, warum das so ist. Und das, was man meine Forscherneugier genannt hat, hat mich in die schlimme Lage gebracht, so viel Schrott zu finden, daß ich erschüttert war. Ich fing zunächst damit an, verschiedene Vorstellungen von Mystik und mystische Erfahrungen zu untersuchen. Ich stieg in Isolationstanks und hatte viele Stunden lang Halluzinationen, so daß ich darüber etwas Bescheid weiß. Dann ging ich nach Esalen, das

---

* Aus der Ansprache zur Caltech-Abschlußfeier im Jahre 1974.

eine Brutstätte für diese Art des Denkens ist (es ist wunderschön; ein Besuch dort lohnt sich). Ich war erschüttert. Ich wußte war nicht, *was* es alles gibt.

In Esalen gibt es auf einem Felsvorsprung, ungefähr zehn Meter über dem Meer, große Bäder, die von heißen Quellen gespeist werden. Es war eine meiner angenehmsten Erfahrungen, in einem dieser Bäder zu sitzen und zuzuschauen, wie sich unten die Wellen an der felsigen Küste brachen, in den klaren blauen Himmel über mir zu blicken und ein schönes nacktes Mädchen zu beobachten, wie es ruhig und gelassen erschien und sich zu mir ins Bad setzte.

Einmal stieg ich in ein Bad, in dem ein hübsches Mädchen mit einem Burschen saß, der sie nicht zu kennen schien. Sofort überlegte ich: »Mensch! Wie fange ich denn jetzt mit diesem hübschen nackten Käfer ein Gespräch an?«

Ich zerbreche mir den Kopf, was ich sagen soll, als er zu ihr sagt: »Also, wissen Sie, ich lerne Massage. Wär's möglich, daß ich ein bißchen an Ihnen übe?«

»Ja sicher«, sagt sie. Sie steigen aus dem Bad, und sie legt sich in der Nähe auf einen Massagetisch.

Ich denke bei mir: »Was für 'ne schlaue Taktik! Mir würd' sowas nie einfallen!« Er fängt an, ihren großen Zeh zu reiben. »Ich glaub', ich fühl's«, sagt er. »Ich fühl so 'ne Delle – ist das die Hypophyse?«

Ich platze heraus: »Mensch, von der Hypophyse sind Sie aber noch verdammt weit weg!«

Sie guckten mich entsetzt an – ich hatte mich wohl verraten – und sagten: »Das ist doch Reflexlehre!«

Ich machte schnell meine Augen zu und tat so, als meditierte ich.

Das ist nur ein Beispiel für die Dinge, die mich erschüttern. Ich nahm mir auch die außersinnliche Wahrnehmung und PSI-Phänomene vor, und der letzte Schrei auf diesem Gebiet war Uri Geller, ein Mann, der angeblich Schlüssel verbiegen kann, wenn er mit dem Finger an ihnen reibt. Auf seine Einladung hin ging ich zu ihm ins Hotel, um mir eine Vorführung sowohl in Gedankenlesen als auch in Schlüsselverbiegen anzusehen. Mit dem Gedankenlesen hatte er keinen Erfolg; ich schätze, niemand kann meine Gedanken lesen. Und als mein Sohn einen Schlüssel hielt und Geller daran rieb, tat sich auch nichts. Dann erzählte er uns, unter Wassser gehe es besser, und man kann sich vorstellen, wie wir alle im Badezimmer standen, das Wasser lief, er den Schlüssel darunter hielt und mit dem Finger daran rieb. Es passierte nichts. Dieses Phänomen habe ich also nicht untersuchen können.

Doch dann fing ich an zu überlegen: Was gibt es denn sonst noch, woran wir glauben? (Und dabei dachte ich an die Wunderheiler und wie leicht es gewesen wäre, sie zu überführen, wenn man darauf geachtet hätte, daß nichts wirklich funktionierte.) So kam ich auf Dinge, an die *noch* mehr Leute glauben, zum Beispiel, daß wir ein Wissen davon haben, wie wir erziehen sollen. Es gibt ganze Schulen in bezug auf Lesemethoden, Rechenmethoden und so weiter, aber wenn man achtgibt, sieht man, daß die Leistungen im Lesen weiter zurückgehen – oder kaum steigen –, und das, obwohl wir beständig eben diese Leute einsetzen, um die Methoden zu verbessern. *Das* ist auch so ein Wunderheilmittel, das nicht wirkt. Man müßte das untersuchen: Woher wissen sie eigentlich, ob ihre Methode wirkt? Ein anderes Beispiel ist die Behandlung von Verbrechern. Offenbar ist es uns nicht gelungen – wir besitzen zwar viele Theorien, haben aber keinen Fortschritt gemacht –, durch die Methode, mit der wir Kriminelle gewöhnlich behandeln, die Verbrechensrate zu senken.

Trotzdem heißt es, diese Dinge seien wissenschaftlich. Sie werden studiert. Und ich glaube, gewöhnliche Leute, die vernünftige Ideen haben, werden von dieser Pseudowissenschaft eingeschüchtert. Die Lehrerin, die eine gute Idee hat, wie sie ihren Schülern das Lesen beibringen kann, wird vom Schulsystem gezwungen, es anders zu machen – oder läßt sich vom Schulsystem sogar weismachen, daß die Methode nichts taugen könne. Oder eine Mutter bestraft ein paar Lümmel und fühlt sich für den Rest ihres Lebens schuldig, weil sie im Sinne der Experten nicht »das Richtige« getan hat.

Wir sollten uns also Theorien, die nicht funktionieren, und Wissenschaften, die keine sind, sehr genau anschauen.

Ich glaube, die pädagogischen und psychologischen Untersuchungen, die ich erwähnt habe, sind Beispiele für das, was ich als Cargo-Kult-Wissenschaft bezeichnen möchte. In der Südsee gibt es bei bestimmten Völkern einen Cargo-Kult. Während des Krieges sahen sie, wie Flugzeuge mit vielen brauchbaren Gütern landeten, und nun möchten sie, daß das wieder geschieht. So sind sie übereingekommen, Landebahnen anzulegen, seitlich der Landebahnen Leuchtfeuer anzuzünden, eine Hütte aus Holz zu bauen, in der jemand mit einem hölzernen Apparat sitzt, der wie ein Kopfhörer aussieht und in dem Bambusstöcke als Antennen stecken – das ist der Fluglotse –, und sie warten darauf, daß die Flugzeuge landen. Sie machen das jede Nacht. Die Form ist perfekt. Es sieht genauso aus, wie es früher aussah. Aber es funktioniert nicht. Es landen keine Flugzeuge. All das nenne ich Cargo-Kult-Wissenschaft, weil es anscheinend allen Rezepten und Formen der wissenschaftlichen Forschung folgt, aber etwas Wesentliches verfehlt, denn die Flugzeuge landen ja nicht.

Nun obliegt es mir natürlich, Ihnen zu sagen, was dabei verfehlt wird. Aber das wäre ungefähr so schwierig, wie wenn ich den Südseeinsulanern erklären wollte, wie sie's anstellen müssen, um mit ihrem System zu einem gewissen Wohlstand zu kommen. Es geht nicht einfach darum, ihnen zu sagen, wie sie die Form der Kopfhörer verbessern können. Aber mir fällt auf, daß es *etwas* gibt, das bei der Cargo-Kult-Wissenschaft im allgemeinen fehlt. Es handelt sich um eine Idee, von der wir alle hoffen, daß Sie sie beim naturwissenschaftlichen Unterricht in der Schule gelernt haben – wir sagen nie ausdrücklich, *was* es ist, sondern hoffen halt, daß Sie durch all die Beispiele wissenschaftlicher Forschung kapieren, um was es geht. Insofern ist es interessant, diese Idee jetzt vorzubringen und ausdrücklich von ihr zu sprechen. Es handelt sich um so etwas wie wissenschaftliche Integrität, um einen Grundsatz des wissenschaftlichen Denkens, der gleichsam äußerster Ehrlichkeit entspricht – etwas, worum man sich in jeder nur erdenklichen Weise bemüht. Wenn Sie zum Beispiel ein Experiment durchführen, sollten Sie alles mitteilen, was es Ihrer Meinung nach ungültig machen könnte – nicht nur das, was Ihrer Meinung nach daran stimmig ist: andere Ursachen, die möglicherweise Ihre Resultate erklären könnten; und Dinge, an die Sie gedacht und die Sie durch ein anderes Experiment ausgeschaltet haben, und wie diese Dinge funktionierten – damit andere sichergehen können, daß sie auch wirklich ausgeschlossen worden sind.

Einzelheiten, die geeignet sein könnten, Ihre Deutung zweifelhaft erscheinen zu lassen, müssen preisgegeben werden, wenn Sie sie kennen. Falls Sie überhaupt wissen, daß irgend etwas nicht stimmt – oder möglicherweise nicht stimmt –, müssen Sie Ihr Bestes tun, um es zu erklären. Wenn Sie beispielsweise eine Theorie aufstellen und publik machen oder vorbringen, müssen Sie neben den Tatsachen, die mit ihr übereinstimmen, auch all jene darlegen, die nicht mir ihr übereinstimmen. Es gibt aber ein noch subtileres Problem. Wenn Sie eine Reihe von Ideen zusammengebracht haben, um eine ausgefeilte Theorie aufzustellen, sollten Sie, wenn Sie erklären, worauf sie paßt, sicherstellen, daß die Dinge, denen sie entspricht, nicht eben jene sind, die Ihnen den Gedanken zu dieser Theorie eingegeben haben, sondern daß sich durch die fertige Theorie darüber hinaus noch etwas anderes ergibt.

Kurz, es geht darum, *alle* Informationen zu liefern, durch die andere den Wert Ihres Beitrags beurteilen können, und nicht nur jene Informationen, die zu Urteilen in dieser oder jener bestimmten Richtung führen.

Am leichtesten läßt sich dieser Gedanke erläutern, wenn man ihn zum Beispiel mit der Werbung vergleicht. Gestern abend habe ich gehört, daß Wesson-Öl nicht in Speisen einzieht. Nun, das stimmt. Es ist nicht gelogen; aber bei dem, worüber ich spreche, geht es nicht darum, nicht unehrlich zu sein, sondern um wissenschaftliche Integrität, und das ist eine ganz andere Ebene. Die Tatsache, die jener Behauptung in der Werbung hinzugefügt werden müßte, ist, daß *kein* Öl in die Speise einzieht, wenn es bei einer bestimmten Temperatur verwendet wird. Wird es hingegen bei einer anderen Temperatur verwendet, dann zieht *jedes* Öl – das Öl der Firma Wesson eingeschlossen – in die Speise ein. Was vermittelt worden ist, ist also die Implikation und nicht die Tatsache, die zutrifft, und das, womit wir es zu tun haben, ist der Unterschied zwischen beiden.

Wir wissen aus Erfahrung, daß die Wahrheit am Ende herauskommt. Andere Leute werden Ihr Experiment wiederholen und herausfinden, ob Sie recht hatten oder nicht. Die Naturphänomene werden mit Ihrer Theorie übereinstimmen oder nicht. Und obwohl Sie zeitweise Ruhm ernten und Begeisterung auslösen mögen, werden Sie keinen guten Ruf als Wissenschaftler gewinnen, wenn Sie bei dieser Arbeit nicht versucht haben, sehr genau zu sein. Und es ist diese Art von Integrität, dieses wachsame Bemühen, sich selbst nichts vorzumachen, woran es vielen Forschungen der Cargo-Kult-Wissenschaft in hohem Maße mangelt.

Ein Gutteil ihrer Schwierigkeiten rührt natürlich vom Subjekt und von der Nichtanwendbarkeit der wissenschaftlichen Methode auf das Subjekt her. Trotzdem sollte man nicht aus den Augen verlieren, daß die Schwierigkeiten nicht nur daher rühren. Da liegt der *Grund* dafür, daß die Flugzeuge nicht landen – zunächst aber ist es einfach eine Tatsache, daß sie nicht landen.

Aus Erfahrung wissen wir eine Menge darüber, wie wir mit einigen der Möglichkeiten, uns selbst etwas vorzumachen, umgehen können. Dazu ein Beispiel: Millikan hat die Ladung eines Elektrons durch ein Experiment gemessen, bei dem er fallende Öltropfen verwendete, und er erhielt ein Resultat, von dem wir heute wissen, daß es nicht ganz richtig ist. Es liegt ein bißchen daneben, denn er benutzte einen unzutreffenden Wert für die Viskosität der Luft. Es ist interessant, sich die Geschichte der Messungen der Elektronenladung nach Millikan anzusehen. Wenn man sie als Funktion der Zeit darstellt, stellt man fest, daß die nächste ein bißchen höher liegt als die von Millikan, und die darauf folgende liegt noch ein wenig höher als jene und die nächste wiederum etwas höher, bis sie sich schließlich bei einer Zahl einpendeln, die eben höher liegt.

Warum hat man nicht gleich entdeckt, daß die neue Zahl höher lag? Die Wissenschaftler schämen sich deswegen – wegen dieser Geschichte –, denn offenbar haben die Leute folgendes gemacht: Wenn sie eine Zahl bekamen, die zu hoch über der von Millikan lag, nahmen sie an, es könne irgend etwas nicht stimmen – und dann suchten sie und fanden auch tatsächlich einen Grund dafür, warum möglicherweise irgend etwas nicht stimmte. Und wenn sie eine Zahl bekamen, die näher an Millikans Wert lag, prüften sie nicht so genau nach. Und auf diese Weise eliminierten sie die Zahlen, die zu weit daneben lagen, und taten noch andere ähnliche Dinge. Wir kennen diese Tricks heute und leiden jetzt nicht mehr unter dieser Krankheit.

Doch diese lange Geschichte, in der wir gelernt haben, uns nichts vorzumachen – äußerste wissenschaftliche Integrität zu wahren –, ist leider etwas, was wir meines Wissens nicht speziell zum Thema eines besonderen Kurses gemacht haben. Wir hoffen eben, daß es sich Ihnen gleichsam durch Osmose mitgeteilt hat.

Der oberste Grundsatz ist, daß Sie sich nichts vormachen dürfen – und sich selbst können Sie am leichtesten etwas vormachen. In der Beziehung müssen Sie also sehr vorsichtig sein. Wenn es Ihnen gelungen ist, sich selbst nichts vorzumachen, wird es Ihnen auch leichtfallen, anderen Wissenschaftlern nichts vorzumachen. Dann brauchen Sie nur noch auf herkömmliche Weise redlich zu sein.

Ich möchte etwas hinzufügen, das für die Wissenschaft nicht wesentlich ist, aber an das ich irgendwie glaube, nämlich daß Sie auch dem Laien nichts vormachen sollten, wenn Sie als Wissenschaftler sprechen. Ich will Ihnen nicht klarmachen, was Sie tun sollen, wenn Sie Ihre Frau betrügen, Ihrer Freundin etwas vormachen oder dergleichen, denn dabei handeln Sie ja nicht als Wissenschaftler, sondern als ganz gewöhnlicher Mensch. Diese Probleme überlassen wir Ihnen und Ihrem Rabbi. Das, wovon ich spreche, ist eine spezifische, besondere Art von Integrität, die nicht lügt, sondern sich jede nur erdenkliche Mühe gibt, aufzuzeigen, worin Sie möglicherweise irren, eine Integrität, die Sie haben sollten, wenn Sie als Wissenschaftler handeln. Und darin besteht die Verantwortung, die wir als Wissenschaftler nicht nur gegenüber anderen Wissenschaftlern, sondern, wie ich glaube, auch gegenüber den Laien tragen.

Ich war beispielsweise ein wenig überrascht, als ich mich mit einem Freund unterhielt, der eine Rundfunksendung vorbereitete. Er arbeitet über Kosmologie und Astronomie und fragte sich, wie er die Anwendungen seiner Arbeit erklären sollte. »Nun«, sagte ich, »es gibt keine.« Er sagte: »Ja, das stimmt, aber wenn ich das sage, bekommen wir dafür keine Forschungsmittel mehr.« *Ich* finde das irgendwie unredlich. Wenn man sich als Wissenschaftler darstellt, sollte man den Laien erklären, was man tut – und wenn diese einen unter diesen Umständen nicht mehr unterstützen wollen, dann ist das eben ihre Entscheidung.

Ein Beispiel für diesen Grundsatz ist folgendes: Wenn Sie sich entschlossen haben, eine Theorie zu überprüfen, oder wenn Sie eine Idee erläutern wollen, sollten Sie stets bereit sein, das zu veröffentlichen, ganz gleich, was dabei herauskommt. Wenn wir nur bestimmte Ergebnisse veröffentlichen, können wir das Argument in gutem Licht erscheinen lassen. Wir müssen aber *beide* Arten von Ergebnissen veröffentlichen.

Dies ist auch von Belang, wenn man als Berater der Regierung tätig ist. Angenommen, ein Senator fragt Sie nach Ihrer Meinung, ob in diesem Staat eine Bohrung vorgenommen werden sollte, und Sie kommen zu dem Schluß, es wäre besser, das in einem anderen Staat zu tun. Mir scheint, wenn Sie ein solches Resultat nicht veröffentlichen, geben Sie keinen wissenschaftlich fundierten Rat. Dann werden Sie benutzt. Fällt Ihre Antwort in dem Sinn aus, der der Regierung oder den Politikern genehm ist, dann können diese sie als Argument zu ihren Gunsten verwenden; fällt sie gegenteilig aus, machen sie sie überhaupt nicht publik. Das ist nicht der Sinn eines wissenschaftlichen Rats.

Andere Irrtümer sind eher charakteristisch für schlechte Wissenschaft. Als ich in Cornell war, habe ich mich oft mit den Leuten aus dem Fachbereich Psychologie unterhalten. Eine der Studentinnen erzählte mir, sie wolle ein Experiment machen, das etwa folgendermaßen ablaufen sollte: Es war herausgefunden worden, daß Ratten unter bestimmten Bedingungen, X, etwas Bestimmtes, A, tun. Sie wollte nun wissen, ob die Ratten immer noch A tun, wenn sie die Bedingungen nach Y hin veränderte. Sie schlug also vor, das Experiment unter den Bedingungen Y durchzuführen und zu sehen, ob die Ratten auch dann noch A tun.

Ich erklärte ihr, sie müsse zunächst im Labor das Experiment wiederholen, das von anderen angestellt worden war – das heißt unter den Bedingungen X überprüfen, ob sie ebenfalls das Resultat A bekäme, und dann die Bedingungen nach Y hin verändern und sehen, ob A sich änderte. Dann wisse sie, ob das, was sie unter Kontrolle zu haben glaube, der wirkliche Unterschied sei.

Sie freute sich sehr über diese neue Idee und ging zu ihrem Professor. Und dessen Antwort war nein, sie könne das nicht machen, denn das Experiment sei ja bereits gemacht worden und sie vergeude damit nur Zeit. Das war so um 1947, und es scheint damals die Regel gewesen zu sein, psychologische Experimente nicht zu wiederholen, sondern nur die Bedingungen zu ändern und zu sehen, was dann geschieht.

Heutzutage besteht eine gewisse Gefahr, daß das gleiche sogar auf dem vortrefflichen Gebiet der Physik passiert. Ich war entsetzt, als ich von einem Experiment hörte, das von jemandem unter Verwendung von Deuterium am Teilchenbeschleuniger im National Accelerator Laboratory durchgeführt wurde. Um die von ihm mit schwerem Wasserstoff erzielten Resultate mit dem zu vergleichen, was sich mit leichtem Wasserstoff hätte ergeben können, mußte er Daten aus einem Experiment mit leichtem Wasserstoff verwenden, das jemand anderer auf einem anderen Apparat angestellt hatte. Als er gefragt wurde wieso, sagte er, es sei ihm keine Zeit bewilligt worden (denn es steht wenig Zeit zur Verfügung und der Betrieb des Apparats ist sehr teuer), das Experiment mit leichtem Wasserstoff auf diesem Apparat zu fahren, weil sich dabei keine neuen Resultate ergeben hätten. Die Leiter des Forschungsprogramms im NAL sind also dermaßen auf neue Resultate aus, um mehr Geld zu bekommen, damit die Sache aus Gründen der Public Relations weiterläuft, daß sie – möglicherweise – selbst den Wert der Experimente zerstören, die doch der Zweck des Ganzen sind. Den Leuten, die dort Experimente durchführen, wird es oft schwergemacht, ihre Arbeit so abzuschließen, wie ihre wissenschaftliche Integrität es verlangt.

Freilich sind nicht alle Experimente in der Psychologie von dieser Art. Es sind zum Beispiel viele Experimente durchgeführt worden, bei denen Ratten durch alle möglichen Labyrinthe und dergleichen geschickt wurden – und zwar ohne daß sich dabei sonderlich klare Resultate ergeben hätten. Doch 1937 hat ein Mann namens Young ein sehr interessantes Experiment angestellt. Er arbeitete mit einem langen Gang, bei dem sich auf der einen Seite die Türen befanden, durch welche die Ratten hereinkamen, und auf der anderen Seite jene, hinter denen sich das Futter befand. Er wollte wissen, ob er die Ratten darauf trainieren konnte, jeweils durch die dritte Tür zu laufen, und zwar ganz gleich, wo er sie losließ. Nein. Die Ratten liefen sofort zu der Tür, hinter der beim vorigen Mal das Futter gewesen war.

Da der Gang sehr schön gleichmäßig gebaut war, stellte sich die Frage, woher die Ratten wußten, daß es die gleiche Tür wie vorher war. Offenkundig war an der Tür etwas anders als an den anderen Türen. Also strich er die Türen sehr sorgfältig an und richtete es so ein, daß die Oberflächenbeschaffenheit der Türen genau gleich war. Trotzdem fanden die Ratten es heraus. Dann dachte er, vielleicht könnten die Ratten das Futter riechen, und er verwendete Chemikalien, um den Geruch nach jedem Durchlauf zu verändern. Aber die Ratten erkannten die Tür immer noch. Dann fiel ihm ein, daß die Ratten, wie jede vernünftige Person, in der Lage sein könnten, die Tür durch das Licht und die Einrichtung im Labor zu finden. Er deckte den Gang ab, aber die Ratten erkannten die Tür nach wie vor.

Schließlich fand er heraus, daß sie die Tür an dem Schall wiedererkannten, der entstand, wenn sie über den Boden liefen. Und das konnte er nur ausräumen, indem er seinen Gang in Sand bettete. Er beseitigte also nacheinander alle möglichen Anhaltspunkte und brachte es schließlich fertig, die Ratten so zu täuschen, daß sie lernen mußten, durch die dritte Tür zu laufen. Wenn er nur eine der Bedingungen nicht aufrechterhielt, wußten die Ratten Bescheid.

Vom wissenschaftlichen Standpunkt aus ist dies ein erstklassiges und absolut mustergültiges Experiment. Es ist das Experiment, das Experimente sinnvoll macht, bei denen man Ratten laufen läßt, denn es deckt die Anhaltspunkte auf, die die Ratten wirklich verwenden – und nicht die, von denen man das glaubt. Und es ist das Experiment, aus dem exakt hervorgeht, welche Voraussetzungen man schaffen muß, um genau zu sein und bei einem Experiment mit laufenden Ratten alles unter Kontrolle zu behalten.

Ich habe mir die spätere Geschichte dieser Forschungen angesehen. Das nächste Experiment und das darauffolgende nahm nicht einmal auf Mr. Young Bezug. Sie verwendeten kein einziges von seinen Kriterien, die dazu geführt hatten, den Gang in Sand zu betten oder sehr sorgfältig vorzugehen. Man fuhr einfach fort, die Ratten genau wie früher laufen zu lassen, und schenkte den großen Entdeckungen von Mr. Young keine Beachtung; seine Artikel werden nicht zitiert, weil er ja nichts über die Ratten herausgefunden hat. Tatsächlich hat er *alles* herausgefunden, was man tun muß, um etwas über Ratten herauszufinden. Doch solchen Experimenten keine Beachtung zu schenken, ist charakteristisch für die Cargo-Kult-Wissenschaft.

Ein weiteres Beispiel sind die Experimente zur außersinnlichen Wahrnehmung von Mr. Rhine und anderen Leuten. Da von verschiedenen Seiten Kritik laut geworden ist – und sie selbst haben ebenfalls ihre eigenen Experimente kritisiert –, verbessern sie die Techniken, so daß die Wirkungen kleiner und immer kleiner werden, bis sie allmählich ganz verschwinden. Alle Parapsychologen suchen nach einem Experiment, das sich wiederholen läßt – das man noch einmal machen kann und bei dem man die gleiche Wirkung erzielt –, und sei es nur statistisch. Sie lassen Millionen von Ratten laufen – nein, diesmal sind es Menschen –, sie tun alles mögliche und erzielen eine gewisse statistische Wirkung. Und wenn sie es das nächste Mal versuchen, erzielen sie die Wirkung nicht mehr. Und dann stellt sich jemand hin und erklärt, die Wiederholbarkeit von Experimenten sei eine irrelevante Forderung. Das soll *Wissenschaft* sein?

Der gleiche Mann spricht in einer Rede, mit der er seinen Rücktritt als Direktor des Instituts für Parapsychologie erklärte, auch über eine neue Institution. Und indem er den Leuten erzählt, was als Nächstes zu tun sei, sagt er, dazu gehöre, sicherzustellen, daß sie nur solche Studenten ausbilden, die ihre Fähigkeit, in akzeptablem Maße PSI-Resultate zu erzielen, unter Beweis gestellt haben – und ihre Zeit nicht mit jenen ehrgeizigen und interessierten Studenten zu verschwenden, die nur Zufallsresultate erzielen. Eine derartige Linie in der Lehre zu vertreten – also Studenten lediglich beizubringen, wie man bestimmte Resultate erzielt, statt sie zu lehren, wie man ein Experiment mit wissenschaftlicher Integrität durchführt –, ist sehr gefährlich.

Ich wünsche Ihnen also nur eines – das Glück, an einem Ort zu sein, wo Sie die Freiheit haben, jene Integrität, die ich Ihnen beschrieben habe, zu wahren, und wo Sie sich nicht durch die Notwendigkeit, Ihre Position in einem Unternehmen zu behaupten, den Erhalt finanzieller Unterstützung oder dergleichen genötigt fühlen, Ihre Integrität aufzugeben. Mögen Sie diese Freiheit haben.

Register

Addison-Wesley 421
Adrian, Edgar 93
Analysis für den Praktiker 114
Aristophanes 407
Aus meinen späteren Jahren (Einstein) 370

Baade, Walter 308
Bacher, Robert 139, 175, 290, 307, 335
Bausch and Lomb Company 68
Be Here Now (Ram Das) 440
Bell, Alexander Graham 21
Bell Labs 68, 130, 131
Bethe, Hans 12, 147, 149, 175, 208, 216, 221, 231, 256, 257
Block, Martin 326, 327
Bohr, Aage (Jim Baker) 175, 176
Bohr, Niels (Nicholas Baker) 175, 176
Brasilianische Akademie der Wissenschaften 268
Bronk, Detlev 93
Bullock's 354
Byers, Nina 414, 415, 418

Cabibbo, Nicola 334
California Institute of Technology (Caltech) 7, 10, 95, 126, 139, 279, 307, 308, 311, 329, 345, 362, 419, 430
Calvin, Professor 306
Case, Ken 329
CERN 412
Challenger-Katastrophe 9
Christy, Robert 148, 160, 170, 190, 333, 334
Codex Dresden 415, 416, 417, 418
Compton, Arthur Holly 143
Cornell University 10, 82, 180, 221–233, 263, 306, 307, 308, 310, 414, 456
Crick, Francis H. C. 94
Curie, Marie 365

Delbrück, Max 94
Del Sasso, Professor 85
Demitriades, Steve 352
Die Frösche (Aristophanes) 407
Dirac, Paul 331
Dreyfuss, Henry 365

Edgar, Robert 95, 96
Einstein, Albert 48, 103, 105, 131, 229, 370
Eisenhart, Dekan 78, 86, 87
Electrical Testing Labs 68
Erhard, Werner 434
Esalen 448, 449

Faust (Goethe) 58, 59
Feller, Professor 306
Fermi, Enrico 174, 311
Feynman, Arlene 137, 138, 145, 148, 151–155, 170–173
Feynman, Gweneth 15, 357, 360, 413
Feynman Lectures 10, 11, 421
Feynman, Lucille 216
Feynman, Mary Lou 271, 311, 322, 415
Feynman, Mel 116–119, 216, 415
Frankel, Stanley 165–168
Frankfort Arsenal, Philadelphia 131–135
Fuchs, Klaus 170

Geller, Uri 449, 450
Gell-Mann, Murray 296, 327, 330, 334, 335, 420
General Atomics 74
General Electric 208
Gianonni (Restaurantbesitzer) 358, 359, 362, 363
Gibbs, Professor 224, 225
Griffin, Dr. 306
Guys and Dolls 428–430

Harvard University 99, 440
Harvey, E. Newton 92, 93

Harvey, Thomas 384
Heisenberg, Werner 370
Hoffman, Frederic de 74, 75, 195–200
Höhere Analysis (Wodds) 114
Hughes, Flugzeugfirma 437, 444
Huxley, Thomas 57

Institute for Advanced Study, Princeton University 219, 229
Institut für Parapsychologie 459
International Correspondence Schools 345
Irwin, Robert 366

Jefferson, Thomas 370
Jensen, Hans 329, 333

Kac, Professor 306
Kellogg Laboratory 278
Kemeny, John 156
Kerst, Donald 200–202
Kislinger, Mark 336

Lamfrom, Hildegarde 97
Lattes, Cesar 266, 267
Laurence, William 179
Lavatelli, Leo 181
Lee (Physiker) 327, 328
Leighton, Ralph 426–433
Leighton, Robert 426
Lilly, John 437–440, 445, 446
Lodge, Sir Oliver 213
Lollobrigida, Gina 413
Los Angeles County Museum of Art 365

Manhattan Project 7, 10, 74, 141–180, 182–207, 221
Marshall, Leona 311
Massachusetts Institute of Technology (MIT) 10, 26, 39, 57, 68, 77, 81, 82, 83
Meselson, Matthew 96, 309
Messenger Lectures 414
Metaplast Corporation 75
Meyer, Maurice 42, 129

Mill, John Stuart 57
Millikan, Robert 453, 454
Modern Plastics 73, 75
Munger, Professor 434

NASA 9
National Accelerator Laboratory 457
Neugebauer, Otto 414, 415
Neumann, John von 103, 175, 229
New York Times 419
Nick der Grieche 304, 305
Nishina (Physiker) 313
Nobelpreis 232, 401–413

Oak Ridge, Tenn. 158–165, 190–194
Ofey (Richard Feynman) 354, 364
Olum, Paul 113, 144, 146, 258
Onsager, Lars 320, 321
Oppenheimer, J. Robert 143, 145, 159, 160, 169, 327, 414

Pais, Abraham 319, 320
Pasadena Art Museum 346
Pauli, Wolfgang 103, 105
Pauling, Linus 296
Peters, Klaus 10
Phi-Beta-Delta-Verbindung 39–44
Physical Review 147, 336
Physikalisches Forschungszentrum in Rio de Janeiro 265, 267, 413
Princeton University 48, 77–86, 90, 101, 107, 111, 117, 123, 130, 131, 141, 219, 229, 254
Prozeß und Realität (Whitehead) 90–91

Rabi, I. I. 143
Ram Das 440
Ramsey, Norman 327
Ravndal, Finn 336
Reagan, Ronald 9
Rhine, Joseph 459
Robinson, Professor 59–62
Rochester-Konferenz 328
Rogers, Carl 345
Rowan, Robert 418, 419
Russell, Henry Norris 103

Sands, Matt   403
Scholochow, Michail   409, 410
Schrödinger, Erwin   331, 370
Segrè, Emilio   158, 159, 160
Seminar für Jüdische Theologie   376
Serber, Robert   147
Shockley, William   68, 130
Sigma-Alpha-Mü-Verbindung   39
Slater, Professor   77, 83, 216
Smith, Hauptmann (Leiter des Patentbüros)   241–243
Smith, J. D.   97
Smyth, H. D.   143, 179
Spellbound   208, 209
Sputnik   387
Staatlicher Bildungsbeirat von Kalifornien   384, 392, 395, 397
Staley (Wissenschaftler in Los Alamos)   187
State University of North Carolina   341

Talmud   376, 377
Tausendundeine Nacht   228
Telegdi, Valentine   334, 335
Teller, Edward   157, 158, 213
The Three Quarks   427
Thompson, Eric   417, 418
Time-Magazine   296, 322, 404
Tiomno, Jaime   264
Tolman, Richard   10, 143
Tomonaga, Sinitiro   11, 313
Trichel, General   131
Tuchman, Maurice   367, 368

Über ein Stück Kreide (Huxley)   57
Ukonu   325, 326
Universität von Rio   269
Universität Wuppertal   10
University of Alaska   403
University of California, Los Angeles (UCLA)   414
University of Chicago   311
Urey, Harold   143

Villacorta   415, 418
Von der Freiheit (Jefferson)   370

Wapstra, Aaldert   329, 333
Was ist Leben? (Schrödinger)   370
Watson, James Dewey   94, 99
Webb, Julian   161
Weisskopf, Victor   412
Wheeler, John   83, 104, 105, 313, 314
Wigner, Eugene   103
Wildt, Professor (Astronom)   79
Williams, John   147
Wilson, Robert   141, 144, 145, 180, 230, 415
Wright, Dudley   354, 361
Wright, Frank Lloyd   314
Wu, Chien-Shiung   327, 329

Yang (Physiker)   327
Young (Psychologe)   457–459
Yukawa, Hideki   313
Yukawa-Institut   324

Zorthian, Dabney   355
Zorthian, Jirayr   343–348, 355, 363, 405
Zumwalt, Leutnant   162, 163, 164

Richard P. Feynman

QED – Die seltsame Theorie des Lichts und der Materie

Aus dem Amerikanischen von Siglinde Summerer und Gerda Kurz.
200 Seiten mit 93 Abbildungen. Geb.

Ein weltberühmter Physiker schreibt über sein Forschungsgebiet, die Quantenelektrodynamik.

»›QED‹ wurde für den interessierten Laien geschrieben, ebenso auch für den professionellen Wissenschaftler. Es kommt mit ganz wenig Mathematik aus. Sein Anliegen ist es, die Strenge der Darstellung mit Einfachheit und Klarheit zu kombinieren. Genau dies ist notwendig, wenn der intelligente Nichtwissenschaftler überhaupt noch an der Erklärung der Natur durch die Wissenschaft teilhaben will.«
Times Literary Supplement

»Ein Wort zur deutschen Ausgabe: Übersetzung und Bearbeitung lassen nichts zu wünschen übrig, und ich hoffe, trotz meiner Bedenken, daß es viele Leser findet. Denen, die den Autor nur von seinem »Sie belieben wohl zu scherzen, Mr. Feynman« kennen, wird dieses Buch ein ausgewogeneres Bild des wirklichen Feynman vermitteln.«
Bild der Wissenschaft

Vom Wesen physikalischer Gesetze

Vorwort zur deutschen Ausgabe von Rudolf Mößbauer.
Aus dem Amerikanischen von Siglinde Summerer und Gerda Kurz.
212 Seiten mit 33 Abbildungen. Geb.

Der Leser dieses Buches profitiert von Feynmans schier unübertrefflicher Fähigkeit, naturwissenschaftliche Tatsachen und Gedanken verständlich auf den Punkt zu bringen. Er erfährt das Grundlegendste und Allgemeinste, das über die Physik ausgesagt werden kann. »Vom Wesen physikalischer Gesetze« beschreibt das Gerüst, das das vielgestaltige Lehrgebäude dieser Wissenschaft zusammenhält und jedem Teil seinen Ort zuweist.

»Wer aber eine Einführung in die physikalischen Gesetze braucht, wer sich mit wissenschaftlichem Denken vertraut machen möchte, wer auch etwas über die Entstehungsgeschichte der Gesetze erfahren will – dem sei das Buch empfohlen. Als nicht ganz leichte, aber spannende Lektüre.«
Die Welt

PIPER